电机及现代控制技术

主编　马　强

中国原子能出版社

图书在版编目(CIP)数据

电机及现代控制技术 / 马强主编. -- 北京 : 中国原子能出版社, 2018.4

ISBN 978-7-5022-9015-3

Ⅰ. ①电… Ⅱ. ①马… Ⅲ. ①电机一控制系统 Ⅳ. ①TM301.2

中国版本图书馆 CIP 数据核字(2018)第 089866 号

内容简介

本教材主要阐述了电机及现代控制技术,主要内容包括:变压器的认识与应用、常用低压电器元件、可编程控制器、直流电机及其控制技术、交流异步电机及其控制技术、同步电动机、步进电动机及步进控制系统、伺服电动机及伺服系统、常用机床的电气控制、电气控制系统设计等。本书结构合理,条理清晰,内容丰富新颖,具有一定的可读性,可供从事电机、电力电子及电力传动领域中的研究、设计及运行工程技术人员参考使用。

电机及现代控制技术

出版发行 中国原子能出版社(北京市海淀区阜成路 43 号 100048)
责任编辑 张 琳
责任校对 冯莲凤
印　　刷 三河市铭浩彩色印装有限公司
经　　销 全国新华书店
开　　本 787mm×1092mm 1/16
印　　张 18.75
字　　数 480 千字
版　　次 2018 年 8 月第 1 版 2024 年 9 月第 2 次印刷
书　　号 ISBN 978-7-5022-9015-3 定 价 74.00 元

网址: http://www.aep.com.cn E-mail:atomep123@126.com
发行电话:010－68452845

前　言

随着电力电子技术、微电子技术及现代控制理论的发展，中小功率电机在工农业生产及人们的日常生活中都取得极其广泛的应用。特别是家用电器、家用汽车的迅速发展，更需要人们学会认识、辨别这些中小功率电动机。同时，这些电动机的发展及广泛的应用，使得其使用、控制、保养和维护工作也越来越重要。

本书以交、直流电动机为驱动装置，低压电器为控制、保护元件，组成生产机械的电力拖动和电气控制系统，将电动机、电气控制与 PLC 控制有机地结合在一起，并且对变频器、伺服驱动器、PLC 等内容进行了详细介绍，使本书的内容十分丰富。在内容选择上，以电动机应用能力要求为出发点，首先要求读者掌握变压器、低压电器、PLC 的使用等基础知识，其次要求读者对于直流电动机、交流电动机、同步电机、步进电动机、伺服电动机的结构、原理、应用等内容有深入全面的认识，最后要求读者掌握电气控制电路基本知识与基本技能、常用设备的电气空子技术和电气控制系统等知识。

本书共 11 章，分为三个部分。第一部分为第 1～4 章，主要讲述传统的电气控制部分，侧重目前常见的电器元件、变压器和可编程控制。第 1 章为电机与控制技术基础，第 2 章为变压器的认识与应用，第 3 章为常用低压电器元件，第 4 章为可编程控制器。第二部分为第 5～9 章，主要讲述电动机及其控制技术。第 5 章为直流电机及其控制技术，第 6 章为交流异步电机及其控制技术，第 7 章为同步电动机，第 8 章为步进电动机及步进控制系统，第 9 章为伺服电动机及伺服系统。第三部分为第 10～11 章，主要讲述常见的电气控制及控制系统设计。第 10 章为常用机床的电气控制，第 11 章为电气控制系统设计。

电机及控制技术涉及的面很广，编者在本书的编写过程中加入了自己的研究积累，参考并引用了大量前辈学者的研究成果和论述，并在参考文献中列出，由于电机及控制技术方面的参考资料众多，所涉及的文献难免会有疏漏，在此表示歉意，同时还要向相关内容的原作者表示诚挚的敬意和谢意。

鉴于编者的知识水平经验有限，书中的疏误或不当之处在所难免，恳请广大读者批评指正！

编　者

2018 年 1 月

目 录

第 1 章　电机与控制技术基础

1.1　电机的定义和种类

电机是把电能转换成机械能的设备，它在机械、冶金、石油、煤炭、化学、航空、交通、农业以及其他各种工业领域中都有着广泛的应用。随着现代电力电子技术的飞速发展，现代电机控制技术正朝着小型化和智能化的方向发展。

1.1.1　电机的定义及构成原理

电机是指依据电磁感应定律实现电能转换或传递的一种电磁装置。在国民经济及家用电器中所应用的电机是多种多样的，但其基本工作原理都基于法拉第电磁感应定律和安培力定律。因此，其构成的一般原理为：采用相应的导磁和导电材料构成能相互进行电磁感应的磁路和电路，以产生感应电势和电磁转矩，从而达到转换能量形态的目的。

1.1.2　电机的分类

如按工作电源种类划分，电机可分为直流电机和交流电机。直流电动机按结构及工作原理可分为无刷直流电动机和有刷直流电动机。有刷直流电动机又可分为永磁直流电动机和电磁直流电动机。交流电机可分为单相电机和三相电机。

如按电机结构形式及其产生感应电势和电磁转矩的电磁感应方式分类，可将电机分为两种，如图 1-1 所示。

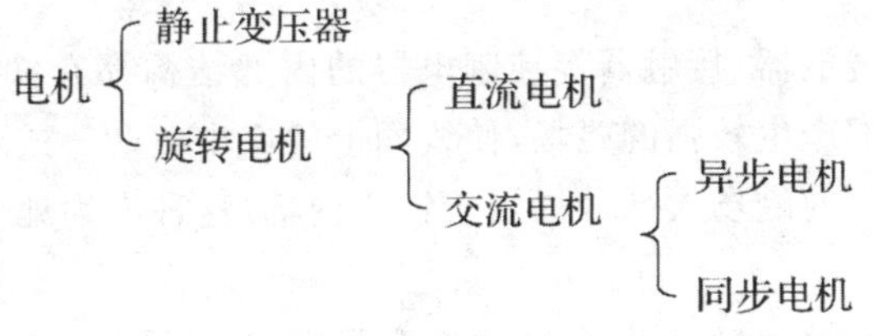

图 1-1　电机的分类

如按电机功能划分，可分为发电机、电动机、变压器、变频器、移相器和控制电机。

①发电机：用于把机械能转换成电能。

②电动机：用于把电能转换成机械能。

③变压器、变频器、移相器：分别用于改变电源电压、频率和相位。

④控制电机:作为控制系统中的控制元件或执行元件。

1.2 电机与控制技术发展的过去与展望

1800 年伏特发明电池,是电机出现的开端,电动机的诞生和发展在这之后可以分成几个阶段。

从 1820 年到整个 19 世纪,发现了电磁现象以及相关的各种法则,诞生了交流电机的原形,并确立了电机的工业运用。

从 20 世纪初直到 1970 年,是电动机的成长和成熟期,有刷直流电机、感应电动机、同步电动机和步进电动机等各种电机相继诞生,半导体驱动技术和电子控制概念的引入,带来变频驱动的实用化。

从 20 世纪 70 年代到 20 世纪末期,计算机技术的飞跃发展为发展高性能驱动带来了机会,随着设计、评价、测量、控制、功率半导体、轴承、磁性材料、绝缘材料、制造加工技术的不断进步,电动机本体经历了轻量化、小型化、高效化、高力矩输出、低噪声振动、高可靠、低成本等一系列变革,相应的驱动和控制装置也更加智能化和程序化。

自 1978 年,MAC 经典无刷直流电机及其驱动器推出之后,国际上对无刷直流电机进行了深入的研究,先后研制成方波无刷电机和正弦波直流无刷电机。三十多年以来,随着永磁新材料、微电子技术、自动控制技术以及电力电子技术特别是大功率开关器件的发展,无刷电机得到了长足的发展。

20 世纪 70 年代,德国工程师 F. Blaschke 提出异步电机矢量控制理论来解决交流电机转矩控制问题。1985 年,德国的 Depenbrock 教授提出了异步电机直接转矩控制方法。近年来,矢量控制和直接转矩控制技术不断发展,且有各自不同的应用领域。随着现代控制理论和电子技术的发展,各种控制方法和器件不断出现。

进入 21 世纪,在以多媒体和互联网为特征的信息时代,电动机和驱动装置继续发挥支撑作用,向节约资源、环境友好、高效节能运行的方向发展。

1.3 电机磁路

变压器、电动机以及继电器、接触器等控制电器的内部结构都有铁心和线圈,作用是当通以较小电流时,能在铁心内部产生较强的磁场,使线圈上感应出电动势或对线圈产生电磁力。线圈通电属于电路问题,而产生的磁场大部分局限于铁心内部,这种人为地使磁通集中通过的路径称为磁路。

在磁路中,涉及的基本物理量有磁通 Φ、磁感应强度 $\boldsymbol{B}$、磁导率 μ 和磁场强度 $\boldsymbol{H}$。

①磁通 Φ 表示垂直穿过某一截面积 S 的磁力线总数,单位为 Wb(韦伯)。

②磁感应强度 $\boldsymbol{B}$ 是一个用来表示磁场内某点的磁场强弱和方向的物理量。磁感应强度是矢量,其值等于垂直于矢量 $\boldsymbol{B}$ 的单位面积的磁力线数,即

$$\boldsymbol{B}=\frac{\Phi}{S} \tag{1-3-1}$$

对于电流产生的磁场，磁感应强度的方向和电流方向满足右手螺旋定则。磁感应强度的单位是 T，即 Wb/m^2，$1\ T=1\ Wb/m^2$。

③磁导率 μ 是一个用来表示磁场中介质导磁能力的物理量，单位为 H/m。

真空中的磁导率为常数，通常采用 μ_0 表示。一般材料的磁导率 μ 和真空磁导率 μ_0 的比值，称为该材料的相对磁导率 μ_r，即

$$\mu_r=\frac{\mu}{\mu_0} \tag{1-3-2}$$

相对磁导率 μ_r 越大，介质的导磁性能就越好。

④磁场强度 $\boldsymbol{H}$ 是一个用来计算磁场的物理量，反映的是电流的磁场，其强弱和方向均取决于电流，与介质无关。磁场强度的单位为 A/m，其大小为磁感应强度与磁导率之比，即

$$\boldsymbol{H}=\frac{\boldsymbol{B}}{\mu} \tag{1-3-3}$$

1.3.1　铁磁材料的磁性能

1. 高导磁性和磁化性

高导磁性是指铁磁材料的磁导率很高（$\mu_r \gg 1$），具有被强烈磁化的特性。铁磁材料内部具有磁畴结构，故有良好的导磁性能。铁磁材料内部存在许多体积很小的磁性区域，这些天然的小磁性区域称为磁畴。每个磁畴在无外磁场作用时，排列杂乱无章，极性任意取向，磁性相互抵消，对外不呈磁性。当受到外磁场的作用时，排列无序的磁畴将顺着外磁场的方向转向，形成一个与外磁场方向一致的附加磁场，使铁磁物质内部的磁感应强度大大增加，这种原来没有磁性，在外磁场的作用下产生磁性的性质称为磁化性。非磁性材料内部由于没有磁畴结构，所以不能被磁化。

2. 磁饱和性

当外磁场增大到一定值时，磁性材料的全部磁畴的磁场方向都转向与磁场的方向一致，磁化磁场的磁感应强度达到饱和值，这一特性称为磁饱和性。

磁饱和性可由铁磁材料的磁化曲线看出，如图 1-2 所示。当外磁场逐渐增大时，铁磁材料中的磁畴将随之逐渐转向，首先随外磁场的增加，磁感应强度 $\boldsymbol{B}$ 随之成正比增大（Oa 段）；其次磁感应强度 $\boldsymbol{B}$ 几乎呈直线上升（ab 段）；最后，由于铁磁材料内部的磁畴几乎全部转向完毕，所以再增加外磁场，磁感应强度 $\boldsymbol{B}$ 几乎不能再增加，此时称为磁饱和（cs 段）。

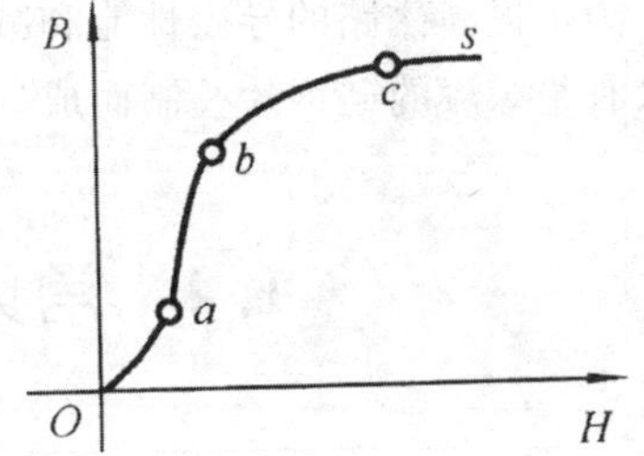

图 1-2　铁磁材料的磁化曲线

3. 磁滞性和剩磁性

当铁心线圈中通有交变电流时，铁心就会受到交变磁化。电流变化时，磁感应强度 $\boldsymbol{B}$ 随磁场强度 $\boldsymbol{H}$ 的变化而变化，当 $\boldsymbol{H}$ 已减到零时，但 $\boldsymbol{B}$ 未回到零，这种磁感应强度滞后于磁场强度变化的性质称为磁性物质的磁滞性。当线圈中电流减到零（$\boldsymbol{H}=0$）时，铁心因磁化所获得的磁性还未完全消失，这时铁心中所保留的磁感应强度称为剩磁感应强度 $\boldsymbol{B}_r$。

1.3.2 交流铁心线圈电路

铁心线圈分为两种，直流铁心线圈和交流铁心线圈。直流铁心线圈通直流电来励磁(如直流电机的励磁线圈、电磁吸盘及各种直流电器的线圈)，交流铁心线圈通交流电来励磁(如交流电机、变压器及各种交流电器的线圈)。分析直流铁心线圈比较简单，因为直流电流产生的磁通是恒定的，在线圈和铁心中不会感应出电动势，在一定电压 U 下，线圈中的电流，只和线圈本身的电阻 R 有关，功率损耗也只有 I^2R。

如图 1-3 所示为交流铁心线圈示意图。电源和绕组构成铁心线圈的电路部分，铁心构成铁心线圈的磁路部分。当铁心线圈通以正弦电流 i 时，电流 i 通过 N 匝线圈形成磁动势 $F=iN$，从而产生磁通。磁通的绝大部分通过铁心而闭合，这部分磁通称为主磁通或工作磁通 Φ。此外，还有很少的一部分磁通主要经过空气或其他非磁性物质而闭合，这部分磁通称为漏磁通 Φ_σ。这两个磁通在线圈中分别产生主磁电动势 e 和漏磁电动势 e_σ。它们的电磁关系为

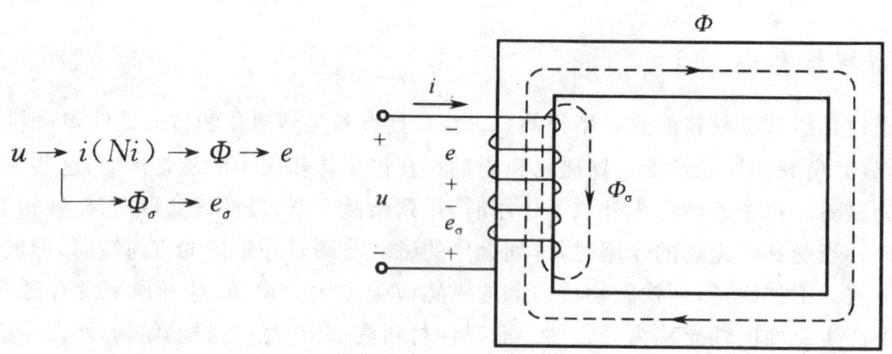

图 1-3　交流铁心线圈示意图

交流铁心线圈的功率损耗有两个方面：①线圈电阻上的功率损耗 I^2R；②处于交变磁化下的铁心中的功率损耗。

为了提高磁路的导磁性能和减少铁心的损耗，铁心通常用厚度为 0.35 mm 或 0.5 mm，且表面涂有绝缘漆的硅钢片叠制而成。

1.4 常见家用电器中电动机的控制

1.4.1 盒式录音机中的电动机与控制

1. 盒式录音机电动机的结构及特点

在盒式录音机中，电机可以提供动力，驱动飞轮、主导轴与带盘等部件，完成录放音的恒速走带、快速进带及倒带等动作。

盒式录音机要求所用电动机转矩大、转速稳、振动噪声小、稳定性好、寿命长。故常用的电动

机多为小型直流电机，与交流电机相比，具有体积小、效率高、耗电省、可用电池驱动、转速不依赖于市电电源频率等优点。

盒式录音机中的电机与普通直流电机的构造、各部件作用及工作原理基本相同。此外，其需要在定子外面特加两到三层屏蔽罩与橡胶垫，以防止火花辐射干扰、减小泄漏磁通与减轻机械振动。

2. 典型控制线路

(1)稳速电路

盒式录音机在录放过程中，要求磁带运行速度高度稳定。因此，在录音机中的电动机常常采取一些稳速措施。常见的稳速方法为电子稳速，如图 1-4 所示为 LA 5511 集成稳速电路图。

图 1-4 中虚线框内为 LA 5511 集成电路内部结构，框外为对应的外围电路，该集成电路内部由基准电压 V_R(＝1.16V)、放大器 A、电流反馈晶体管 V_2 及电流只有 V_2 的 $\frac{1}{k}$ 的分流管 V_1 构成。其中，引脚 1 为基准电压源输出；引脚 2 为接地端；引脚 3 为输出端；引脚 4 为放大器 A 输入端。外围电路元件中，R_T 为电流取样电阻；R_A 与 R_B 构成分压取样电路；R_M 为电机的等效直流电阻，与转子电感相串联；当集成块接上负载电机时，电机可等效为一个反电动势 E；电容 C 为滤波电容。

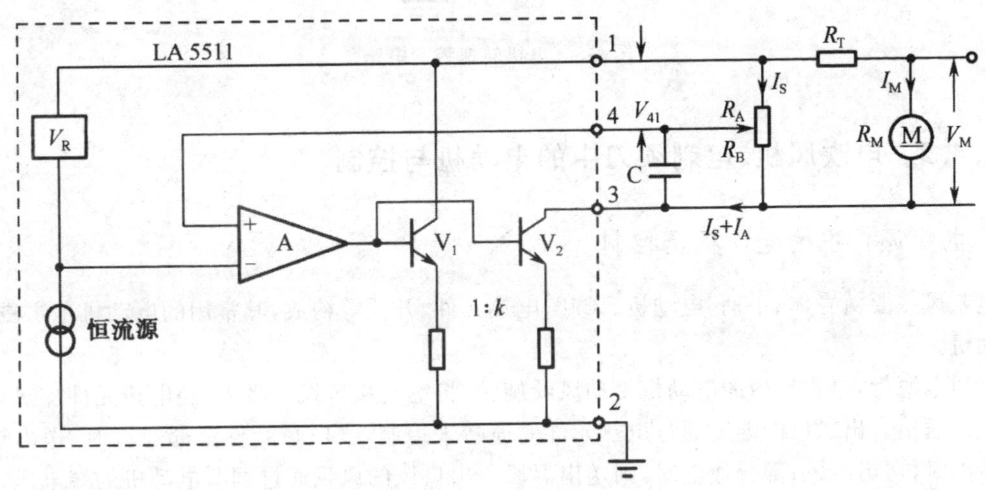

图 1-4　LA 5511 集成稳速电路图

当电动机转动时，转子线圈会产生一个反电动势，反电动势的大小与电动机的转速成正比。转子转速的变化引起反电动势改变，将其作为控制信号，之后控制稳速电路。在图 1-4 的稳速电路中，当电源电压升高或负载力矩减小时，电机转速超过正常值，E 升高，I_M 下降，I_S 上升，则 R_A 上取样电压 V_{41} 上升，放大器 A 输入引脚 4 对地电位下降，通过集成电路内部反馈作用，使集成电路输出引脚 3 电位上升，促使 V_M 减小，结果电机转速降低，恢复正常。当电源电压降低或负载力矩增大时，稳速过程相反。另外，调节电位器改变 $\frac{R_A}{R_B}$ 的比值，则可改变 V_M，从而调节电机转速。

(2)调速电路

调速电路可以控制电机作常速或倍速运转，使电机在这两种运转状态下转速稳定。电机转速控制电路如图 1-5 所示。图中,L 为电机的滤波电感;LA 5511 是前面所述电机稳速集成电路;RP_1 是倍速调整电阻;RP_2 是常速调整电阻;V_1 是开关三极管。当录音机面板上的选择开关置于常速挡位时,V_1 导通,c、d 两端短路,RP_2、R_2 支路并在 RP_1、R_1 支路上,此时电机在 LA 5511 控制下作常速(1600 r/min)运转;当选择开关置于倍速挡位时,V_1 截止,c、d 两端断路,只有 RP_1、R_1 支路接在 LA 5511 的 4、3 引脚上,此时电机作倍速(3200 r/min)运转。

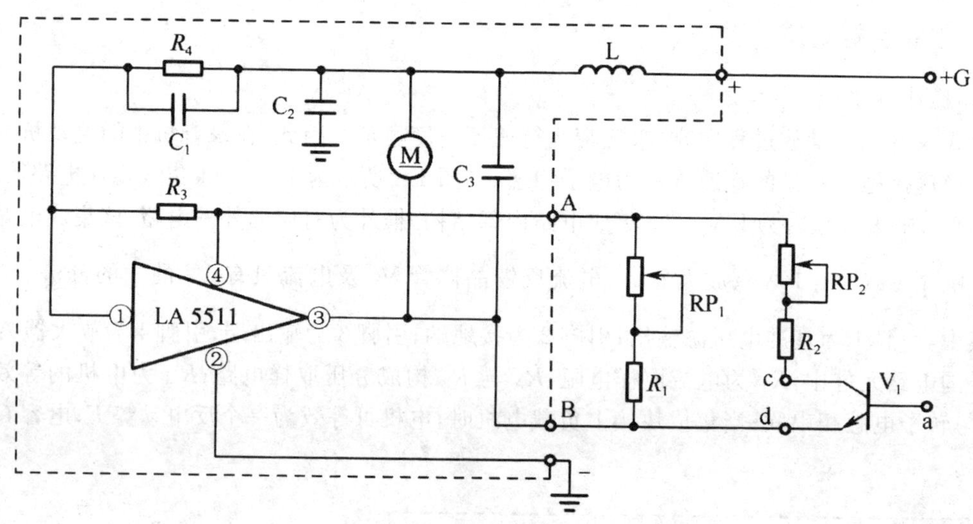

图 1-5 电机转速控制电路

1.4.2 电吹风机、电剃须刀中的电动机与控制

1. 电吹风机中的电动机及控制

电吹风主要由壳体、手柄、电动机、风叶、电热元件、开关等构成,其常用的电动机是永磁式直流电动机。

接通电源后,电吹风内的电动机带动风叶旋转,将空气从进风口吸入,经电热元件加热,热风从出风口送出。出风口的温度通过电热元件的通断来控制,当电热元件全部通电时,送出热风;全部断电时,送出冷风;部分通电时,则送出温风。出口风的风量通过调节电动机的端电压,从而改变电动机的转速来控制。

如图 1-6 所示为永磁式电吹风中的电控线路。当双刀四掷选择开关 S_1(即 S_{1-1} 和 S_{1-2})置于位置 1 时,电动机 M 通电运转,与限温开关的触点 S_2 相串联的电热元件 R_1 断电,电吹风送出冷风;当 S_1 置于位置 2 时,电动机 M 断电,电吹风停止工作;当 S_1 置于位置 3 时,电动机与电热元件 R_1 同时通电,电吹风送出热风;当 S_1 置于位置 4 时,电动机通电运转,电热元件 R_1 经二极管 VD_5 通电,电吹风送出温风。

图 1-6 中,降压电阻 R_2 将 220 V 电压降低后,再经由 VD_1~VD_4 构成的桥式整流电路转换成直流,向永磁式电动机 M 供电。由于永磁式直流电动机的转速与端电压的大小成正比,因此当限压电阻 R_2 为可调式时,电动机的转速也随之可变,出风口的风量得以调整。

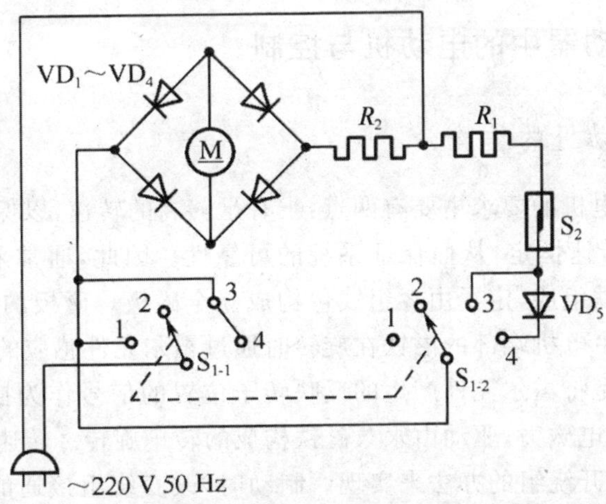

图 1-6　永磁式电吹风电路图

2. 电动剃须刀中的电动机及控制

电动剃须刀主要由网罩、动刀、支架、轧剪开关、电动机、充电器等组成，其常用的电动机是微型永磁式。

如图 1-7 所示为充电往复式电动剃须刀结构图。当电源开关 5 闭合时，电动机 13 高速旋转，装在电机轴上的偏心轴 11 推动动刀架 8 作往复直线运动，动刀架上的一组动刀片与网罩 1 形成无间隙的相对运动。当胡须由网孔伸进网罩时，由于动刀与网罩的剪切作用，胡须被切断剃净。

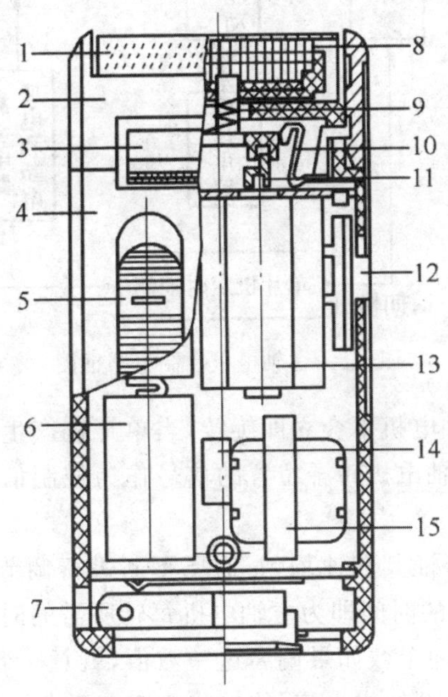

图 1-7　往复式电动剃须刀结构图

1—网罩；2—网罩支架；3—轧剪；4—外壳；5—电源开关；6—Ni-Cd 电池；7—充电插头；8—动刀架；9—弹簧；10—振动支架；11—偏心轴；12—轧剪开关；13—电动机；14—整流管；15—变压器

1.4.3 硬盘驱动器中的电动机与控制

1. 硬盘驱动器电动机的结构

硬盘驱动器对主轴电机的要求主要有两点：①有足够高的转速，以保证磁头能正常悬浮和保持高的数据传输率；②转速恒定，从而保证系统的可靠性。因此，通常采用直接耦合无刷电机。其转子多由 4 块永久磁铁组成，定子由 3 组线包构成 6 个磁极。磁极的极性决定于绕组电流的方向。绕组的加电顺序由电机端部的磁铁在旋转时通过霍尔元件感应的电压次序决定。

电动机的工作原理是将霍尔元件产生的反映转子位置的信号作为控制信号，使绕组依次轮流接通，产生相同方向的电磁力，驱动由永久磁铁构成的转子旋转。转速的调整可以采用改变绕组电流的大小、接通或断开绕组的办法来实现。制动时，改变绕组接通的次序，产生与旋转方向相反的力以阻止转子旋转，直到停止。

2. 主轴电机控制电路

主轴电机控制电路的逻辑框图如图 1-8 所示。

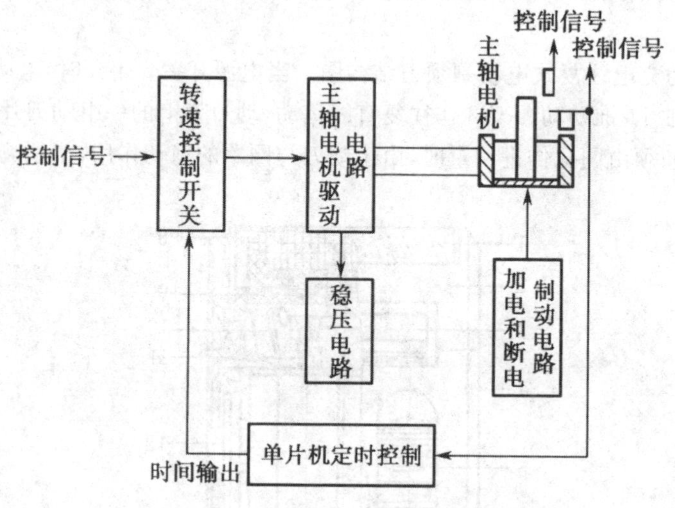

图 1-8 主轴电机控制电路框图

在硬盘驱动器加电后，主轴电机不会立即旋转，当单片机产生电机允许信号时，由霍尔元件组成的绕组分配器产生反映主轴电机转子位置的信号作为控制信号，使主轴电机绕组依次轮流接通，驱动转子旋转。

主轴电机运行过程中，为保证其转速均匀，需要不断进行调节。当主轴旋转时，每转产生 1 个索引脉冲，2 个索引脉冲相隔的时间即为主轴电机每转所需的时间，这个时间间隔可以用频率稳定的脉冲来测量。实际的脉冲个数如果偏离这一数值，就意味着转速偏离了给定的数值。此时，可由电流控制电路接通或断开绕组电流，使转速趋近于要求的数值。速度反馈—控制—速度反馈—控制……，从而构成主轴电机转速控制的闭合回路。

当驱动器断电时，电机驱动控制电路使主轴电机中无电流通过，并使绕组对地短路即绕组短接,用以产生相反的力,阻止转子转动。

课后思考题

1.电机的基本定义是什么?电机如何分类的?

2.磁路中磁通.磁感强度.磁场前度的定义分别是什么?

3.什么叫磁场饱和?

第 2 章　变压器的认识与应用

2.1　变压器的定义与分类

2.1.1　变压器的定义

现代化的工业企业广泛采用电力作为能源，而发电厂发出的电力往往需经远距离传输才能到达用电地区。在传输的功率恒定时，传输电压越高，则所需的电流越小。用较高的输电电压可以获得较低的线路压降和线路损耗，这就需要变压器来升高电压。在受电端必须用变压器将高电压降低到配电系统的电压以供负载使用。

变压器是一种静止的电气设备。它是利用电磁感应作用把一种电压的交流电能变换成频率相同的另一种电压的交流电能。变压器是电力系统中的重要设备，它在电能检测、控制等诸方面也得到广泛的应用。另外，变压器还有变换电流、变换阻抗、改变相位和电磁隔离等作用。

变压器除了应用在电力系统中，还应用在需要特种电源的工矿企业中，如冶炼用的电炉变压器，电解或化工用的整流变压器，焊接用的电焊变压器，试验用的试验变压器，交通用的牵引变压器，补偿用的电抗器，保护用的消弧线圈以及测量用的互感器等。

2.1.2　变压器的分类

由于变压器应用很广泛，因此变压器的种类很多，且各种类型的变压器在其结构和性能上的差异也很大。通常，变压器可按其用途、结构特征、相数和冷却方式进行分类。

1. 按用途分类

按照用途分类，变压器可分为电力变压器、仪用变压器、试验变压器和特种变压器。

①电力变压器：用于输配电系统的升、降电压。

②仪用变压器：如电压互感器、电流互感器，用于测量仪表和继电保护装置。

③试验变压器：能产生高压，对电气设备进行高压试验。

④特种变压器：如电炉变压器、整流变压器、调整变压器等。

2. 按绕组形式分类

按照绕组形式分类，变压器可分为双绕组变压器、三绕组变压器和自耦变压器。

①双绕组变压器：用于连接电力系统中的两个电压等级。

②三绕组变压器：一般用于电力系统区域变电站中，连接三个电压等级。

③自耦变压器：用于连接不同电压的电力系统，也可作为普通的升压或降压变压器用。

3. 按相数分类

按照相数分类，变压器可分为单相变压器和三相变压器。

①单相变压器：用于单相负荷和三相变压器组。

②三相变压器：用于三相系统的升、降电压。

4. 按冷却方式分类

按照冷却方式分类，变压器可分为干式变压器和油浸式变压器。

①干式变压器：依靠空气对流进行冷却，一般用于局部照明、电子线路等小容量变压器。

②油浸式变压器：依靠油作冷却介质，如油浸自冷、油浸风冷、油浸水冷、强迫油循环。

5. 按容量大小分类

按容量大小可分为：

①小型变压器：容量 10～630 kV・A，电压 10 kV 以下；

②中型变压器：容量 800～6300 kV・A，电压 35 kV 以下；

③大型变压器：容量 8000～63 000 kV・A，电压 35 kV 以上；

④特大型变压器：容量 90 000kV・A 及以上。

2.2　变压器的基本结构和工作原理

2.2.1　变压器的基本结构

电力变压器主要由铁心、绕组、绝缘套管、油箱及附件等部分组成。在电力系统中应用最广泛的是油浸式电力变压器，其基本结构如图 2-1 所示。

1. 铁心

铁心是变压器的磁路部分，是磁通闭合的路径，又是绕组的支撑骨架。铁心由心柱和磁轭两部分组成，套装有绕组的部分为心柱，连接心柱以构成闭合磁路的部分为磁轭。为提高铁心的导磁性能，减小磁滞损耗和涡流损耗，铁心大多采用厚度为 0.35 mm、表面涂有绝缘漆的热轧硅钢片或冷轧硅钢片叠装而成。

如图 2-2 所示为铁心的截面形状，铁心柱的截面通常是多级阶梯形，如图 2-2(a)所示；如图 2-2(b)所示为铁心轭的截面形状，铁心轭的截面通常是矩形。

为了减少叠片接缝间隙以降低励磁电流，一般叠片时均采用交错式叠装，即上层和下层叠片分别按图 2-3 左、右两种排列顺序放置。直接缝用于热轧硅钢片，如图 2-3(a)所示。由于冷轧硅钢片的磁导率沿着轧制方向高，沿着非轧制方向低，为了减少磁阻和铁心损耗，所以冷轧硅钢片的连接处必须用斜接缝，如图 2-3(b)所示。

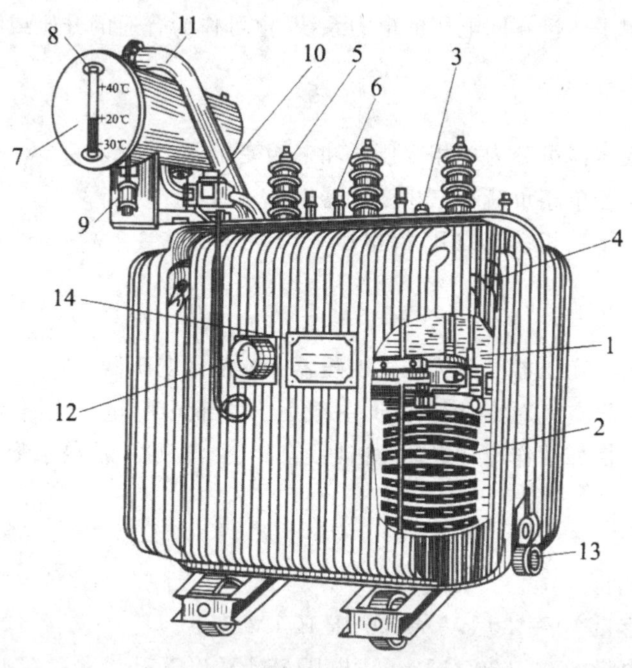

图 2-1　油浸式电力变压器的结构

1—铁心；2—绕组；3—分接开关；4—油箱；5—高压套管；6—低压套管；7—储油柜；8—油位计；9—呼吸器；10—气体继电器；11—安全气道；12—信号式温度计；13—放油阀门；14—铭牌

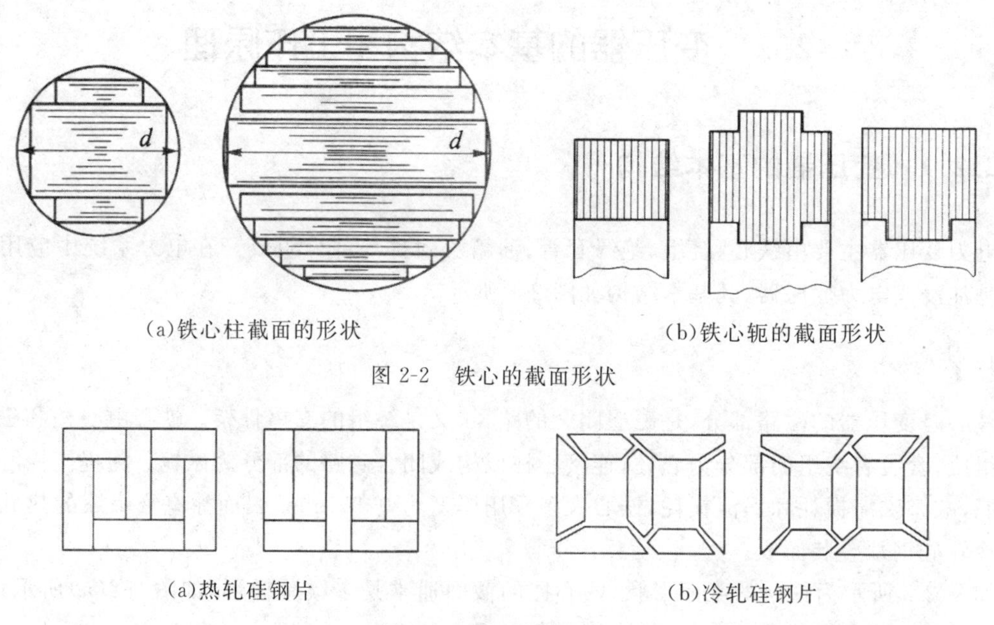

(a)铁心柱截面的形状　　(b)铁心轭的截面形状

图 2-2　铁心的截面形状

(a)热轧硅钢片　　(b)冷轧硅钢片

图 2-3　铁心叠片次序

2. 绕组

绕组是变压器的电路部分，常用绝缘铜线或铝线绕制而成。在变压器中，工作电压高的绕组称为高压绕组，工作电压低的绕组称为低压绕组。一般高、低压绕组套装在同一铁心柱上，圆筒式高压绕组在外层，低压绕组在里层，这样易于实现低压绕组与铁心柱之间的绝缘。这种同心式绕组结构简单、制造方便，国产电力变压器均采用此种结构。

从高、低压绕组之间的相对位置来看，变压器的绕组可分成同心式和交叠式两类。同心式绕组的高、低压绕组都做成圆筒状，同心地套装在铁心柱上。为便于绝缘，一般低压绕组靠近铁心，高压绕组套装在低压绕组外面，如图 2-4 所示。交叠式绕组都做成饼式，高、低压绕组互相交叠放置，如图 2-5 所示。为了减少绝缘距离，通常靠近铁轭处放低压绕组。同心式绕组结构简单、制造方便，国产电力变压器均采用这种结构。交叠式绕组的漏抗较小，易于构成多条并联支路，主要用于低压、大电流的电焊、电炉变压器和壳式变压器中。

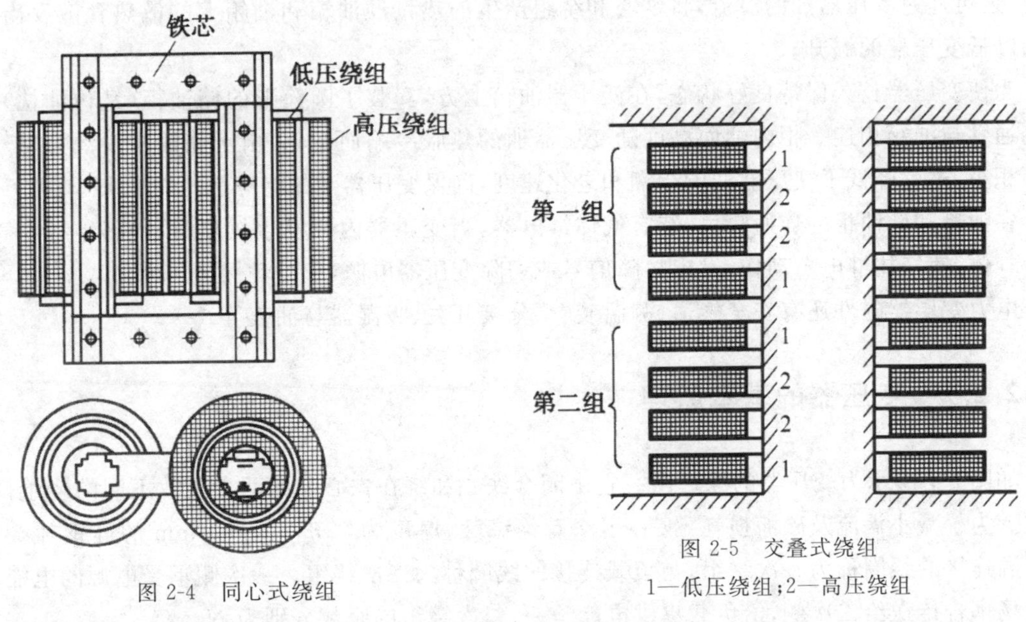

图 2-4　同心式绕组

图 2-5　交叠式绕组

1—低压绕组；2—高压绕组

同心式绕组按绕制方法不同又可分为圆筒式、螺旋式、连续式和纠结式几种基本形式，其中部分形式如图 2-6 所示。

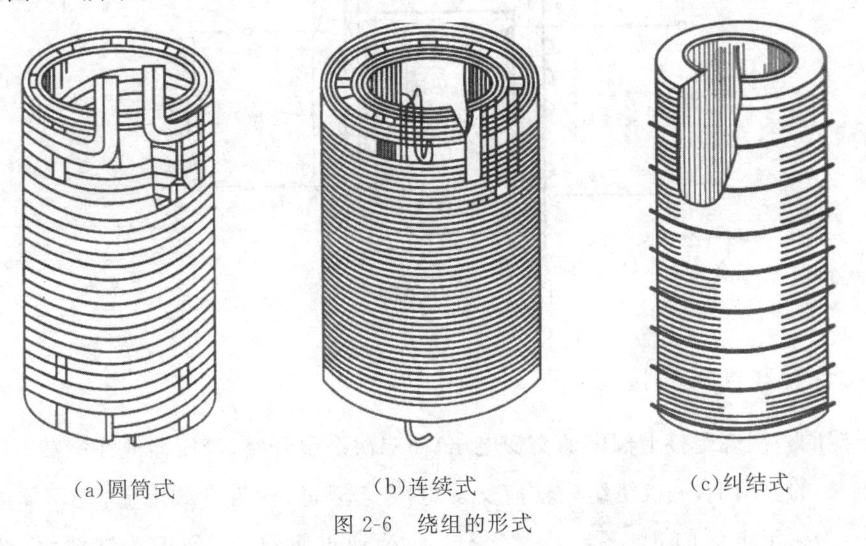

(a)圆筒式　(b)连续式　(c)纠结式

图 2-6　绕组的形式

3. 绝缘套管

绝缘套管是变压器绕组的引出装置，将其装在变压器的油箱上，实现带电的变压器绕组引出线与接地的油箱之间的绝缘。

4. 油箱及其附件

变压器的铁心与绕组构成了变压器的器身，变压器的器身安装在装有变压器油的油箱内，变压器油起绝缘和冷却作用。由于器身全部浸在变压器油中，这样铁心和绕组不会因潮湿而侵蚀。同时，还可通过变压器油的对流，将铁心和绕组产生的热量经油箱和油箱上的散热管散发出去，从而降低变压器的温升。

为使变压器长久保持良好状态，在变压器油箱上方，安装了圆筒形的储油柜（又称油枕），并经连通管与油箱相连。柜内油面高度随变压器油的热胀冷缩而变化，由于储油柜内油与空气接触面积小，这就降低了变压器油的受潮和老化速度，确保变压器油的绝缘性能。

在油箱和储油柜的连通管里，装有气体继电器，当变压器内部发生故障时，内部绝缘物气化产生气体，使气体继电器动作，发出故障信号或切除变压器电源，起自动保护作用。

电力变压器附件还有安全气道、测温装置、分接开关、吸湿器与油表等。

2.2.2 变压器的基本原理

如图 2-7 所示为变压器的原理图。它由闭合铁心和绕在铁心上的两个匝数不同的绕组耦合而成。为了减小涡流及磁滞损耗，铁心用涂有绝缘漆、厚度为 0.35～0.50 mm 的硅钢片叠成。与电源连接的线圈称为一次绕组，与负载连接的线圈称为二次绕组。一次侧承受电源的电能，经过磁场耦合传送给二次侧，给负载提供电能。一、二次绕组的匝数分别为 N_1，N_2。

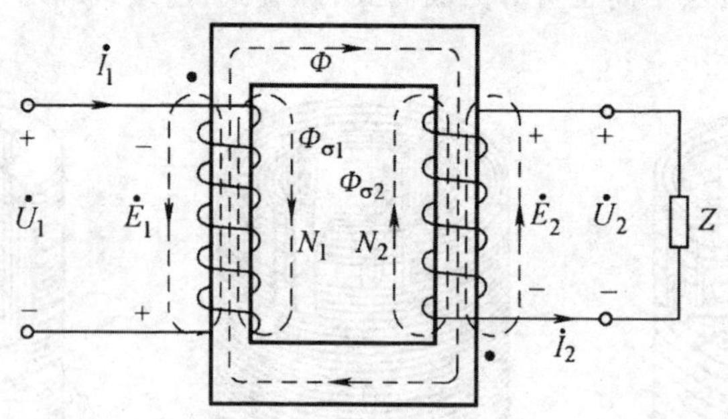

图 2-7 变压器的原理图

1. 空载运行和电压变换

把变压器的一次绕组接上额定的交变电压，而二次绕组开路，变压器便在空载下运行。在外加正弦电压 u_1 的作用下，一次绕组中便有交变电流 i_0 通过，称为空载电流，变压器的空载电流一般都很小，为额定电流的 3%～8%。空载电流 i_0 通过匝数为 N_1 的一次绕组，产生磁通势

$N_1 i_0$，在其作用下，铁心中产生了正弦交变磁通。主磁通 Φ 与一次、二次绕组同时交链，还有很少一部分磁通穿过一次绕组后沿周围空气而闭合，即二次绕组的漏磁通，如图 2-7 所示中的 $\Phi_{\sigma1}$。

主磁通在一次绕组中所产生的感应电动势为：

$$e_1 = -N_1 \frac{\mathrm{d}\Phi}{\mathrm{d}t} \tag{2-2-1}$$

一次绕组的磁感应电动势为：

$$e_{\sigma1} = -N_1 \frac{\mathrm{d}\Phi_{\sigma1}}{\mathrm{d}t} \tag{2-2-2}$$

主磁通在二次绕组中也将感应出相同频率的电动势，即：

$$e_2 = -N_2 \frac{\mathrm{d}\Phi}{\mathrm{d}t} \tag{2-2-3}$$

变压器空载时的一次电路就是一个含有铁心线圈的交流电路，漏磁通 $\Phi_{\sigma1}$ 与 i_0 成正比，它们的关系可用漏磁电感 $L_{\sigma1} = N_1 \frac{\Phi_{\sigma1}}{i_0}$ 来表示，由 KVL 可知一次电路的电压方程为：

$$\begin{gathered} u_1 + e_1 + e_{\sigma1} = R_1 i_0 \\ u_1 + e_1 = R_1 i_0 + L_{\sigma1} \frac{\mathrm{d}i_0}{\mathrm{d}t} \\ u_1 + e_1 = u_{R1} + u_{L1} \end{gathered} \tag{2-2-4}$$

式中，u_{R1} 为一次绕组的电阻压降；u_{L1} 为一次绕组的漏感抗压降。

由于空载电流 i_0 很小，所以 u_{R1} 和 u_{L1} 可以忽略不计，因此式(2-2-4)可以写成：

$$u_1 \approx -e_1$$

若用相量表示，则：

$$\dot{U}_1 \approx -\dot{E}_1 = \mathrm{j}4.44 \mathrm{f} N \dot{\Phi}_{\mathrm{m}} \tag{2-2-5}$$

空载时变压器的二次绕组是开路的，它的端电压 $\dot{U}_2$ 与感应电动势 $\dot{E}_2$ 相平衡，$\dot{U}_2$ 与 $\dot{E}_2$ 关联参考方向如图 2-7 所示。

根据 KVL：

$$\dot{U}_2 = -\dot{E}_2 = \mathrm{j}4.44 \mathrm{f} N_2 \dot{\Phi}_{\mathrm{m}} \tag{2-2-6}$$

所以一次电压 U_1 与二次电压 U_2 的关系为：

$$\frac{U_1}{U_2} \approx \frac{N_1}{N_2} = K_u$$

式中，K_u 称为变压器的电压比。

2. 带载运行和电流变换

变压器接上负载后，在二次侧就有电流 i_2 产生，i_2 所产生的磁通势 $N_2 i_2$ 将与一次磁通势 $N_1 i_1$ 共同作用在同一闭合的磁路中，同时在二次绕组周围的空间中产生只穿过二次绕组闭合的漏磁通 $\Phi_{\sigma2}$。

由于二次磁通势的影响，铁心中的主磁通 Φ 将试图改变，但由式(2-2-6)可知，Φ_{m} 受 $\dot{U}_1$ 的制约基本不变。因此随着 i_2 出现，一次电流将由 i_0 增加到 i_1 补偿二次电流 i_2 的励磁作用。

由安培环路定律可知，有载时的磁通 Φ 是由磁通势 $N_1 i_1$ 和 $N_2 i_2$ 共同产生的。为了保证带载前后磁路中的磁通基本维持不变，故：

$$N_1 i_0 = N_1 i_1 + N_2 i_2 \tag{2-2-7}$$

或

$$N_1 \dot{I}_0 = N_1 \dot{I}_1 + N_2 \dot{I}_2 \tag{2-2-8}$$

式(2-2-8)称为磁通势平衡方程，标志着能量传递的物理概念。

将式(2-2-8)改写为：

$$\dot{I}_1 = \dot{I}_0 - \left(\frac{N_1}{N_2}\right)\dot{I}_2 \tag{2-2-9}$$

令 $\dot{I}' = -\left(\frac{N_1}{N_2}\right)\dot{I}_2$ 代入上式得：

$$\dot{I}_1 = \dot{I}_0 + \dot{I}' \tag{2-2-10}$$

可见 $\dot{I}'$的物理意义是一次电流因负载而增的量，称为负载分量，相应地 $\dot{I}_0$ 为一次电流的励磁分量。由于铁心的磁导率很高，变压器在满载下 I_0 仅为 I_1 的百分之几，因此允许忽略 $\dot{I}_0$ 不计，于是得：

$$\dot{I}_1 \approx \dot{I}' = \frac{-\dot{I}_2}{K_u} \tag{2-2-11}$$

和

$$\frac{I_1}{I_2} = \frac{N_2}{N_1} = \frac{1}{K_u} = K_i \tag{2-2-12}$$

式中，K_i 称为电流比，为二次侧与一次侧的匝数比。

式(2-2-12)中负号“－”表示 $I_1{}'$与 $\dot{I}_2$ 反相，正符合 $I_1{}'$抵偿 $\dot{I}_2$ 的励磁作用，保持铁心磁通中基本不变的物理概念。$I_1{}'$传输的电功率经过磁场耦合，传给变压器的二次绕组，供给负载。而二次电流为：

$$\dot{I}_2 = \frac{\dot{U}_2}{Z} \tag{2-2-13}$$

在 $\dot{U}_2$ 不变的前提下，$\dot{I}_2$ 仅由负载决定。所以一次电流也是受负载制约的。

变压器带负载运行时的二次电路也是一个含有铁心线圈的交流电路，二次电压的平衡方程为：

$$u_2 = e_2 + e_{\sigma 2} - R_2 i_2 \tag{2-2-14}$$

式中，e_2 为主磁通在二次绕组内产生的感应电动势；R_2 为二次绕组导线电阻；$e_{\sigma 2}$ 为二次绕组的漏磁通 $\Phi_{\sigma 2}$ 在二次绕组内产生的感应电动势。

用相量表示二次电路电压方程为：

$$\dot{U}_2 = \dot{E}_2 + \dot{E}_{\sigma 2} - R_2 \dot{I}_2 = \dot{E}_2 - (R_2 + \mathrm{j}\omega L_{\sigma 2})\dot{I}_2 \tag{2-2-15}$$

通过前面的分析可知带负载运行时，一次侧的电压平衡方程为：

$$\dot{U}_1 = (R_1 + \mathrm{j}\omega L_{\sigma 1})\dot{I}_1 - \dot{E}_1 \tag{2-2-16}$$

由于在实际运行中，一、二次绕组的内阻和漏磁感抗均很小，故 $\dot{U}_1 \approx -\dot{E}_1$，$\dot{U}_2 \approx \dot{E}_2$，即

$$\frac{U_1}{U_2} \approx \frac{E_1}{E_2} = \frac{N_1}{N_2} = K_u \tag{2-2-17}$$

根据以上分析，可知：

①变压器应用磁场的耦合作用传递交流电能(或电信号)，一、二次侧没有电的联系，起着电

的隔离作用。

②一、二次电压比近似等于绕组匝数比，即$\dfrac{U_1}{U_2}=\dfrac{N_1}{N_2}=K_u$。

③在满载或负载较大的情况下，一、二次电流之比近似等于绕组匝数的反比，即：

$$\frac{I_1}{I_2}\approx\frac{N_2}{N_1}=\frac{1}{K_u}=K_i \tag{2-2-18}$$

3. 阻抗变换

对电源来说，变压器连同其负载 Z 可等效为一个复数阻抗 Z'，如图 2-8 所示。从变压器的一次侧得：

$$\frac{\dot{U}_1}{\dot{I}_1}=Z' \tag{2-2-19}$$

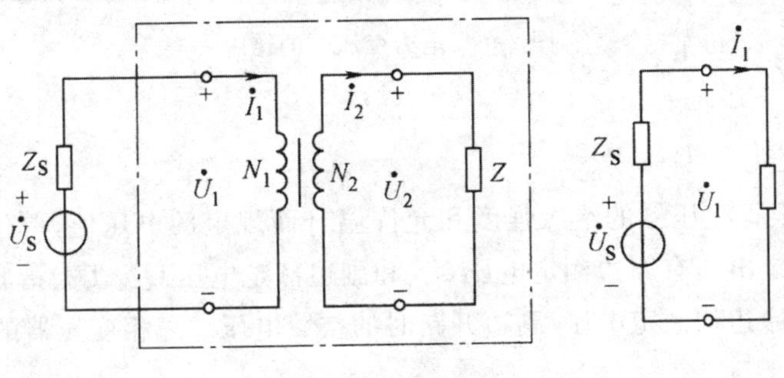

图 2-8　阻抗变换图

用变压器二次电压、电流表示一次电压、电流，则：

$$Z'=\frac{\dot{U}_1}{\dot{I}_1}\approx\frac{-K_u\dot{U}_2}{-\dot{I}_2/K_u}=K_u^2\frac{\dot{U}_2}{\dot{I}_2}=K_u^2 Z \tag{2-2-20}$$

由此可见，变压器具有阻抗变换作用。二次阻抗换算到一次侧的等效阻抗等于二次阻抗乘以电压比的平方。

应用变压器的阻抗变换作用可以实现电路阻抗匹配，即选择变压器的匝数比把负载阻抗换算为电路所需的合适数值。

2.3　变压器的技术参数、型号和绕组组别

2.3.1　变压器的技术参数

变压器的技术参数主要指变压器的额定数据，一般指变压器在给定的工作条件下正常安全运行所允许的工作数据。变压器的技术参数主要包括额定电压、额定电流、额定容量、额定频率、变压器的变比等，一般都标注在变压器的铭牌和说明书上，并用下标“N”来表示。如图 2-9 所示为电力变压器的铭牌。

产品型号	S9-500/10	标准号	
额定容量	500kV·A	使用条件	户外式
额定电压	10000/400V	冷却条件	ONAN
额定电流	28.9/721.7A	短路电压	4.05%
额定频率	50Hz	器身吊重	1015kg
相数	三相	油重	302kg
联结级别	Yyn0	总重	1753kg
制造厂		生产日期	

图 2-9　电力变压器的铭牌

1. 额定电压

额定电压是指根据变压器的绝缘强度和允许温升而规定的电压值，单位为伏特(V)或千伏(kV)。变压器的额定电压有原边额定电压 U_{1N} 和副边额定电压 U_{2N}，U_{1N} 指原边允许加的额定电源电压，而 U_{2N} 则指原边加额定电压、副边开路时的空载电压。三相变压器的原副额定电压均指线电压。

2. 额定电流

额定电流是指变压器根据规定的工作方式运行时，原副绕组上允许通过的最大电流 I_{1N} 和 I_{2N}，单位是安培(A)或千安(kA)。三相变压器的原副边额定电流均指线电流。

3. 额定容量

额定容量是指变压器副边的额定视在功率 S_N，即副边绕组上的额定电压 U_{2N} 和额定电流 I_{2N} 的乘积。额定容量反映了变压器传递功率的能力，单位是 kV·A。

对于单相变压器而言

$$S_N = U_{2N} I_{2N} \approx U_{1N} I_{1N} \tag{2-3-1}$$

对于三相变压器而言

$$S_N = \sqrt{3} U_{2N} I_{2N} \approx \sqrt{3} U_{1N} I_{1N} \tag{2-3-2}$$

4. 变压器的变比

变压器的变比表示原边额定电压 U_{1N} 和副边额定电压 U_{2N} 的比，用 K 表示，即

$$K = \frac{U_{1N}}{U_{2N}} \tag{2-3-3}$$

2.3.2　变压器的型号

1965 年 10 月 1 日开始，国家标准规定，变压器的型号用汉语拼音字母和几位数字表示。编号原则按照机电部 JB/T3837—1996《变压器类产品型号编制方法》编制。变压器的型号包括变压器的结构性能特点的基本代号、额定容量和高压侧的电压等级(kV)，其型号具体意义如图 2-10 所示。

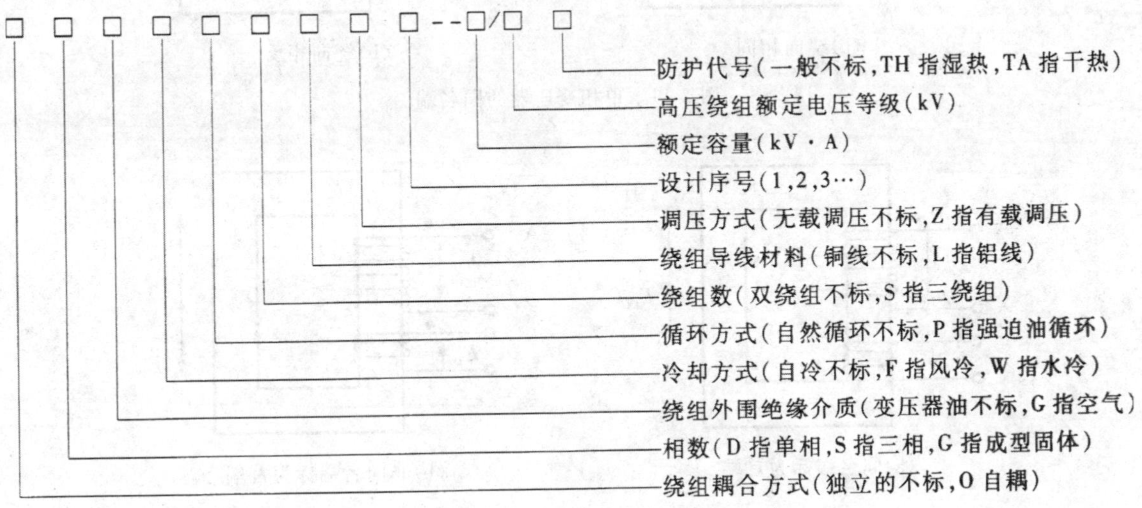

图 2-10　变压器型号代表的意义

例如，SL—180/10 表示三相油浸自冷式铝线双绕组容量为 180kVA、高压侧电压为 10kV 的电力变压器；SFPSZ—63000/110 表示三相风冷式强迫油循环铜线三绕组有载调压、容量为 63 000 kVA、高压侧电压为 110 kV 的电力变压器。

2.3.3　变压器绕组组别

对于单相变压器来说，当同时交链原、副绕组的主磁通发生变化时，原、副绕组中的感应电势存在一定的极性关系，即在任一瞬间，高压绕组的某一端的电位为正时，低压绕组也有一端的电位为正，这两个绕组间同极性的一端称为同名端。用符号“•”标在两个对应的同名端旁。同名端可能是绕组的相同端，如图 2-11(a)所示；也可能在绕组的不同端，如图 2-11(b)所示。

变压器的首端和末端有两种不同的标注方法，不同的标注方法所得到的原、副绕组相电势之间的相位差不尽相同。但应注意，感应电势正方向的规定是唯一的，即电势的正方向总是从首端指向末端，如图 2-12 所示。根据同名端的定义和首末端的标注规定可知，如果将原、副绕组的同名端都标为首端(或末端)，则原边相电势 $\dot{E}_{AX}$ 与副边相电势 $\dot{E}_{ax}$ 同相位：当原、副绕组的非同名端标注为首端(或末端)，则 $\dot{E}_{AX}$ 与 $\dot{E}_{ax}$ 相位相反。

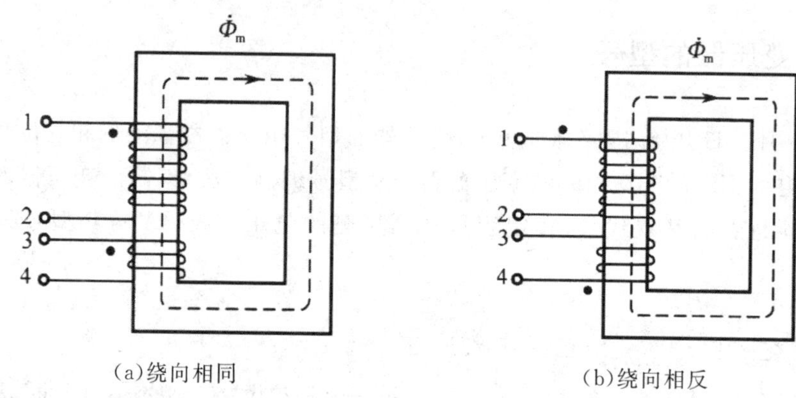

图 2-11　单相变压器的同名端

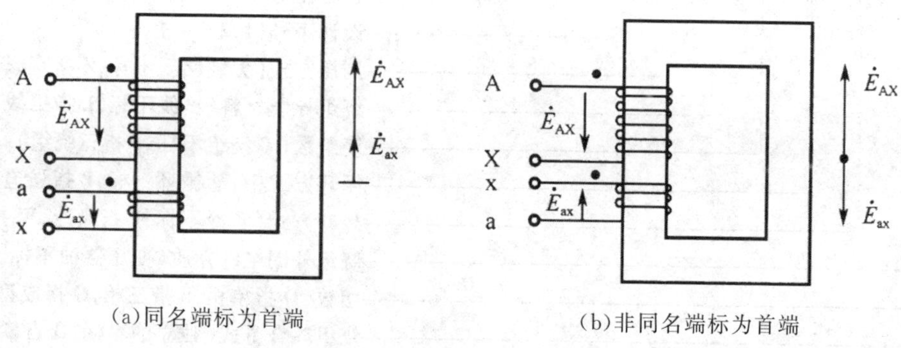

图 2-12　单相变压器连接组

为了能形象地表示原、副边电势相量之间的相位关系，采用时钟法描述这种关系。所谓时钟法，就是把原边电势相量看成时钟的长针，副边电势相量看成时钟的短针，把长针指向 12 点，再看短针指在哪一个数字上，把短针指向的这个数字作为连接组的标号。把连接组的标号乘以 30。便是副边电势相量滞后与原边向量的电度角。对于单相变压器，只有两种连接组，即Ⅰ/Ⅰ-12 和Ⅰ/Ⅰ-6。Ⅰ/Ⅰ表示原、副边都是单相绕组，其中斜线左边表示原绕组、斜线右边表示副绕组。12 和 6 表示连接组标号。我国国家标准 GB 1094—1971 规定，单相变压器以Ⅰ/Ⅰ-12 或Ⅰ/Ⅰ-0 为标准连接组。

与单相变压器的连接组有所不同，三相变压器的连接组别的表示方法是：大写字母表示一次侧（或原边）的接线方式，小写字母表示二次侧（或副边）的接线方式。Y（或 y）为星形接线，D（或 d）为三角形接线。“YN”表示一次侧为星形带中性线的接线。

三相变压器的连接组标号是用副边线电势向量与原边对应线电势向量之间的相位差来决定的，它不仅与线圈的绕法和首、末端的标注有关，还与三相绕组的连接方式有关，下面就分别介绍三相变压器的常用连接组。

三相变压器接线方式有 4 种基本连接形式：“Y，y”、“D，y”、“Y，d”和“D，d”。我国只采用“Y，y”和“Y，d”两种。

(1)Y，y 接法

如图 2-13 所示为 Y，y 连接的三相绕组的连接图。图 2-13(a)中将原、副边的同名端标为首端。此时原、副绕组对应各相的电势同相位，并且原、副绕组线电势 $\dot{E}_{AB}$ 和 $\dot{E}_{ab}$ 也同相位，如果把 $\dot{E}_{AB}$ 放在 12 点，则 $\dot{E}_{ab}$ 也指向 12 点，所以这种连接组用 Y，y12 或 Y，y0 表示。

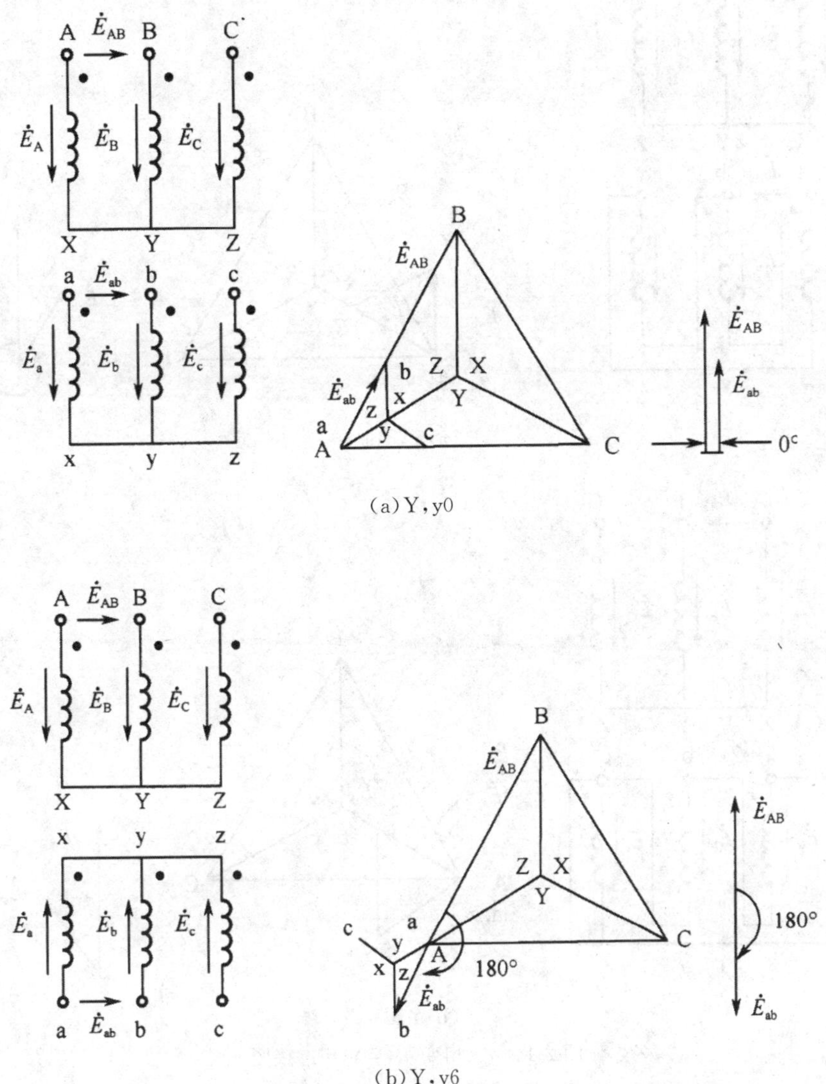

(a) Y，y0

(b) Y，y6

图 2-13　三相变压器 Y，y 连接

若将图 2-13(b)原、副绕组的首端选为非同名端，即把副绕组每相的首、末端对调，则得 Y，y6 连接组。

(2) Y，d 接法

如图 2-14 所示是 Y，d 连接时三相绕组的连接图，将原、副边同名端均标为首端。图 2-14(a)所示的副边各相的串联次序为 a→y→b→z→c→x→a。此时，原、副绕组对应相的相电势为同相位，但原绕组线电势 $\dot{E}_{AB}$ 与副绕组线电势 $\dot{E}_{ab}$ 的相位差为 11×30°＝330°。如果把 $\dot{E}_{AB}$ 放在 12 点，则 $\dot{E}_{ab}$ 指向 11 点，因而，此种连接组用 Y，d11 表示。图 2-14(b)所示的副边各相的串联次序为 a→z→c→y→b→x→a，此种连接组为 Y，d1。

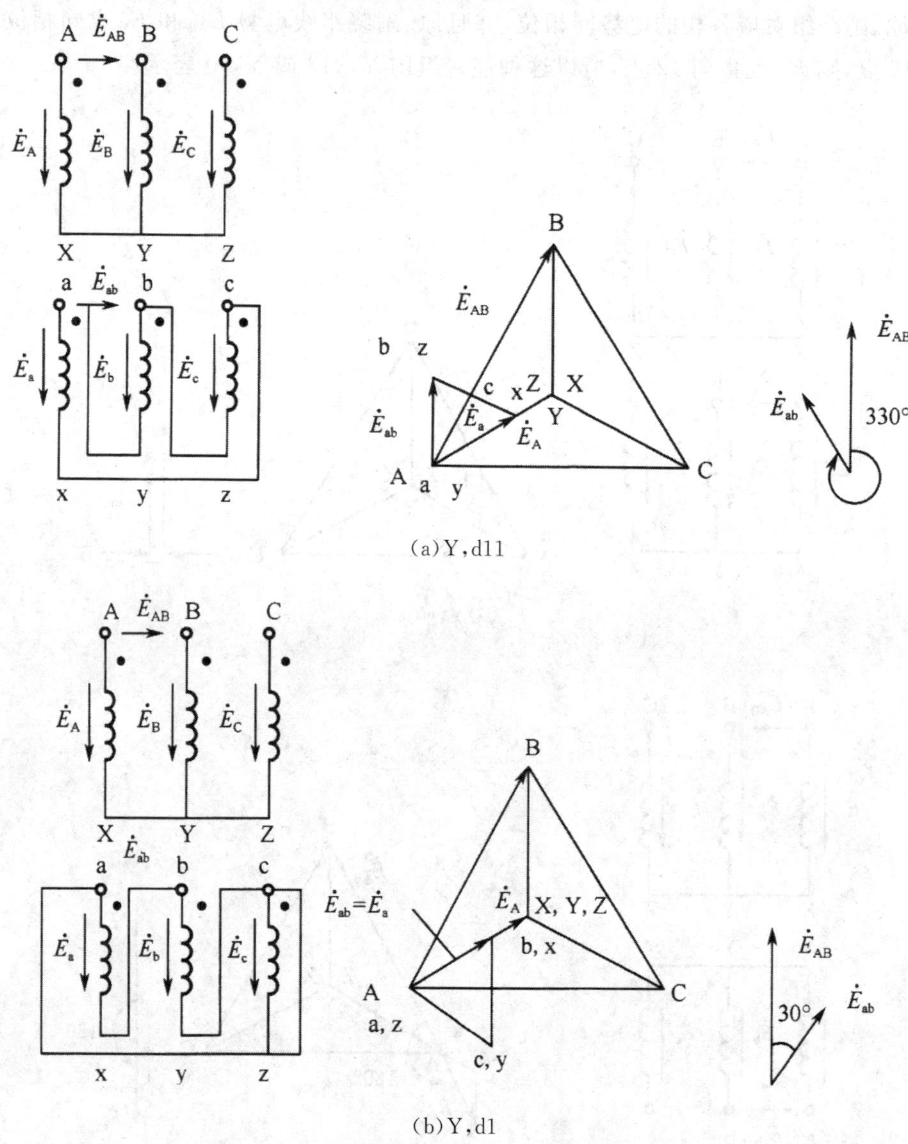

(a)Y,d11

(b)Y,d1

图 2-14　三相变压器 Y,d 连接图

2.4　其他用途的变压器

在实际工业生产中,除双绕组电力变压器外,还有各种用途的特殊变压器。本节仅介绍常用的自耦变压器、电压互感器、电流互感器和弧焊变压器的工作原理及特点。

2.4.1　自耦变压器

如图 2-15 所示是自耦变压器(auto-transformer)的原理图。这种变压器只有一个绕组,二次绕组是一次绕组的一部分，因此它的特点是：一、二次绕组之间不仅有磁的联系，电的方面也是连通的。其工作原理与双绕组变压器相同，一、二次绕组电压之比及电流之比为

$$\frac{U_1}{U_2}\approx\frac{N_1}{N_2}=k,\frac{I_1}{I_2}=\frac{N_2}{N_1}=\frac{1}{k} \tag{2-4-1}$$

自耦变压器分为可调式和固定抽头式两种。实验室中常用的是可调式自耦变压器，其二次侧匝数可通过分接头调节，分接头做成通过手柄操作能自由滑动的触头，从而可平滑地调节二次电压，所以这种变压器又称自耦调压器。

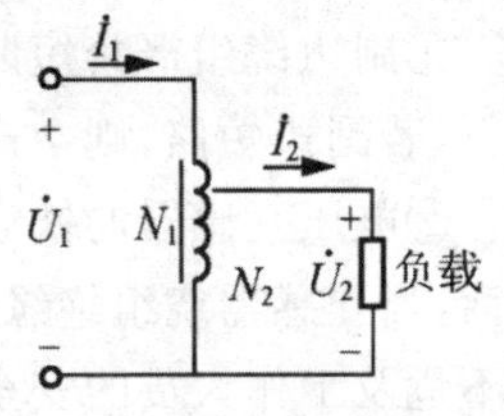

图 2-15　自耦变压器原理图

由于自耦变压器一次侧和二次侧之间有电的直接联系，一次侧的电气故障会波及二次侧，也可能发生把高电压引入低压绕组的危险事故，因此要求自耦变压器在使用时必须正确接线，外壳必须接地，且在低压侧使用的电气设备应有高压保护设备，以防过电压，此外还应有短路保护措施。

自耦变压器有单相也有三相的，一般三相自耦变压器采用星形接法，较大容量的三相异步电动机减压起动时，可用三相自耦变压器来实现减压起动，以减小起动电流。图 2-16 为常用的环形铁心单相自耦调压器原理图。自耦调压器常用来调节试验电压的大小。

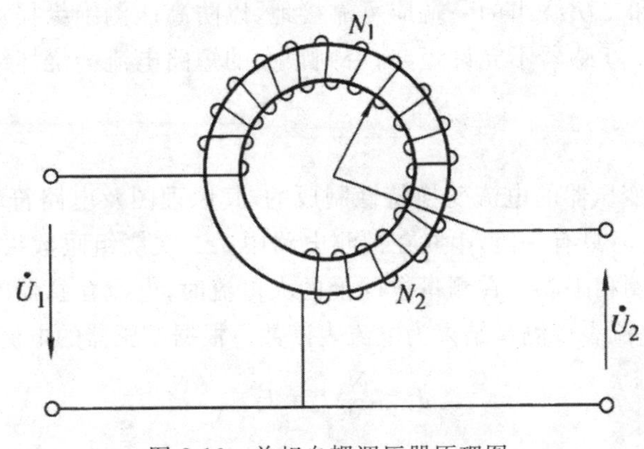

图 2-16　单相自耦调压器原理图

自耦变压器的特点是功率可以通过原副边的电联系直接传递，所以在体积相同的情况下，自耦变压器比普通变压器传递的功率要大；在功率相同的情况下，自耦变压器的体积小、损耗小、效率更高。

2.4.2　仪用变压器

在高电压、大电流的电力系统中，为了能够测量线路上的电压和电流，并使测量回路与高压线路隔离，保证工作人员的安全，需要用电压互感器(potential transformer)和电流互感器(current transformer)，二者统称为仪用变压器(instrument transformer)。

1. 电压互感器

如图 2-17 所示是电压互感器的接线图，它的一次绕组接到被测的高压线路上，二次绕组接电压表。电压互感器一次绕组的匝数很多，二次绕组匝数很少。由于电压表的阻抗很大，所以互

感器工作时，相当于一台降压变压器的空载运行。忽略漏磁阻抗压降，则有

$$\frac{U_1}{U_2}=\frac{N_1}{N_2}=k_u \tag{2-4-2}$$

使用电压互感器时，有以下几点注意事项：

①副边绕组严禁短路。因为电压互感器正常运行相当于空载运行，若副边短路，则会产生很大的短路电流，烧坏互感器。

②电压互感器的铁心和副边绕组的一端必须可靠接地。这样的话，当互感器绕组绝缘层损坏时，在副边绕组上产生对地的高电压不危及工作人员的安全。

③副边绕组的阻抗不能太小，即不能同时带太多的电压表，否则原、副绕组上流过的电流会增大，原副边的漏磁通增加，从而降低了电压互感器的测量精度。

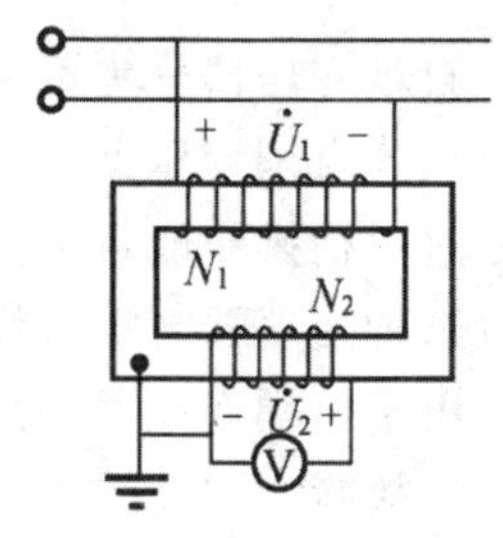

图 2-17 电压互感器原理图

通过选择适当的一、二次匝数比，就可以把高电压降为低电压来测量。通常二次侧的额定电压设计为 100 V。

对于专用互感器，为便于读数，电压表的刻度可以直接按一次侧的高电压值标出。为确保安全，电压互感器的铁心和二次绕组的一端应可靠接地，以防高压侧绝缘损坏时在低压侧出现高电压。另外，使用中的电压互感器不允许短路，否则很大的短路电流会烧坏绕组。

2. 电流互感器

电流互感器是根据变压器的电流变换特性制成的，其原理图及电路符号如图 2-18 所示，其中一次绕组的匝数很少，有时只有一匝，串联在被测电路中。二次绕组匝数很多，它与电流表或其他仪表及继电器的电流线圈相串联。在测量电网上的大电流时，电流互感器的原绕组串接在被测线路上，副边接测量用的电流表。测量结果为电流表读数。根据变压器的电流变换特性可得

$$I_1=\frac{N_2}{N_1}I_2=k_iI_2 \tag{2-4-3}$$

式中，k_i 是电流互感器的变换系数。

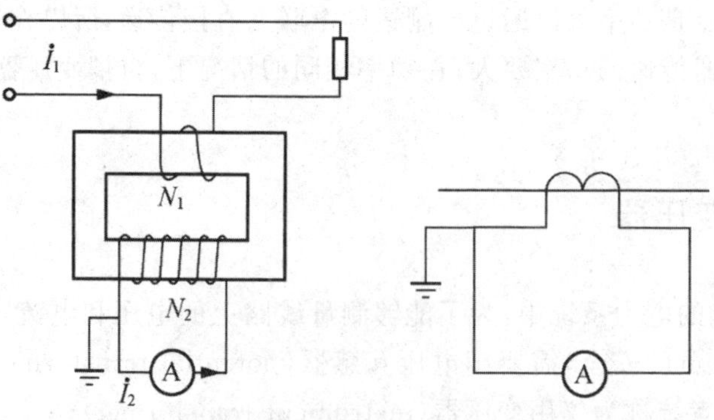

图 2-18 电流互感器的原理图及电路符号

使用电流互感器时，有以下几点注意事项：

①副边绕组严禁开路。开路运行时，原边被测大电流全部变成励磁电流，使互感器中的磁通急剧增大，铁心损耗也急剧增加，使互感器发热严重，迅速损坏。正常运行时由于原副边的磁势

相互抵消,不会对互感器产生影响。

②铁心和副绕组一端应该可靠接地。

③为了不使励磁电流增加,副边回路串入的阻值不能超过一定值。

钳形电流表就是一种电流互感器。测量时,将被测电流的一根导线放入电流表的钳口中,该导线就相当于互感器的原边,匝数为一匝,在电流表上就可直接读出电流的数值。

2.4.3　电焊变压器

电焊变压器是电弧焊机使用的变压器,是一种降压变压器。根据电焊机的工作需要,要求它具有急剧下降的伏安特性。电焊变压器的工作原理与普通变压器相同,但其性能却有很大差别。电焊变压器的一、二次绕组分别装在两个铁心柱上,两个绕组漏抗都很大。电焊变压器与可变电抗器组成交流电焊机,如图 2-19(a)所示。电焊机具有如图 2-19(b)所示的陡降外特性,空载时,$I_2=0$,I_1 很小,漏磁通很小,电抗无压降,有足够的电弧点火电压,其值为 60～80 V;焊接开始时,交流电焊机的输出端被短路,但由于漏抗和交流电抗器的感抗作用,短路电流虽然较大但并不会剧烈增大。

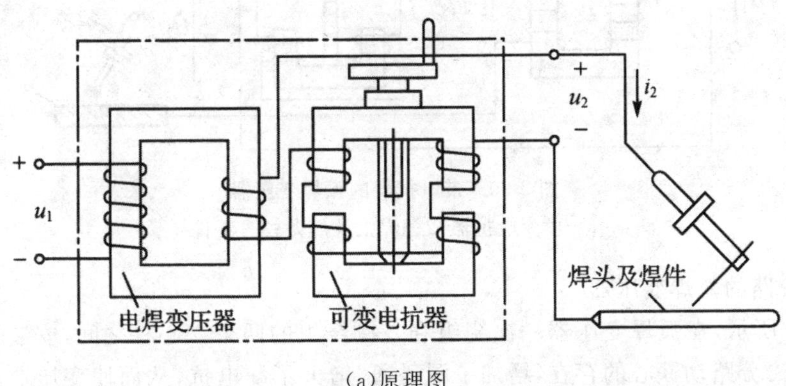

(a)原理图

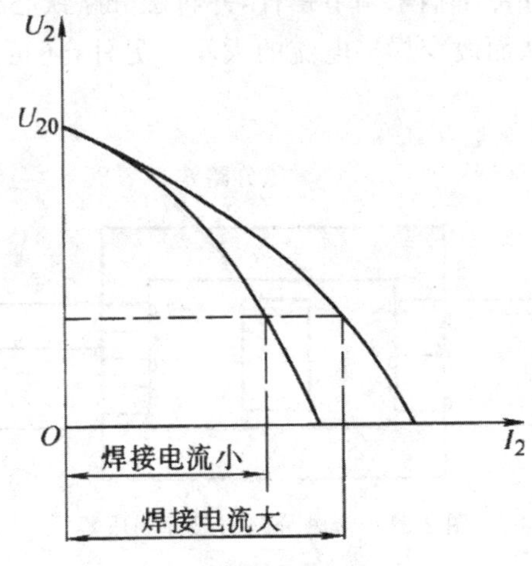

(b)外特性图

图 2-19　电焊变压器的原理图

焊接时，焊条与焊件之间的电弧相当于一个电阻，电阻上的压降为30 V。当焊件与焊条之间的距离发生变化时，相当于电阻的阻值发生了变化，但由于电路的电抗比电弧的阻值大很多，所以焊接时电流变化不明显，保证了电弧的稳定燃烧。

为了适应不同的焊件和不同规格的焊条，还要求电焊变压器能够调节工作电流。常用的方法有两种，一种是在变压器的副边串联电抗器来改变焊接电流，另一种是通过在电焊变压器的铁心中插入磁分路来改变焊接电流。

(1)带电抗器的弧焊变压器

如图2-20所示，在弧焊变压器二次绕组中串联一个可变电抗器，通过螺杆调节可变电抗器的气隙来改变弧焊电流。当可变电抗器的气隙增大时，电抗器 L 减小，X_L 减小，焊接电流增大；反之，若气隙减小，电抗器的电抗增大，焊接电流减小。另外，换接一次绕组的端头，可以调节起弧电压大小。

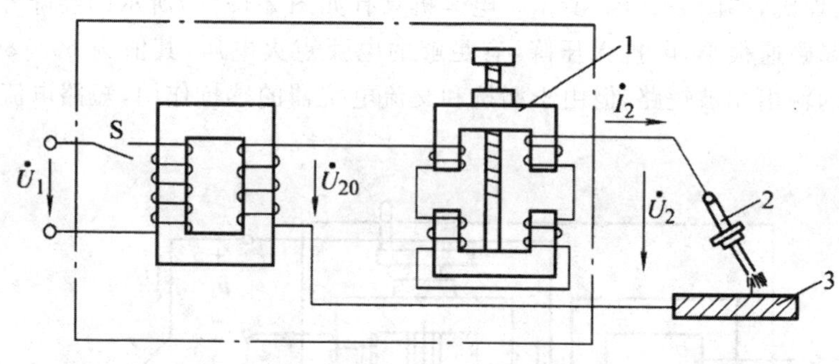

图2-20 带电抗器的弧焊变压器

1—可变电抗器；2—焊把及焊条；3—工件

(2)带磁分路的弧焊变压器

如图2-21所示，在弧焊变压器一次绕组和二次绕组的两个铁心柱之间，安装了一个磁分路动铁心。由于磁分路动铁心的存在，增加了漏磁通，增大了漏电抗，从而使变压器获得迅速下降的外特性。通过弧焊变压器外部手柄来调节螺杆，并将磁分路铁心移进或移出，使漏磁通增大或减小，即漏电抗增大或减小，从而改变焊接电流的大小。另外，还可通过二次绕组抽头调节起弧电压的大小。

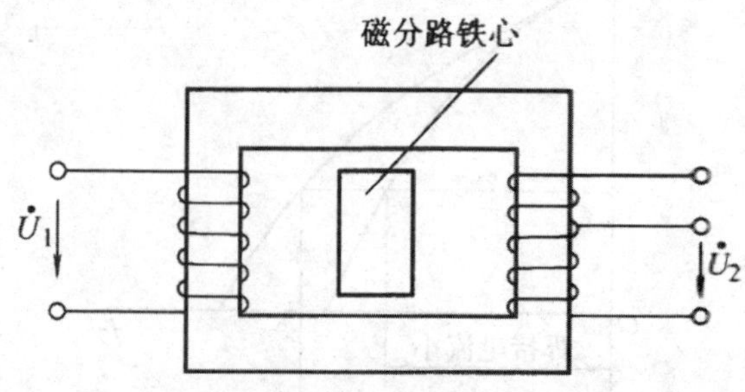

图2-21 带磁分路的弧焊变压器

我国生产的BX1系列交流弧焊机就是根据上述原理设计而成的，图2-22为BX1系列磁分路动铁心式交流弧焊机原理结构与电路图。其实质为一台单相磁分路式降压变压器，如图2-22(a)所示，其一次绕组为筒形绕组套装在一个铁心柱上，二次绕组分成两部分，一部分套装在一次绕组外面，另一部分兼作电抗器线圈装在另一侧固定铁心柱上。

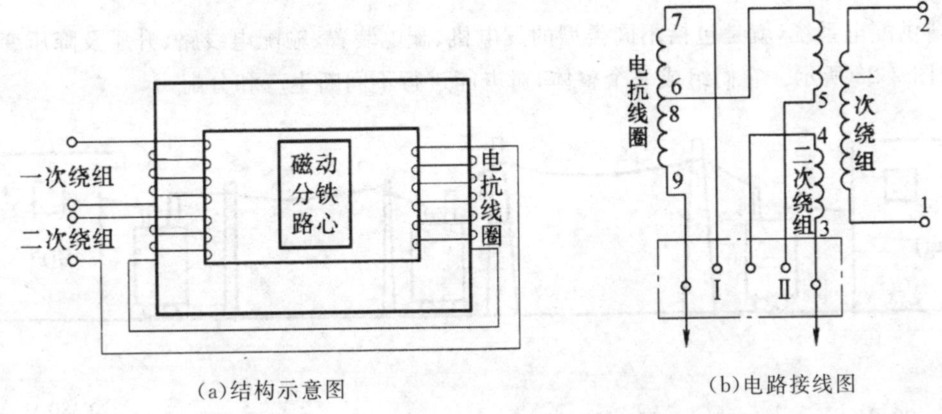

(a)结构示意图　　(b)电路接线图

图 2-22　BX1 系列磁分路动铁心式交流弧焊机原理结构与接线图

交流电焊机空载时，由于无焊接电流流过，电抗线圈不产生电抗压降，故形成较高的空载电压，便于引弧。焊接时，二次绕组流过焊接电流，在铁心内产生磁通，该磁通经过磁分路动铁心又回到二次绕组构成回路成为漏磁通，由于铁心磁阻很小，漏磁通很大。漏磁通在二次绕组中感应出反电动势，使二次绕组电压下降。当二次绕组输出端短路时，二次电压几乎全部被反电动势抵消，从而限制了短路电流，获得下降的外特性。

BX1 系列交流弧焊机两侧装有接线板，一侧为一次绕组接线板，另一侧为二次绕组接线板。更换二次绕组接线板上连接片位置，可改变二次绕组和电抗线圈匝数从而实现焊接电流的粗调；转动交流电焊机中部的手柄，可改变磁分路动铁心的位置，即改变漏磁分路大小，实现焊接电流的细调。当动铁心远离固定铁心时，漏磁通减小，焊接电流加大；反之，当动铁心靠近固定铁心时，漏磁通增大，焊接电流减小。

2.5　变压器的应用举例

2.5.1　电力变压器的应用

电力变压器是电力系统主要电气设备。发电厂的发电机输出电压受到发电机绝缘水平的限制，通常电压为 6.3 kV、10.5 kV，最高为 20 kV。在远距离输送电能时，须将发电机的输出电压通过升压变压器升高到几万伏或几十万伏，以降低输电线路的电流，从而减少输电线路上的能量损耗。

输电线路将几万伏或几十万伏的高压电能输送到负荷区后，须经过降压变压器将高电压降低，以适合于用电设备的使用。在供电系统中需要大量的降压变压器，将输电线路的高压变换成不同等级电压，以满足各类负荷的需要。

本小节以电力变压器在工厂供配电系统中的应用为例，主要讨论研究电力变压器在工厂配电系统中如何选择的问题。

1. 配电系统

(1)供配电系统的组成

所谓供配电系统,就是包括不同类型的发电机、配电装置、输配电线路、升压及降压变电所和用户,如图 2-23 所示。它们组成一个整体,对电能进行不间断生产和分配。

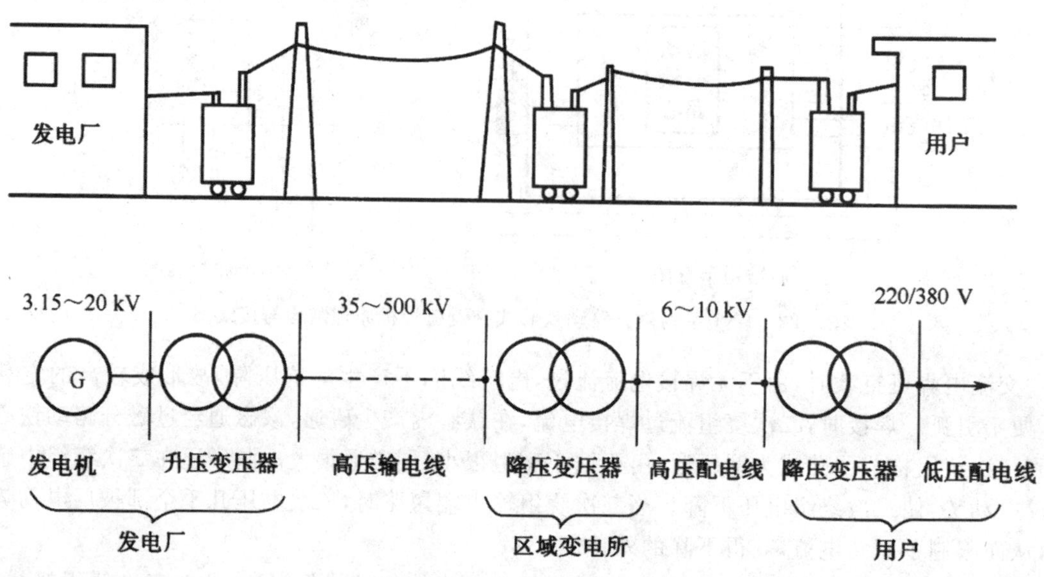

图 2-23　电力系统

(2)变配电所的作用

变电所是接收、变换、分配电能的环节,是供电系统中极其重要的组成部分。它是由变压器(有变流器的叫变流站)、配电装置、保护及控制设备、测量仪表,以及其他附属设施(实验、维修、油处理等)及有关建筑物组成的。

2. 变压器的选择

(1)降压变电所主变压器的台数选择

①应满足用电负荷对可靠性的要求。在一、二级负荷的变电所中,选择两台主变压器,当在技术经济上允许时可以选择多台变压器。

②对季节性负荷或昼夜负荷变化大的应采用经济运行方式的变电所,技术经济合理时可取两台变压器。

③三级负荷一般选择一台主变压器,负荷较大时也可以采用两台主变压器。

(2)降压变电所主变压器容量的选择

装单台变压器时,其额定容量 S_N 应能满足全部用电设备的计算负荷 S_C,考虑负荷的发展应留有一定的裕度,并考虑变压器的经济运行,即:

$$S_N \geqslant (1.5 \sim 1.4) S_C \tag{2-5-1}$$

装有两台主变压器时,其中任意一台主变压器容量 S_N 应同时满足以下两个条件。

①任一台主变压器单独运行时，应满足总计算负荷的 60％～70％的要求，即：

$$S_N \geqslant (0.6 \sim 0.7) S_C \tag{2-5-2}$$

②任一台主变压器单独运行时，应能满足全部第一、二级负荷 $S_{C(\mathrm{I}+\mathrm{II})}$ 的需要，即：

$$S_N \geqslant S_{C(\mathrm{I}+\mathrm{II})} \tag{2-5-3}$$

一般来讲，变压器容量和台数的确定是与变电所主接线方案一起确定的，在设计主接线方案时，也要考虑到用电单位对变压器台数和容量的要求。

(3)车间变电所变压器台数和容量的确定

车间变电所变压器台数和容量的确定原则和总降压变电所基本相同，即在保证电能质量的要求下，应尽量减少投资、运行费用和有色金属耗用量。

车间变电所变压器台数选择原则，对于二、三级负荷，变电所只设置一台变压器，其容量可根据计算负荷决定。可以考虑从其他车间的低压线路取得备用电源，这不仅在故障下可以对重要的二级电荷供电，而且在负荷极不均匀的轻负荷时，也能使供电系统达到经济运行。对一、二级负荷较大的车间，采用两独立进线，其容量确定和总降压变电所相同。

车间变电所中，单台变压器容量不宜超过 1000 kVA，现在我国已能生产大断流容量的新型低压开关电器，因此，如果车间负荷容量较大、负荷集中且运行合理时，可选用单台容量为 1250(或 1600)～2000 kVA 的配电变压器。对装设在二层楼以上的干式变压器，其容量不宜大于 630 kVA。

2.5.2　互感器的应用

互感现象在电子技术和电力电路中的应用很广泛。通过互感可以使能量或信号由一个线圈方便地传递到另一个线圈，利用互感现象的原理可制成变压器、感应圈等。在电力系统中经常使用电压互感器和电流互感器。

(1)电压互感器

高压电很危险，所以在测量高压电路的电压时，往往需要把电压按一定比例降到低压标准值(100V)以内，然后再进行测量。

电压互感器是一种把高电压转变为低电压的电压转换器，它由铁心和绕组两部分组成，绕组有一次绕组和二次绕组之分，一次绕组匝数很多而二次绕组匝数很少；一次绕组和二次绕组绕制在同一个铁心上。电压互感器工作时一次绕组并联在高压侧，而二次绕组则与电压表等测量线圈并联。

如图 2-24 所示为电压互感器工作原理示意图。

电压互感器正常工作时可以看作是一台空载运行的降压变压器。当一次绕组接入电源电压 U_1 时，在一次绕组中流过空载电流，在铁心中产生磁通，使二次绕组中产生感应电压 U_2。一、二次绕组中产生的电压有以下所示关系。

$$K_u = \frac{U_1}{U_2} = \frac{N_1}{N_2} \tag{2-5-4}$$

式中，N_1 为电压互感器一次绕组匝数；N_2 为电压互感器二次绕组匝数；K_u 电压互感器变压比。

在电能计量装置中，采用电压互感器后，电能表上的读数，乘以电压互感器的变比，就是实际使用电量。

(2)电流互感器

电流互感器则可以将电路中的大电流转变为小电流，是一种进行电流变换的器件。电力电路中，为了安全测量大电流往往需要用电流互感器把大电流变为小电流(小于 5 A)后，再用电流表进行测量。

电流互感器的结构与电压互感器基本相同，电流互感器的一次绕组匝数少、导线粗，而二次绕组则匝数多、导线细；使用时一次绕组串联接入被测电路中，二次绕组则串联接相应的仪器或仪表。

如图 2-25 所示是电流互感器工作原理示意图。由于一次绕组与二次绕组有相等的安匝数，因此，电流互感器的电流比 K_i 为

$$K_i=\frac{I_1}{I_2}=\frac{N_1}{N_2} \tag{2-5-5}$$

电流互感器实际运行中负荷阻抗很小，二次绕组接近于短路状态，相当于一个短路运行的变压器。

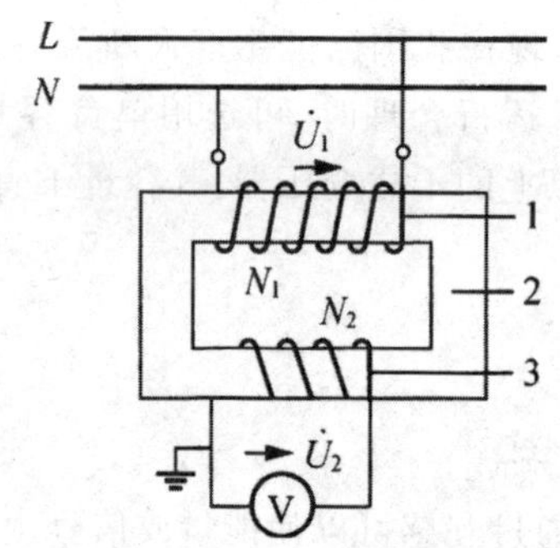

图 2-24　电压互感器工作原理示意图

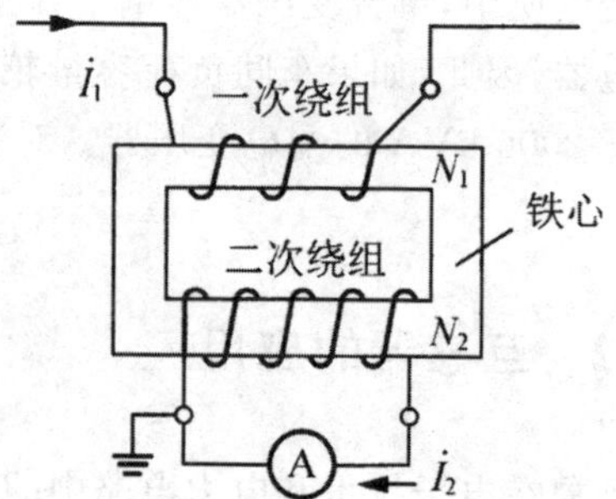

图 2-25　电流互感器工作原理示意图

课后思考题

1. 变压器的基本定义是什么？它的基本分类是什么？
2. 变压器空载运行时的电磁关系？
3. 变压器负载运行时的电磁关系？
4. 变压器的绕组组别是如何规定的？
5. 自耦变压器的基本工作原理？
6. 电压互感器和电流互感器的区别和联系？

第3章 常用低压电器元件

3.1 低压电器的分类

用于额定电压在交流1200 V或直流1500 V及其以下的电路中起通断、保护、控制和调节作用的电器,称为低压电器。

低压电器种类繁多,功能多样,用途广泛,结构各异,工作原理各不相同,分类方法多种多样。

(1)按用途分类

低压控制电器:用于各种控制电路和控制系统中的电器。如手动电器有转换开关、控制按钮和主令控制器等,自动电器有接触器、继电器和电磁阀等,自动保护电器有热继电器、熔断器等。

低压配电电器:用于电能输送和分配的电器。如刀开关、熔断器、隔离开关和低压断路器等。

执行电器:用于完成某种动作或传送功能的电器。如电磁铁、电磁离合器等。

通信用低压电器:具有计算机接口和通信接口,可与计算机网络连接的电器。如智能化断路器、智能化接触器和电动机控制器等。

终端电器:用于线路末端的一种小型化、模数化的组合式开关电器,可根据需要组合成具有对电路和用电设备进行配电、保护、控制、调节、报警等功能的电路设备,包括各种智能单元、信号指示器、防护外壳和附件等。

(2)按动作原理分

手动电器:通过人的操作发出动作指令以完成接通、分断等动作的电器,如按钮、刀开关等。

自动电器:不需要人工操作,通过产生电磁吸力而自动完成动作指令的电器,如接触器、继电器、电磁换向阀等。

(3)按用途分

主令电器:用于自动控制系统中发送控制指令的电器,如按钮、行程开关等。

控制电器:用于控制电路和系统的电器,如接触器、继电器等。

保护电器:用于保护用电设备和电路的电器,如熔断器、热继电器、避雷器等。

执行电器:用于传动或完成某种动作功能的电器,如电磁铁、电磁离合器等。

配电电器:用于电能的输送和分配的电器,如高压断路器、隔离开关、刀开关、低压断路器等。

(4)按工作原理分

电磁式电器:电器感测元件接收电流或电压等电量信号,依据电磁感应原理来工作的电器,如接触器、各种类型的电磁式继电器等。

非电量控制电器:依靠外力或某种非电物理量的变化而动作的电器,如刀开关、行程开关、按钮、速度继电器、温度继电器等。

(5)按电器执行功能分类

有触头(点)电器:电器通断电路的执行功能由触头来实现。

无触头电器:电器通断电路的执行功能根据输出信号的逻辑电平来实现。

混合电器:有触头和无触头结合的电器。

(6)按电力拖动自动控制系统用电器分类

接触器:有交流接触器、直流接触器、切换电容器接触器、真空接触器和智能接触器等类型。

继电器:有电压继电器、电流继电器、时间继电器、中间继电器、热继电器、温度继电器、压力继电器、速度继电器和固态继电器等。

主令电器:有按钮、微动开关、接近开关、行程开关和主令控制器等。

执行电器:有电磁铁、电磁阀、电磁离合器和电磁抱闸等。

熔断器:有插入式熔断器、螺旋式熔断器、有填料密封式熔断器、无填料密封式熔断器、快速熔断器和自恢复熔断器等类型。

低压断路器:有万能框架式低压断路器、装置式(塑壳式)低压断路器和智能化断路器等类型。

隔离开关、转换开关:有单极、双极和三极等类型,并有多种安装形式。

成套电器:主要有低压控制屏(柜)、低压配电屏(柜)、动力配电箱(柜)和照明配电箱(柜)四大类。

3.2 电磁式低压电器的基本结构和原理

从结构上看,电器一般都具有两个基本组成部分,即感受部分与执行部分。感受部分接受外界输入的信号,并通过转换、放大与判断做出有规律的反应,使执行部分动作,输出相应的指令,实现控制的目的。对于有触头的电磁式电器,感受部分是电磁机构,执行部分是触头系统。触头系统存在接触电阻和电弧的物理现象,对电气系统的安全运行影响较大。

3.2.1 电磁式低压电器的电磁机构

电磁机构系统是电磁式继电器和接触器等低压器件的主要组成部件之一,由吸引线圈、铁心和衔铁组成。其工作原理是将电磁能转换成机械能,带动触点进行工作,完成接通和分断电路的功能,如图 3-1 所示。

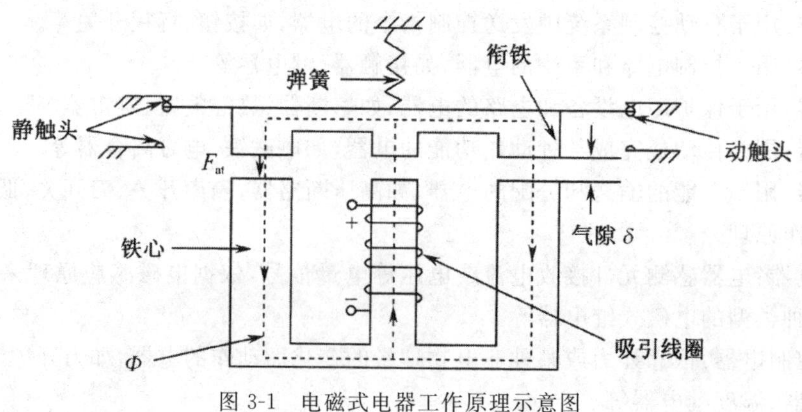

图 3-1　电磁式电器工作原理示意图

1. 电磁机构的结构形式

如图 3-2 所示为几种常用电磁机构的结构示意图。由图可见，衔铁可以直动，也可以绕支点转动。按磁系统形状分类，电磁机构可分为 U 形[见图 3-2(a)、(b)]和 E 形[见图 3-2(c)]两种。铁心按衔铁的运动方式分为如下几类：

①衔铁沿棱角转动的拍合式铁心，结构如图 3-2(a)所示。这种形式的铁心磨损较小，多用于直流继电器和接触器。

②衔铁沿轴转动的拍合式铁心，结构如图 3-2(b)所示，其衔铁绕轴转动，铁心一般用硅钢片叠成，常用于较大容量的交流接触器。

③衔铁做直线运动的直动式铁心，结构如图 3-2(c)所示。

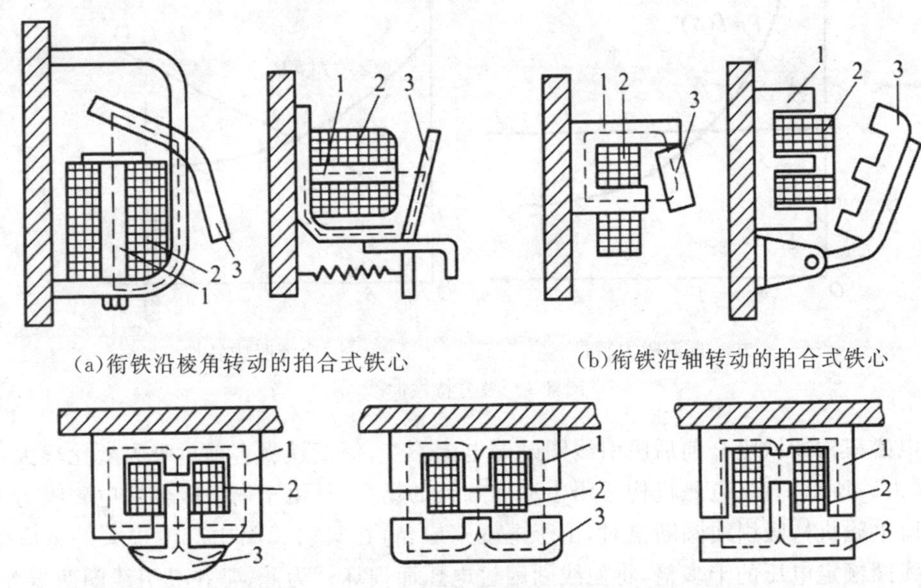

图 3-2　常用电磁机构的结构示意图

1—铁心；2—吸引线圈；3—衔铁；虚线：表示磁路

吸引线圈用以将电能转换为磁能，按吸引线圈通入电流性质不同，电磁机构分为直流电磁机构和交流电磁机构，其线圈称为直流电磁线圈和交流电磁线圈。直流电磁线圈一般做成无骨架、高而薄的瘦高型，线圈与铁心直接接触，易于线圈散热；交流电磁线圈由于铁心存在磁滞和涡流损耗，造成铁心发热，为此铁心与衔铁用硅钢片叠制而成，且为改善线圈和铁心的散热，线圈设有骨架，使铁心和线圈隔开，并将线圈做成短而厚的矮胖型。另外，根据线圈在电路中的连接方式，又有串联线圈和并联线圈。串联线圈采用粗导线、匝数少，其又称为电流线圈；并联线圈匝数多，线径较细，又称为电压线圈。

2. 电磁机构的工作原理

电磁机构具备两个工作特性：吸力特性和反力特性。

(1)吸力特性

吸力特性指的是电磁机构的吸力与气隙之间的关系是一条曲线，且吸力的大小与许多因素相关，一般按下式进行求值。

$$F=4\times10^5 B^2 S=4\times10^5\ \frac{\phi^2}{S} \tag{3-2-1}$$

式中，B 为气隙间磁通密度，T；S 为吸力气隙端面积，m^2；F 为电磁吸力，N。

当面积 S 为常数时，吸力 F 与磁通密度 B^2 呈线性关系，即

$$F\propto\frac{\phi^2}{S} \tag{3-2-2}$$

电磁机构的吸力特性反映的是其电磁吸力与气隙的关系，而励磁电流的种类不同，其吸力特性也不一样。如图 3-3 所示为直流和交流吸力特性曲线。

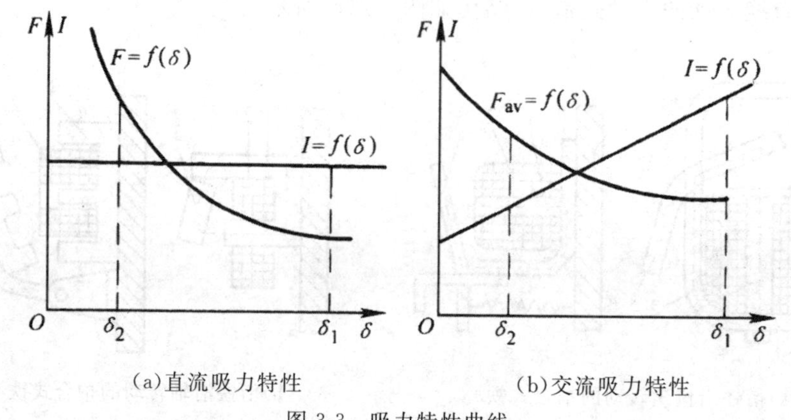

(a)直流吸力特性　　(b)交流吸力特性

图 3-3　吸力特性曲线

直流电磁机构衔铁吸合前后吸引线圈励磁电流不变，但衔铁吸合前后吸力变化很大，气隙越小，吸力越大。所以，直流电磁机构适用于动作频繁的场合，且由于衔铁吸合后电磁吸力大，工作可靠。直流电磁机构吸引线圈断电时，由于电磁感应，将在吸引线圈中产生很大的感应电动势，其值可达线圈额定电压的十多倍，将使线圈因过电压而损坏。为此，常在吸引线圈两端并联由电阻与一个硅二极管串联组成的放电回路，正常励磁时，因二极管处于截止状态，放电回路不起作用，而当吸引线圈断电时产生的感应电动势则经放电回路将其能量释放出来并消耗在电阻上，起到过电压保护。一般地，放电电阻阻值为线圈直流电阻的 8 倍左右。

交流电磁机构在衔铁未吸合时，磁路中因气隙磁阻较大，维持同样的磁通，所需的励磁电流即线圈电流，比吸合后无气隙时所需的电流大得多。对于 U 形交流电磁机构的励磁电流在线圈已通电，但衔铁尚未动作时的电流为衔铁吸合后的额定电流的 5～6 倍；对于 E 型电磁机构则高达 10～15 倍。所以，交流电磁机构的线圈通电后，衔铁因卡住而不能吸合，或交流电磁机构频繁工作，都将因线圈励磁电流过大而烧坏线圈。为此，交流电磁机构不适用于可靠性要求高与频繁操作的场合。

(2)反力特性

反力特性指的是电磁机构使衔铁释放的力与气隙之间的关系是一条曲线。反力一般为弹簧的反力 F_{f1} 或者衔铁的自重力 F_{f2}，计算公式如下。

$$F_{f1}=K_1 x \tag{3-2-3}$$

$$F_{f2}=-K_2 \tag{3-2-4}$$

式中，x 为机械形变的位移量。

如图 3-4 所示为反力特性曲线。

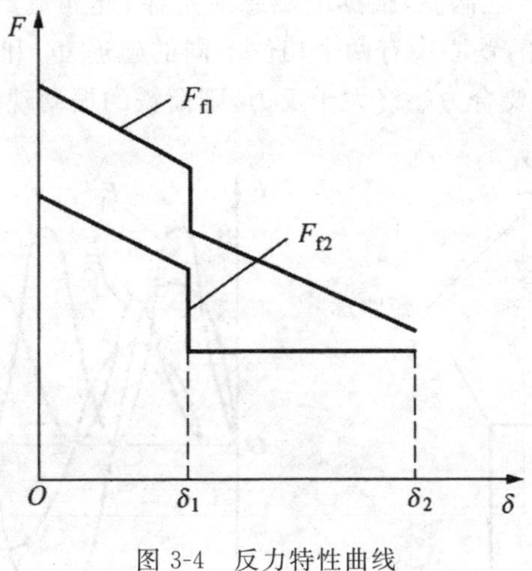

图 3-4　反力特性曲线

(3)吸力特性与反力特性的配合

电磁机构欲使衔铁吸合,则在整个吸合过程中吸力应大于反力,但也不能过大,否则将会影响电器的机械寿命。如果反映在特性图上,就是要保证吸力特性在反力特性的上方。当切断电磁机构的激励电流以释放衔铁时,其反力必须大于剩磁吸力,才能保证衔铁可靠释放。吸力特性、反力特性与剩磁吸力特性之间的配合如图 3-5 所示。电磁机构的反力特性必须介于电磁吸力特性和剩磁吸力特性之间。

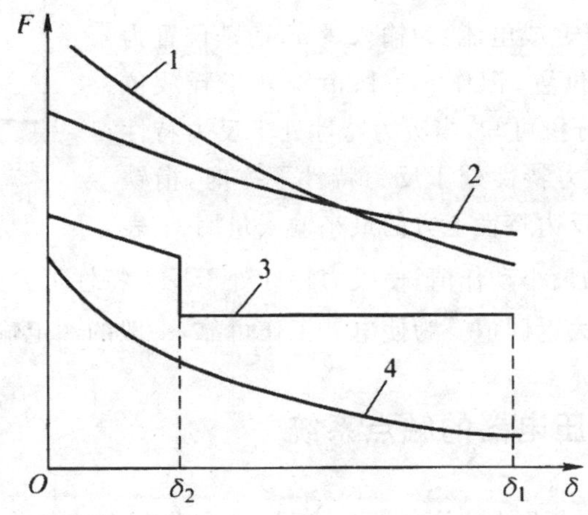

图 3-5　吸力特性和反力特性

1—直流吸力特性;2—交流吸力特性;3—反力特性;4—剩磁吸力特性

在实际使用中,一般通过调整反力弹簧或触点初压力以改变反力特性,使之与吸力特性有良好的配合。

对于单相交流电磁机构,由于交流磁通过零时吸力也为零,吸合后的衔铁在反力作用下将被拉开;磁通过零后吸力增大,当吸力大于反力时衔铁又吸合。这样,在交流电每个周期内衔铁吸力要两次过零,使衔铁产生强烈的振动和噪声,甚至造成铁心松散。为避免衔铁振动,可在铁心端面上安装一个铜制的分磁环(或称短路环),如图 3-6 所示。当电磁机构的交变磁通穿过短路环所包围的截面 S_2时,环中产生涡流,根据电磁感应定律,此涡流产生的磁通 Φ_2 在相位上滞后于截面 S_1 中的磁通 Φ_1。这样,铁心中有两个相位不同的磁通 Φ_1 和 Φ_2,电磁机构的吸力为二者产生的吸力 F_1和 F_2之和,只要合力始终大于反力,则衔铁的振动现象将被消除。

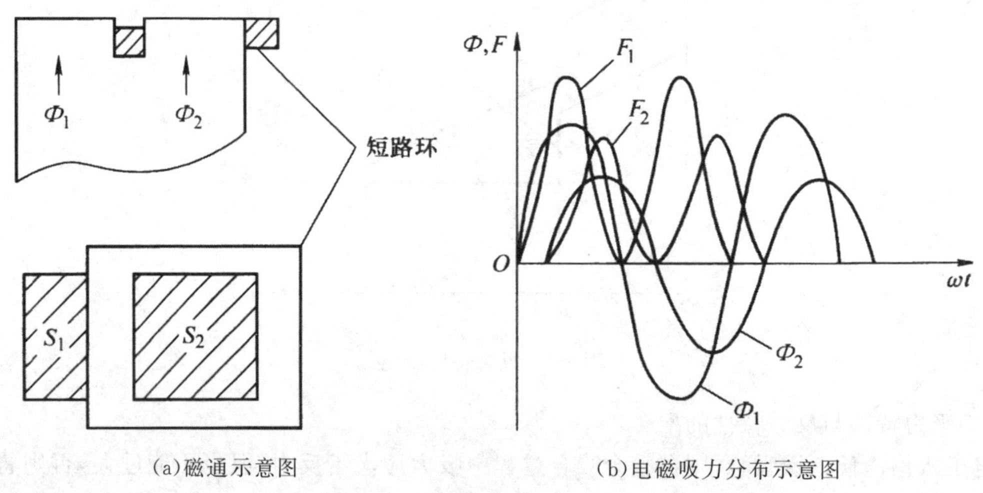

(a)磁通示意图　　(b)电磁吸力分布示意图

图 3-6　安装短路环后的磁通和电磁吸力分布示意图

(4)电磁机构的输入-输出关系

继电器或接触器等的电磁机构的输入-输出关系,以及其触点状态的转换称为继电特性,如图 3-7 所示。

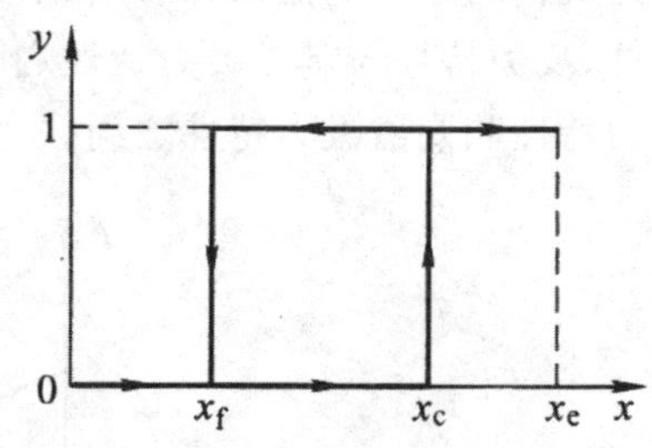

图 3-7　电磁机构的继电特性

设电磁机构线圈的电压(或电流)为输入量 x,衔铁位置为输出量 y。衔铁处于吸合位置,记作 $y=1$;衔铁处于释放位置,记作 $y=0$。由前面的分析可知,当吸力特性处于反力特性上方时,衔铁被吸合;当吸力特性处于反力特性下方时,衔铁被释放。使吸力特性处于反力特性上方的最小输入量用 x_c 表示,一般称其为电磁机构的最小动作值;使吸力特性处于反力特性下方的最大输入量用 x_f 表示,一般称其为电磁机构的最大返回值。为使电器工作可靠,一般的额定输入量 x_e 应大于 x_c。

3.2.2　电磁式低压电器的触点系统

触点亦称触头,是电磁式电器的执行部分,起接通和分断电路的作用。因此,要求触头导电导热性能好,通常用铜、银、镍及其合金材料制成,有时也在铜触头表面电镀锡、银或镍。对于一些特殊用途的电器如微型继电器和小容量的电器,触头采用银质材料制成。

触头闭合且有工作电流通过时的状态称为电接触状态,电接触状态时触头之间的电阻称为接触电阻,其大小直接影响电路工作情况。若接触电阻较大,电流流过触头时造成较大的电压降,这对弱电控制系统影响较严重。同时电流流过触头时电阻损耗大,将使触头发热导致温度升高,严重时可使触头熔焊,这样既影响工作的可靠性,又降低了触头的寿命。触头接触电阻大小主要与触头的接触形式、接触压力、触头材料及触头表面状况等有关。

1. 触点的接触形式

触点的接触形式有点接触(如球面对球面、球面对平面等)、线接触(如圆柱对平面、圆柱对圆柱等)和面接触(如平面对平面)三种,如图 3-8 所示。

图 3-8　触点的接触形式

三种接触形式中,点接触形式的触点只能用于小电流的电器中,如接触器的辅助触点和继电器的触点;面接触形式的触点允许通过较大的电流,一般在接触表面上镶有合金,以减小触点接触电阻和提高耐磨性,多用于较大容量接触器的主触点;线接触形式的触点接触区域是一条直线,其触点在通断过程中有滚动动作。

2. 触点的结构形式

触头在接触时,要求其接触电阻尽可能小,为使触头接触更加紧密以减小接触电阻,同时消除开始接触时产生的振动,在触头上装有接触弹簧,使触头刚刚接触时产生初压力,随着触头闭合逐渐增大触头互压力。

触头按其原始状态可分为常开触头和常闭触头。原始状态时(吸引线圈未通电时)触头断开,线圈通电后闭合的触头叫常开触头(动合触头)。原始状态闭合,线圈通电断开的触头叫常闭触头(动断触头)。线圈断电后所有触头回复到原始状态。

按触头控制的电路可分为主触头和辅助触头。主触头用于接通或断开主电路,允许通过较大的电流,辅助触头用于接通或断开控制电路,只能通过较小的电流。

触头的结构形式主要有桥式触头和指形触头,如图 3-9 所示。

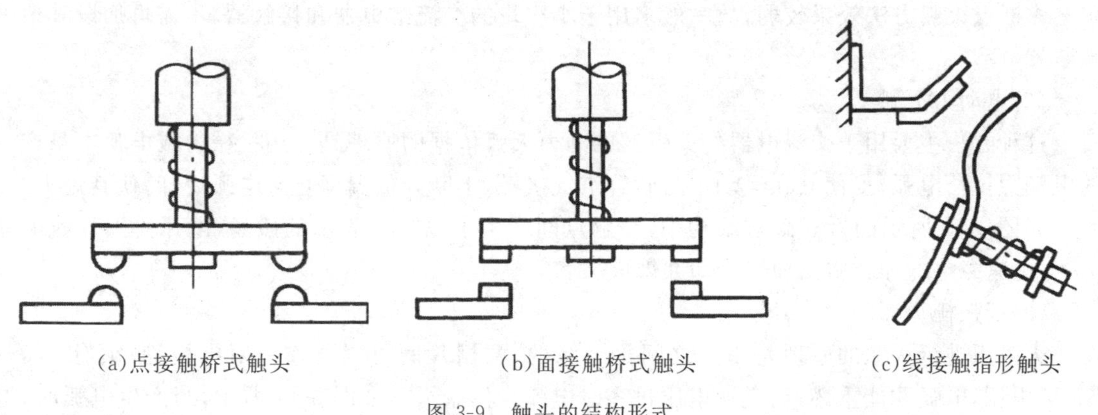

图 3-9　触头的结构形式

桥式触头在接通与断开电路时由两个触头共同完成,对灭弧有利。这类结构触头的接触形式一般是点接触和面接触。指形触头在接通或断开时产生滚动摩擦,能去掉触头表面的氧化膜。从而减小触头的接触电阻。指形触头的接触形式一般采用线接触。

3.2.3 电弧的产生和灭弧原理及装置

1. 电弧的产生

触点在通断过程中将产生电弧,电弧会烧损触点,还可造成其他故障。电弧的存在不仅妨碍了电路及时可靠的分断,而且使触点受到磨损。为此,必须采取适当的措施,减少磨损,保护触点系统,以提高其分断能力,从而保证整个电器能够安全可靠地工作。

电弧是在自然环境下开断电路时,如果被开断电路的电流(电压)超过某一数值时,触头间气体在强电场作用下产生的放电现象。这时触头间隙中的气体被游离产生大量的电子和离子,在强电场作用下,大量的带电粒子作定向运动,使绝缘的气体变成了导体。电流通过这个游离区时所消耗的电能转换为热能和光能,由于光和热的效应,产生高温并发出强光,使触头烧蚀,并使电路切断时间延长,甚至不能断开,造成严重事故。为此,必须采取措施熄灭或减小电弧。

根据电弧产生的物理过程可知,要使电弧熄灭,应设法降低电弧区的温度和电场强度、加强消电离作用,当电离速度低于消电离速度时,电弧即逐渐熄灭。

2. 灭弧原理及装置

(1)多断点灭弧

在交流继电器和接触器中常采用的桥式触点有两个断点。交流电路在过零后,假如一对断点处电弧重燃需要的电压为150～250 V,那么两对断点就需要300～500 V,若断点电压达不到此值,电弧过零后由于不能重燃而熄灭。

当采用双极或三极接触器控制某一电路时,可灵活地将两个或三个极串联起来作为一个触点使用,成为多断点触点,其灭弧效果将大大提高。

多断点灭弧方法效果较弱,故一般多用于小容量的交流继电器和接触器,不需再加设其他灭弧装置。

(2)电动力灭弧

这种方法主要用于交流电器的灭弧。电动力灭弧依据的原理是利用机械力或电弧本身产生的电动力拉长电弧,促使其在运动中与新鲜空气接触,不断降低温度直至电弧冷却,使其熄灭。

如图3-10所示的桥式触点结构中,在触点间产生了以"⊕"表示的磁场,电弧受到外侧电动力F,迅速穿越冷却介质而加快冷却并熄灭。

(3)灭弧栅灭弧

灭弧栅进行灭弧的原理是栅片之间是绝缘的,两栅片间可以看作一对电极,必须有150～250V电压,电弧才能重燃,当交流电压过零时电弧自然熄灭。如图3-11所示,当产生电弧时,电弧在磁场的作用下被分割成较小的短弧,近极区的电压降增大,电弧熄灭。

它常用于高、低压交流接触器。

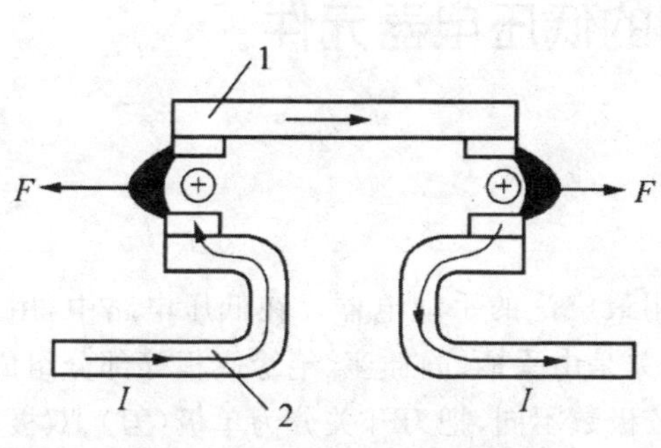

图 3-10　桥式触点灭弧原理

1—动触点；2—静触点

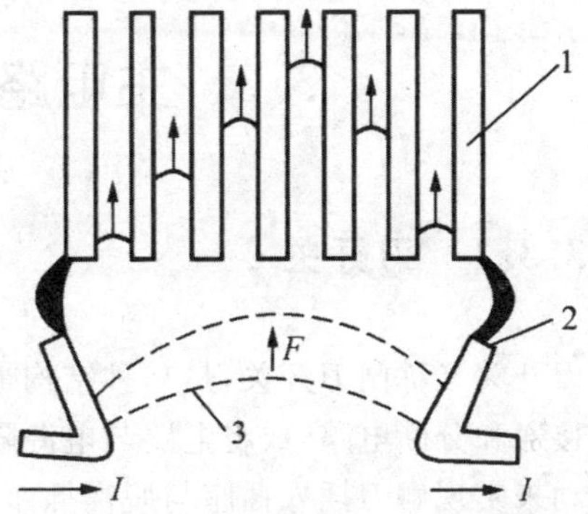

图 3-11　栅片灭弧示意图

1—灭弧栅片；2—触头；3—电弧

(4)磁吹灭弧装置

磁吹灭弧装置的工作原理如图 3-12 所示，在触头电路中串入吹弧线圈，它产生的磁通通过导磁颊片引向触头周围；电弧所产生的磁通方向如图 3-12 所示。

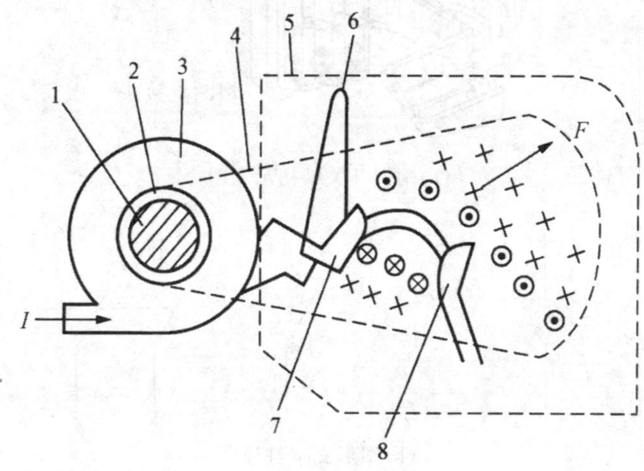

图 3-12　磁吹式灭弧装置

1—铁心；2—绝缘管；3—吹弧线圈；4—导磁夹片；5—灭弧罩；6—引弧角；7—静触点；8—动触点

可见，在弧柱下吹弧线圈产生的磁通与电弧产生的磁通是相加的，而在弧柱上面的磁通彼此抵消，因此，就产生一个向上运动的力将电弧拉长并吹入灭弧罩中，熄弧角和静触头相连接，其作用是引导电弧向上运动，将热量传递给罩壁，促使电弧熄灭。它广泛应用于直流接触器。

(5)无弧分断

实现无弧分断一般有以下两种方法：

一是在交流电流自然过零时，以极快的速度使动静触头分离，让二者分离时电弧的能量达到最低，致使电弧很弱或根本无法产生电弧，以达到无弧分断电路的目的。

二是采用电子灭弧装置。在触头的两端并联晶闸管，让晶闸管承担电路的通断，在触头断开时将其电压控制在极低的范围内，从而避免电弧的产生。

3.3　主电路中常用的低压电器元件

3.3.1　刀开关

刀开关又称闸刀开关，是一种结构最简单、应用最广泛的手动电器。在低压电路中，用来不频繁接通和分断电路，或将电路与电源隔离。刀开关是由手柄、静插座、绝缘底板等部分组成，依靠手动来实现触刀插入插座与脱离插座的控制。按极数不同，把刀开关分为单极(刀)、双极(刀)与三极(刀)三种，其结构示意图和图像文字符号如图 3-13 所示。

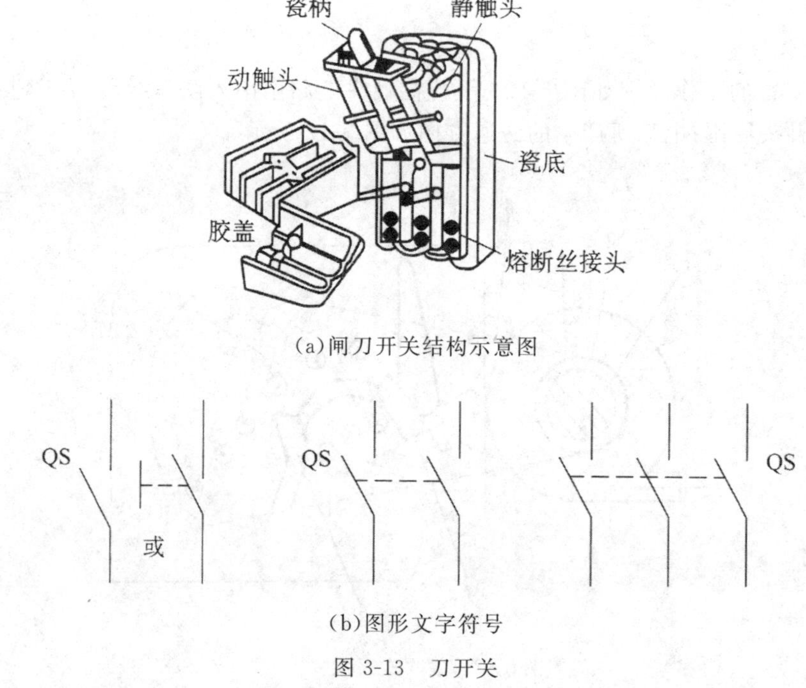

(a)闸刀开关结构示意图

(b)图形文字符号

图 3-13　刀开关

刀开关是一种手动电器，常用的刀开关有 HD 型单投刀开关、HS 型双投刀开关、HR 型熔断器式刀开关、HZ 型组合开关、HK 型闸刀开关、HY 型倒顺开关等。

HD 型单投刀开关、HS 型双投刀开关、HR 型熔断器式刀开关主要用于在成套配电装置中作为隔离开关，装有灭弧装置的刀开关也可以控制一定范围内的负荷线路。作为隔离开关的刀开关的容量比较大，其额定电流为 100～1500 A，主要用于供配电线路的电源隔离作用。隔离开关没有灭弧装置，不能操作带负荷的线路，只能操作空载线路或电流很小的线路，如小型空载变压器、电压互感器等。操作时应注意，停电时应将线路的负荷电流用断路器、负荷开关等开关电器切断后再将隔离开关断开，送电时操作顺序相反。隔离开关断开时有明显的断开点，有利于检修人员的停电检修工作。隔离刀开关由于控制负荷能力很小，也没有保护线路的功能，所以通常不能单独使用，一般要和能切断负荷电流和故障电流的电器(如熔断器、断路器和负荷开关等电器)一起使用。

HZ 型组合开关、HK 型闸刀开关一般用于电气设备及照明线路的电源开关。HY 型倒顺开关、IIH 型铁壳开关装有灭弧装置，一般可用于电气设备的起动、停止控制。

常用的开启式负荷开关有 HK1 和 HK2 系列，HK1 系列为全国统一设计产品，其主要技术参数见表 3-1。

表 3-1　HK1 系列开启式负荷开关基本技术参数

型号	极数	额定电流值/A	额定电压值/V	可控制电动机最大容量值/kW		配用熔丝规格			
						熔丝成分/%			熔丝线径/mm
				直流	交流	铅	锡	锑	
HK1—15	2	15	220	—	—	98	1	1	1.45～1.59
HK1—30	2	30	220	—	—				2.30～2.52
HK1—60	2	60	220	—	—				3.36～4.00
HK1—15	3	15	380	1.5	2.2				1.45～1.59
HK1—30	3	30	380	3.0	4.0				2.30～2.52
HK1—60	3	60	380	4.5	5.5				3.36～4.00

3.3.2　组合开关

组合开关又称转换开关，实质上为刀开关。组合开关是一种多触点、多位置式，可以控制多个回路的电器。组合开关主要用作电源引入开关，或作为控制 5kW 以下小容量电动机的直接起动、停止、换向用，每小时通断的换接次数不宜超过 20 次。组合开关的选用应根据电源的种类、电压等级、所需触点数及电动机的容量选用，组合开关的额定电流应取电动机额定电流的 1.5～2 倍。手柄能沿任意方向转动 90°，并带动三个动触片分别和三个静触片接通或断开。如图 3-14 所示为 HZ10 系列组合开关的外形与结构图。

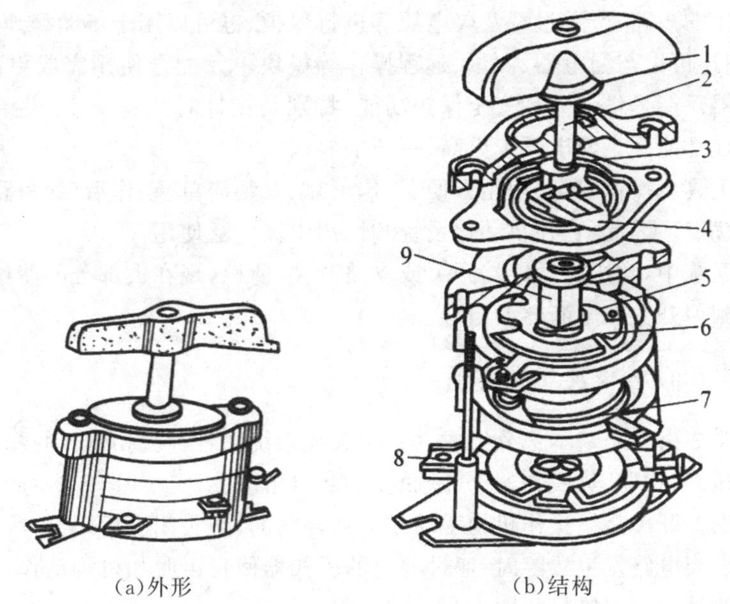

(a)外形　　(b)结构

图 3-14　HZ10 系列组合开关的外形与结构图

1—手柄；2—转轴；3—弹簧；4—凸轮；5—绝缘垫板；6—动触片；7—静触片；8—接线柱；9—绝缘杆

组合开关的文字符号为QS，组合开关的图形符号如图3-15所示。组合开关在电路图中的触点状态图及状态表如图3-16所示。图中虚线表示操作位置，不同操作位置的各对触点的通断表示于触点右侧，与虚线相交的位置上涂黑点表示接通，没有涂黑点表示断开。触点的通断状态还可以列表表示，表中"＋"表示闭合，"－"或无记号表示断开。

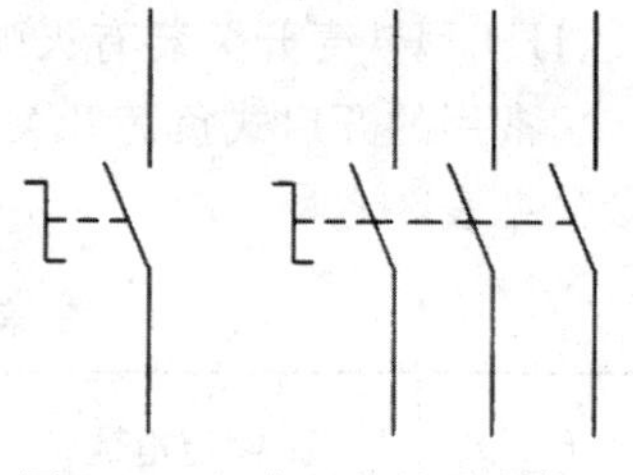

图3-15　组合开关的图形符号

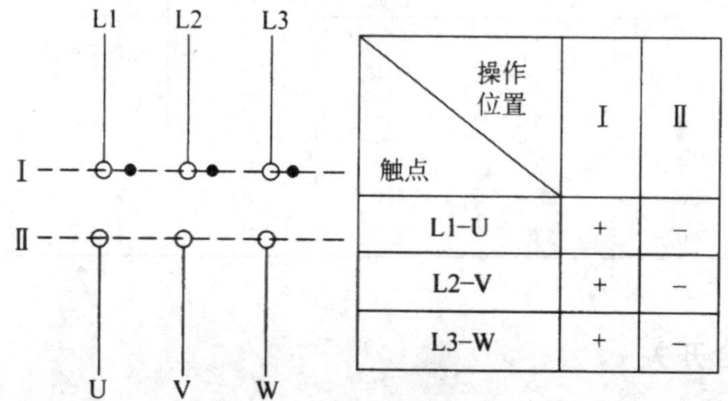

操作位置 / 触点	Ⅰ	Ⅱ
L1-U	+	–
L2-V	+	–
L3-W	+	–

图3-16　触点的状态图及状态表

3.3.3　低压断路器

低压断路器也称为自动开关或空气开关，是低压配电网络和电力拖动系统中非常重要的开关电器和保护电器，它集控制和多种保护功能于一身。除了能完成接通和分断电路外，还能对电路或电气设备发生的短路、严重过载及欠电压等进行保护，也可以用于不频繁地起动电动机。在保护功能方面，它还可以与漏电器、测量、远程操作等模块单元配合使用完成更高级的保护和控制。现在的断路器还能提供隔离和安全保护功能，特别是在针对人身安全、设备安全，以及配电系统的可靠性方面都能满足配电系统更高、更新的要求。

自动空气开关具有操作安全、使用方便、工作可靠、安装简单、动作后(如短路故障排除后)不需要更换元件等优点。因此，它在自动化系统和民用中被广泛使用。

在低压配电系统中，常用它做终端开关或支路开关，所以，现在大部分的使用场合，断路器取代了过去常用的闸刀开关和熔断器的组合。

1. 低压断路器的结构及工作原理

低压断路器主要由三个基本部分组成：触头、灭弧系统和各种脱扣器。脱扣器包括过电流脱扣器、失压(欠电压)脱扣器、热脱扣器、分励脱扣器和自由脱扣器。如图3-17(a)所示为低压断路器工作原理示意图。开关是靠操作机构手动或电动合闸的，触头闭合后，自由脱扣器机构将触头锁在合闸位置上。当电路发生故障时，通过各自的脱扣器使自由脱扣机构动作，自动跳闸实现保护作用。其图形符号和文字符号如图3-17(b)所示。

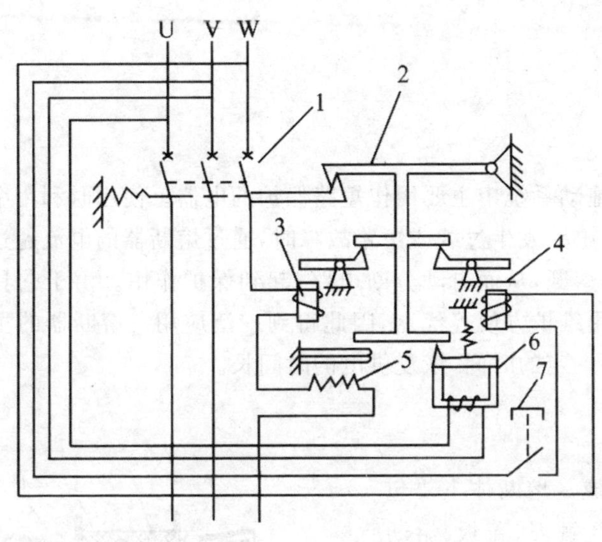

(a)低压断路器的工作原理示意图

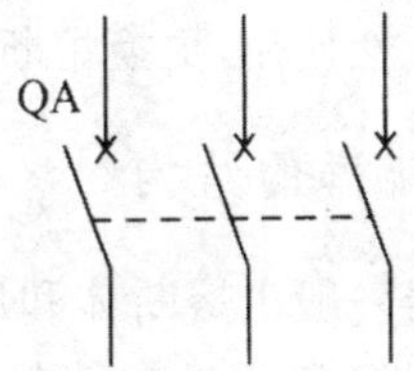

(b)图形及文字符号

图3-17　低压断路器

1—主触头;2—自由脱扣机构;3—过电流脱扣器;4—分励脱扣器;5—热脱扣器;6—失压脱扣器;7—按钮

(1)过电流脱扣器

当流过断路器的电流在整定值以内时,过电流脱扣器3所产生的吸力不足以吸动衔铁。当电流超过整定值时,强磁场的吸力克服弹簧的拉力拉动衔铁,使自由脱扣机构动作,断路器跳闸,实现过流保护。

(2)失压脱扣器

失压脱扣器6的工作过程与过流脱扣器恰恰相反。当电源电压在额定电压时,失压脱扣器产生的磁力足以将衔铁吸合,使断路器保持在合闸状态。当电源电压下降到低于整定值或降为零时,在弹簧的作用下衔铁释放,自由脱扣机构动作而切断电源。

(3)分励脱扣器

分励脱扣器4用于远距离操作。在正常工作时,其线圈是断电的;在需要远程操作时,按动按钮使线圈通电,其电磁机构使自由脱扣机构动作,断路器跳闸。

说明:以上介绍的是自动开关可以实现的功能,但并不是说在每一个自动开关中都全部具有这些功能。比如有的自动开关没有分励脱扣器,一些没有热保护等。但大部分自动开关都具备过电流(短路)保护和失压保护等功能。

2.低压断路器的主要参数

低压断路器的主要参数有下列几种:

①额定电压,是指断路器在长期工作时的允许电压,通常等于或大于电路的额定电压。

②额定电流,是指断路器在长期工作时的允许持续电流。

③通断能力,是指断路器在规定的电压、频率以及规定的线路参数(交流电路为功率因数,直流电路为时间常数)下,所能接通和分断的短路电流值。

④分断时间,是指断路器切断故障电流所需的时间。

3.3.4 熔断器

1. 熔断器的用途

熔断器是低压配电网络和电力拖动系统中主要用作短路保护的电器。使用时利用金属导体作为熔体串联在被保护的电路中，当电路发生过载或短路故障时，通过熔断器的电流超过某一规定值时，以其自身产生的热量使熔体熔断，从而自动分断电路，起到保护作用。由于它具有结构简单、价格便宜、体积小、质量轻、使用维护方便等优点，因此得到广泛应用。熔断器的主要缺点是只能一次性使用，更换熔断器需要一定的时间，恢复供电的时间长。

2. 熔断器的结构

熔断器一般由熔断体和底座组成。熔断体主要包括熔体、填料（有的没有填料）、熔管、触刀、盖板、熔断指示器等部件。熔断器结构如图 3-18 所示。

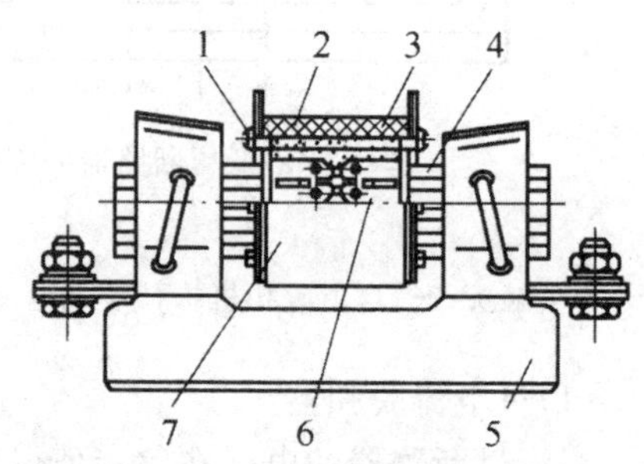

图 3-18　有填料密闭管式熔断器

1—熔断指示器；2—石英砂填料；3—熔管；4—触刀；5—底座；6—熔体；7—熔断体

熔体是熔断器的主要组成部分，常做成丝状、片状或栅状。熔体的材料通常有两种：一种是由铅、铅锡合金或锌等低熔点材料制成，多用于小电流电路；另一种是由银、铜等较高熔点的金属制成，多用于大电流电路。熔管是熔体的保护外壳，用耐热绝缘材料制成，在熔体熔断时兼有灭弧作用。熔座是熔断器的底座，其作用是固定熔管和外接引线。

3. 熔断器的技术参数

①额定电压。熔断器的额定电压是指熔断器长期工作时和分断后，能正常工作的电压，其值一般应等于或大于熔断器所接电路的工作电压。否则熔断器在长期工作中可能造成绝缘击穿，或熔体熔断后电弧不能熄灭。

②额定电流。熔断器的额定电流是指熔断器长期工作，温升不超过规定值时所允许通过的电流。为了减少熔断器的规格，熔管的额定电流的规格比较少，而熔体的额定电流的等级比较多，一个额定电流等级的熔管，可以配合选用不同的额定电流等级的熔体。但熔体的额定电流必须小于等于熔断器的额定电流。

③极限分断能力。熔断器极限分断能力是指在规定的额定电压下能分断的最大的短路电流值。它取决于熔断器的灭弧能力。

4. 常用的低压熔断器

熔断器按结构形式分为半封闭插入式、无填料封闭管式、有填料封闭管式和自复式四类。

(1)RC1A 系列插入式熔断器（瓷插式熔断器）

RC1A 插入式熔断器是将熔丝用螺钉固定在瓷盖上，然后插入底座，它由瓷座、瓷盖、动触点、静触点及熔丝等部分组成，其结构如图 3-19(a)所示，型号及含义如图 3-19(b)所示。

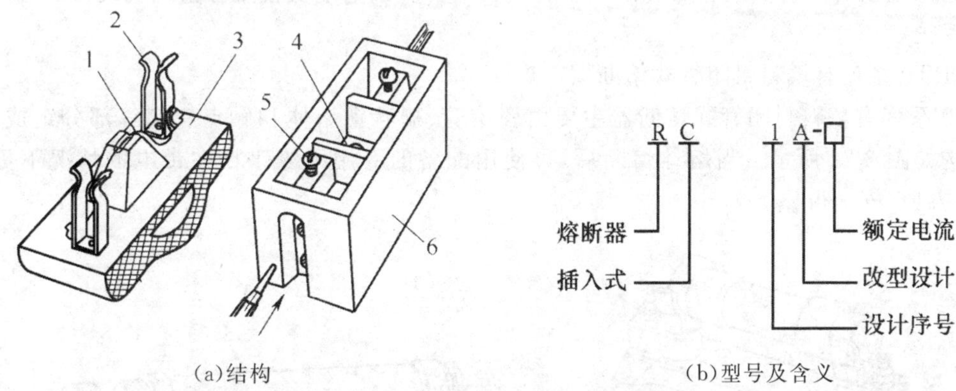

(a)结构 (b)型号及含义

图 3-19 RC1A 系列插入式熔断器

1—熔丝;2—动触点;3—瓷盖;4—空腔;5—静触点;6—瓷座

RC1A 系列插入式熔断器结构简单,更换方便,价格低廉,一般在交流 50 Hz、额定电压 380 V 及以下、额定电流 200 A 及以下的低压电路末端或分支电路中,作为电气设备的短路保护及一定程度的过载保护。现在这种系列的熔断器已趋向淘汰。

(2)RL1 系列螺旋式熔断器

RL1 系列螺旋式熔断器属于有填料封闭管式,主要由瓷帽、熔断管、瓷套、上接线座、下接线座及瓷座等部分组成,其外形和结构如图 3-20 所示。

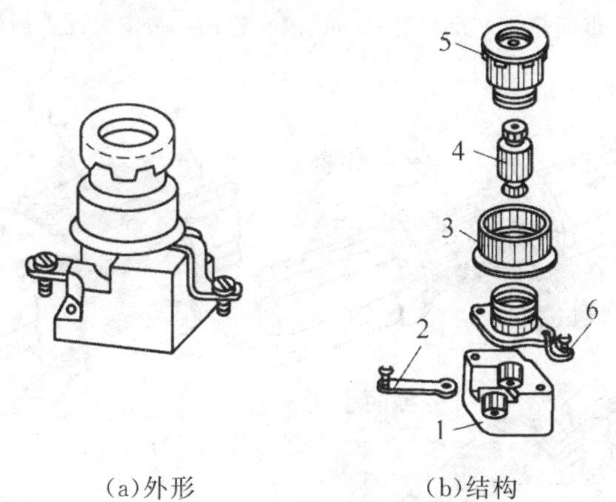

(a)外形 (b)结构

图 3-20 RL1 系列螺旋式熔断器

1—瓷座;2—下接线座;3—瓷套;4—熔断管;5—瓷帽;6—上接线座

RL1 系列螺旋式熔断器的分断能力较高,结构紧凑,体积小,更换熔体方便,工作安全可靠,并且熔丝熔断后有明显指示,因此广泛应用于控制箱、配电屏、机床设备及振动较大的场合。在交流额定电压 500 V、额定电流 200 A 及以下的电路中,作为短路保护器件。

(3)RM10 系列无填料封闭管式熔断器

RM10 系列无填料封闭管式熔断器主要由纤维管、变截面的锌熔片、夹头及夹座等部分组成。RM10 型熔断器的外形与结构如图 3-21 所示。

RM10 系列无填料封闭管式熔断器适用于交流 50 Hz、额定电压 380 V 或直流额定电压 440 V

及以下电压等级的动力系统和成套配电设备中，作为导线、电缆及较大容量电气设备的短路和连续过载保护。

(4)RT0 系列有填料封闭管式熔断器

RT0 系列有填料封闭管式熔断器主要由瓷熔管、栅状铜熔体和触点底座等部分组成，其外形与结构如图 3-22 所示。当熔体熔断后，可使用配备的专用绝缘手柄在带电的情况下更换熔管，装取方便，安全可靠。

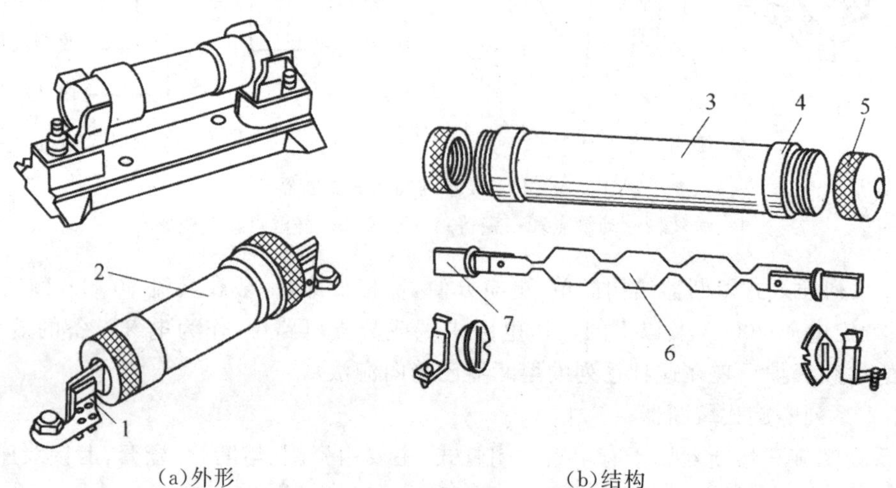

图 3-21 RM10 系列无填料封闭管式熔断器

1—夹座；2—熔断管；3—反白管；4—黄铜套管；5—黄铜帽；6—熔体；7—插刀

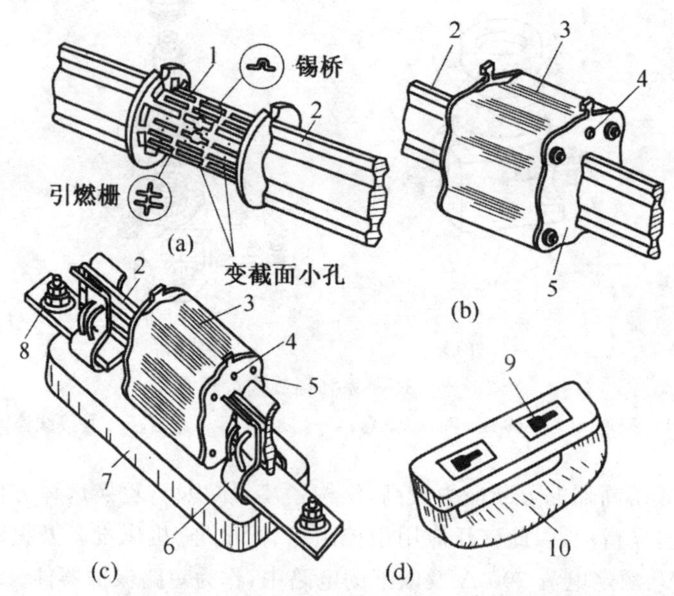

图 3-22 RT0 系列有填料封闭管式熔断器

(a)熔体；(b)熔管；(c)熔断器；(d)绝缘操作手柄

1—栅状铜熔体；2—触刀；3—瓷熔管；4—熔断指示器；5—端面盖板；6—弹性触座；7—底座；8—接线端子；9—扣眼；10—绝缘拉手手柄

RT0 系列有填料封闭管式熔断器是一种大分断能力的熔断器，广泛用于短路电流较大的电力输配电系统中，作为电缆、导线和电气设备的短路保护及导线、电缆的过载保护。

(5)快速熔断器

快速熔断器又叫半导体器件保护用熔断器，主要用于硅元件变流装置内部的短路保护。由于硅元件的过载能力差，因此，要求短路保护元件应具有快速动作的特征。快速熔断器反应快速，且结构简单，使用方便，灵敏可靠，因而得到了广泛应用。快速熔断器的典型结构图如图 3-23 所示。

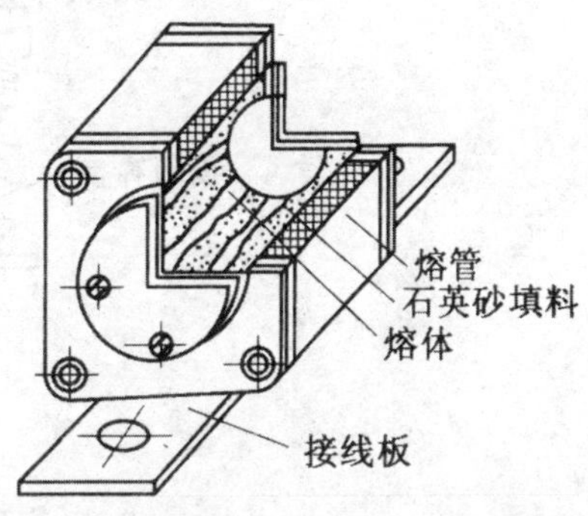

图 3-23 快速熔断器的典型结构图

(6)自复式熔断器

常用熔断器的熔体一旦熔断，必须更换新的熔体，这不仅给使用带来不便，而且延缓了供电时间。近年来，出现了重复使用一定次数的自复式熔断器。

自复式熔断器是一种限流电器，其本身不具备分断能力，但和断路器串联使用时，能够提高断路器的分断能力，可以多次使用。其结构如图 3-24 所示。

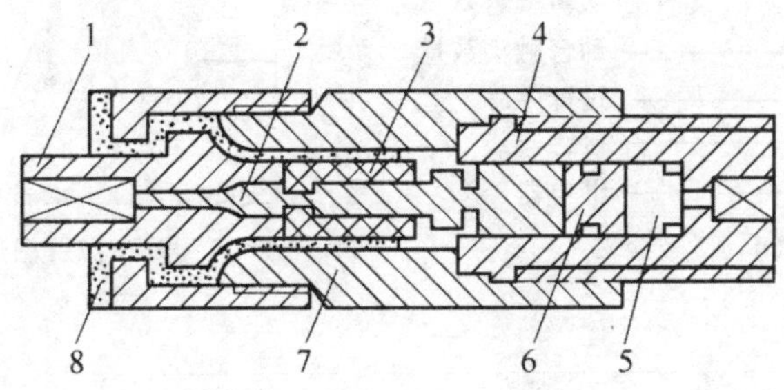

图 3-24 自复式熔断器结构图

1、4—电流端子；2—熔体；3—绝缘管；5—氩气；6—活塞；7—不锈钢套；8—填充剂

自复式熔断器的熔体是应用非线性电阻元件(如金属钠等)制成，在常温下是固体，电阻值较小。在短路电流产生的高温下，熔体迅速汽化，阻值剧增，即瞬间呈现高阻状态，从而能将故障电流限制在较小的范围内。

3.4 控制电路中常用的低压电器元件

3.4.1 继电器

1. 电磁式继电器

电磁式继电器是应用较早、较广泛的一种继电器。电磁式继电器的结构及工作原理与接触器大体相同，其内部结构如图 3-25 所示。

它由电磁系统、触头系统和释放弹簧等组成。由于继电器的触头均接在控制电路中，流过触头的电流比较小(一般 5 A 以下)，因此不需要灭弧装置。其型号含义、图形及文字符号如图 3-26、图 3-27 所示。

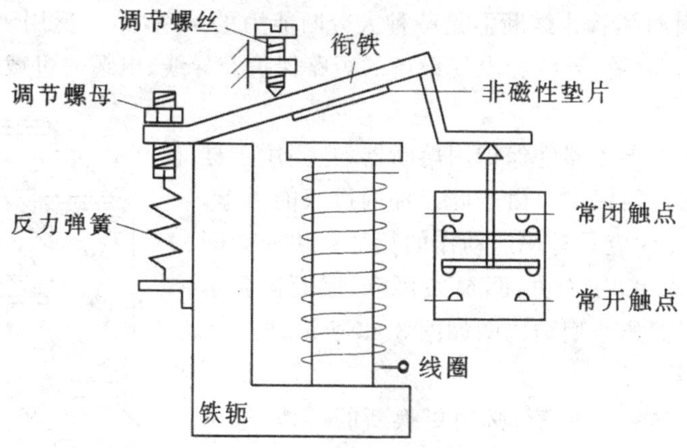

图 3-25　电磁式继电器结构示意图

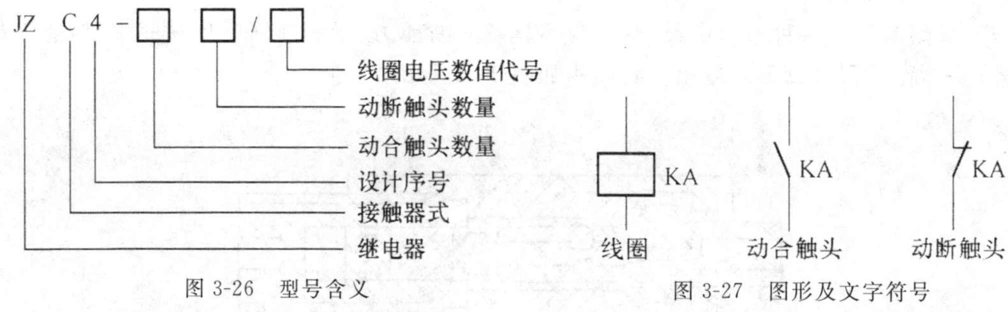

图 3-26　型号含义　　图 3-27　图形及文字符号

2. 时间继电器

时间继电器是一种利用电磁原理或机械动作原理实现触点延时接通或断开的电器。时间继电器主要作为辅助电气元件用于各种电气保护及自动装置中，使被控元件达到所需要的延时，应用十分广泛。

时间继电器的延时方式有两种：一是得电延时，即线圈得电后，触点经延时后才动作；二是失电延时，即线圈得电时，触点瞬时动作，而线圈失电时，触点延时复位。

时间继电器的图形符号如图 3-28 所示。

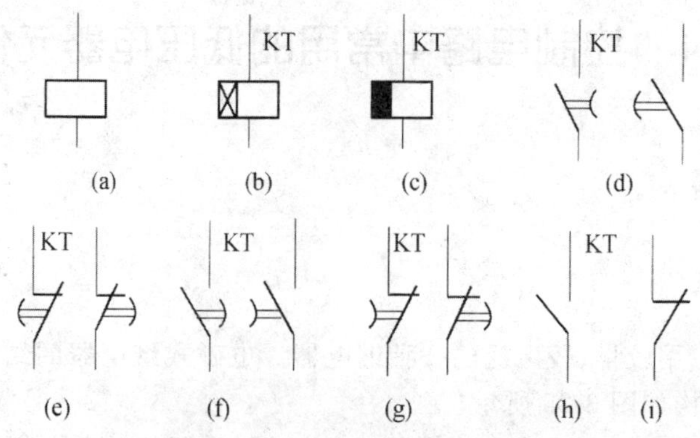

图 3-28　时间继电器的图形符号

(a)线圈；(b)通电延时线圈；(c)断电延时线圈；(d)延时闭合常开触头；(e)延时断开常闭触头；(f)延时断开常开触头；(g)延时闭合常闭触头；(h)瞬时常开触头；(i)瞬时常闭触头

(1)直流电磁式时间继电器

直流电磁式时间继电器主要是利用电磁阻尼原理产生延时,铜套内产生感生涡流,阻碍穿过铜套内的磁通变化,对原磁通起到阻尼作用,仅作断电延时使用。它的结构非常简单,只需在直流电磁式电压继电器的铁心上增加一个阻尼铜套即可,其结构示意图如图 3-29 所示。

由于延时时间短、精度低,所以一般用于延时精度要求不高的场合。

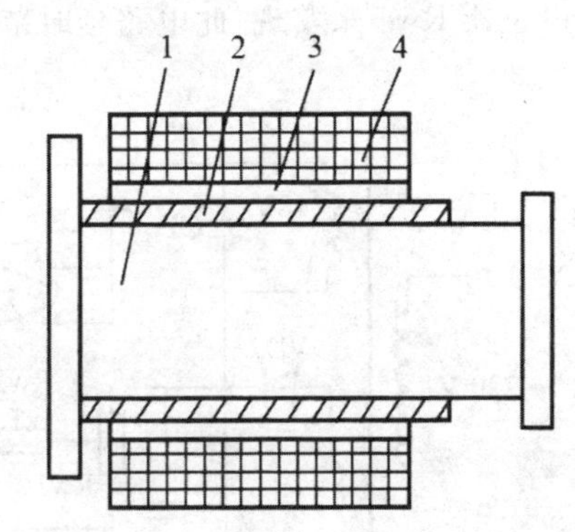

图 3-29　带有阻尼铜套的铁心结构示意图

1—铁心;2—阻尼铜套;3—线圈套;4—绝缘层

(2)空气阻尼式时间继电器

空气阻尼式时间继电器也被称为气囊式时间继电器,广泛应用在机床中。其特点主要是延时范围大,最大可达到 180 s;不受电源电压及频率波动的影响。但是要特别注意,在延时精度要求高的场合不宜使用此类时间继电器,因为其延时误差很大,整定延时值的精度非常低。

此类时间继电器的电磁系统不作限制,既可用于直流电路,也可用于交流电路中。改变电磁系统的安装方向,就可以实现不同的延时方式。延时时间的长短还可调节气体进气孔的大小来改变。

空气阻尼时间继电器的型号主要有 JS7-A 系列,其继电器原理图如图 3-30 所示。

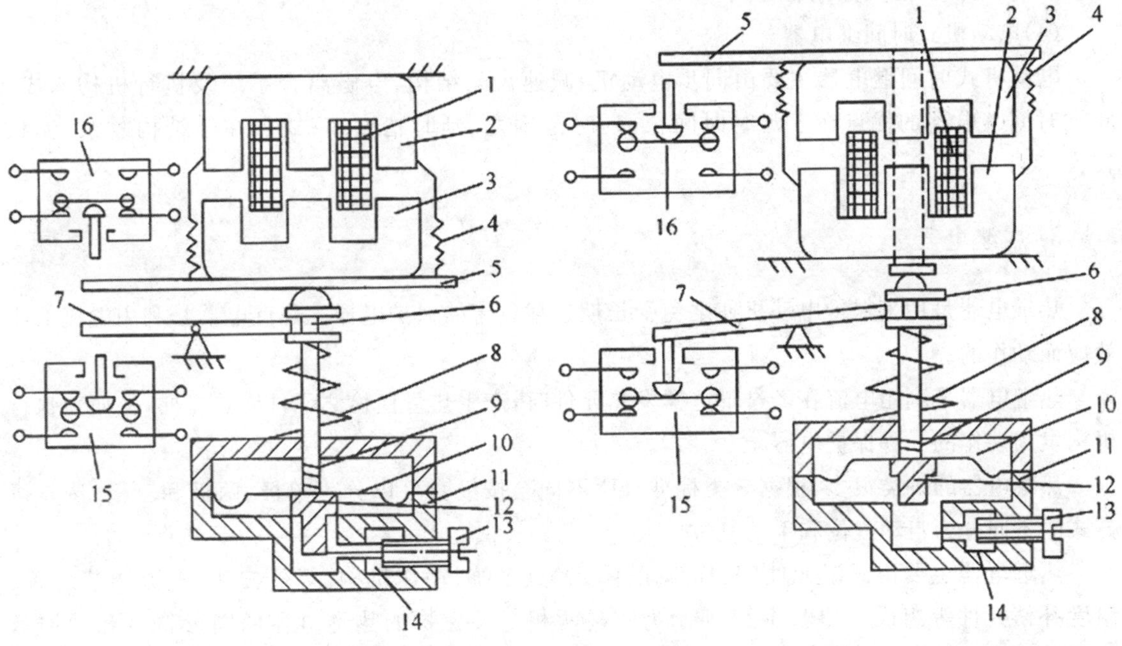

图 3-30　JS7-A 系列时间继电器原理图

1—线圈;2—铁心;3—衔铁;4—反力弹簧;5—推板;6—活塞杆;7—杠杆;8—塔形弹簧;9—弱弹簧;10—橡皮膜;11—空气室壁;12—活塞;13—调节螺钉;14—进气孔;15、16—微动开关

(3)电子式时间继电器

电子式时间继电器的发展十分迅速,目前已由采用晶体管、集成电路、电子元件构成发展至采用单片机控制,具有很明显的优点,因此,在时间继电器中已成为主流产品。

如图 3-31 所示为 JSJ 型晶体管式时间继电器的原理图。要改变延时时间的大小,可以通过调节电位器 Rw1 来实现,此电路延时范围为 0.2～300 s。

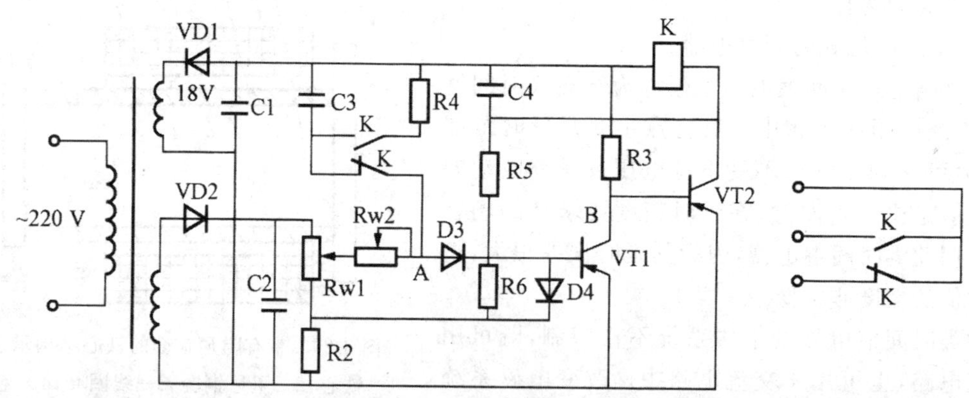

图 3-31　JSJ 型晶体管式时间继电器的原理图

该类继电器的输出形式有两种:有触点式和无触点式,前者是用晶体管驱动小型磁性继电器,后者使用晶体管或晶闸管输出。

(4)电动机式时间继电器

电动机式时间继电器主要由同步电动机、减速齿轮结构、电磁离合系统及执行机构构成。此类时间继电器的优点在于延时时间长、延时范围宽、延时精度高;缺点在于结构复杂,体积较大。

3. 热继电器

热继电器是用来保护电动机使之免受长期过载危害的保护电器。热继电器是利用电流的热效应而动作的。

热继电器是利用电流在经过继电器发热元件时,产生热量使检测元件受热弯曲,从而使执行机构发出动作的一种保护电器。

热继电器的种类很多,根据分类标准有所不同。按极数可以分为单极、两极和三极;按复位方式的不同分为自动复位和手动复位。

热继电器主要由感温元件(又称热元件)、触点系统、动作机构、复位按钮、电流调节装置、温度补偿元件等组成。如图 3-32 所示为实现两相过载保护的热继电器的图形符号和结构示意图。

其热元件——双金属片是由膨胀系数不同的两种金属片压轧而成的。其上层称为主动层,是由膨胀系数高的金属制成;下层称为被动层,是由膨胀系数低的金属制成。当电动机出现过载状况时,温度升高,双金属片开始逐渐膨胀变形,向下弯曲,推动连杆,促使动断触头断开,交流接触器线圈失电,电源被切断。

热继电器的型号含义如图3-33所示。

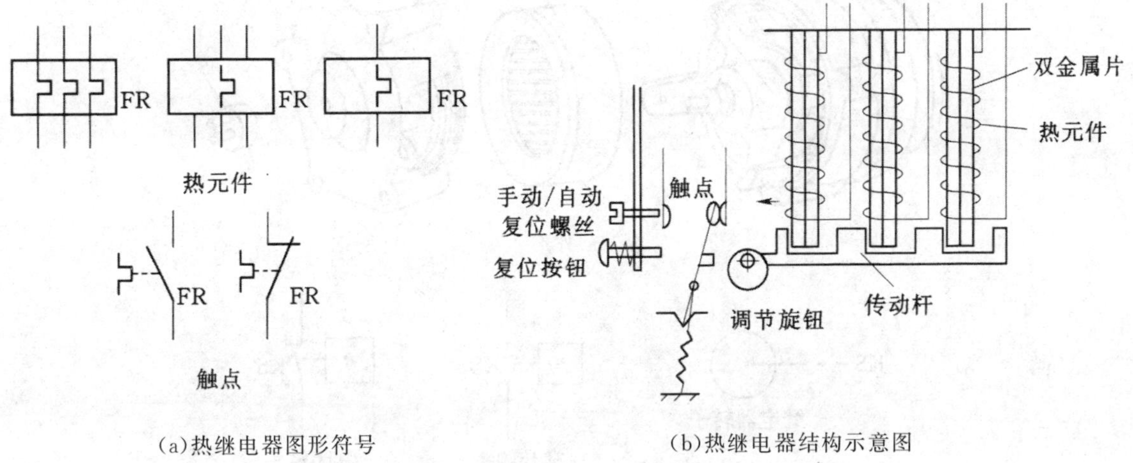

(a)热继电器图形符号　　(b)热继电器结构示意图

图3-32　热继电器的结构示意图和符号

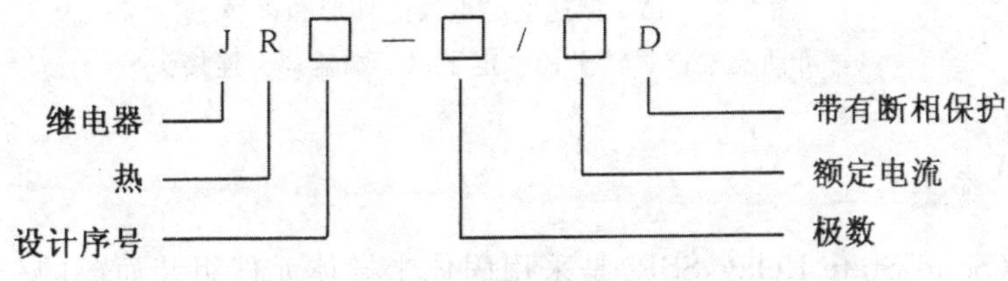

图3-33　热继电器的型号含义

通常用的热继电器有JR0、JR10、JR15与JR16等系列。JR0系列和JR15系列在结构上做了改进，采用复合加热方式，还使用了温度补偿元件，提高了动作的准确率。

4. 速度继电器

速度继电器是将电动机的转速信号经电磁感应原理来控制触头动作的电器，是当转速达到规定值时动作的继电器。其结构主要由定子、转子和触头系统三部分组成，定子是一个笼型空心圆环，由硅钢片叠成，并嵌有笼型导条，转子是一个圆柱形永久磁铁，触头系统有正向运转时动作的和反向运转时动作的触头各一组，每组又各有一对常闭触头和一对常开触头，如图3-34所示为JY1型速度继电器的外形和符号。

当电动机正向运转时，定子偏转使正向常开触头闭合，常闭触头断开，同时接通、断开与它们相连的电路；当正向旋转速度接近零时，定子复位，使常开触头断开，常闭触头闭合，同时与其相连的电路也改变状态。当电动机反向运转时，定子向反方向偏转，使反向动作触头动作，情况与正向时相同。

常用的速度继电器有JY1和JFZ0系列。JY1系列可在700～3600 r/min范围内可靠地工作。JFZ0-1型适用于300～1000 r/min；JFZ0-2型适用于1000～3600 r/min。该两种系列均具有两对常开、常闭触头，触头额定电压为380V，额定电流为2 A。

速度继电器的选择主要根据电动机的额定转速、控制要求来选择。

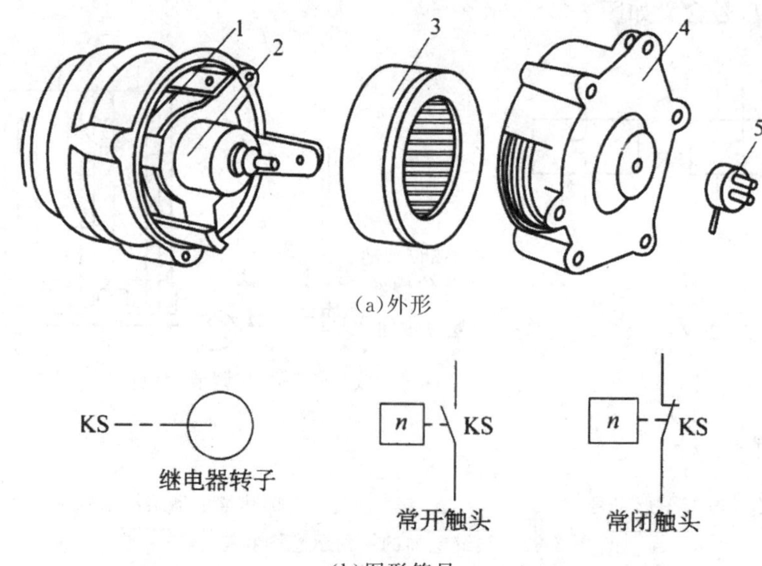

(a)外形

(b)图形符号

图 3-34　JY1 型速度继电器的外形和符号

1—可动支架;2—转子;3—定子;4—端盖;5—连接头

5. 固态继电器

固态继电器(Solid State Relay,SSR)是采用固体半导体元件组装而成的一种无触点开关。它利用电子元器件的电、磁和光特性来完成输入与输出的可靠隔离,利用大功率三极管、功率场效应管、单向可控硅和双向可控硅等器件的开关特性,来达到无触点、无火花地接通和断开被控电路。固态继电器与电磁式继电器相比,是一种没有机械运动,不含运动零件的继电器,但它具有与电磁式继电器本质上相同的功能。由于固态继电器的接通和断开没有机械接触部件,因而具有控制功率小、开关速度快、工作频率高、使用寿命长、抗干扰能力强和动作可靠等一系列特点。固态继电器在许多自动控制装置中得到了广泛应用。如图 3-35(a)和(b)所示为固态继电器驱动器件以及其触点的图形符号和文字符号。

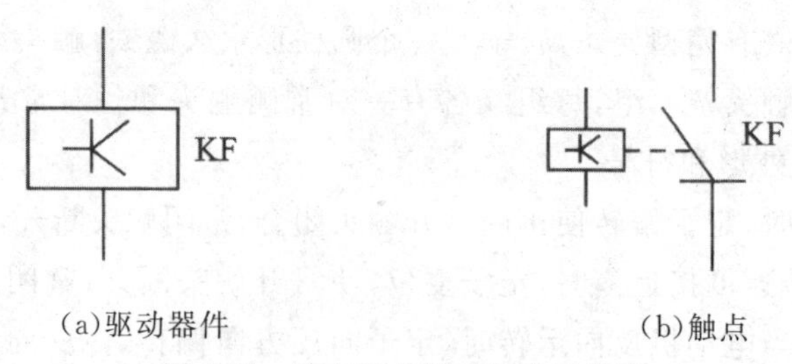

(a)驱动器件　　　　(b)触点

图 3-35　固态继电器及其表示符号

(1)固态继电器的种类

固态继电器是四端器件,其中两端为输入端,两端为输出端,中间采用隔离器件,以实现输入与输出之间的隔离。

①按切换负载性质分,有直流固态继电器和交流固态继电器。

②按输入与输出之间的隔离分，有光电隔离固态继电器和磁隔离固态继电器。

③按控制触发信号方式分，有过零型和非过零型、有源触发型和无源触发型。

(2)固态继电器的优点和缺点

固态继电器的主要优点是：

①高寿命，高可靠。SSR 没有机械零部件，有固体器件完成触点功能。由于没有运动的零部件，因此能在高冲击与振动的环境下工作。由于组成固态继电器的元器件的固有特性，决定了固态继电器的寿命长，可靠性高。

②灵敏度高，控制功率小，电磁兼容性好。固态继电器的输入电压范围较宽，驱动功率低，可与大多数逻辑集成电路兼容，而无须加缓冲器或驱动器。

③转换速度快。固态继电器因为采用固体器件，所以切换速度可从几毫秒至几微妙。

④电磁干扰小。固态继电器没有输入“线圈”，没有触点燃弧和回跳，因而减少了电磁干扰。大多数交流输出固态继电器是一个零电压开关，在零电压处导通，零电流处关断，减少了电流波形的突然中断，从而减少了开关瞬态效应。

尽管固态继电器有众多优点，但与传统的继电器相比，仍有不足之处，如漏电流大，接触电压大，触点单一，使用温度范围窄，过载能力差及价格偏高等。

(3)固态继电器使用注意事项

①固态继电器的选择应根据负载的类型(阻性、感性)来确定，并要采用有效的过压保护。

②输出端要采用阻容浪涌吸收回路或非线性压敏电阻吸收瞬变电压。

③过流保护应采用专门保护半导体器件的熔断器或用动作时间小于 10ms 的自动开关。

④安装时采用散热器，要求接触良好，且对地绝缘。

⑤切忌负载侧两端短路，以免固态继电器损坏。

3.4.2　主令电器

1. 控制按钮

控制按钮简称按钮，是一种结构简单且使用广泛的手动电器，在控制电路中用于手动发出控制信号以控制接触器、继电器等。按钮由按钮帽、复位弹簧、桥式触点和外壳等组成，其结构示意图及图形符号如图 3-36 所示。触点采用桥式触点，额定电流在 5 A 以下。触头又分常开触头(动合触头)和常闭触头(动断触头)两种。

控制按钮在结构上有按钮式、自锁式、紧急式、钥匙式、旋钮式和保护式等，常用的按钮分类及用途见表 3-2；有些按钮还带有指示灯，可根据使用场合和具体用途来选用。旋钮式和钥匙式的按钮也称为选择开关，有双位选择开关，也有多位选择开关。选择开关和一般按钮的最大区别就是不能自动复位。其中钥匙式的开关具有安全保护功能，没有钥匙的人不能操作该开关，只有把钥匙插入后，旋钮才可被旋转。按钮和选择开关的图形符号和文字符号如图 3-37 所示。

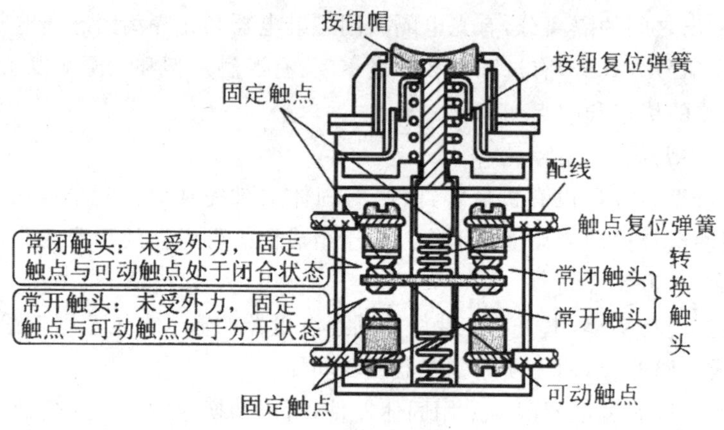

(a)按钮未按示意图

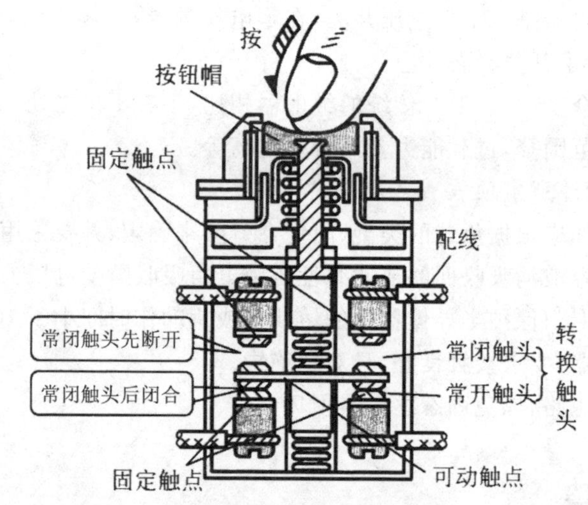

(b)按钮按下示意图

图 3-36　按钮结构示意图

表 3-2　常用的按钮分类及用途

代　号	类　别	用　途
B	防爆式	用于有爆炸气体场所
D	指示灯式	按钮内装有指示灯,用于需要指示的场所
F	防腐式	用于含有腐蚀性气体场所
H	保护式	有保护外壳,用于安全性要求较高的场所
J	紧急式	有红色钮头,用于紧急时切断电源
K	开启式	用于嵌装于固定的面板上
I	联锁式	用于多对触电需要联锁的场所
S	防水式	有密封外壳,用于有雨水场所
X	旋钮式	通过旋转把手操作
Y	钥匙式	用钥匙插入操作,可专人操作
Z	组合式	多个按钮组合在一起
Z	自锁式	内有电磁机构,可自保护,用于特殊使用场所

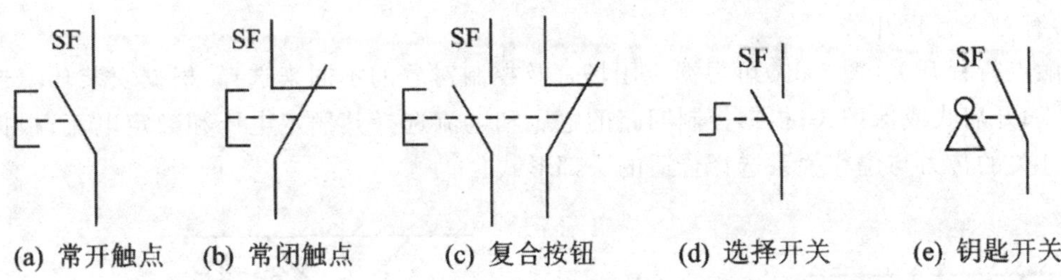

图 3-37　控制按钮的图形及文字符号

控制按钮的主要参数有外观形式及安装孔尺寸、触头数量及触头的电流容量，可在使用时查阅具体的产品说明书。

为便于识别各个按钮的作用，避免误操作，通常将按钮帽制成不同颜色，以示区别；其颜色有红、绿、黄、蓝、白等。如红色表示停止按钮，绿色表示起动按钮等，如表 3-3 所示。另外还有形象化符号可供选用，如图 3-38 所示。

表 3-3　控制按钮颜色及其含义

颜色	含义	典型应用
红色	危险情况下的操作	紧急停止
	停止或分断	停止一台或多台电动机，停止一台机器的一部分，使电器元件失电
黄色	应急或干预	抑制不正常情况或中断不理想的工作周期
绿色	起动或接通	起动一台或多台电动机，起动一台机器的一部分，使电器元件得电
蓝色	上述几种颜色未包括的任一种功能	
黑色、灰色、白色	无专门指定功能	可用于停止和分断上述以外的任何情况

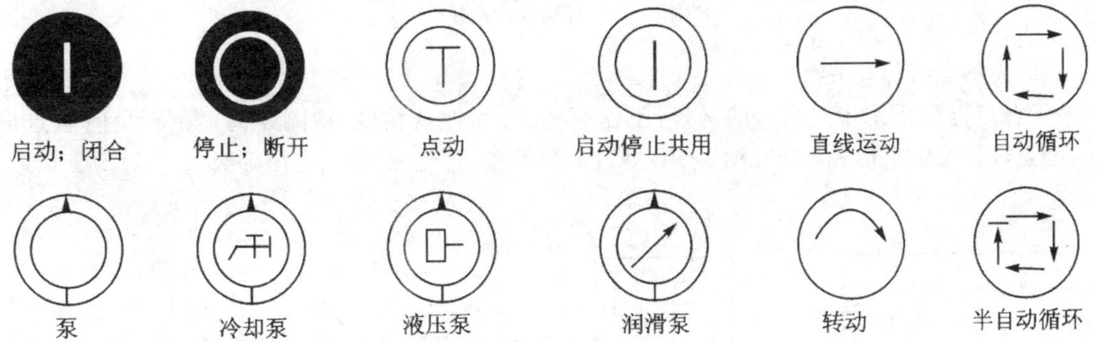

图 3-38　控制按钮的形象化符号

2. 行程开关

行程开关又称限位开关，它的种类很多，按运动形式可分为直动式、微动式、转动式等；按触点的性质可分为有触点式和无触点式。

(1)有触点行程开关

有触点行程开关(图 3-39)可根据应用场合及控制对象的不同来选择:根据安装环境选择防护形式,如开启式或保护式;根据控制回路的电压和电流选择其额定电压和额定电流;根据机械与行程开关的传力与位移关系选择合适的头部形式。

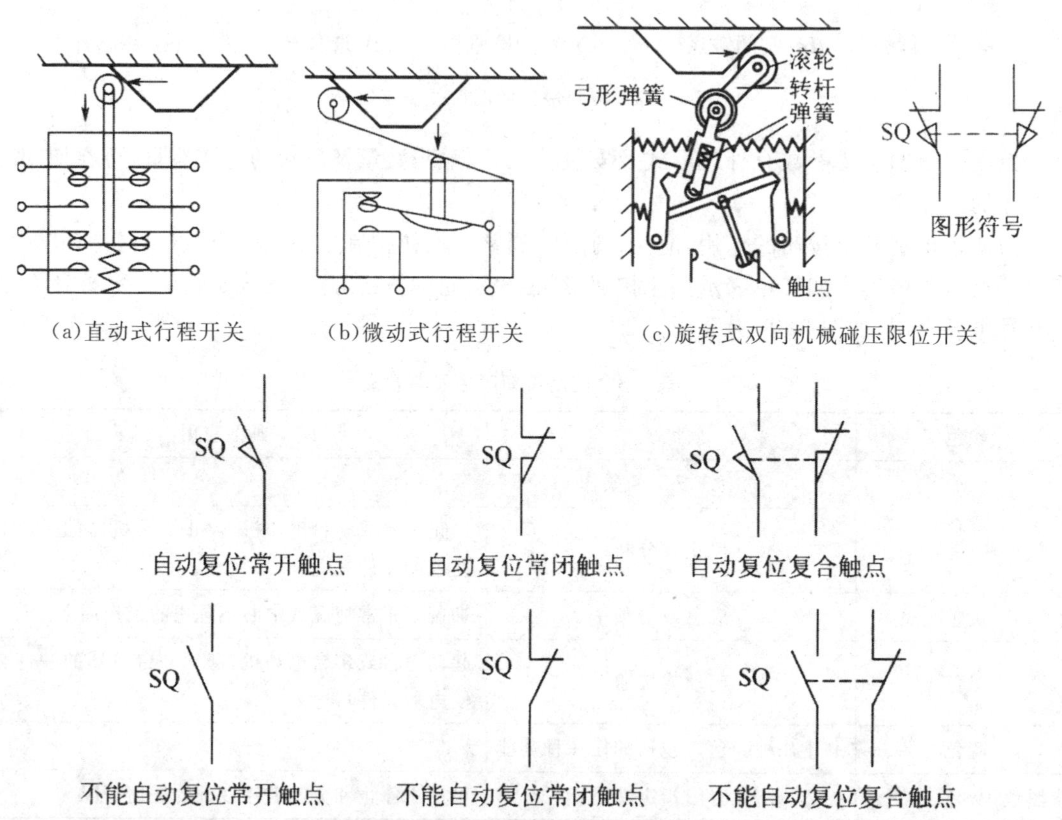

(d)行程开关图形符号及文字符号

图 3-39 有触点行程开关

(2)无触点行程开关

无触点行程开关(图 3-40)的选择:工作频率、可靠性及精度;检测距离、安装尺寸;触点形式、触点数量及输出形式(NPN 型、PNP 型);电源类型(直流、交流)、电压等级。

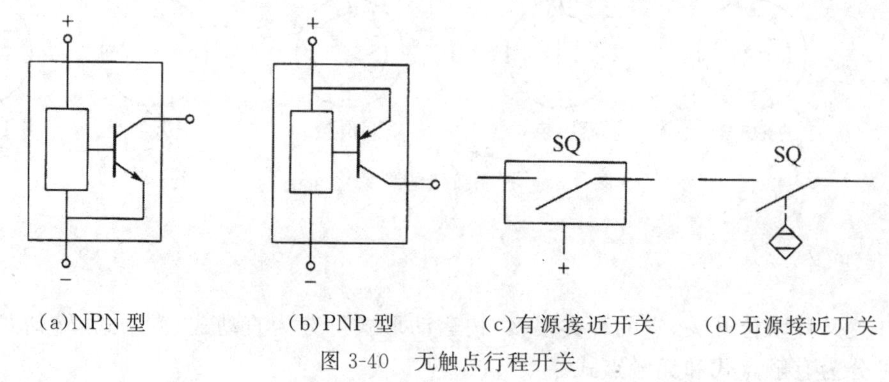

图 3-40 无触点行程开关

3. 接近开关

接近开关是一种无触点的行程开关，当物体与之接近到一定距离时就发出动作信号。接近开关也可作为检测装置使用，用于高速计数、测速、检测金属等。接近开关的文字和图形符号如图3-41所示。

当有物体移向接近开关，并接近到一定距离时，开关才会动作，通常把这个距离称为检出距离。不同的接近开关检出距离也不同。有时被检测物体是按一定的时间间隔，一个接一个地移向接近开关，又一个接一个地离开，这样不断地重复，不同的接近开关，对检测对象的响应能力是不同的，这种响应特性被称为“响应频率”。

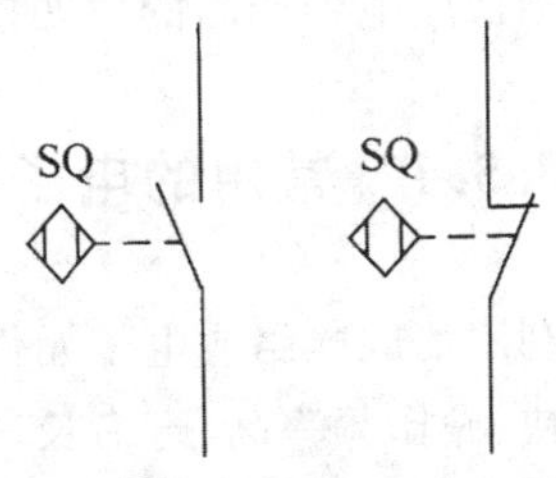

(a)常开触点　(b)常闭触点

图3-41　接近开关的文字和图形符号

接近开关按输出形式分为NPN二线、NPN三线、NPN四线、PNP二线、PNP三线、PNP四线和AC二线等。接近开关按工作原理可以分为高频振荡型、电容型、磁感应式接近开关和非磁性金属接近开关几种。

3.4.3　信号灯

信号灯在各类电器设备及电气线路中做电源指示及指挥信号、预告信号、运行信号、故障信号及其他信号的指示。信号灯主要由壳体、发光体、灯罩等组成。外形结构多种多样，发光体主要有白炽灯、氖灯和半导体型三种。发光颜色有黄、绿、红、白、蓝五种，使用时按国标规定的用途选用，见表3-4。指示灯的主要参数有安装孔尺寸、工作电压及颜色等。

表3-4　信号灯的颜色及其含义

颜色	含义	解释	典型应用
红色	异常或警报	对可能出现危险和需要立即处理的情况进行报警	参数超过规定限制，切断被保护电器，电源指示
黄色	警告	状态改变或变量接近其极限值	参数偏离正常值
绿色	准备、安全	安全运行条件指示或机械准备起动	设备正常运转
蓝色	特殊指示	上述几种颜色未包括的任意一种功能	
白色	一般信号	上述几种颜色未包括的各种功能	

信号灯柱是一种尺寸较大的、由几种颜色的环形指示灯叠压在一起组成的指示灯。它可以根据不同的控制信号而使不同的灯点亮。由于体积比较大，所以远处的操作人员也可以看见信号。灯柱常用于生产流水线上用做不同的信号指示。

电铃和蜂鸣器都属于声响类的指示器件。在警报发生时，不仅需要指示灯指示出具体的故障点，还需要声响器件报警，以便告知在现场的所有操作人员。蜂鸣器一般用在控制设备上，而电铃主要用在较大场合的报警系统。

3.5 电子电器与智能电器

随着新技术的不断发展，特别是微电子技术、传感技术、计算机技术和网络技术的迅速发展，为新型低压电器产品的发展提供了基本条件。本节简要介绍几种常用的电子电器和智能电器。

3.5.1 常用的电子电器

利用集成电路或电子元件构成的低压电气元件，称为电子式低压电器。电子电器具有开关速度快、操作频率高、寿命长、控制功率小、功能完善等优点，而且可在多粉尘、有危害性气体等恶劣环境条件下工作。其不足之处在于过载能力低、有漏电流、电路较复杂、价格偏高等。电子电器的结构框图如图 3-42 所示。

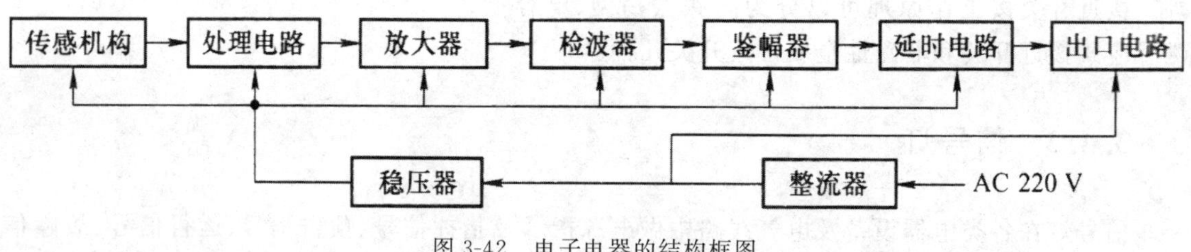

图 3-42 电子电器的结构框图

1. 晶体管式时间继电器

晶体管式时间继电器除执行电器外，均由电子元件组成，无机械运动部件，其原理框图如图 3-43 所示。晶体管式时间继电器利用 RC 电路中电容充电时充电电压逐渐上升的原理作为延时基础，在电容上电压值达到预定值时，驱动电路使执行继电器接通实现输出，同时自锁并放掉电容上的电荷，为下次工作做好准备。晶体管式时间继电器通过改变电阻值来改变充电电路的时间常数，以此来整定延时时间。继电器输出形式分为有触点式和无触点式：有触点式用晶体管驱动小型电磁式继电器；无触点式采用晶体管或晶闸管输出。

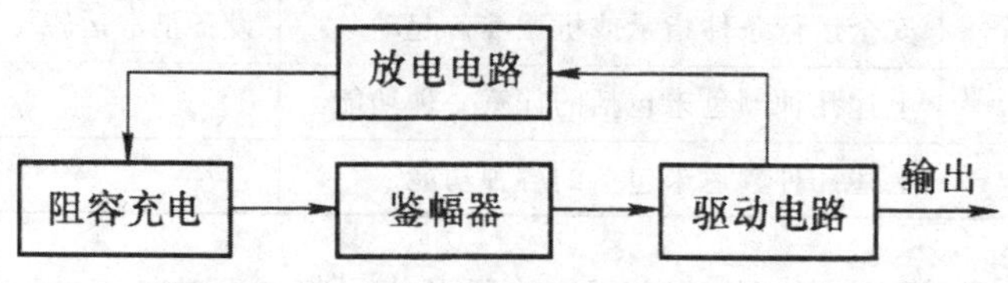

图 3-43 晶体管式时间继电器的原理框图

2. 数字式时间继电器

数字式时间继电器采用了可设置定时时间和定时方式的时钟芯片，与晶体管式时间继电器相比，其延时范围可成倍增加，定时精度可提高两个数量级以上，适用于需要精确延时的场合。数字式时间继电器有通电延时、断电延时、定时吸合、循环延时等形式，十几种延时范围可供选择，此外还可以配备显示器件，使之具有调整方便、工作状态直观、指示清晰准确等优点，其原理框图如图 3-44 所示。

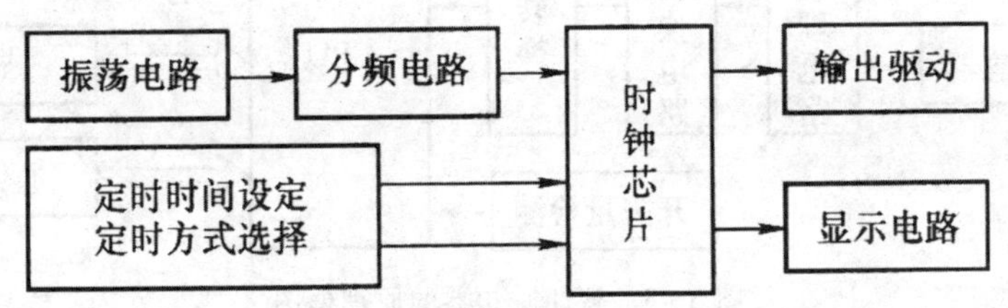

图 3-44　数字式时间继电器的原理框图

3. 涡流式接近开关

涡流式接近开关也叫电感式接近开关，由高频振荡器、集成电路(或晶体管放大器)和输出器三部分组成。由于涡流式接近开关的感应头一般为一个具有铁氧体磁心的电感线圈，所以多用于检测金属导电体。当金属导电体接近能产生电磁场的接近开关时，金属导电体内部产生涡流，涡流又反作用于接近开关，使开关内部电路参数发生变化，由此来识别出有无导电物体靠近，进而控制开关的通或断，以达到控制的目的。图 3-45 为涡流式接近开关的工作原理框图。

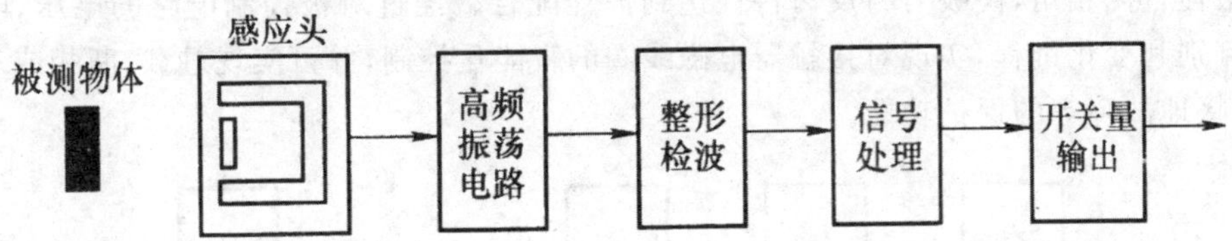

图 3-45　涡流式接近开关的工作原理框图

3.5.2　智能电器

智能电器属于电器和电子信息的交叉领域，是将微处理器、电力电子技术、传感技术、通信技术和新型开关制造技术在传统电器上进行的有机结合，具备智能化特征。

1. 智能断路器

智能断路器是指具有以单片机、DSP 或微处理器为核心的智能化控制单元的低压断路器，采用模块化结构，集保护、测量和监控于一体。智能断路器也是由触点系统、操作机构和绝缘外壳等组成，但其脱扣器为智能脱扣器，具有一定智能控制功能。智能脱扣器主要由控制器部分、执行机构和互感器部分组成，其原理框图如图 3-46 所示。

智能控制单元除具备短路保护、过电流保护、漏电保护和断相保护等保护功能外，还可以显示电压、电流、功率、功率因数等各种参数。各种保护功能的动作参数可以进行显示、设定和修改。保护电路动作时的故障参数，可以存储在非易失存储器中，且具有自诊断能力。另外，扩充了测量、控制、报警、通信等功能，与传统的断路器相比，其功能大大增加。

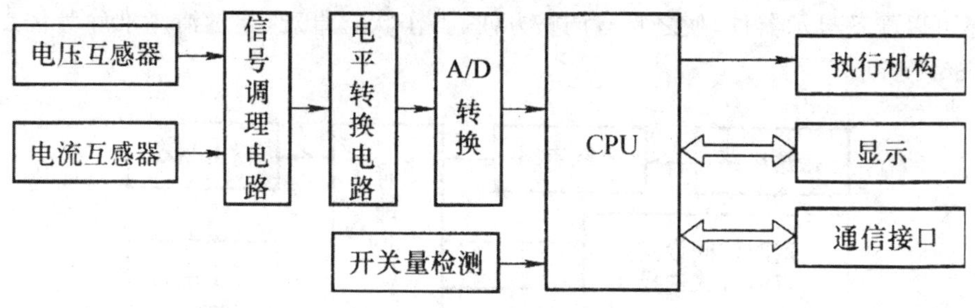

图 3-46 智能脱扣器的原理框图

2. 智能接触器

智能接触器在电力传动系统和自动控制系统中使用广泛，用来频繁地接通和分断交直流主电路和大容量控制电路，实现对电动机的远距离自动控制，并具有欠电压、零压保护等多种自动保护功能，体积小、价格便宜、维护方便，是控制要求较高的电控系统中最常用的控制电器之一。

智能接触器主要由电磁接触器、智能控制模块、辅助触点组、机械联锁机构、报警模块、测量显示模块和通信接口等组成，其组成框图如图 3-47 所示。智能接触器的核心是智能电磁系统，交流接触器通过智能电磁系统实现对吸合、吸持、分断全过程的动态最优控制，寻找最佳吸合条件、得出最佳合闸相角，使吸力与反力特性达到最佳配合。经过对被控制电路的电压、电流信号的检测、判别和变化过程，实现对接触器电磁线圈的智能化控制，并可实现过载、断相或三相不平衡、短路、接地故障等的保护功能。

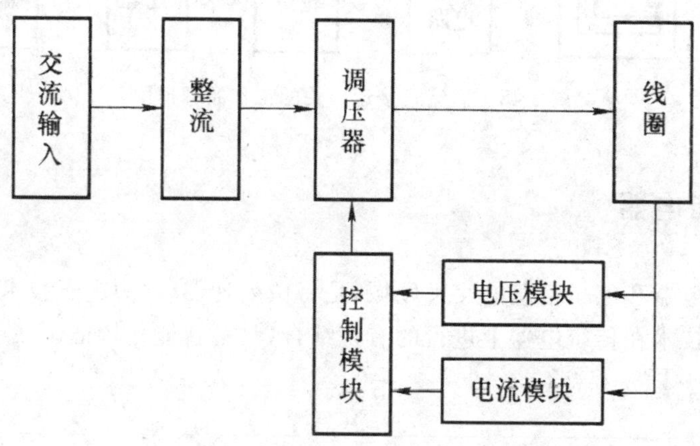

图 3-47 智能接触器的组成框图

3. 智能继电器

智能继电器主要用于逻辑顺序控制，只不过控制点数一般很少，适合于小成本的自控设备，编程语言多采用功能模块图程序设计语言 FBD。当然，一些高档的智能继电器可用来替代 PLC 使用。

智能继电器属于微型 PLC 产品，不同的公司对智能继电器的叫法不同，主要用于完成继电器的功能，多为原来使用继电器但 I/O 点数不多的地方，但它是“可编程的”“通用的”和“智能的”，并且一般带 HM1，便于编程和观察参数状态，不仅在工业领域，在家庭、自动售货机、照明控制等场合都可使用。

课后思考题

1. 何为低压电器,它的分类有哪些?
2. 电磁式低压电器的基本结构有哪些,及它的工作原理?
3. 电弧的产生原理及灭弧原理和方式?
4. 常用于主电路中的低压电器有哪些?
5. 常用于控制电路中的低压电器有哪些?

第 4 章　可编程控制器

4.1　PLC 的产生与发展

可编程控制器(Programmable Controller)是计算机家族中的一员,为工业控制应用而设计制造。可编程控制器以微处理器为核心,结合微电子技术、计算机技术、自动控制技术和通信技术等形成的新型工业自动控制装置,具有功能强、可靠性高、配置灵活、编程简单等优点,是当代工业生产自动化最重要、应用场合最多的工业控制装置,其应用的深度和广度成为衡量一个国家工业自动化程度的标志,被公认为现代工业自动化的三大支柱(可编程控制器、机器人、CAD/CAM)之首。

4.1.1　PLC 的产生

在可编程控制器出现以前,工业控制领域中继电器控制占主导地位,应用广泛。但是,由继电器构成的控制系统有着明显的缺点:体积大、耗电多、可靠性差、寿命短、运行速度不高;另外,接线复杂,不易更新,对生产工艺变化适应性差,一旦生产任务和工艺发生变化,就必须重新设计,并改变硬件结构,工作量大,工期长,费用高。

1968 年,美国最大的汽车制造商——通用汽车公司(GM)为了适应汽车工业激烈的竞争以及生产工艺不断更新的需要,设想将计算机功能强大、灵活、通用性好的优点与电气控制系统简单易懂、价格便宜等优点结合起来,制成一种新型工业控制装置,且这种装置采用面向控制过程、面向问题的“自然语言”进行编程,使不熟悉计算机的人也能很快掌握使用,从用户角度提出了研制新型控制装置的十项指标(“GM 十条”),其主要内容如下:

①编程简单,可在现场修改和调试程序。

②成本可与继电器控制系统相竞争。

③可靠性高于继电器控制系统。

④体积小于继电器控制柜。

⑤能与管理中心的计算机系统进行通信。

⑥输入量是交流 115 V 交流电压。

⑦输出量是交流 115 V 交流电压、输出电流在 2 A 以上,能直接驱动电磁阀等。

⑧系统扩展时不需要对原系统做大的改动。

⑨硬件维护方便,采用插入式模块结构。

⑩用户存储器容量大于 4 kB。

从上述 10 项指标可以看出,它其实就是当今可编程控制器最基本的功能,具备可编程控制器的特点。

1969 年,美国数字设备公司(DEC)根据上述要求,研制成功了世界上第一台可编程控制器,型号为 PDP-14,取代传统的继电器控制系统,并在 GM 公司的汽车自动装配线上试用成功,取得很好的效果,可编程控制器从此诞生。

4.1.2 PLC 的发展

1. 国际上 PLC 的发展

从 1968 年到现在,PLC 经历了几次换代。

第 1 代 PLC(1968 年到 20 世纪 70 年代初期)——是 PLC 的创始时期,其功能仅限于开关量的逻辑控制。

第 2 代 PLC(20 世纪 70 年代中期)——是 PLC 的成熟时期,其功能增加了数字运算及处理和模拟量控制。

第 3 代 PLC(20 世纪 70 年代末至 80 年代初)——是 PLC 的大发展时期,其功能及处理速度大大增加,尤其是增加了一些特殊功能模块(如 PID 模块、远程 I/O 模块)和通信、自诊断等功能。

第 4 代 PLC(20 世纪 80 年代初至 90 年代中期)——是 PLC 发展最快时期,年增长率一直保持为 30%~40%。在这时期,软、硬件功能发生巨大的变化,增加了各种内含 CPU 的智能模块,PLC 在处理模拟量能力、数字运算能力、人机接口能力和网络能力得到大幅度提高,PLC 逐渐进入过程控制领域,在某些应用上取代了在过程控制领域处于统治地位的 DCS 系统。PLC 已发展成一种具有逻辑控制、过程控制、运算控制、数据处理、联网通信等功能的名副其实的“多功能控制器”。

第 5 代 PLC(20 世纪 90 年代末期到近年)——PLC 的发展特点是更加适应于现代工业的需要;诞生了各种各样的特殊功能单元、生产了各种人机界面单元、通信单元,使应用 PLC 的工业控制设备的配套更加容易;加强 PLC 通信联网的信息处理能力;PLC 向开放性发展;PLC 的体积大型化和超小型化,运算速度高速化;软 PLC 出现;PLC 编程语言趋于标准化。其应用领域目前不断扩大,并延伸到过程控制、批处理、运动和传动控制、无线电遥控以至于实现全厂的综合自动化。近年来,工业计算机技术(IPC)和现场总线技术发展迅速,挤占了一部分 PLC 市场,PLC 增长速度出现渐缓的趋势,但其在工业自动化控制特别是顺序控制中的地位,在可预见的将来,是无法取代的。

2. 我国 PLC 的发展过程

我国 PLC 的发展过程大致可分为 4 个阶段:20 世纪 70 年代初步认识,80 年代引进试用,90 年代后推广应用。2000 年以后 PLC 生产有一定的发展,小型 PLC 已批量生产;中型 PLC 已有产品;大型 PLC 已开始研制。国内产品在价格上占有明显的优势,而在质量上还稍有欠缺或不足。目前,国内 PLC 形成产品化的生产企业 30 多家,国内产品市场占有率不超过 10%,主要生产单位有:北京和利时系统工程股份有限公司、深圳德维森公司、苏州电子计算机厂、苏州机床电器厂、上海兰星电气有限公司、天津市自动化仪表厂、杭州通灵控制电脑公司、北京机械工业自动化所和江苏嘉华实业有限公司等。

特别是近几年,国产 PLC 有了更新的产品。北京和利时系统工程股份有限公司推出的 FO-PLC 有小型、中型、大型。该公司推出的 HOLLiAS—LEC G3 新一代高性能的小型 PLC 有 14

点(8/6)、24点(14/10)、40点(24/16)三个规格，基本指令的执行时间为0.6 μs。程序存储器的容量为52KB。为方便用户选用，该公司开发了19种、35个不同规格的I/O扩展模块，G3型PLC可最多扩展7个模块，I/O最大可到264点。G3系列PLC有符合IEC 61131—3的5种编程语言，编程软件具有超强的计算功能，如其他小型PLC所不具备的64位浮点数运算、优化的PID可同时处理有十几个模拟量的多个闭环回路。G3系列PLC具有极强的通信功能，有集于CPU模块的标准Modbus协议、专有协议和自由协议的通信接口。通过该接口可方便地挂到Profibus等总线上去。该公司的FOPLC中型机，开关量I/O为256点；内置TCP/IP通信接口，很容易接入管理网；配有PROFIBUS—DP现场总线的主站、从站和远程I/O都通过ISO 9001严格的质量保证体系认证。FOPLC编程语言符合IEC 61131—3标准。

深圳德维森公司开发的基于PC的软PLC TOMC系列，其特点是符合IEC 61131—3国际标准的编程语言，允许梯形图、顺序功能图和功能块图混合编程：用户可开发基于内置PC资源的C语言和定义功能块，通过以太网、TCP/IP与上位机联网。TOMC1软PLC可连接最多32个本地I/O模块，最多15个远程站，每个远程站可带32个I/O点。

在90%的国内PLC市场由国外PLC产品占领的今天，国产PLC能脱颖而出，并具有和国外同类产品进行竞争的能力，相信不久的将来，国产PLC将占市场更大份额。

4.1.3 PLC的发展趋势

从我国目前正在开展的以高新技术带动传统产业发展形势来看，不仅要大力发展适合于大、中型企业的高水准的PLC网络系统，而且也要发展适合小型企业技术改造的性能价格比高的小型PLC控制系统。目前，PLC及其控制系统的发展主要有以下几个方面：

1. 小型、廉价、高性能

小型化、微型化、高性能、低成本是PLC的发展方向。作为控制系统的关键设备，小型、超小型PLC的应用日益增多。据统计，美国机床行业应用超小型PLC几乎占据了市场的1/4。许多PLC厂家都在积极研制开发各种小型、微型PLC。如日本三菱公司的FX2N—16M，能提供8个输入点、8个输出点，既可单机运行，也可联网实现复杂的控制。德国西门子公司生产的“LOGO!”，能提供6个输入点、4个输出点，尺寸仅为72 mm(4PU) ×90 mm × 55 mm，跟继电器的大小差不多。勿庸置疑，PLC正朝着体积更小、速度更快、功能更强、价格更低的方向发展。

2. 大型、多功能、网络化

多层次分布式控制系统与集中型相比，具有更高的安全性和可靠性，系统设计、组态也更为灵活方便，是当前控制系统发展的主流。为适应这种发展，各PLC生产厂家不断研制开发功能更强的PLC网络系统。这种网络一般是多级的，最底层是现场执行级，中间是协调级，最上层为组织管理级。

现场执行级通常由多台PLC或远程I/O工作站所组成，中间级由PLC或计算机构成，最上层一般由高性能的计算机组成。它们之间采用工业以太网、MAP网与工业现场总线相连构成一个多级分布式控制系统。这种多级分布式控制系统除了控制功能外，还可以实现在线优化、生产过程的实时调度、统计管理等功能，是一种多功能综合系统。

3. 与智能控制系统相互渗透和结合

PLC 与计算机的结合，使它不再是一个单独的控制装置，而成为控制系统中的一个重要组成部分。随着微电子技术和计算机技术的进一步发展，PLC 将更加注重与其他智能控制系统的结合。PLC 与计算机的兼容，可以充分利用计算机现有的软件资源。通过采用速度更快、功能更强的 CPU、容量更大的存储器，可以更充分地利用计算机的资源。PLC 与工业控制计算机、集散控制系统、嵌入式计算机等系统将进一步渗透与结合，进一步拓宽 PLC 的应用领域和空间。

4.2 PLC 的分类、主要功能与特点

4.2.1 PLC 的分类

目前，PLC 的品种繁多，型号和规格也不统一。通常只能按其 I/O 点数、功能多少以及结构形式三大方面来大致分类。

1. 按 I/O 点数分类

PLC 按 I/O 点数不同可分为超小型机、小型机、中型机、大型机和超大型机等 5 种类型。其点数的划分见表 4-1。

表 4-1 按 I/O 点数分类的类型

类型	I/O 点数	存储器容量/KB	机型举例
超小型	64 以下	1～2	三菱 F10、F20、A-B Micrologjx1000，西门子 S7-200，S5-90U 及 95U
小型	64～128	2～4	三菱 F-40、F-60，FX 系列，A-B SLC-500，西门子 S5-100U
中型	128～512	4～16	三菱 K 系列，A-B SLC-504，西门子 S5-115U，S7-300
大型	512～8192	16～64	三菱 A 系列，A-B PLC-5，西门子 S5-135u，S7-400
超大型	大于 8192	64～128	A-B PLC-3，西门子 S5-155U

2. 按功能分类

按功能可将 PLC 分为低挡 PLC、中挡 PLC 和高挡 PLC。

(1)低挡 PLC

低挡 PLC 具有逻辑运算、定时、计数、移位以及自诊断、监控等基本功能，还可有少量模拟量输入/输出、算术运算、数据传送和比较、通信等功能，主要用于逻辑控制、顺序控制或少量模拟量控制的单机控制系统。

(2)中挡 PLC

中挡 PLC 除具有低挡 PLC 的功能外，还具有较强的模拟量输入/输出、算术运算、数据传送和比较、数制转换、远程 I/O、子程序、通信联网等功能，有些还可增设中断控制、PID 控制等功能，适用于复杂的控制系统。

(3)高挡 PLC

高挡 PLC 除具有中挡 PLC 的功能外，还增加了带符号算术运算、矩阵运算、位逻辑运算、二次方根运算及其他特殊功能函数运算、制表及表格传送功能等。高挡 PLC 具有监视、记录、打印和极强的自诊断功能，通信联网功能更强，能进行智能控制、运算控制和大规模过程控制更强的通信联网功能，可用于大规模过程控制或构成分布式网络控制系统，实现工厂自动化。

3. 按结构形式分类

按结构形式的不同，PLC 可分为整体式、模块式和软 PLC(即集成的 PLC)等 3 类。

(1)整体式 PLC

整体式 PLC 就是将电源、CPU、存储器及 I/O 接口等部件集中装在一起，通常称为主机。可扩展一定数量的 I/O 接口(即不含 CPU 的整体式 I/O 组件)，如图 4-1 所示。

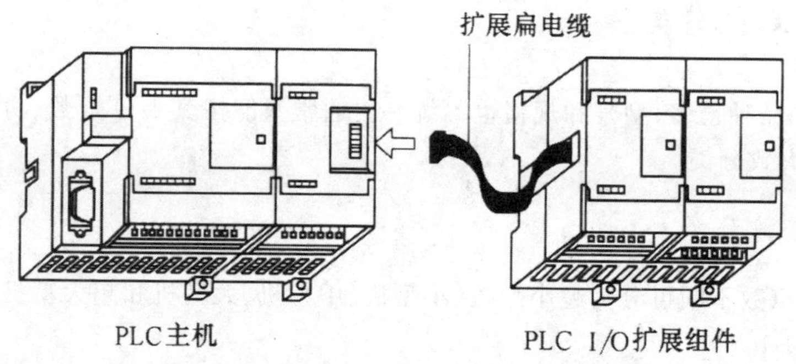

(a)外形图

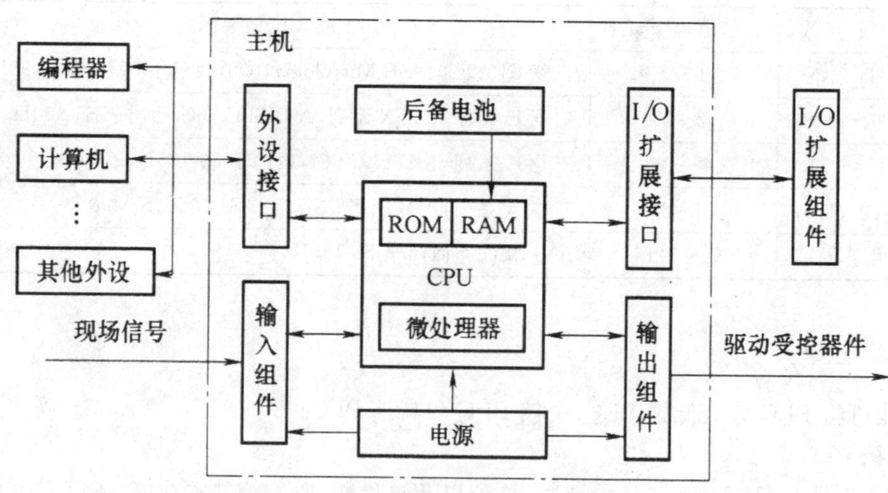

(b)结构框图

图 4-1　整体式 PLC 结构

(2)模块式 PLC

模块式 PLC 就是将 PLC 的各部分以模块(板)形式分开，各模块结构上是互相独立的，可根据需要灵活选择和组合。它们之间通过总线连接，安装在专用的机架内或导轨上。其结构如图 4-2 所示。

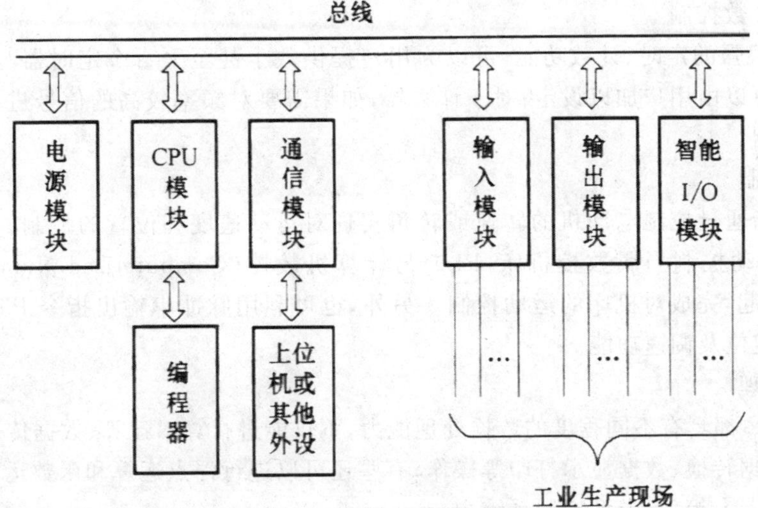

图 4-2　模块式 PLC 结构框图

(3)软 PLC(集成的 PLC)

软 PLC 就是在 PC 里装上能实现 PLC 功能的专用软件,并将 PC 与分布式 I/O 模块连在一起组成的,故又称集成的 PLC。

早期的软 PLC 是将 PLC 与工业控制计算机(IPC)有机地组合在一起,放在一块总线底板上构成一种新型的控制装置。如 1988 年 10 月美国 AB 公司与 DEC 公司联合开发的金字塔集成器就是一种典型的代表形式。

软 PLC 的目前形式是"PC＋自动化控制软件包＋分布式 I/O 模块"。这种形式已无 PLC 的硬件,完全利用了 PC 的硬件,其中"自动化控制软件包"如 WinAC(Windows Automation Center)自动化控制软件包除了具有 PLC 的全部功能外,还包括了开、闭环控制、运动控制、视频系统、人机界面等几乎所有的自动化任务。因此,这种软 PLC 又广义地称为"基于 PC 的自动化系统"。如德国西门子公司的"SIMATIC 基于 PC 的自动化系统"。

4.2.2　PLC 的主要功能

随着 PLC 性价比的不断提高,其应用领域不断扩大,已广泛应用于所有与自动检测、自动控制等有关的工业及民用领域,如各种生产机械、电力设施、环境保护设备等。从应用类型看,PLC 的功能大致可归纳为以下几个方面。

(1)顺序控制

顺序控制即逻辑控制,是 PLC 应用最基本、最广泛的场合。利用 PLC 最基本的逻辑运算等功能,可以取代传统的继电器控制,用于单机控制、多机群控或生产线自动控制等,例如注塑机、印刷机械、包装生产线、装配生产线、电镀流水线及电梯的控制等。

(2)模拟控制(A/D 和 D/A 控制)

在工业生产过程中,许多连续变化的物理量需要进行控制,如温度、压力、流量、液位等,这些都属于模拟量。过去,PLC 对于模拟量的控制主要靠仪表或分布式控制系统;目前,大部分 PLC 产品都具备处理这类模拟量的功能,而且编程和使用都很方便。

(3)定时/计数控制

PLC 具有很强的定时、计数功能,可以为用户提供数十甚至上百个定时器与计数器。定时器的定时间隔可以由用户加以设定;对于计数器,如果需要对频率较高的信号进行计数,则可以选择高速计数器。

(4)运动控制

运动控制指通过控制电动机的转速或转角实现对运动速度和位置的控制。在机械加工行业,最常见的运动控制当属数控机床,PLC 与计算机数控(Computerized Numerical Control,CNC)集成在一起,完成对机床的运动控制。另外,也可利用脉冲串输出指令 PTO 和专门位置控制模块实现定位及调速功能。

(5)数据处理

大部分 PLC 都具有不同程度的数据处理能力,不仅能进行算术运算、数据传送,而且还能进行数据比较、数据转换、数据显示打印等操作,有些还可以进行浮点运算和函数运算,通常用于柔性制造系统、机器人等大、中型控制系统中。

(6)通信联网

PLC 具有通信联网功能,可使 PLC 与 PLC 之间、PLC 与远程 I/O 之间以及其他智能控制设备(计算机、变频器、数控装置、智能仪表等)之间交换信息,形成统一的整体,实现"集中管理、分散控制"的分布式控制系统。

4.2.3 PLC 的特点

1. 使用灵活、通用性强

PLC 用程序代替了布线逻辑,生产工艺流程改变时,只需修改用户程序,不必重新安装布线,十分方便。结构上采用模块组合式,可像搭积木那样扩充控制系统规模,增减其功能,容易满足系统要求。

2. 编程简单、易于掌握

PLC 采用专门的编程语言,指令少,简单易学。通用的梯形图语言,直观清晰,对于熟悉继电器线路的工程技术人员和现场操作人员很容易掌握。对熟悉计算机的人还有语句表编程语言,类似于计算机的汇编语言,使用非常方便。

3. 可靠性高、能适应各种工业环境

PLC 面向工业生产现场,采取了屏蔽、隔离、滤波、联锁等安全防护措施,可有效地抑制外部干扰,能适应各种恶劣的工业环境,具有极高的可靠性;其内部处理过程不依赖于机械触点,所用元、器件都经过严格筛选,其寿命几乎不用考虑;在软件上有故障诊断与处理功能;以三菱 F1、F2 系列 PLC 为例,其平均无故障时间可达 30 万小时,A 系列的可靠性又比其高几个数量级。多机冗余系统和表决系统的开发,更进一步提高了可靠性。这是继电器控制系统无法比拟的。

4. 接口简单、维护方便

PLC 的输入、输出接口设计成可直接与现场强电相接,有 24 V、48 V、110 V、220 V 交流、直流等电压等级产品，组成系统时可直接选用。接口电路一般为模块式，便于维修更换。有的 PLC 的输入、输出模块可带电插拔，实现不停机维修。大大缩短了故障修复时间。

5. 联网方便，便于系统集成，性价比高

对产生过程控制和生产管理结合起来实现“管、控一体化”或构建计算机集成制造系统(CIMS)，控制设备具备联网通信能力是十分重要的。经过多年的努力，PLC 的联网通信功能已有很大的增强。不少 PLC 均配置了各种通信接口及模块，这是原有的继电器控制系统所无法比拟的。PLC 网络与其他工业局域网相比，虽没有什么特别之处，但它具有较高的性价比，这不能不说是一个优势。

4.3　PLC 的硬件结构与工作原理

4.3.1　PLC 的硬件结构

从广义上讲，PLC 也是一种计算机系统，只不过它比一般计算机具有更强的与工业过程相连接的 I/O 接口，具有更适用于控制要求的编程语言，具有更适应于工业环境的抗干扰性能。因此，PLC 是一种工业控制用的专用计算机，其实际组成与一般微型计算机系统基本相同，也是以微处理器为核心，各种功能的实现由硬件系统和软件系统两大部分共同来完成。

PLC 的类型种类繁多，功能和指令系统也不尽相同，但其结构和工作方式大同小异。硬件系统由主机、I/O 接口、扩展接口、编程器和外部设备接口等主要部分构成，如图 4-3 所示。

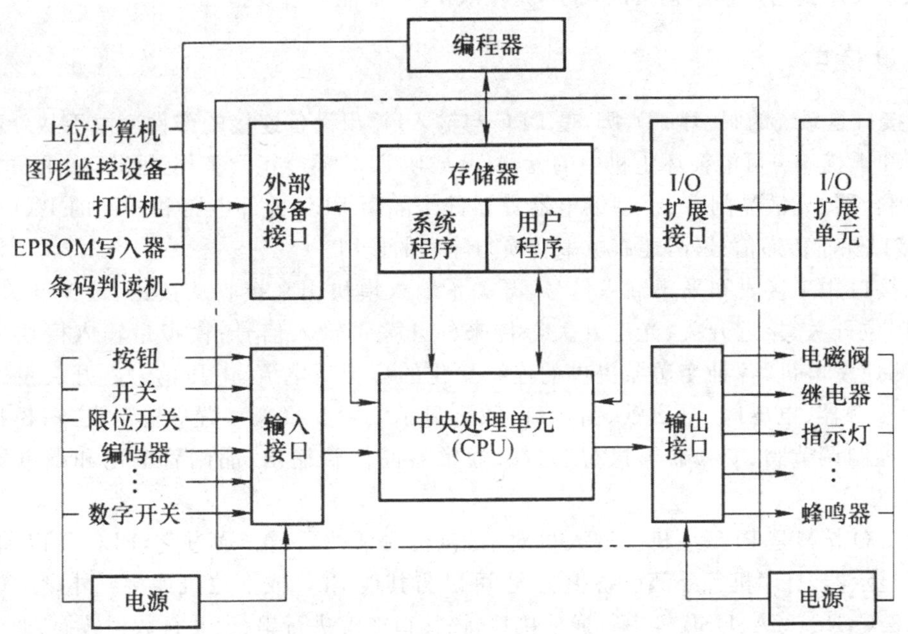

图 4-3　PLC 系统的基本结构

如果将 PLC 看作一个系统,外部的各种开关信号或模拟信号均为输入变量,它们经输入接口寄存到 PLC 内部的数据寄存器中,然后按用户程序要求进行逻辑运算或数据处理,最后以输出变量形式送到输出接口,从而控制输出设备。

1. 中央处理器

中央处理器(CPU)是 PLC 的核心,按照机内系统程序赋予的功能指挥 PLC 有条不紊地工作,起着总指挥的作用,其作用类似于人体神经中枢。它主要接收并存储从编程设备输入的用户程序、数据以及通过 I/O 部件送来的现场数据,并做出逻辑判断和进行数据处理。即读入输入变量,完成用户指令规定的各种操作,将结果送到输出端,并响应外部设备(如打印机、条码扫描仪等)的请求。另外,CPU 可以进行自诊断,即自行检查电源、存储器、I/O 和用户程序中存在的语法错误等。

2. 存储器

PLC 的存储器包括系统存储器和用户存储器两部分。

系统存储器用来存放由 PLC 生产厂家编写的系统程序,并固化在 ROM 内,用户不能更改。它使 PLC 具有基本的功能,能够完成 PLC 设计者规定的各项工作。系统程序的内容主要包括三部分:系统管理程序、用户指令解释程序和标准程序模块与系统调用管理程序。

用户存储器包括用户程序存储器和用户数据存储器两部分。用户程序存储器用来存放用户针对具体控制任务规定的 PLC 编程语言编写的应用程序。用户程序存储器根据所选用的存储器单元类型的不同,可以是 RAM、EPROM 或 EEPROM,其内容可以由用户任意修改或增删。用户数据存储器可以用来存放用户程序中所使用器件的 ON/OFF 状态、数值和数据等。用户存储器的大小关系到用户程序容量的大小,是反映 PLC 性能的重要指标之一。

3. I/O 接口

I/O 接口是系统的眼、耳、手、脚,是 PLC 与输入/输出设备连接的部件。由于从外部引入的尖峰电压和干扰噪声可能损坏主机中的元器件,或使 PLC 不能正常工作,因此,在 I/O 接口模块中,用光耦合器、光敏晶闸管、小型继电器等器件来隔离 PLC 内部电路和外部的 I/O 电路。所以,I/O 接口除了传递信号外,还有电平转换与隔离的作用。

输入接口用来接收和采集输入信号,开关量输入模块用来接收从按钮、选择开关、数字拨码开关、限位开关、接近开关、光电开关等传来的开关量输入信号;模拟量输入模块用来接收电位器、测速发电机、各种变送器提供的连续变化的模拟量电流、电压信号。开关量输出模块用来控制接触器、电磁阀、电磁铁、指示灯、数字显示装置和报警装置等输出设备;模拟量输出模块用来控制调节阀、变频器等执行装置。通常有晶体管输出、晶闸管输出和继电器输出三种输出电路。

外设 I/O 接口是 PLC 主机实现人机对话、机机对话的通道。通过它,PLC 可以和编程器、彩色图形显示器、打印机等外部设备相连,也可以与其他 PLC 或上位机连接。外设 I/O 接口一般是 RS232C、RS422A、USB 等串行通信接口,该接口能够进行串行/并行数据转换、通信格式识别、数据传输出错检验、信号电平转换等。对于一些小型 PLC,外设 I/O 接口中还有与专用编程器连接的并行数据接口。

I/O 扩展接口是 PLC 主机为了扩展输入/输出点数和类型的部件，输入/输出扩展单元、远程输入/输出扩展单元、智能输入/输出单元等都通过它与主机相连。I/O 扩展接口有并行接口、串行接口等多种形式。

4. 电源部分

PLC 一般使用 220 V 的交流电源或 24 V 直流电源，内部的开关电源为 PLC 的中央处理器、存储器等电路提供 5 V、±12 V、24 V 等直流电源，整体式的小型 PLC 还提供一定容量的直流 24 V 电源，供外部有源传感器(如接近开关)使用。PLC 所采用的开关电源输入电压范围宽(如 20.4～28.8 V DC 或 85～264 V AC)、体积小、效率高、抗干扰能力强。

电源部件的位置形式可有多种，对于整体式结构的 PLC，通常电源封装到机壳内部；对于模块式 PLC，则多数采用单独的电源模块。

5. 编程设备

过去的编程设备一般是编程器，其功能仅限于用户程序读写和调试。读写程序只能使用最不直观的语句表语言，屏幕显示也只有 2～3 行，各种信息用一些特定的代码表示，操作烦琐不便。现在 PLC 生产厂家不再提供编程器，取而代之的是给用户配置在 PC 上运行的基于 Windows 的编程软件。使用编程软件可以在屏幕上直接生成和编辑梯形图、语句表、功能块图和顺序功能图程序，并可以实现不同编程语言的相互转换。程序被编译后下载到 PLC，也可以将 PLC 中的程序上传到计算机。程序可以保存和打印，通过网络，还可以实现远程编程和传送。更方便的是编程软件的实时调试功能非常强大，不仅能监视 PLC 运行过程中的各种参数和程序执行情况，还能进行智能化的故障诊断。

4.3.2　PLC 的工作原理

PLC 有两种工作方式，即 RUN(运行)方式和 STOP(停止)方式。在 RUN 方式中，CPU 执行用户程序，并输出运算结果；在 STOP 方式中，CPU 不执行用户程序，但可将用户程序和硬件设置信息下载到 PLC 中。

PLC 控制系统与继电器控制系统在运行方式上存在着本质的区别。继电器控制系统的逻辑采用的是并行运行的方式，即如果一个继电器的线圈通电或者断电，该继电器的所有触点都会立即动作；而 PLC 的逻辑是通过 CPU 逐行扫描并执行用户程序来实现的，即如果一个逻辑线圈接通或断开，该线圈的所有触点并不会立即动作，必须等到扫描并执行到该触点时才会动作。

一般来说，当 PLC 运行后，其工作过程可分为输入采样阶段、程序执行阶段和输出刷新阶段。完成上述 3 个阶段即称为一个扫描周期。在整个运行期间，PLC 的 CPU 以一定的扫描速度重复执行上述 3 个阶段。

PLC 的扫描工作过程如图 4-4 所示。在图 4-4 中，输入映像寄存器是指在 PLC 的存储器中设置一块用来存放输入信号的存储区域，而输出映像寄存器是用来存放输出信号的存储区域；元件映像存储器是包括输入和输出映像寄存器在内的所有 PLC 梯形图中的编程元件的映像存储区域的统称。

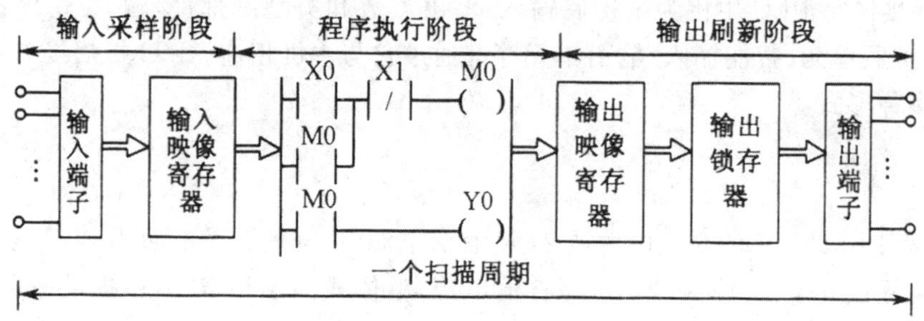

图 4-4 PLC 的扫描工作过程

(1)输入采样阶段

PLC 将各输入状态存入对应的输入映像寄存器中，此时，输入映像寄存器被刷新，接着进入程序执行阶段。在程序执行阶段或输出刷新阶段，输入元件映像寄存器与外界隔绝，无论输入端子信号怎么变化，其内容保持不变，直到下一个扫描周期的输入采样阶段才将输入端子的新内容重新写入。

(2)程序执行阶段

PLC 根据最新读入的输入信号，以先左后右、先上后下的顺序逐行扫描，执行一次程序，结果存入元件映像寄存器中。对于元件映像寄存器，每个元件(除输入映像寄存器之外)的状态会随着程序的执行而变化。

(3)输出刷新阶段

在所有指令执行完毕后，输出映像寄存器中所有输出继电器的状态("1"或"0")在输出刷新阶段转存到输出锁存器中，通过一定的方式输出并驱动外部负载。

4.4 PLC 的编程语言

PLC 是专门为工业控制而开发的装置，其用户程序是设计人员根据控制系统的工艺控制要求，通过 PLC 编程语言编制设计的。现代的 PLC 一般都备有多种编程语言供编程者选取。不同制造商的编程语言也有较大的差别，但现在用得最多的是梯形图和指令(语句)表。但即使是同一种编程语言在不同制造商的 PLC 上的表示方法也不尽相同，不能完全通用。因此，在具体使用中应根据制造商提供的指令系统进行编程。这是 PLC 编程语言的一个不足，但指令的基本功能大致是相同的。只要熟悉一种，掌握其他各种编程语言也就不困难了。

4.4.1 梯形图语言

梯形图语言是在继电器控制系统中常用的接触器、继电器梯形图的基础上演变而来的，它与继电器控制系统原理图相呼应。PLC 的梯形图与继电器控制系统的梯形图的基本思想是一致的，只是在使用符号和表达方式上有一定区别。PLC 的梯形图使用的是内部继电器、定时器/计数器等，都是由软件实现的。其主要特点是使用方便、修改灵活，这是传统的继电器控制系统梯形图的硬件接线所无法比拟的。

如图 4-5 所示为典型的梯形图示意图。左右两条垂直线称作左母线和右母线。在左、右两母线之间，触点在水平线上相串联，相邻的线也可以用一条垂直线连接起来，作为逻辑的并联。触点的水平方向串联相当于“与”(AND)，例如图中第一条线，A、B、C 三者是“与”逻辑关系。垂直方向的触点并联，相当于“或”(OR)，如第二条线，D、E、F 三者是“或”逻辑关系。

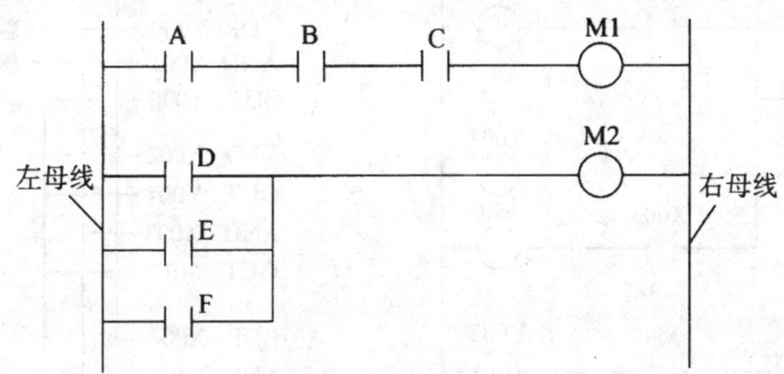

图 4-5　典型的梯形图

PLC 梯形图的一个关键概念是“能流”。这仅是概念上的“能流”。在图 4-5 所示梯形图中，把左母线假想为电源“相线”，而把右母线假想为电源“零线”。如果有“能流”从左至右流向线圈，则线圈被激励。如没有“能流”，则线圈未被激励。梯形图母线“能流”可以通过被激励(ON)的常开触点和未被激励(OFF)的常闭触点自左向右流，也可以通过并联触点中的一个触点流向右边。“能流”在任何时候都不会通过触点自右向左流。如图 4-5 中，当 A、B、C 触点都接通后，线圈 M1 才能接通(被激励)，只要其中一个触点不接通。线圈就不会接通；而 D、E、F 触点中任何一个接通，线圈 M2 就被激励。

必须强调指出的是，我们引入“能流”概念，仅仅是用于说明如何来理解梯形图各输出点的动作，实际上并不存在这种“能流”。

4.4.2　指令(语句)表

PLC 的指令(语句)表是类似于计算机中的助记符语言，它是 PLC 最基础的编程语言，它是用一系列操作指令组成的语句表将控制流程描述出来，并通过编程器送到 PLC 中。

PLC 中最基本的运算是逻辑运算，最常用的指令是逻辑运算指令，如“与”“或”“非”等。这些指令再加上“输入”“输出”和“结束”等指令，就构成了 PLC 的基本指令。语句是程序的最小独立单元。每个操作功能由一条或几条语句来执行。PLC 的语句表达形式与微机的语句表达形式相类似，也是由操作码和操作数两部分组成的。操作码用助记符表示，如 AND、ANI、……。它用来指定要执行的功能，告诉 CPU 该进行什么操作，如逻辑运算的与、或、非，算术运算的加、减、乘、除，时间或条件控制中的计时、计数、移位等功能。

操作数内包含为执行该操作所必需的信息，告诉 CPU 用什么地方的数据执行此操作。操作数一般由标志符和参数组成，但也可能空着。标志符表示操作数的类别，例如表明是输入继电器、输出继电器、辅助继电器、状态继电器、计时器、计数器、数据寄存器等。参数用来指明操作数的地址或者表示某一常数，例如计时器、计数器的设定值。

如图 4-6 所示为指令表编程的例子，图 4-6(a)是梯形图，图 4-6(b)是相应的指令表。由图

4-6 可以看出，梯形图是由一段一段组成的。每段的开始用 LD(LDI) 指令，触点的串/并联用 AND/OR 指令，线圈的驱动总是放在最右边，用 OUT 指令，用这些基本指令，即可组成复杂逻辑关系的梯形图及指令表。

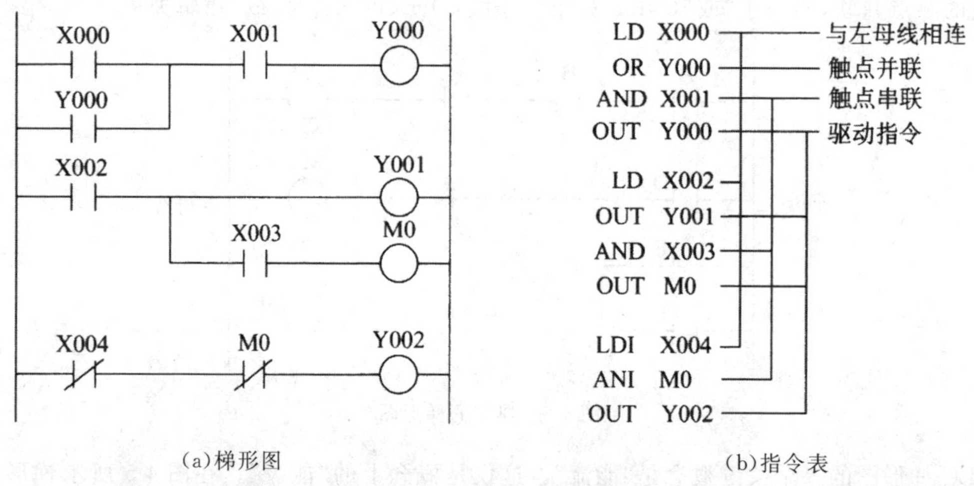

图 4-6 基本指令应用举例

需要指出的是，不同厂家的 PLC 指令语句表使用的助记符并不相同。一般来说，语句表编程适合于熟悉 PLC 和有经验的程序员使用。

4.4.3 状态转移图语言

状态转移图(SFC)语言是一种较新的编程语言。它的作用是用顺序功能流程图来表达一个顺序控制过程。状态转移图作为一种步进顺控语言，用这种语言可以对一个控制过程进行控制，并显示该过程的状态。将用户应用的逻辑分成状态和转移条件，来代替一个长的梯形图程序。这些状态和转移条件的显示使用户可以看到在某个给定时间中机器处于什么状态。

如图 4-7 所示位用状态转移图编程的例子，这是一个钻孔顺控的例子。每一方框表示一个状态，方框中的数字代表顺序步，每一状态对应于一个控制任务，每个状态的转移条件以及每个状态执行的功能可以写在方框右边。

4.4.4 功能块图

这是一种类似于数字逻辑电路的编程语言，有数字电路基础的人很容易掌握。该编程语言用类似“与门”、“或门”、“非门”的方框来表示逻辑运算关系，方框的左侧为逻辑运算的输入变量，右侧为输出变量，输入、输出端的小圆圈表示“非”运算，信号是自左向右流动的。一个指令的输出可以用来允许另一条指令，这样可以建立所需要的控制逻辑。

功能块图和顺序功能图一样，也是一种图形语言。在功能块图中也允许嵌入别的语言，如梯形图、指令表和结构文本。FBD 编程语言有利于程序流的跟踪，但目前使用很少。

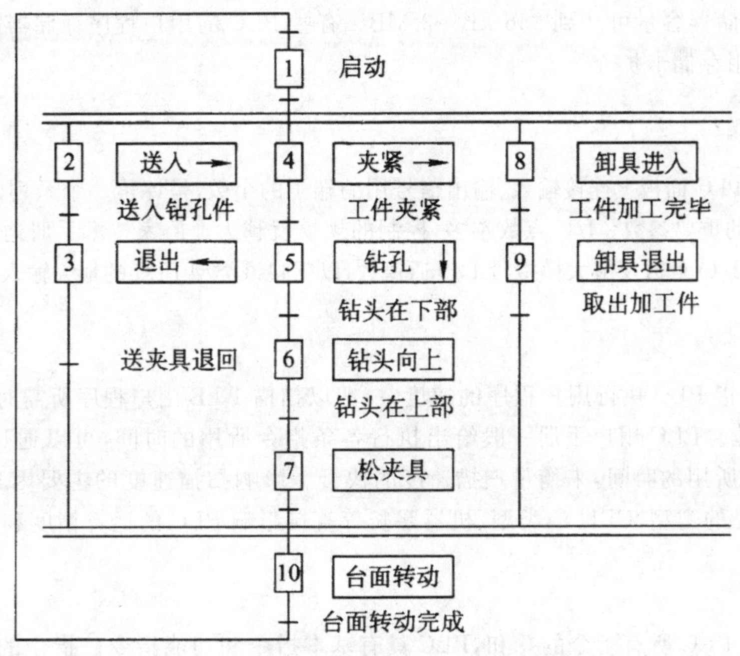

图 4-7　状态转移图编程示例

4.4.5　结构化文本

随着 PLC 的迅速发展，如果许多高级功能还是用梯形图来表示，会很不方便。为了增强 PLC 的数学运算、数据采集和处理、图形显示、报表打印、联网通信等功能，方便用户的使用，许多大中型 PLC 都配备了 Pascal、Basic、C 等高级编程语言。

结构文本(Structured Text，ST)是为 IEC1131-3 标准创建的一种专用的高级编程语言，是用结构化的描述文本来描述程序的一种编程语言。实际上，受过计算机编程语言训练的人将会发现用它来编制控制逻辑是很容易的。与梯形图相比，结构化文本有两大优点，其一是能实现复杂的数学运算，其二是非常简洁和紧凑。

不同型号的 PLC 编程软件对以上五种编程语言的支持种类是不同的，对于一款具体的可编程控制器，生产厂家可提供这 5 种表达方式的几种编程语言供用户选择，但并不是所有的可编程控制器都支持全部的 5 种编程语言。随着 PLC 处理功能的不断增强，使用不同的语言来处理不同的问题，可取得事半功倍的效果。因此，在 PLC 编程中要根据控制任务和不同程序的特点，灵活使用其编程语言是非常重要的。

4.5　PLC 的基本性能指标

1. 存储器容量

厂家提供的存储器容量指标通常是指用户程序存储器容量，它决定 PLC 可以容纳的用户程序的长短。一般以字为单位计算，每 1024 个字节为 1 kB。中、小型 PLC 的存储器容量一般在 8 kB 以下，大 PLC 的存储器容量可达到 256 kB～2 MB。有些 PLC 的用户程序存储器需要另购外插的存储器卡，或者用存储卡扩充。

2. I/O 点数

I/O 点数即 PLC 面板上连接输入、输出信号用的端子的个数，是评价一个系列的 PLC 可适用于何等规模的系统的重要参数。I/O 点数越多，控制的规模就越大。厂家技术手册通常都会给出相应 PLC 的最大数字 I/O 点数及最大模拟量 I/O 通道数，以反映该类型 PLC 的最大输入、输出规模。

3. 扫描速度

扫描速度是指 PLC 执行用户程序的速度，一般以扫描 1 kB 用户程序所需时间来表示，通常以 ms/kB 为单位。PLC 用户手册一般给出执行各条指令所用的时间，可以通过比较各种 PLC 执行相同的操作所用的时间，来衡量扫描速度的快慢。影响扫描速度的主要因素有用户程序的长度和 PLC 产品的类型，CPU 的类型、机器字长等直接影响 PLC 的运算精度和运行速度。

4. 指令系统

指令系统指 PLC 所有指令的总和，PLC 具有基本指令和功能指令。指令的种类、数量也是衡量 PLC 性能的重要指标。PLC 的编程指令越多，软件功能越强，PLC 的处理能力和控制能力也越强，用户编程越简单、方便，越容易完成复杂的控制任务。

5. 内部元件的种类与数量

在编制 PLC 程序时，需要用到大量的内部元件来存放变量、中间结果、保持数据、定时计数、模块设置和各种标志位等信息，这些元件的种类与数量越多，表示 PLC 的存储和处理各种信息的能力越强。

6. 特殊功能及模块

除基本功能外，特殊功能及模块也是评价 PLC 技术水平的重要指标。如自诊断功能、通信联网功能、远程 I/O 能力等。PLC 所能提供的功能模块有高速计数模块、位置控制模块、闭环控制模块等。近年来，智能模块的种类日益增多，功能也越来越强。

7. 可扩展能力

PLC 的可扩展能力包括 I/O 点数的扩展、存储容量的扩展、联网功能的扩展、各种功能模块的扩展等。在选择 PLC 时，经常需要考虑 PLC 的可扩展能力。

4.6 PLC 应用系统设计实例

4.6.1 电热锅炉供热控制系统设计

随着对环保要求的不断提高，以及一些用电优惠政策的出台，使用电锅炉供热的用户越来越多,其安全性、经济性及较高的自动化程度也已被认同。下面以一台四组电加热管的承压电热水锅炉供热控制系统为例来说明其控制系统的设计。

1. 工艺过程

如图4-8所示为用一台电锅炉供暖系统,其工作过程为:电锅炉(具有超温保护装置BT、超压保护装置BP1)根据设定出水温度BT_O或回水温度BT_B(亦可根据室外气温的变化自动确定BT_O或BT_B)确定电加热管投入的组数;锅炉提供的热量通过循环泵直接向供暖系统供热;供暖系统的定压由补水泵及落地膨胀水箱完成,通过压力控制器BP2控制。

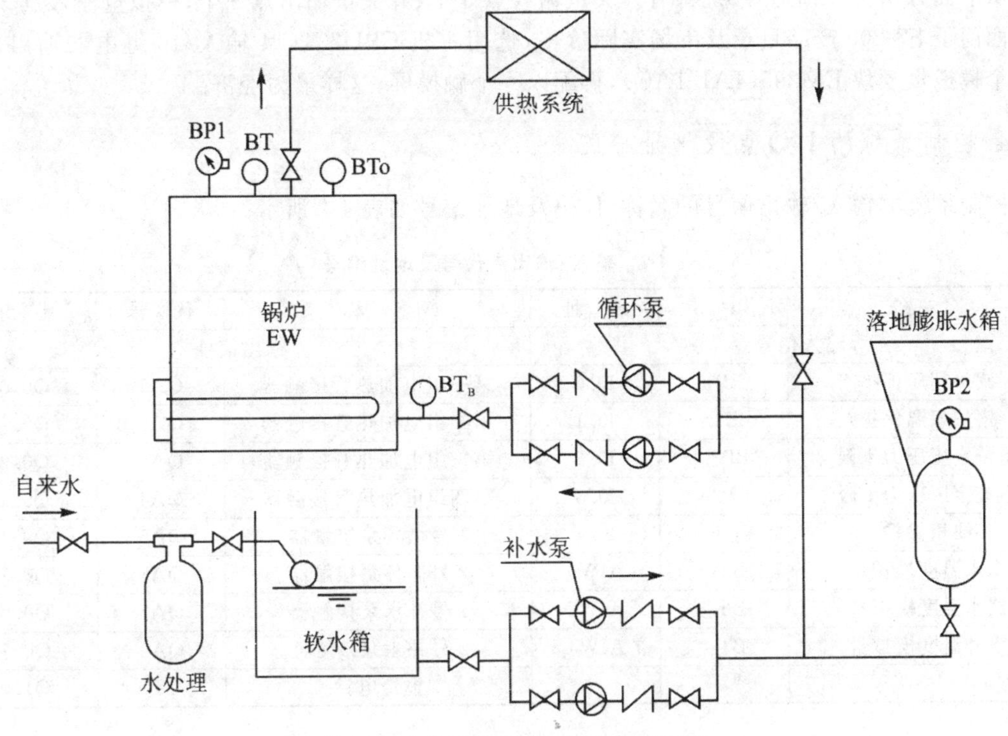

图4-8　电热锅炉供暖系统工作原理图

2. 系统控制要求

(1)对锅炉控制的基本要求

①电加热管“梯式”加(减)载,循环投切。

②保护功能齐全:具有缺相、短路、过流、漏电等保护功能;具有温度控制、超温保护功能;具有炉水超压保护功能。

③具有出水(回水)控制或显示功能。

④具有定时控制功能。

⑤具有手动/自动控制选择功能。

⑥可根据室外气温的变化自动调节出(回)水温度(选配功能)。

⑦缺相报警,电加热管停止加热。

⑧故障停机后,手动复位。

(2)对系统控制的要求

①循环泵主/备用泵可选择，具有定时控制、手/自动控制功能；

②补水泵交替运行，互为备用；

③所有水泵均具有过载、短路、缺相保护功能；

④缺相报警，水泵停止运行；

⑤故障停机后，手动复位。

3. PLC 选型

从上面分析可以知道，系统共有开关量输入点 5 个、开关量输出点 9 个；模拟量输入点 3 个。参照西门子 S7-200 产品目录及市场实际价格，选用主机 CPU224(14 输入/10 继电器输出)，扩展一个模拟量模块 EM235(4AI/1AO)，再配以一个触摸屏，这样最为经济。

4. 控制系统的 I/O 点及地址分配

控制系统的输入/输出信号的名称、代码及地址编号如表 4-2 所示。

表 4-2 输入/输出点代号及地址编号

名 称	代 号	地 址	名 称	代 号	地 址
输入信号			输出信号		
锅炉超压保护	BP1	I0.0	第一组电加热管接触器	QA1	Q0.0
锅炉超温保护	BT	I0.1	第二组电加热管接触器	QA2	Q0.1
系统定压压力下限	$BP2_L$	I0.2	第三组电加热管接触器	QA3	Q0.2
系统定压压力上限	$BP2_U$	I0.3	第四组电加热管接触器	QA4	Q0.3
缺相保护	KF	I0.4	1 号循环泵接触器	QA5	Q0.4
出水温度模拟量	BT_O	AIW0	2 号循环泵接触器	QA6	Q0.5
回水温度模拟量	BT_B	AIW2	1 号补水泵接触器	QA7	Q0.6
室外温度模拟量	BT_T	AIW4	2 号补水泵接触器	QA8	Q0.7
			报警电铃	PB	Q1.0

5. 电气控制系统原理图

电气控制系统原理图包括主电路图、控制电路图及 PLC 外接线图。

(1)主电路图

如图 4-9 所示为主电路图。四组电加热管分别由接触器 QA1、QA2、QA3、QA4 控制，QA11、QA12、QA13、QA14 为其短路、过载保护空气开关；循环泵分别由接触器 QA5、QA6 控制，QA15、QA16 为其短路保护空气开关，BB1、BB2 为其电动机过载保护用热继电器；补水泵分别由接触器 QA7、QA8 控制，QA17、QA18 为其短路保护空气开关，BB3、BB4 为其电动机过载保护用热继电器。

(2)控制电路图

如图 4-10 所示为控制电路图。图中：SF 为急停开关，KF 为缺相保护继电器，TA 为隔离变压器，专为 PLC 提供电源，抗干扰，另配置 DC 24 V 直流电源为触摸屏供电，各接触器及电铃 PB 的控制均由 PLC 的继电器控制，图中 Q0.0～Q1.0 为 PLC 的继电器触点。

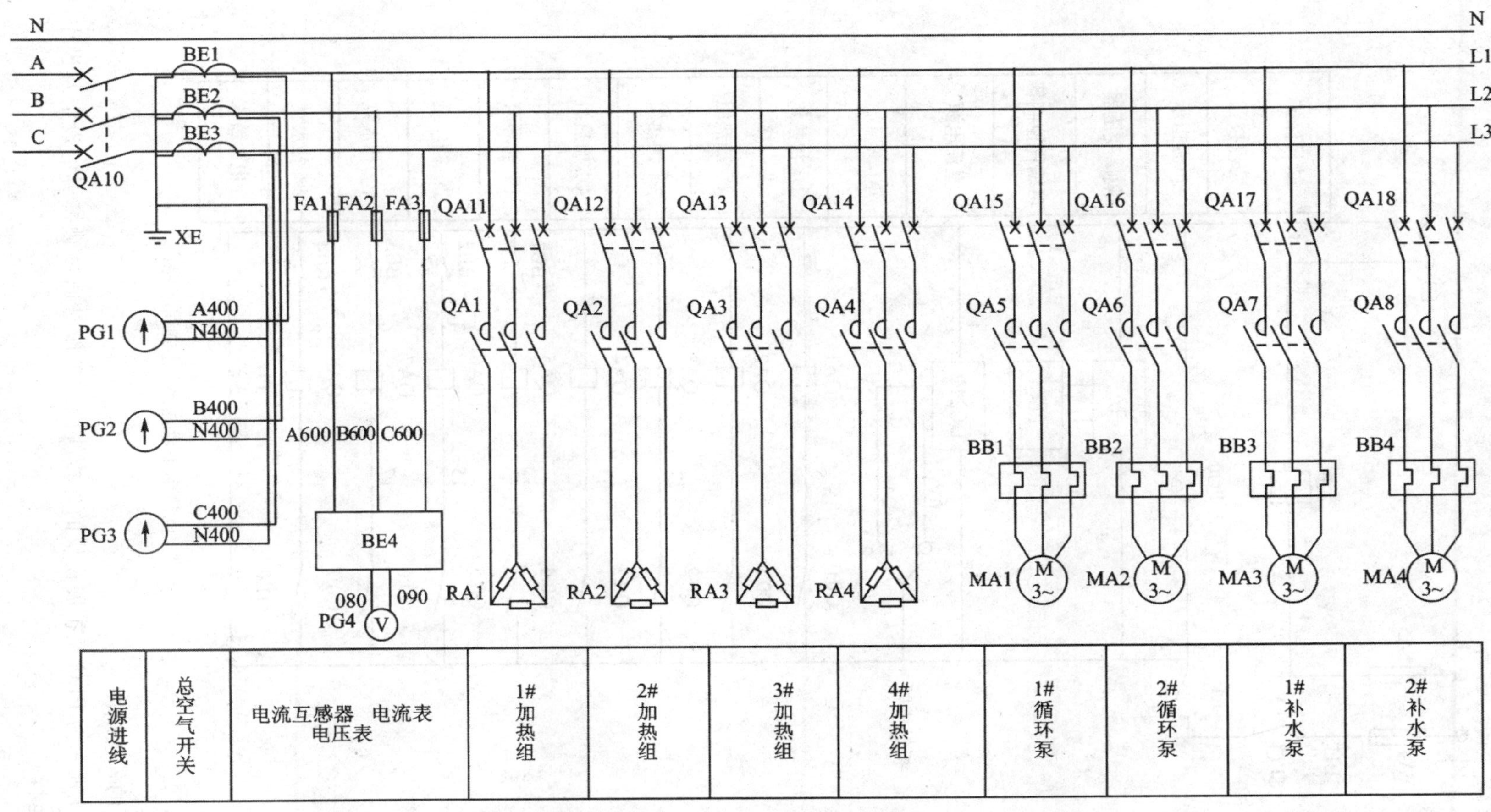

图4-9　电热锅炉供热系统主电路图

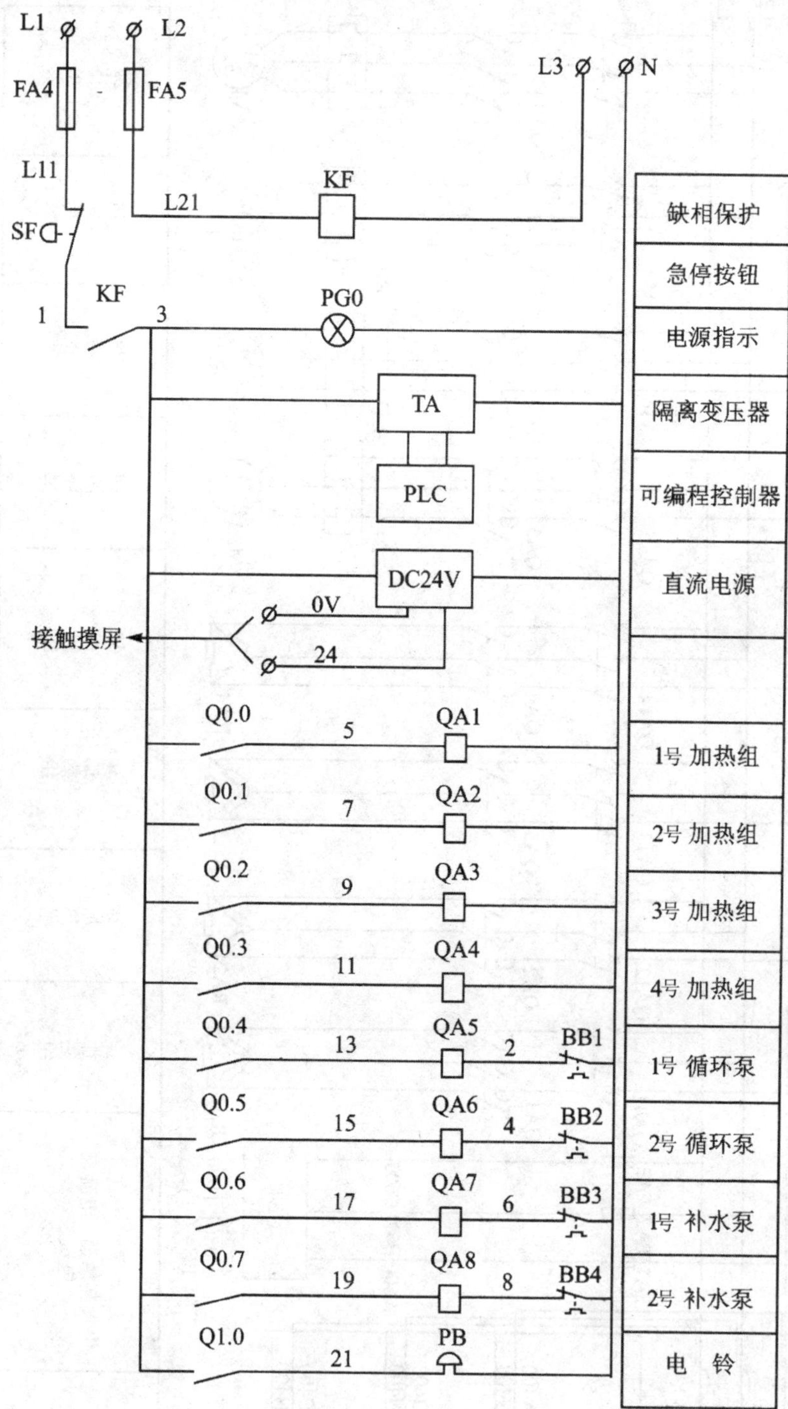

图 4-10 电热锅炉供热系统控制电路图

(3)PLC 的外接线图

如图 4-11 所示为 PLC 及扩展模块的外接线图。工作时通过触摸屏的设定及操作,即可按规定的程序运行。

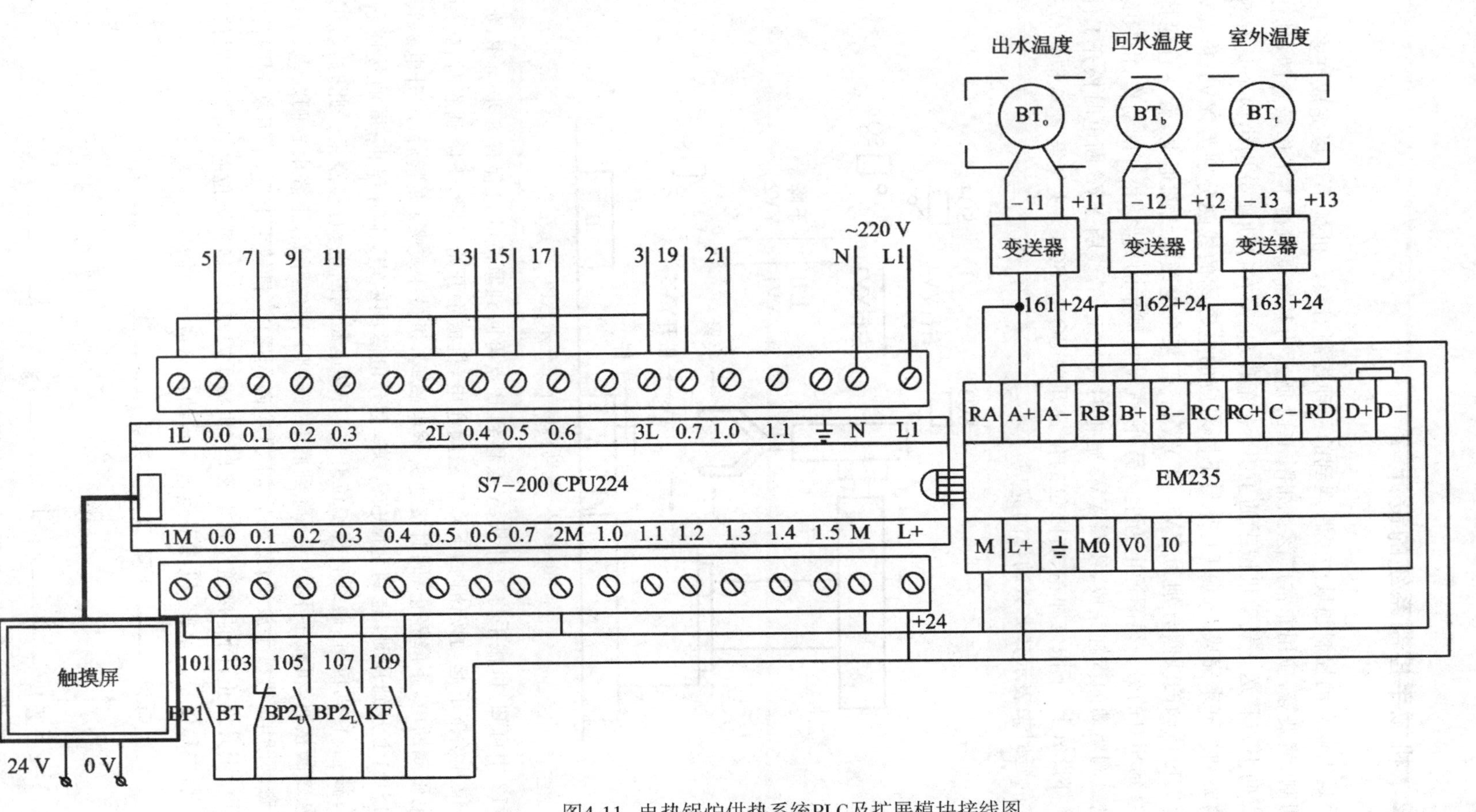

图4-11　电热锅炉供热系统PLC及扩展模块接线图

4.6.2 机械手控制系统的设计

机械手是工业自动控制领域中经常遇到的一种控制对象。机械手可以完成许多工作，如搬物、装配、切割、喷染等，应用非常广泛。如图 4-12 所示为某气动机械手工作示意图，其任务是将工件从 A 点向 B 点移送。气动机械手的上升/下降和左行/右行动作分别由两个具有双线圈的两位电磁阀驱动汽缸来完成。其中上升与下降对应的电磁阀的线圈分别为 YV1 和 YV2；左行与右行对应的电磁阀的线圈分别为 YV3 和 YV4。若某个电磁阀线圈通电，就一直保持现有的机械动作，直到相对的另一线圈通电为止。另外，气动机械手的夹紧、松开的动作，由只有一个线圈的两位电磁阀驱动的汽缸完成，线圈 YV5 通电时夹住工件，线圈 YV5 断电时松开工件。机械手的工作臂都设有上、下限位和左、右限位的位置开关 SQ1～SQ4。夹紧装置不带限位开关，它是通过一定的延时来表示其夹紧动作的完成。

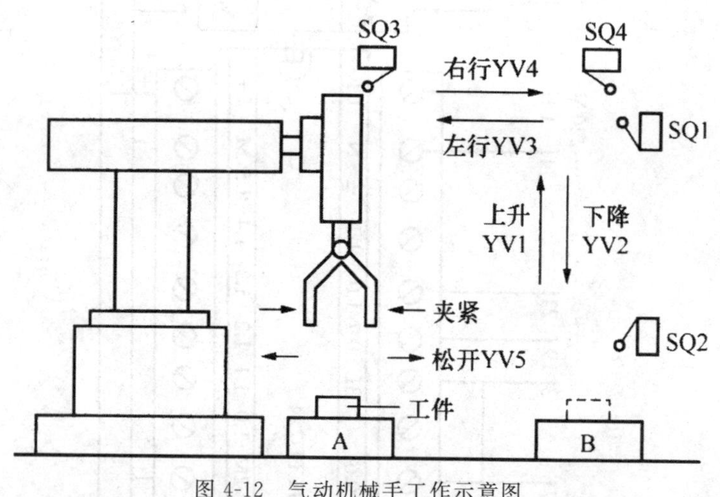

图 4-12 气动机械手工作示意图

从图 4-12 中可知，机械手将工件从 A 点移到 B 点再回到原位的过程有 8 步动作，如图 4-13 所示。从原位开始按下起动按钮时，下降电磁阀通电，机械手开始下降，下降到底时，碰到下限位开关，下降电磁阀断电，下降停止；同时接通夹紧电磁阀，机械手夹紧；夹紧后，上升电磁阀开始通电，机械手上升，上升到顶时，碰到上限位开关，上升电磁阀断电，上升停止；同时接通右移电磁阀，机械手右移，右移到位时，碰到右移限位开关，右移电磁阀断电，右移停止。此时，右工作台无工件，下降电磁阀接通，机械手下降。下降到底时，碰到下限位开关，下降电磁阀断电，下降停止；同时夹紧电磁阀断电，机械手放松；放松后，上升电磁阀通电，机械手上升，上升碰到限位开关，上升电磁阀断电，上升停止；同时接通左移电磁阀，机械手左移，左移到原位时，碰到左限位开关，左移电磁阀断电，左移停止。至此，机械手经过 8 步动作完成一个循环。

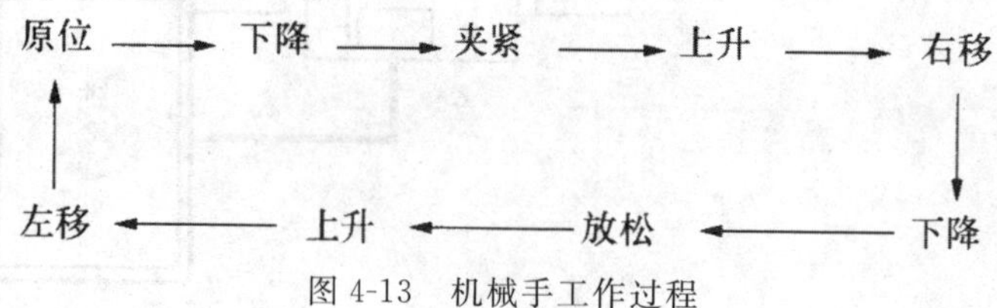

图 4-13 机械手工作过程

1. PLC 控制机械手的 I/O 分配表

使用 PLC 控制机械手时，其 I/O 分配表见表 4-3。

表 4-3　PLC 控制机械手的 I/O 分配表

	输入设备	输入端子		输出设备	输出端子
输入端	起动控制按钮 SB1	I.0	输出端	上升对应的电磁阀控制线圈 YV1	Q0.0
	上限位行程开关 SQ1	I0.1		下降对应的电磁阀控制线圈 YV2	Q0.1
	下限位行程开关 SQ2	I0.2		左行对应的电磁阀控制线圈 YV3	Q0.2
	左限位行程开关 SQ3	I0.3		右行对应的电磁阀控制线圈 YV4	Q0.3
	右限位行程开关 SQ4	I0.4		夹紧放松对应的电磁阀控制线圈 YV5	Q0.4
	停止控制按钮 SB	I0.5		原位指示信号灯 HL	Q0.5

2. PLC 控制机械手的 I/O 接线图

PLC 控制机械手的 I/O 接线图如图 4-14 所示。

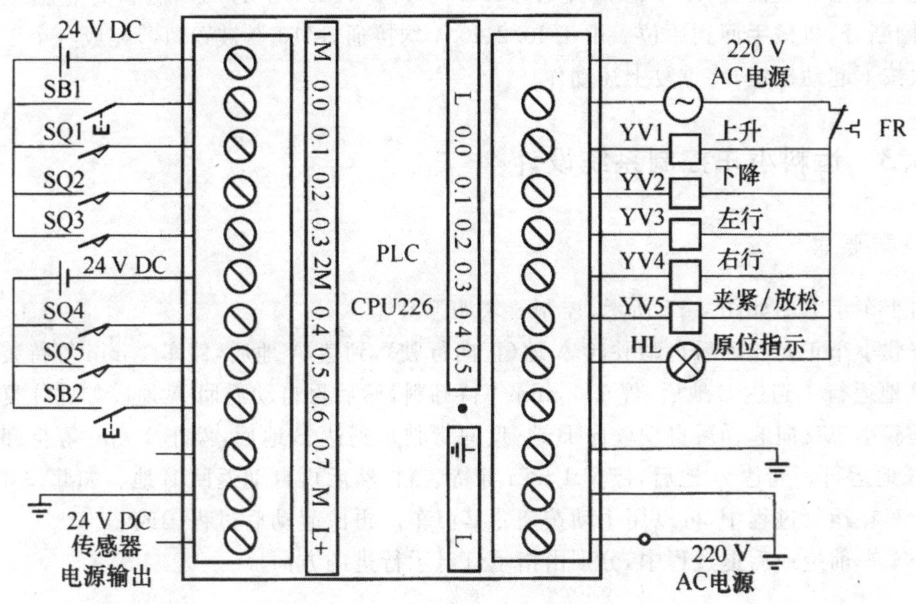

图 4-14　PLC 控制机械手的 I/O 接线图

3. PLC 控制程序说明

当机械手处于原位时，上升限位开关 I0.2、左限位开关 I0.4 均处于接通（“1”）状态，移位寄存器数据输入端接通，使 M10.0 置“1”，Q0.5 线圈接通，原位指示灯亮。

按下起动按钮，I0.0 置“1”，产生移位信号，M10.0 的“1”移至 M10.1，下降阀输出继电器 Q0.0 接通，执行下降动作。由于上升限位开关 I0.2 断开，M10.0 置“0”，原位指示灯灭。

当下降到位时，下限位开关 I0.1 接通，产生移位信号，M10.0 的“0”移位到 M10.1，下降阀 Q0.0 断开，机械手停止下降，M10.1 的“1”移到 M10.2，M20.0 线圈接通，M20.0 动合触点闭合，夹紧电磁阀 Q0.1 接通，执行夹紧动作，同时起动定时器 T37，延时 1.7 s。

机械手夹紧工件后，T37 动合触点接通，产生移位信号，使 M10.3 置“1”，“0”移位至 M10.2，上升电磁阀 Q0.2 接通，I0.1 断开，执行上升动作。由于使用 S 指令，M20.0 线圈具有自保持功能，Q0.1 保持接通，机械手继续夹紧工件。

当上升到位时，上限位开关 I0.2 接通，产生移位信号，“0”移位至 M10.3，Q0.2 线圈断开，不再上升；同时移位信号使 M10.4 置“1”，I0.4 断开，右移阀继电器 Q0.3 接通，执行右移动作。

待移至右限位开关动作位置，I0.3 动合触点接通，产生移位信号，使 M10.3 的“0”移位到 M10.4，Q0.3 线圈断开，停止右移；同时 M10.4 的“1”已移到 M10.5，Q0.0 线圈再次接通，执行下降动作。

当下降到使 I0.1 动合触点接通位置，产生移位信号，“0”移至 M10.5，“1”移至 M10.6，Q0.0 线圈断开，停止下降，R 指令使 M20.0 复位，Q0.1 线圈断开，机械手松开工件；同时 T38 起动延时 1.5 s，T38 动合触点接通，产生移位信号，使 M10.6 变为“0”，M10.7 变为“1”，Q0.2 线圈再次接通，I0.1 断开，机械手又上升；行至上限位置，I0.2 触点接通，M10.7 变为“0”，M11.0 变为“1”，Q0.2 断开，停止上升；Q0.4 线圈接通，I0.3 断开，开始左移。

到达左限位开关位置，I0.4 触点接通，M11.0 为“0”，M11.1 为“1”，移位寄存器全部复位，Q0.4 线圈断开，机械手回到原位。由于 I0.2、I0.4 均接通，M10.0 被置“1”，完成一个工作周期。

再次按下起动按钮，将重复上述动作。

4.6.3 运料小车控制系统设计

1. 控制要求

运料小车示意图如图 4-15 所示，控制要求如下：

①空载小车正向起动后自动驶向 A 地（正向行驶），到达 A 地后，停车 1 min 等待装料，之后自动向 B 地运行。到达 B 地后，停车 1 min 等待卸料，然后再自动返回 A 地。如此往复。

②满载小车反向起动后自动驶向 B 地（反向行驶），到达 B 地后，停车 1 min 等待卸料，之后自动向 A 地运行。到达 A 地后，停车 1 min 等待装料，然后再自动返回 B 地。如此往复。

③小车在运行过程中，可以用手动按钮令其停车。再次起动后过程①或②。

④小车在前进或后退过程中，分别由指示灯显示行进的方向。

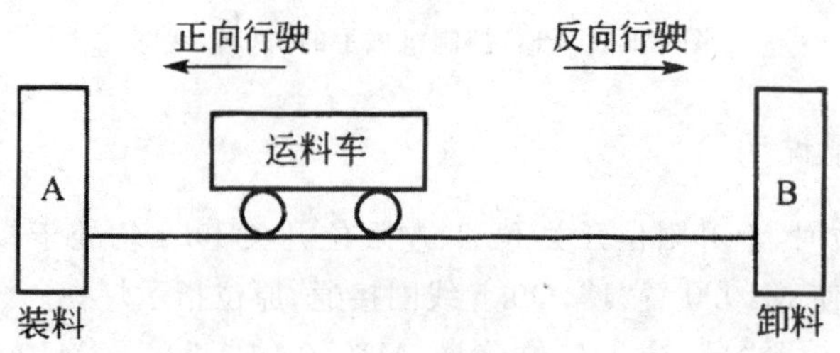

图 4-15 运料小车示意图

2. 绘制系统流程图

本系统的控制对象是运料小车。运料小车流程图如图 4-16 所示。

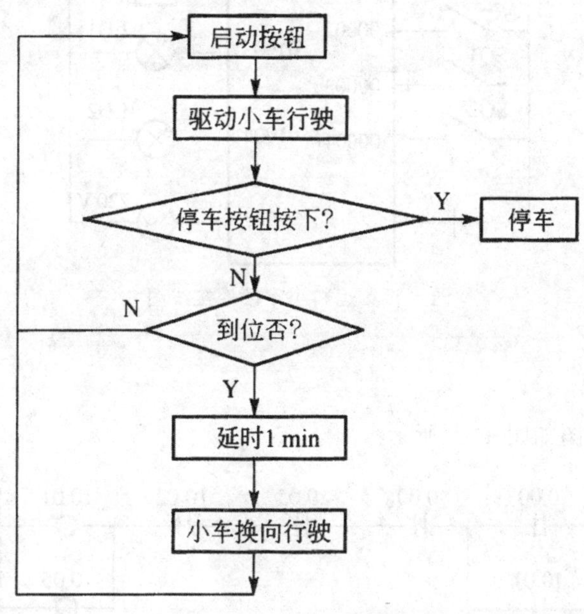

图 4-16　运料小车流程图

3. PLC 的 I/O 点的地址分配

PLC 的 I/O 点的地址分配见表 4-4。

表 4-4　I/O 点的地址分配

输入信号	输入点地址	输出信号	输出点地址
停止按钮 K1	00000	正向驱动 KM1	01001
正向起动按钮 K2	00001	反向驱动 KM2	01002
反向起动按钮 K3	00002	正转指示灯 LD1	01003
A 地行程位置开关 SQ1	00003	反转指示灯 LD2	01004
B 地行程位置开关 SQ2	00004		

4. 硬件电路接线

将停止按钮、正反向起动按钮、A 地 B 地的行程位置开关分别串行接入可编程控制器的输入端 00000、00001、00002、00003、00004。将可编程控制器的输出接至小车电动机主控制回路，如图 4-17 所示。

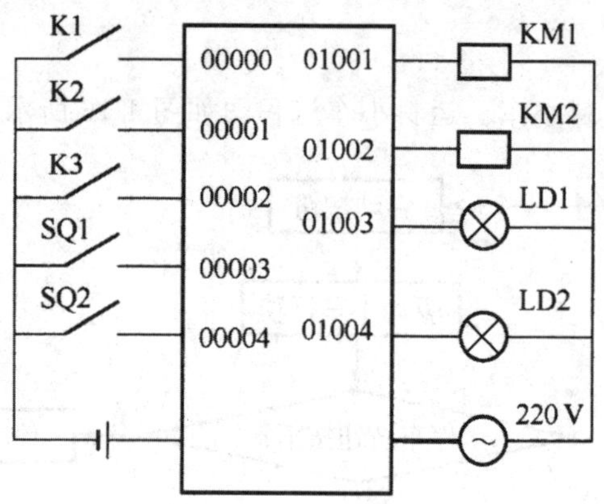

图 4-17　运料小车硬件接线图

5. 程序设计

运料小车程序梯形图如图 4-18 所示。

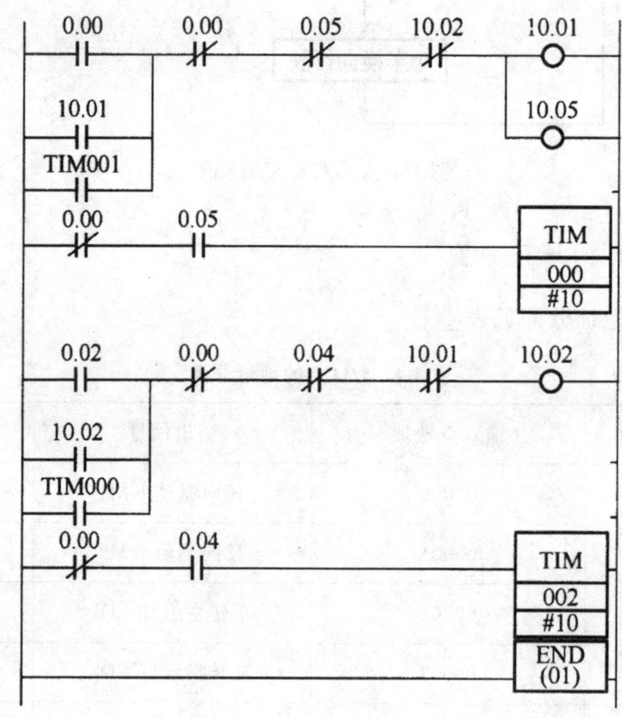

图 4-18　运料小车程序梯形图

6. 装配调试

①I/O 端子的调试。在硬件接线连好后，以手动方式对 I/O 端子进行调试，以观察 I/O 端子的正确性。

②对每一个输入信号进行单独调试，观察系统的运行结果是否与要求一致。

③系统的总体调试。按实际运行的状态进行系统总体的调试。

4.6.4　水塔水位控制系统的设计

在自来水供水系统中，为解决高层建筑的供水问题，修建了一些水塔。水塔水位的控制示意图如图 4-19 所示。S1～S4 为液位传感器，M1、M2 为抽水电动机。

当水塔水位低于水池低水位界时，S1 液位传感器输出信号为 1(即 S1 为 ON)，控制电动机 M1 运转，水池开始进水，同时定时器也进行定时，4 s 后，如果 S1 的输出信号仍为 ON，表示进水管内没有进水，出现故障，产生报警。当水位达到 S2 位置时，S2 液位传感器输出信号为 1(即 S2 为 ON)，电动机 M2 停止运行。当水塔水位低于水塔低水位界时，水塔液位传感器 S3 输出信号为 1(即 S3 为 ON)，且 S1 输出信号为 0 时(即水池内有蓄水)，电机 M2 运转抽水。当水塔水位高于高水位界时(即 S4 为 1)，电动机 M2 停止工作。水池和水塔的进水也可由手动进行控制。

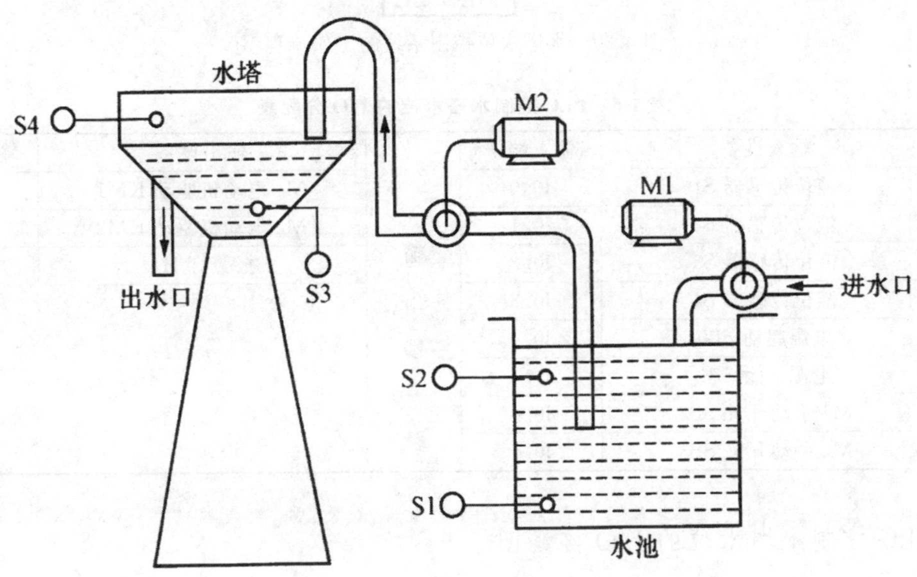

图 4-19　水塔水位的控制示意图

从图 4-19 中可知，水塔水位控制系统的工作流程如图 4-20 所示。打开电源，首先对水池水位进行水位检测，若水位低于最低水位时，M1 电动机工作，自来水从进水口流入；若进水口内没有水流入时，表示故障，产生报警。当达到最高水位时，M1 电动机停止工作。当水塔水位低于最低水位，且水池内有水时，M2 电动机工作。当水位达到最高水位时，M2 电动机停止工作。

M1 和 M2 电动机可手动控制，加上电源的开关控制，因此共需要 4 个控制按钮。S1～ S4 液位传感器可理解为行程开关，信号为 1 时表示触头闭合，信号为 0 时表示触头打开。M1 和 M2 电动机分别由 KM1 和 KM2 控制。

1. PLC 控制水塔水位的 I/O 分配表

使用 PLC 控制水塔水位时，其 I/O 分配表见表 4-5。

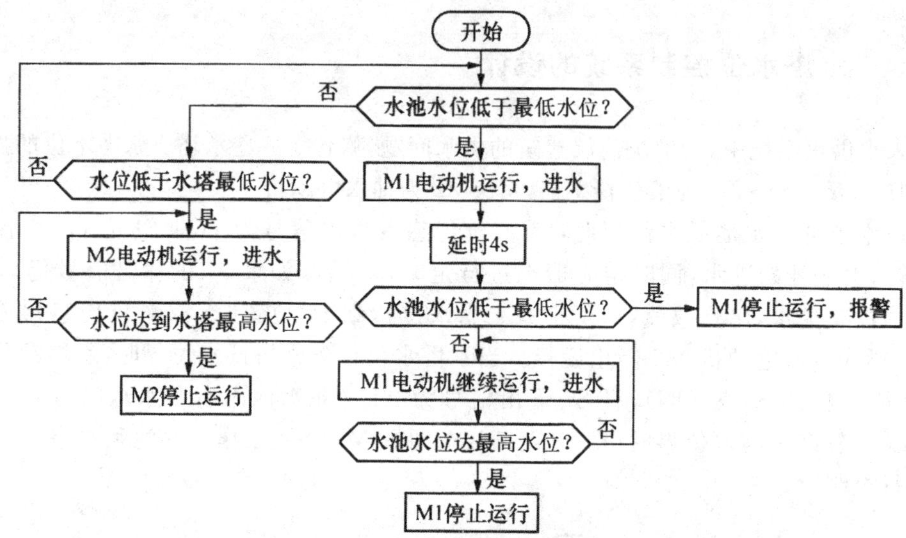

图 4-20　水塔水位控制系统的工作流程

表 4-5　PLC 控制水塔水位的 I/O 分配表

	输入设备	输入端子		输出设备	输出端子
输入端	液位传感器 S1	I0.0	输出端	M1 电动机驱动 KM1	Q0.0
	液位传感器 S2	I0.1		M2 电动机驱动 KM2	Q0.1
	液位传感器 S3	I0.2		报警灯 HL	Q0.2
	液位传感器 S4	I0.3			
	电源起动 SB0	I0.4			
	电源关闭 SB1	I0.5			
	M1 手动开关 SB2	I0.6			
	M2 手动开关 SB3	I0.7			

2. PLC 控制水塔水位的 I/O 接线图

PLC 控制水塔水位的 I/O 接线图如图 4-21 所示。

4.6.5　除尘室控制系统设计

在制药、水厂等一些对除尘要求比较严格的车间，人、物进入这些场合首先需要进行除尘处理，为了保证除尘操作的严格进行，避免人为因素对除尘要求的影响，可以用 PLC 对除尘室的门进行有效控制。下面将介绍某无尘车间进门时对人或物进行除尘的过程。

1. 控制要求

人或物进入无污染、无尘车间前，首先在除尘室严格进行指定时间的除尘才能进入车间，否则门打不开，进入不了车间。除尘室的结构示意图如图 4-22 所示。图中第一道门处设有两个传感器，即开门传感器和关门传感器；除尘室内有两台风机，用来除尘；第二道门上装有电磁锁和开门传感器，电磁锁在系统控制下自动锁上或打开。进入室内需要除尘，出来时无须除尘。

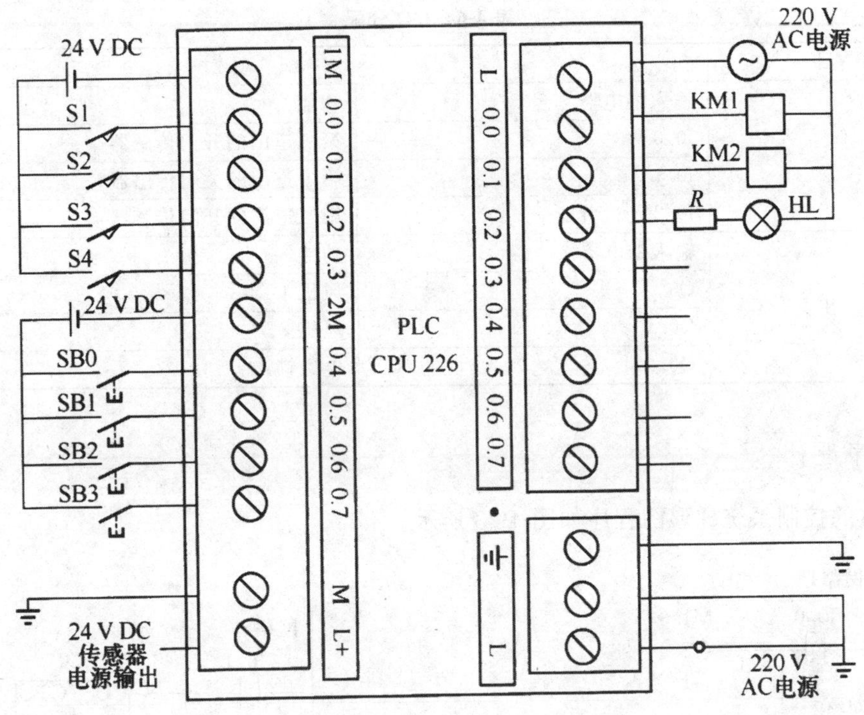

图 4-21　PLC 控制水塔水位的 I/O 接线图

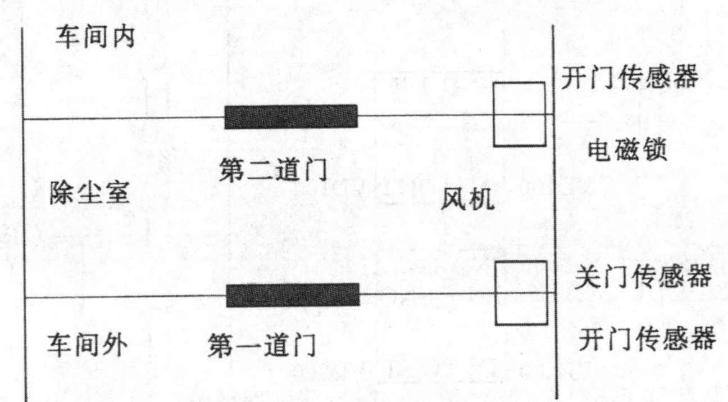

图 4-22　除尘室的结构示意图

具体控制要求如下。

进入车间时必须先打开第一道门进入除尘室，进行除尘。当第一道门打开时，开门传感器动作，第一道门关上时关门传感器动作，第一道门关上后，风机开始吹风，电磁锁把第二道门锁上并延时 20s 后，风机自动停止，电磁锁自动打开，此时可打开第二道门进入室内。第二道门打开时相应的开门传感器动作。人从室内出来时，第二道门的开门传感器先动作，第一道门的开门传感器才动作，关门传感器与进入时动作相同，出来时无须除尘，所以风机、电磁锁均不动作。

2. I/O 分配

I/O 分配如表 4-6 所示。

表 4-6　I/O 分配

项　目	分　配　项	
输　入	输入继电器	功能
	I0.0	第一道门的开门传感器
	I0.1	第一道门的关门传感器
	I0.2	第二道门的开门传感器
输　出	输入继电器	功能
	Q0.0	风机 1
	Q0.1	风机 2
	Q0.2	电磁锁

3.程序设计

除尘室的控制系统梯形图程序如图 4-23 所示。

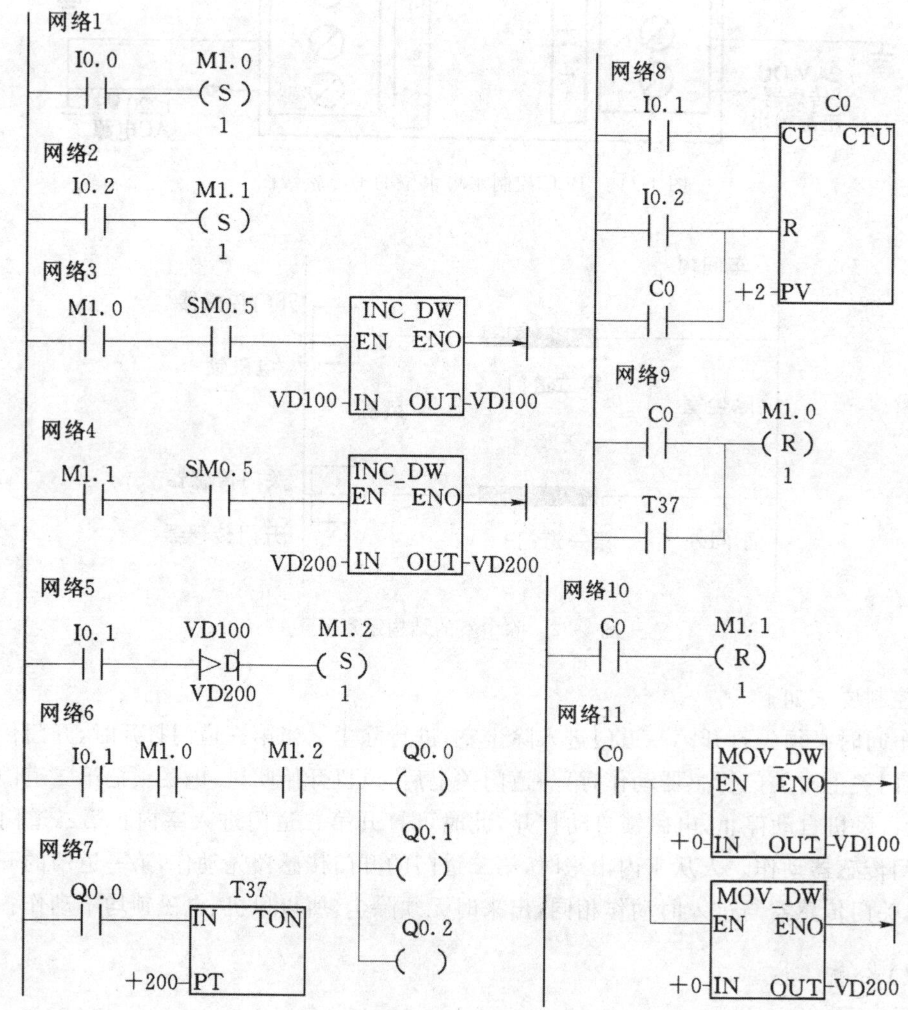

图 4-23　除尘室的控制系统梯形图程序

输入程序编译无误后，按除尘室的工艺要求调试程序，并记录结果。

4.6.6　PLC 控制汽车自动清洗装置

一台汽车自动清洗装置，清洗机的控制由按钮开关、车辆检测器、喷淋阀门、刷子电动机组成，如图 4-24 所示。

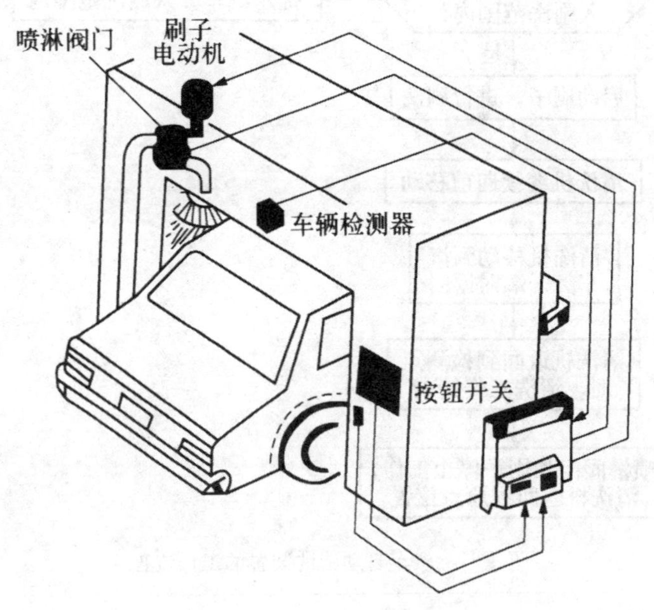

图 4-24　汽车自动清洗机

当按下起动按钮 SB1 时，清洗机开始工作，即清洗机开始移动，同时打开喷淋阀门；当检测到汽车进入刷洗距离时，起动刷子电动机运转进行刷洗，汽车离开停止刷车；当结束条件满足时，清洗结束，清洗机回到原位，并关闭喷淋阀门。

汽车自动清洗装置的工作流程如图 4-25 所示。从流程图可以看出，工作人员按下开启按钮，清洗机向前移动并同时打开喷淋阀门。当移动到汽车检测位置时，如果汽车检测开关没有检测到汽车，清洗机就暂时停止移动，并等待汽车进入到刷洗位置后，清洗机继续向前移动，同时起动刷子对汽车进行清洗。如果清洗机移动到汽车的另一端时，清洗机就立即返回，当返回到汽车检测位置时，汽车清洗完成，然后停止刷洗，关闭喷淋阀门。汽车离开，清洗机返回到原点位置。

1. PLC 控制汽车自动清洗装置的 I/O 分配表

通常采用红外线检测汽车是否到达清洗范围，在此用按钮来表示是否检测到汽车，如果没检测到汽车时，用动断触点表示；检测到汽车时，用动合触点表示。提示汽车驶入刷洗范围内，在此用一个信号灯表示。PLC 控制汽车自动清洗装置的 I/O 分配表见表 4-7。

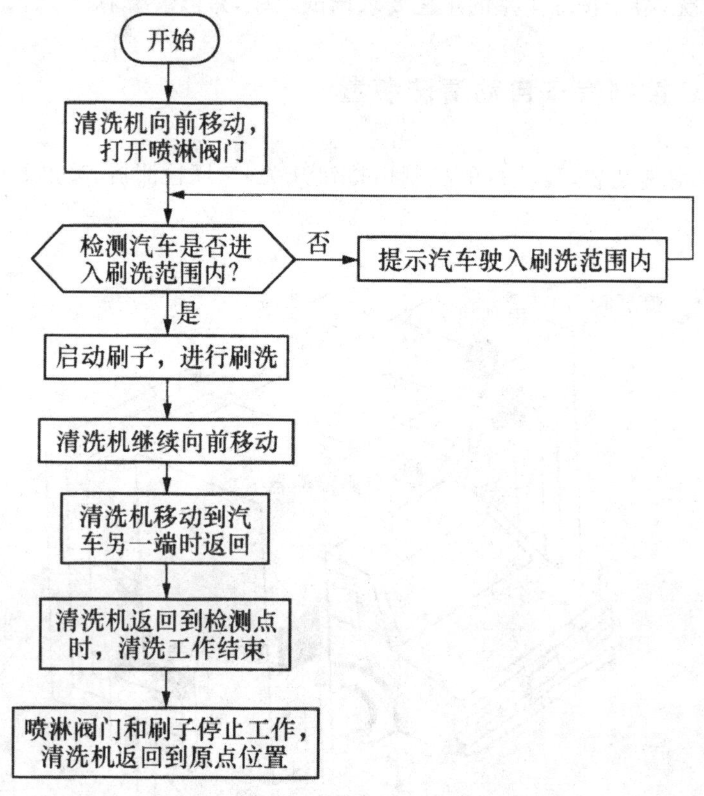

图 4-25　汽车自动清洗装置的工作流程

表 4-7　PLC 控制汽车自动清洗装置的 I/O 分配表

	输入设备	输入端子		输出设备	输出端子
输入端	起动按钮 SB1	I0.0	输出端	清洗机前进 KM1	Q0.0
	停止按钮 SB2	I0.1		清洗机后退 KM2	Q0.1
	汽车检测开关 SB3	I0.2		起动刷子电动机 KM3	Q0.2
	汽车另一端检测开关 SB4	I0.3		喷淋阀门 YV	Q0.3
	汽车检测开关位置 SQ1	I0.4		提示信号灯 HL	Q0.4
	清洗机原点位置 SQ2	I0.5			

2. PLC 控制汽车自动清洗装置的 I/O 接线图

PLC 控制汽车自动清洗装置的 I/O 接线图如图 4-26 所示。

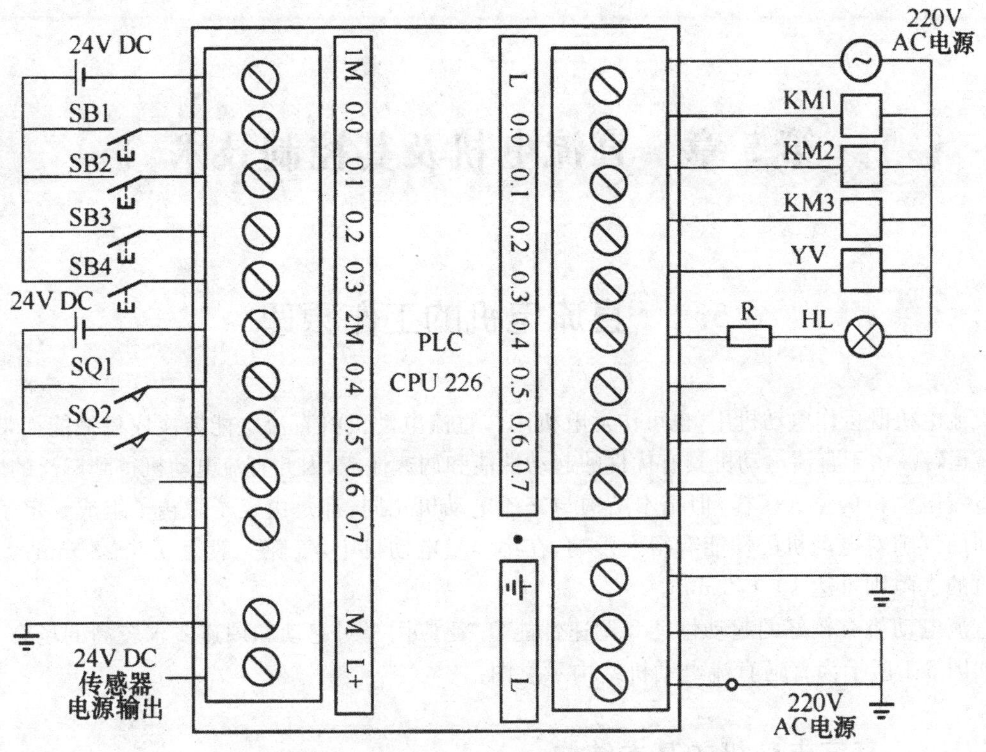

图 4-26　PLC 控制汽车自动清洗装置的 I/O 接线图

课后思考题

1. PLC 的分类标准是什么，及其主要功能？
2. 一个 PLC 包含的主要硬件结构是什么？
3. 何为梯形图，它有什么特点？
4. PLC 的基本性能指标有哪些？

第 5 章　直流电机及其控制技术

5.1　直流电机的工作原理

直流电机既可作电动机用，也可作发电机用。直流电动机将直流电能转换成机械能而带动生产机械运转。由于直流电动机具有优良的起动性能和调速性能，因此直流电动机得到广泛的应用。

直流电动机的型式多样，但基本结构与交流电动机相同，都是由定子和转子组成。定子和转子之间的气隙对电动机的性能有很大影响，在小容量电动机中，气隙一般为 0.5～3 mm；大容量电动机的气隙则可达 10～12 mm。

直流电动机有较好的起动性能和调速性能，广泛应用于对起动和调速要求较高的场合。

如图 5-1 所示为普通直流电动机结构示意图。

5.1.1　直流电动机的基本结构

直流电动机的定子主要用来产生磁场。转子的主要作用是产生电磁转矩，把电能转变为机械能。

1. 定子结构

直流电动机定子主要包括主磁极、换向极、电刷装置等部件。如图 5-2 所示为直流电动机定子剖面示意图。

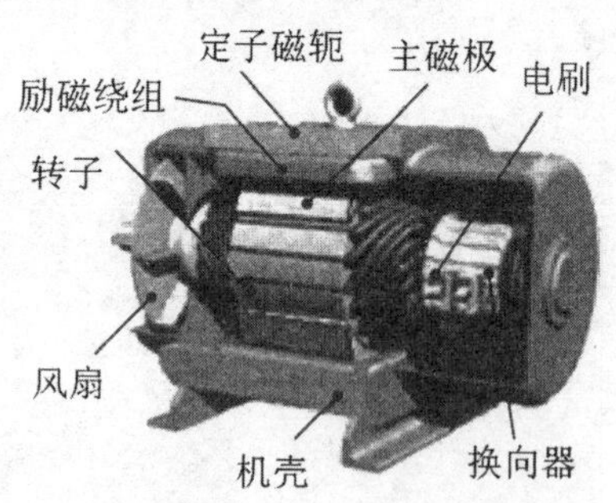

图 5-1　普通直流电动机结构示意图

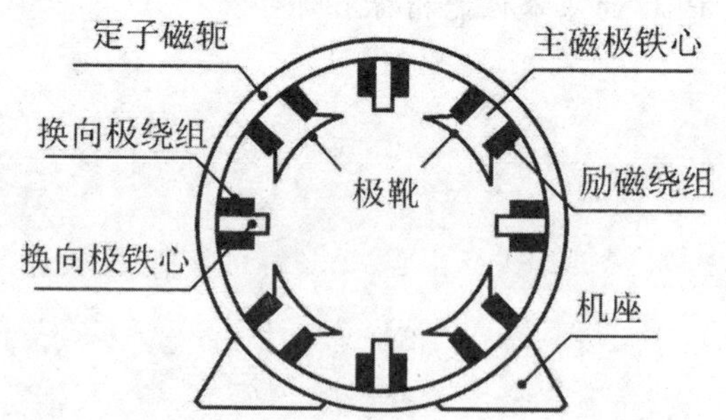

图 5-2　直流电动机定子剖面示意图

(1)主磁极

主磁极包括铁心和励磁绕组两部分，如图 5-3(a)所示为主磁极结构，其作用是产生主磁通。

当励磁绕组中通入直流电流后，铁心即产生励磁磁场。励磁绕组通常用圆形或矩形的绝缘导线制成一个集中的线圈，套在磁极铁心外面。

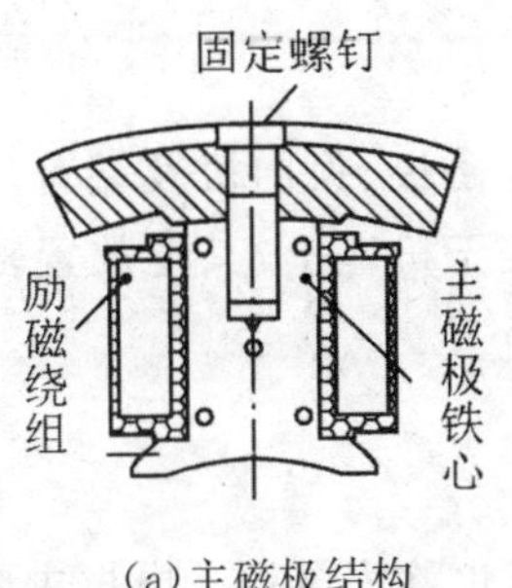

(a)主磁极结构　　(b)换向极结构

图 5-3　主磁极与换向极结构示意图

主磁极铁心一般用 1～1.5 mm 厚的低碳钢板冲片叠压铆接而成，主磁极铁心柱体部分称为极身，靠近气隙一端较宽的部分称为极靴，极靴沿气隙表面成弧形。整个主磁极用螺杆固定在机座上。

主磁极总是 N、S 两极成对出现。各主磁极的励磁绕组通常是相互串联连接，连接时要能保证相邻磁极的极性按 N、S 交替排列。

(2)换向极

在两个相邻的主磁极之间有一个小的磁极，构造与主磁极相似，这就是换向极。换向极由铁心和绕组构成，如图 5-3(b)所示为换向极结构。

中小容量直流电动机的换向极铁心是用整块钢制成的，大容量直流电动机和换向要求高的电动机，换向极铁心用薄钢片叠成，换向极绕组与电枢绕组串联，因通过的电流大，导线截面较大，匝数较少。换向极装在主磁极之间，换向极的数目一般等于主磁极数，在功率很小的电动机中，换向极的数目有时只有主磁极的一半，或不装换向极。换向极的作用是改善换向，防止电刷和换向器之间出现过强的火花。

(3)电刷及电刷装置

电刷装置由电刷、刷握、压紧弹簧和刷杆座等组成。如图 5-4 所示为电刷及电刷装置结构示意图。

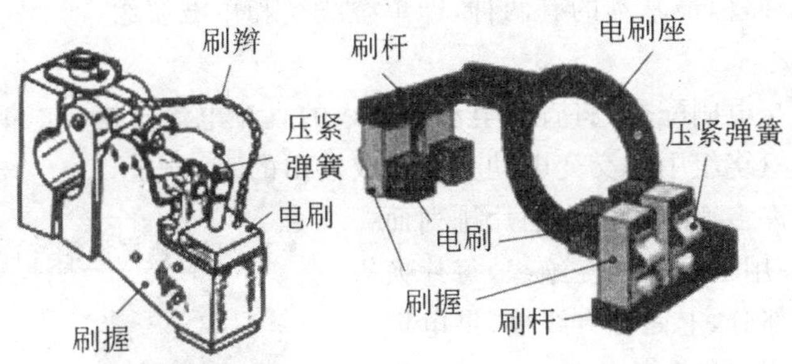

图 5-4　电刷及电刷装置结构示意图

电刷是用碳和石墨等做成的导电块，电刷装在刷握内，用压紧弹簧把它压紧在换向器的表面上。压紧弹簧的压力可以调整，保证电刷与换向器表面有良好的滑动接触。刷握固定在刷杆上，刷杆装在刷杆座上，彼此之间绝缘。刷杆座装在端盖或轴承盖上，根据电流的大小，每一刷杆上可以有几个电刷组成电刷组，电刷组的数目一般等于主磁极数。电刷的作用是与换向器配合引入或引出电流，并使电枢绕组和外电路连接。

(4)机座和端盖

机座一般用铸钢或厚钢板焊接而成，用来固定主磁极、换向极及端盖。此外，机座还是磁路的一部分，用以通过磁通的部分称为磁轭。端盖固定于机座上，其上放置轴承，支撑直流电动机的转轴，使直流电动机能够旋转。

2. 转子结构

直流电动机的转子是进行能量转换的枢纽，所以也称为电枢。电枢主要包括电枢铁心、电枢绕组、换向器、转轴和风扇等组成部分。图 5-5 为直流电动机电枢铁心与电抠结构示意图。

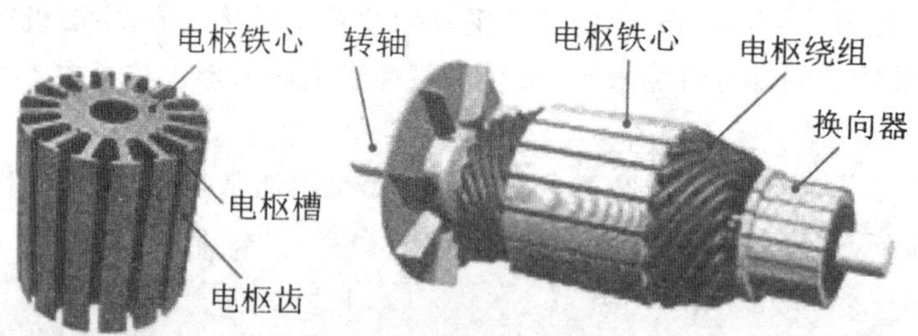

图 5-5　直流电动机电枢铁心与电枢结构示意图

(1)电枢铁心和绕组

电枢铁心一般用 0.5 mm 厚的涂有绝缘漆的硅钢片叠成，这样铁心在转动时可以减少磁滞和涡流损耗。电枢铁心的作用是通过主磁通和安放电枢绕组。

铁心表面有均匀分布的齿和槽，槽中嵌放电枢绕组。电枢绕组是用绝缘铜线绕制而成的，线圈按一定规律嵌放到铁心槽中，并与换向器作相应的连接。

电枢绕组是直流电机主要的部件，感应电动势、电流和电磁力的产生，机械能和电能的相互转换都在这里进行。电枢绕组的结构对电机最基本的参数和性能都有影响。电枢绕组也是比较容易出现故障的地方，它将直接影响到电机的正常运行。由于直流电机的容量和电压等级不同，因而绕组的形式有多种，但最基本的有两种，即单叠绕组和单波绕组。

(2)换向器

换向器的作用是与电刷配合，将直流电动机输入的直流电流转换成电枢绕组内的交变电流，或是将直流发电机电枢绕组中的交变电动势转换成输出的直流电压。

换向器是一个由许多燕尾状梯形铜片排列而成的圆柱体，铜片间采用云母片相互绝缘，每片换向片的一端有高出的部分，上面铣有线槽，供电枢绕组引出端焊接用。所有换向片均放置在与它配合的具有燕尾状槽的金属套筒内，用 V 形钢环和螺纹压圈将换向片和套筒紧固成一整体，换向片组与套筒、V 形钢环之间均要用云母片绝缘。

如图 5-6 所示为换向器实物与结构示意图。

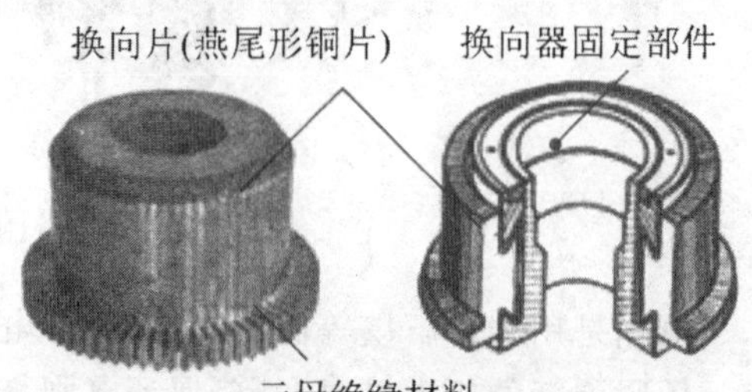

图 5-6　换向器实物与结构示意图

5.1.2　直流电动机的工作原理及可逆运行

直流电动机的定子绕组通入直流电后产生固定磁场，直流电源通过换向器向转子绕组提供交变电流，使转子绕组受到磁场力的作用，产生方向不变电磁转矩从而驱动转子运行，这就是电动机的工作原理。

1. 直流电动机的工作原理

如图 5-7 所示为直流电动机的工作原理示意图。

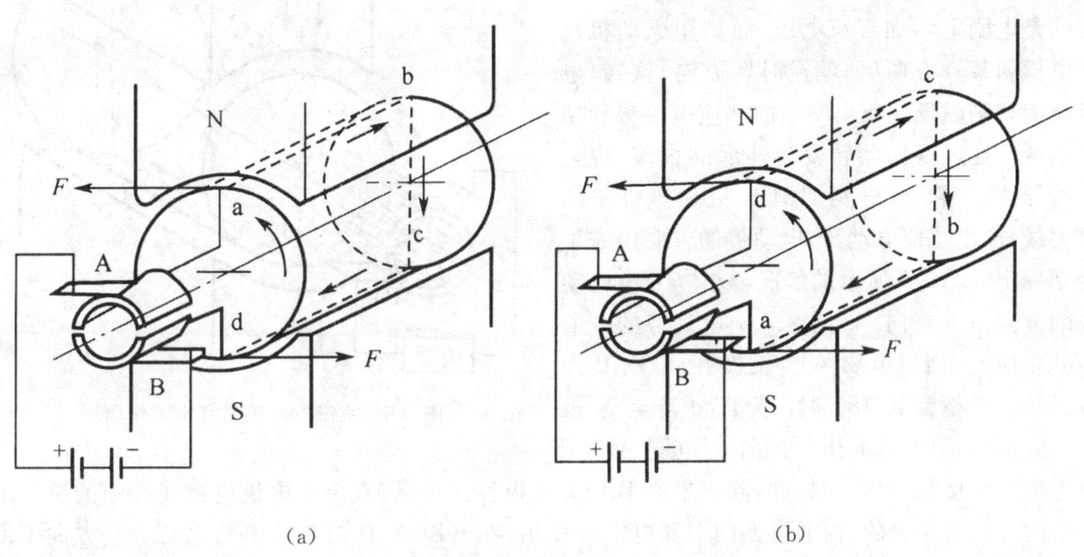

图 5-7　直流电动机的工作原理示意图

在图 5-7 中，N 和 S 是一对固定的磁极，由直流电动机的主磁极产生。磁极之间有一个可以转动的线圈表示转子导体，线圈的两端分别接到相互绝缘的两个半圆形铜片上，它们组合在一起称为换向器。在每个半圆铜片上又分别放置一个固定不动并与之有滑动接触的电刷，线圈通过换向器和电刷与外电路中的直流电源相连。

由图 5-7(a)可以看出，将直流电源正极加于电刷 A，电源负极加于电刷 B，则线圈 abcd 中流过电流，在导体 ab 中，电流由 a 流向 b，在导体 cd 中，电流由 c 流向 d。载流导体 ab 和 cd 均处于 N-S 极间的磁场当中，受到电磁力的作用，电磁力的方向用左手定则确定，可知这一对电磁力形成一个转矩，称为电磁转矩。转矩的方向为逆时针方向，使整个电枢逆时针方向旋转。当电枢旋转 180°时，导体 cd 转到 N 极下，ab 转到 S 极下，如图 5-7(b)所示，由于电流仍从电刷 A 流入，使 cd 中的电流变为由 d 流向 c，而 ab 中的电流由 b 流向 a，从电刷 B 流出。用左手定则判别可知，电磁转矩的方向仍是逆时针方向。电磁转矩的大小可表示为

$$T=K_{\mathrm{T}}\Phi I_{\mathrm{a}} \tag{5-1-1}$$

式中，T 为直流电机电磁转矩，N・m；K_{T} 为与电机结构有关的常数；Φ 为一个磁极的磁通，Wb；I_{a} 为电枢电流，A。

由此可见，施加在电动机外部的直流电源，通过换向器和电刷的作用，使电枢线圈中的电流方向发生变化，从而使电枢产生的电磁转矩方向不变，确保直流电动机朝确定的方向连续旋转。这就是直流电动机的工作原理。

实际的直流电动机，电枢圆周上均匀地嵌放许多线圈，相应地换向器也由许多换向片组成，使电枢绕组产生均匀和足够大电磁转矩。

2. 直流发电机的基本工作原理

直流发电机的基本工作原理图如图 5-8 所示。

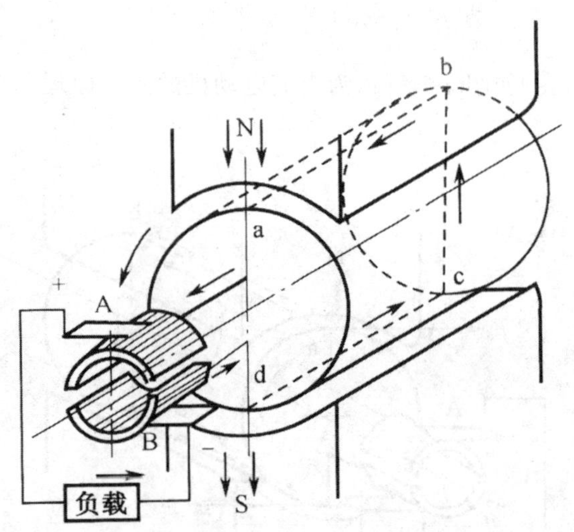

图 5-8　直流发电机的基本工作原理

直流发电机的模型与直流电动机相同，不同的是电刷上不加直流电压，而是用原动机拖动电枢朝某一方向（如朝逆时针方向）旋转，电枢绕组切割磁场感应出交变的感应电动势和感应电流。通过换向器转变为外部的直流电压。这时导体 ab 和 cd 分别切割 N 极和 S 极下的磁力线，产生感应电动势，电动势的方向用右手定则确定。图 5-8 所示的情况，导体 ab 中电动势的方向由 b 指向 a，导体 cd 中电动势的方向由 d 指向 c。所以电刷 A 为正极性，电刷 B 为负极性。电枢旋转 180°时，导体 cd 转至 N 极下，感应电动势的方向由 c 指向 d，电刷 A 与 d 所连换向片接触，仍为正极性；同理电刷 B 仍为负极性。可见，直流发电机电枢线圈中的感应电动势的方向是交变的，而通过换向器和电刷的作用，在电刷 A、B 两端输出的电动势是方向不变的直流电动势。若在电刷 A、B 之间接上负载，发电机就能向负载供给直流电能。直流电机电刷间的电动势常表示为

$$E = K_E \Phi n \tag{5-1-2}$$

式中，E 为直流电机电刷间的电动势，V；K_E 为与电机结构有关的常数；Φ 为一个磁极的磁通，Wb；n 为电机转速，r/min。

3. 直流电动机的发电机运行——可逆原理

一台直流电机既可以作为电动机运行，把机械能转变为电能，也可以作为发电机运行。将直流电源加于电刷上，输入电能，电机能将电能转换为机械能，拖动生产机械旋转，此时电机将作电动机运行。如用原动机拖动直流电机的电枢旋转，输入机械能，电机能将机械能转换为直流电能，并从电刷上引出直流电压，此时电机将作发电机运行。同一台电机，既能作电动机运行，又能作发电机运行的原理，称为电机的可逆原理。

直流发电机和直流电动机两者的电磁转矩的作用是不相同的。发电机的电磁转矩是阻转矩，它与电枢转动的方向或原动机的驱动转矩的方向相反，因此在等速转动时，原动机的转矩 T_1 必须与发电机的电磁转矩 T 及空载转矩 T_0 相平衡，即

$$T_1 = T + T_0 \tag{5-1-3}$$

当发电机的负载(电枢电流)增加时,电磁转矩和输出功率也随之增加。这时原动机的驱动转矩和所供给的机械功率也必须相应增加,以保持转矩之间及功率之间的平衡,而转速基本不变。

电动机的电磁转矩是驱动转矩,它使电枢转动。因此,电动机的电磁转矩 T 必须与机械负载转矩 T_2 及空载损耗转矩 T_0 相平衡,即

$$T = T_2 + T_0 \tag{5-1-4}$$

当轴上的机械负载发生变化时,则电动机的转速、电动势、电流及电磁转矩将自动调整,以适应负载的变化,保持新的平衡。例如,当负载增加时,即阻转矩增加时,电动机的电磁转矩便暂时小于阻转矩,所以转速开始下降。随着转速的下降,当磁通 Φ 不变时,电动势 E 必须减小,而电枢电流将增加,于是电磁转矩也随着增加。直到电磁转矩与阻转矩达到新的平衡后,转速不再下降,而电动机以原来较低的转速稳定运行。这时的电枢电流已大于原先的,也就是说从电源输入的功率增加了(电源电压保持不变)。

5.1.3　直流电动机的种类

直流电动机的磁场是由主磁极产生的,根据直流电动机的定子磁场不同,可将直流电动机分为两大类,其中,一类是永磁式直流电动机,它的定子磁极由永久磁铁组成;另一类为激磁式直流电动机,它的定子磁极由铁心和激磁绕组组成。

1. 永磁式直流电动机

永磁式直流电动机的体积小,功率也较小,但运行速度稳定。录音机、录像机、电动剃须器中的电动机都是永磁式直流电动机。

2. 激磁式直流电动机

激磁式直流电动机的定子磁极由铁心和激磁绕组组成。由于激磁绕组的供电方式不同,激磁式直流电动机又分为四种。由于直流电动机的励磁方式不同,其运行特性和适用场合也不一样。

如图 5-9 所示为直流电动机各种励磁方式示意图。

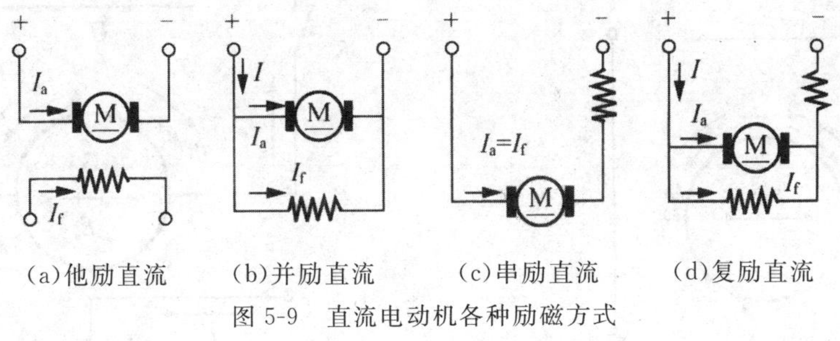

(a)他励直流　(b)并励直流　(c)串励直流　(d)复励直流

图 5-9　直流电动机各种励磁方式

(1)他励直流电动机

励磁绕组由其他直流电源供电,与电枢绕组之间没有电的联系,激磁绕组与电枢绕组使用两个单独电源,如图 5-9(a)所示。这种电动机具有良好的起动性能和稳定的运行性能,并且易于调速。

(2)并励直流电动机

励磁绕组与电枢绕组并联，共同用一个直流电源，如图 5-9(b)所示。励磁电压等于电枢绕组端电压，直流电动机运行稳定。

他励直流电动机和并励直流电动机的励磁电流仅为额定电流的 1%～5%。

(3)串励直流电动机

励磁绕组与电枢绕组串联，共同用一个直流电源，如图 5-9(c)所示。励磁电流等于电枢电流，所以励磁绕组的导线粗而匝数较少，具有较强的过载能力，其机械特性属于软特性。

(4)复励直流电动机

每个主磁极上有两套励磁绕组，一个与电枢绕组并联，称为并劝绕组；另一个与电枢绕组串联，称为串励绕组，电枢绕组与激磁绕组共同用一个直流电源，如图 5-9(d)所示。两个绕组产生的磁场方向相同时称为积复励，相反时称为差复励。通常采用积复励方式。

5.1.4 直流电动机工作特性与机械特性

1. 直流并、他励电动机的工作特性

工作特性是指在额定电压 U_N 和额定励磁电流 I_{fN} 情况下，直流电动机转速 n、电磁转程 T_{em} 和效率 η 与负载电流 I_a 之间的关系。如同三相异步电动机一样，了解这些工作特性时使用电动机至关重要。直流他励电动机与并励电动机的特性是相同的。

如图 5-10 所示为直流并励电动机，利用基尔霍夫电压定律，列出电压平衡方程式

$$U=E_a+I_aR_a \tag{5-1-5}$$

$$I=I_f+I_a \tag{5-1-6}$$

$$I_f=\frac{U}{R_f} \tag{5-1-7}$$

式中，R_a 为电枢绕组，R_f 为励磁电路总电阻。

如图 5-11 所示为直流他励电动机示意图。

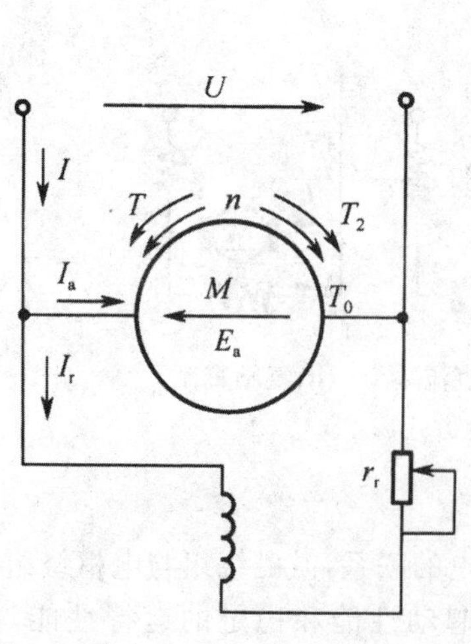

图 5-10　直流并励电动机

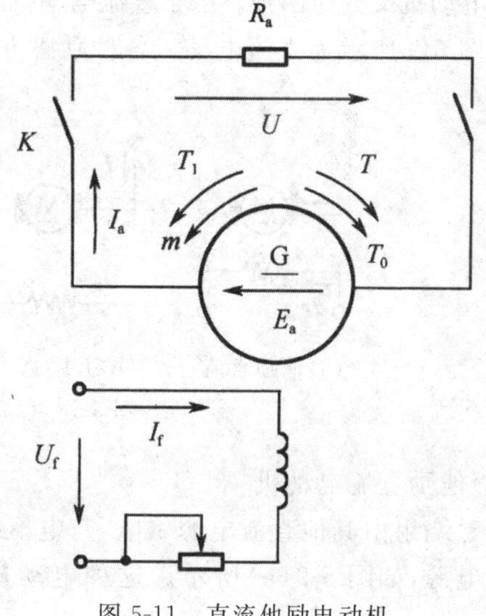

图 5-11　直流他励电动机

(1)转速特性

直流他励电动机的转速特性可表示为 $n=f(I_a)$。

根据直流电动机的基本方程，可导出转速特性的表达形式为

$$n=\frac{U_N}{C_e\Phi_N}-\frac{R_a}{C_e\Phi_N}I_a \tag{5-1-8}$$

式中，U_N 为额定电枢电压，R_a 为电枢绕组固有电阻，Φ_N 为主磁极额定磁通量，I_a 为电动机电枢电流，C_e 为电动机的结构参数。

直流并、他励电动机的转速特性曲线分别如图 5-12、图 5-13 中①所示，从特性曲线上可以看出，电动机的转速随负载电荷的增加而变小。

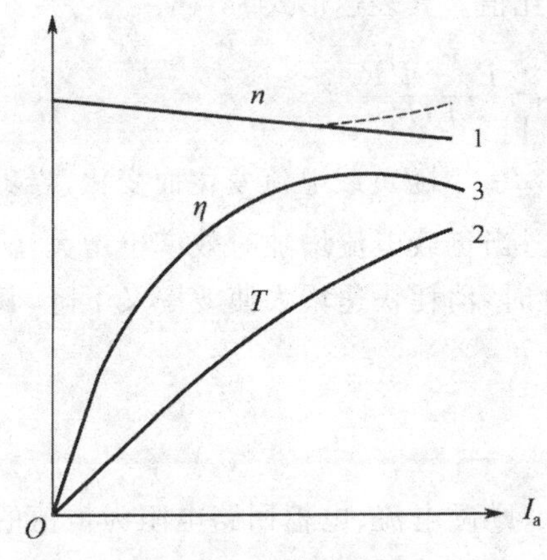

图 5-12　直流并励电动机工作特性曲线

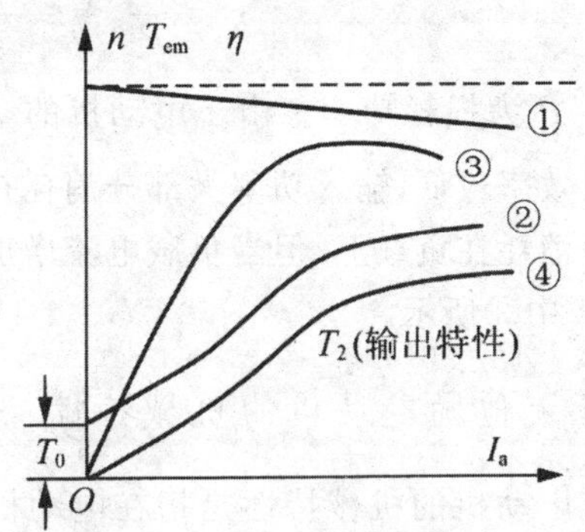

图 5-13　直流他励电动机工作特性曲线

(2)转矩特性

他励直流电动机的转矩特性可表示为

$$T_{em}=C_t\Phi_N I_a \tag{5-1-9}$$

式中，C_t 为电动机的转矩常数。可见，电磁转矩与电枢电流成正比，实际上由于电枢反应的影响，电磁转矩上升的速度比电流上升的速度要慢一些，其曲线如图 5-13 中②所示。

由于电动机的输出转矩 T_2 等于电磁转矩减去空载转矩 T_0 后的剩余部分。因此，其输出特性曲线在转矩特性曲线的下方，如图 5-13 中④所示。

(3)效率特性

如图 5-14、图 5-15 所示分别为并、他励直流电动机的功率流程图。

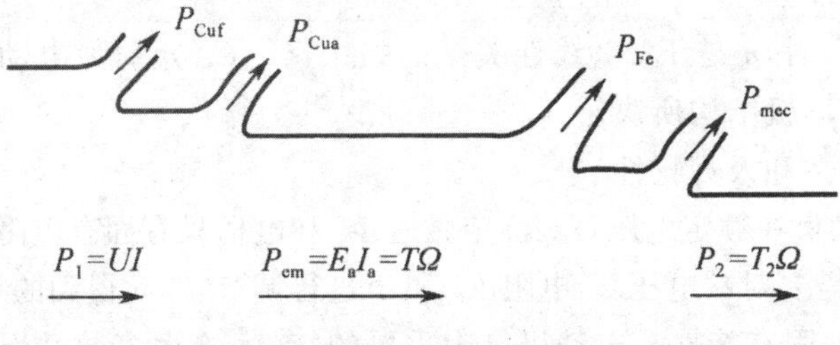

图 5-14　并励直流电动机功率流程图

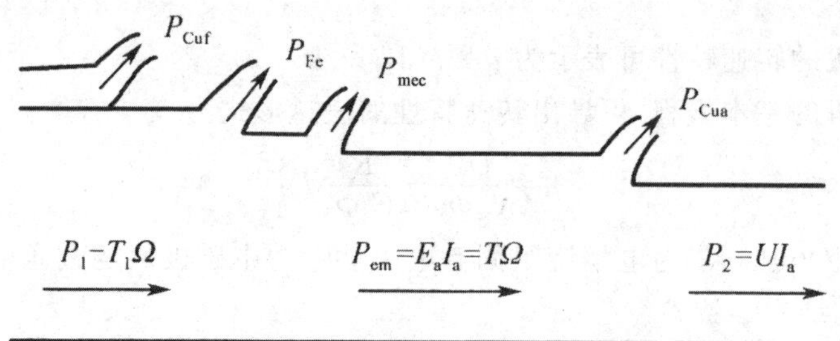

图 5-15　他励直流电动机功率流程图

电动机效率等于输出功率(P_2)与输入功率(P_1)的比值。其表达形式为

$$\eta=\frac{P_2}{P_1}=\frac{P_1-\sum P}{P_1}=1+\frac{P_0+I_a^2R_a}{I_aU_N} \tag{5-1-10}$$

式中，$\sum P$ 为损耗功率。由于电动机的空载损耗功率 P_0 不随负载电流变化而变化，当负载电流较小时效率较低，输入功率大部分消耗在空载损耗上；当负载电流增加时效率也增大，输入功率大部分消耗在负载上；但当负载电流增加到一定程度时，消耗快速增大使效率又下降，其曲线如图 5-13 中③所示。

2. 直流他励电动机的机械特性

直流电动机的机械特性是指在电动机的电枢电压、励磁电流、电枢回路电阻为恒值的条件下，电动机的转速 n 与电磁转矩 T_{em} 之间的关系，即 $n=f(T_{em})$。

(1)电动机机械特性方程

如图 5-16 所示为直流他励电动机电路原理。图中 U 为电枢端电压、E_a 为电枢电动势、I_a 为电枢电流、R_S 为电枢外串电阻、I_f 为励磁电流、R_f 为励磁回路电阻、R_{Sf}为励磁回路外串电阻。

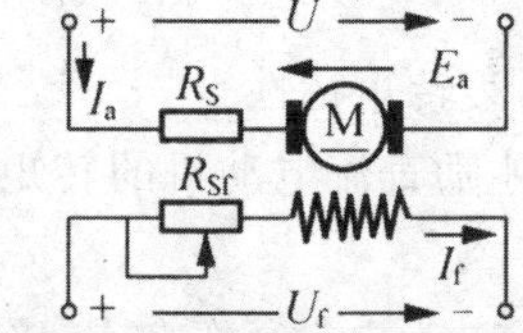

图 5-16　直流他励电动机电路原理

按图 5-16 中标明的各电量的参考方向，可列出电枢回路的电压平衡方程为

$$U=E_a+I_a(R_S+R_a) \tag{5-1-11}$$

式中，R_a 为电枢固有电阻。将电动机的电动势 $E_a=C_e\Phi n$ 和电磁转矩 $T_{em}=C_t\Phi I_a$ 代入上式，可得电动机的机械特性方程为

$$n=\frac{U}{C_e\Phi}-\frac{R_S+R_a}{C_eC_t\Phi^2}T_{em}=n_0-\Delta n \tag{5-1-12}$$

当 U、R_S、Φ 为常数时，n 与 T_{em} 呈线性关系。式中，C_e、C_t 分别为电动机的电动势常数和转矩常数，这些参数由电动机结构所决定。

(2)电动机固有特性和人为特性

固有特性是指电动机在额定电压 U_N、额定磁通 Φ_N 和电枢只有固有电阻 R_a 情况下的特性。为了达到某种目的，有时需要对端电压 U，电阻 R_S 和 Φ 进行调节，由此得到的特性称为人为特性。

①固有机械特性。固有特性是电动机最为重要的特性，绝大多数情况下电动机都运行在这条特性上。

固有特性的表达式为

$$n=\frac{U_N}{C_e\Phi_N}-\frac{R_a}{C_eC_t\Phi_N^2}T_{em}-n_0-\beta_1T_{em} \tag{5-1-13}$$

电动机对应的转速特性为

$$n=\frac{U_N}{C_e\Phi_N}-\frac{R_a}{C_e\Phi_N}I_a=n_0-\beta_2I_a \tag{5-1-14}$$

固有机械特性是一条硬特性，其变化规律与电动机的转速特性相似，图 5-17(a)、(b)中①所示为固有机械特性曲线，曲线①同时也可表示转速特性。

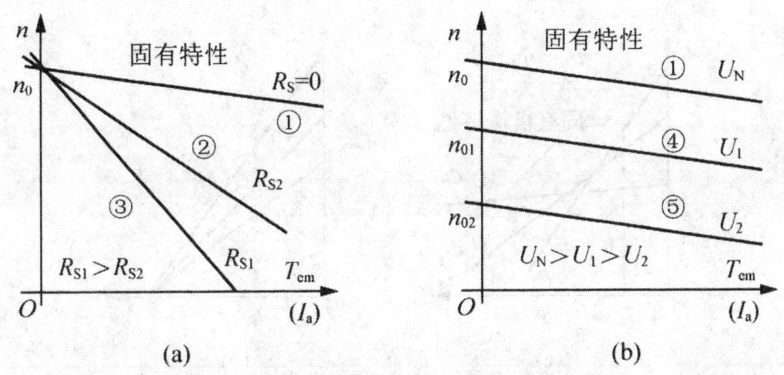

图 5-17　直流他励电动机固有特性与人为特性(降压、串电阻)

②电枢串联电阻时的人为特性。保持额定电压 U_N 和额定磁通 Φ_N 不变，只在电枢回路中串入电阻 R_S 时的特性。

串联电阻时的人为特性的表达式为

$$n=\frac{U_N}{C_e\Phi_N}-\frac{R_a+R_S}{C_eC_t\Phi_N^2}T_{em}=n_0-\beta_1T_{em} \tag{5-1-15}$$

对应的转速特性为

$$n=\frac{U_N}{C_e\Phi_N}-\frac{R_a+R_S}{C_e\Phi_N}I_a=n_0-\beta_2I_a \tag{5-1-16}$$

图 5-17(a)中②、③为电枢串联电阻时的人为机械特性曲线，也可表示串联电阻时的转速特性，其中 $R_{S1}>R_{S2}$。电枢所串联电阻越大，特性就越软。

从特性曲线上还可以得出以下结论：在电枢回路串联电阻可以用于调速和限制电动机起动时的电流。

③降低电枢电压时的人为特性。保持 $\Phi=\Phi_N$、$R_S=0$ 情况下，只改变电枢端压时的特性。由于受到额定电压的限制，电压只能在额定值以下调节。

降压时机械特性的表达式为

$$n=\frac{U_N}{C_e\Phi_N}-\frac{R_a}{C_eC_t\Phi_N^2}T_{em}=n_1-\beta_1T_{em} \tag{5-1-17}$$

电动机对应的转速特性为

$$n=\frac{U_N}{C_e\Phi_N}-\frac{R_a}{C_e\Phi_N}I_a=n_1-\beta_2I_a \tag{5-1-18}$$

图 5-17(b)中④、⑤为降压时的人为机械特性曲线，也可表示为降压时的转速特性，其中 $U_N>U_1>U_2$。

从特性曲线上可以看出，降压可以用于调速和限制电动机起动时的电流。

④弱磁时的人为特性。保持 $U=U_N$、$R_S=0$ 情况下，通过削弱磁通而得到的机械特性。由于受到磁路饱和的限制，磁通只能在额定值以下调节。

弱磁时特性对应的转速特性为

$$n=\frac{U_N}{C_e\Phi}-\frac{R_a}{C_eC_t\Phi^2}T_{em},n=\frac{U_N}{C_e\Phi}-\frac{R_a}{C_e\Phi_N}I_a \tag{5-1-19}$$

图 5-17 中⑥、⑦为弱磁时的人为机械特性曲线，其中 $\Phi_N>\Phi_1>\Phi_2$。由于转速特性的斜率与机械特性的斜率不同，因此这两条特性曲线的形状不相同，图 5-18 中⑧、⑨为弱磁时的转速特性曲线。

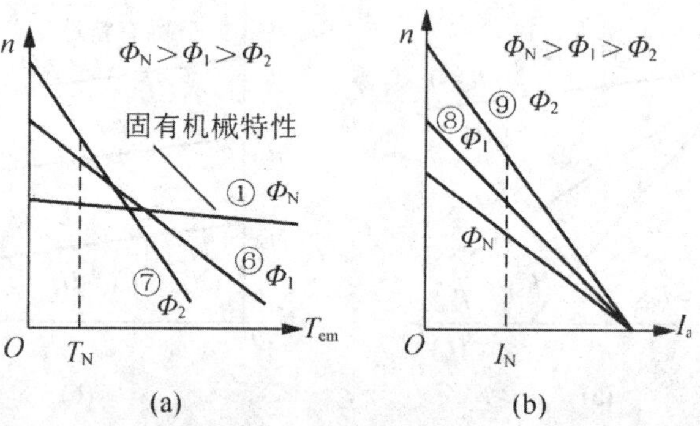

图 5-18　弱磁时的机械特性与转速特性曲线

由特性可以看出，在一定负载情况下，弱磁可以使电动机的转速上升。

5.2　直流电机的起动控制

电动机接通电源，由静止状态开始加速到某一稳定转速的过程称为起动过程。起动时间虽然很短，但如不能采取正确的起动方法，电动机就不能正常安全地投入运行。为此，应对直流电动机的起动过程和方法进行必要的分析。

对直流电动机起动的要求主要有以下三点。

①足够大的起动转矩 T_{st}，使 $T_{st}>T_L$（负载转矩），电动机的加速度 $dn/dt>0$，保证电动机能够起动，且起动过程时间较短，以提高生产效率。

②起动电流控制在一定的范围内，否则会使换相困难，产生强烈火花，损坏电机，还会产生转矩冲击，影响传动机构等。

③起动设备与控制装置简单、可靠、经济、操作方便。

事实上，直流电动机若在额定条件下直接起动，在起动瞬间 $n=0$，电动机的反电势 $E=C_e\Phi n=0$，因此起动电流为

$$I_Q=\frac{U_N-E_a}{R}=\frac{U_N}{R}\approx(10\sim20)I_N \tag{5-2-1}$$

由于电枢回路固有的电阻 R_a 很小，因此在电枢回路中将出现很大的起动电流，此电流通常可达 $(10\sim20)I_N$。

过大的起动电流将引起电网电压下降和导致电动机换向恶化等。因此，除功率很小的直流电动机外，例如小型电动工具和玩具电动机等，一般直流电动机都不允许采用直接起动。

为了限制起动电流(一般要求 $I_Q < 2.5I_N$),直流电动机通常采用电枢串联电阻或降低电枢电压的办法进行起动,但无论哪种方法,起动时都必须保证磁通量达到最大值。

5.2.1　直流并励电动机手动起动控制

如图 5-19 所示为直流并励电动机三端起动器(虚线部分)控制电路。

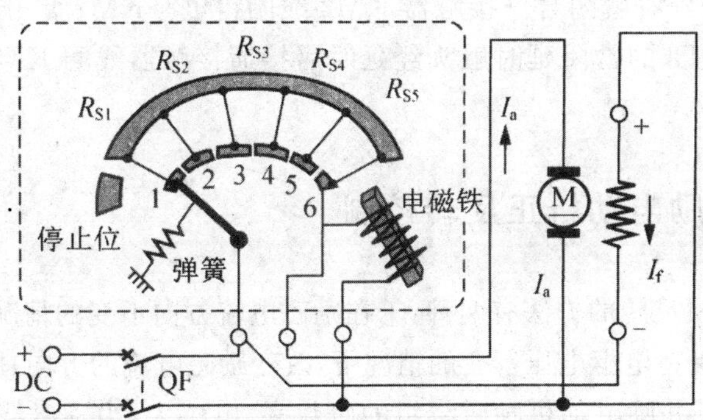

图 5-19　直流并励电动机三端起动器控制电路

空气开关断开时,手柄在弹簧作用下置“停止位”。

起动时,合上空气开关→励磁绕组接通电源并产生磁场→当手柄从“停止位”逐渐推到 6 位时,起动电阻将被逐段切除,分析如下。

当手柄在 1 位时串入全部电阻起动;当手柄在 2 位时切除电阻 R_{S1};当手柄在 3 位时切除电阻 R_{S1} 和 R_{S2};当手柄在 4 位时切除电阻 R_{S1}、R_{S2} 和 R_{S3};当手柄在 5 位时切除电阻 R_{S1}、R_{S2}、R_{S3} 和 R_{S4};当手柄在 6 位时切除全部电阻。

操作时手柄应缓慢向前推进,并在各挡作适当停留,以确保起动平稳。

在图 5-19 中电枢回路中的电阻在起动时起限流的作用;在正常运行时可起到调速作用。电磁铁还具有失压和欠压保护作用。

5.2.2　直流并励电动机自动起动控制

如图 5-20 所示为直流并励电动机自动起动电路。图中时间继电器用于控制电阻 R_{S1}、R_{S2} 切除的时间,时间继电器 KT2 的延时时间比 KT1 延时时间长。

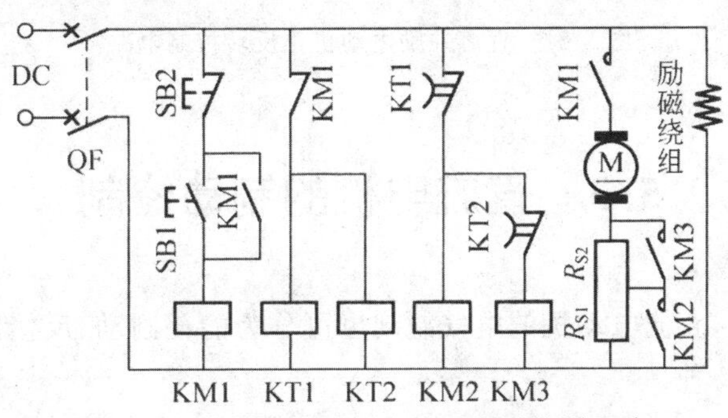

图 5-20　直流并励电动机自动起动控制电路

在直流并励电动机自动起动控制电路中，合上空气开关 QF→励磁绕组通电励磁，时间继电器 KT1 和 KT2 的线圈也同时得电→KT1 和 KT2 的常闭延时触头瞬时断开→接触器线圈 KM2 和 KM3 断电，电阻 R_{S1} 和 R_{S2} 串入电路，从而保证了电动机在电阻全部串入电枢回路中时才能起动。

起动时，按下起动按钮 SB1→接触器 KM1 线圈通电动作→KM1 主触头接通电枢回路，电动机串入全部电阻起动；由于 KM1 的常闭触头断开→使 KT1 和 KT2 线圈断电→时间继电器 KT1 的常闭延时触头经延时后闭合→接触器 KM2 线圈得电→KM2 常开主触头将起动电阻 R_{S1} 短接。当时间继电器 KT2 的常闭延时触头经延时后接通接触器线圈 KM3→KM3 将电阻 R_{S2} 短接，电动机起动完毕。

5.2.3 直流并励电动机正反转控制

实现直流并励电动机反转的方法有两种：①在励磁电流方向不变的情况下，改变电枢电压的方向，即电枢反接法；②在保持电枢电压不变的情况下，改变励磁电流的方向，即励磁绕组反接法。

在实际应用中，由于并励电动机励磁绕组的匝数多、电感大，当励磁绕组断开时，会产生较大的自感电动势，导致触头上产生电弧烧坏触头，将励磁绕组的绝缘击穿，因此，直流并励电动机常采用电枢反接法实现反转。

此外，励磁绕组在断开时由于失磁造成很大的电枢电流，易引起“飞车”事故。

如图 5-21 所示为直流并励电动机正反转控制电路。图中欠电流继电器 KA 是为了防止励磁电流不足时可能出现的“飞车”事故。

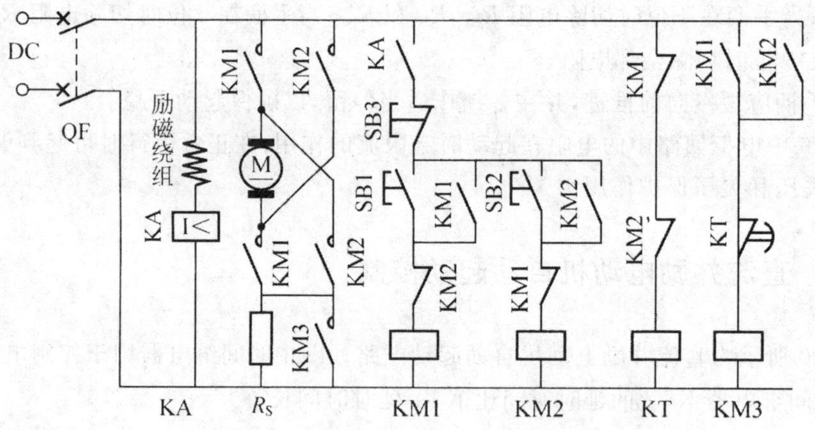

图 5-21 直流并励电动机正反转控制电路

5.3 直流电机的制动控制

与交流电动机相同，直流电动机的电气制动也可分为能耗制动、反接制动（包括电源反接和倒拉反接）和回馈制动 3 种。

5.3.1　直流他励电动机的能耗制动与控制

能耗制动是指将机械轴上的动能或势能转换而来的电能通过电枢回路的外串电阻发热消耗掉的一种制动方式。图 5-22 为直流他励电动机起动、能耗制动原理图。

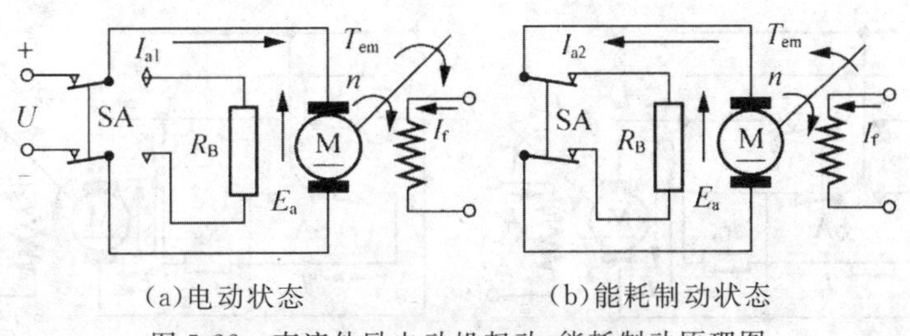

图 5-22　直流他励电动机起动、能耗制动原理图

当 SA 置左边位时，电枢回路中的电流如图 5-22(a)所示，此时电磁转矩与转速方向相同，电动机工作在电动状态。

当转换 SA 置右边位时，如图 5-22(b)所示。此时，SA 切除外部直流电源，同时接通能耗制动电阻 R_B。电动机由于惯性作用，将保持原来的旋转方向，电枢绕组切割磁场的方向不变，因此，电枢感应电动势 E_a 的方向也与电动状态时相同，但电枢电流 I_a 的方向则与电动状态时相反，从而导致电磁转矩的方向发生变化，电动机由原来的电动状态进入到制动状态。

能耗制动时，电动机靠生产机械的惯性驱动，此时电动机工作在发电状态，将系统储存的动能转换成电能并消耗在电枢回路的电阻上，直到电动机停止为止。

电路中能耗制动电阻 R_B 用于限制制动电流和消耗能量，一般能耗制动最大电流不超过电动机额定电流的 2.5 倍。R_B 值可通过计算或试验取得。

如图 5-23 所示为直流他励电动机起动、能耗制动控制电路。

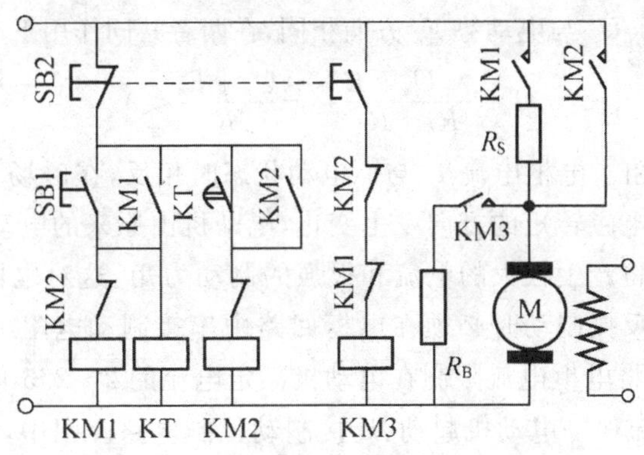

图 5-23　电动机起动、能耗制动控制电路

图 5-23 中电阻 R_B 和 R_S 分别是起动电阻和制动电阻，时间继电器控制起动电阻切除时间。能耗制动采用点动控制。

能耗制动电路简单，操作方便。但低速时制动效果差。为提高制动效果，通常采用分级能耗制动，当转速较小时，逐级切除制动电阻，使制动电流增加，从而提升制动转矩，起到加强制动效果的作用。

5.3.2 直流他励电动机的电源反接制动与控制

反接制动是指外加电枢电压反向或电枢电势在外部条件作用下反向的一种制动方式。如图5-24所示为直流他励电动机起动、电源反接制动原理图。

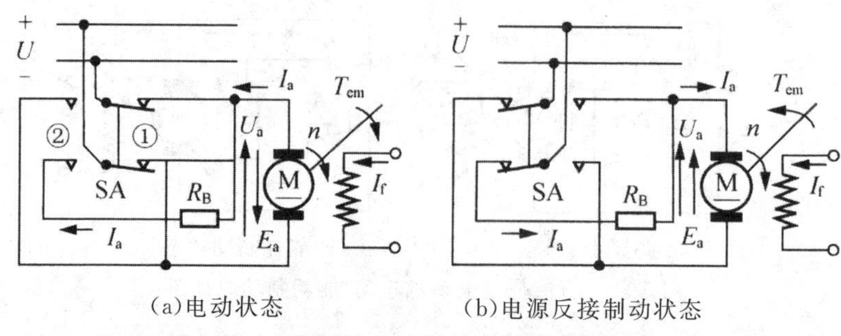

(a)电动状态　　(b)电源反接制动状态

图5-24　直流他励电动机起动、反接制动原理图

当转换SA置右边位置时，电枢回路中的电流如图5-24(a)所示，此时电磁转矩与转速方向相同，电动机工作在电动状态。

电动状态工作时，电枢感应电势 E_a 为反电势，其方向与电枢端电压 U_a 的方向相反。此时的电枢电流为

$$I_a=\frac{U_a-E}{R_a+R_B}=\frac{U_a-E_a}{R}>0$$

式中，R 为电枢回路总电阻。电枢电流 I_a 是端电压 U_a 克服反电势 E_a 后产生的，其方向与端电压方向一致，由此产生的电磁转矩为驱动转矩。

当转换SA置左边位置时，转换开关SA将外部直流电源反接，如图5-24(b)所示。电动机由于惯性作用将保持原来的旋转方向，电枢绕组切割磁场的方向不变，电枢的方向也与原来(电动状态)相同。此时，电动机端电压 U_a 与电动势 E_a 方向相同，在两者共同作用下产生电枢电流 I_a。

$$I_a=\frac{-U_a-E}{R_a+R_B}=-\frac{U_a+E_a}{R}<0$$

式中，R 为电枢回路总电阻。电枢电流 I_a 与原电动状态时相反，在磁场不变的情况下，由于电流方向发生改变，必然引起电磁转矩的方向发生变化，电动机由原来的电动状态进入到制动状态。

反接制动瞬间，电枢将产生很大的电流和很强的制动力矩，这对电网、生产机械和电动机本身都会造成冲击。因此，反接制动时必须在电枢回路中串接制动电阻 R_B 以限制过大的电枢电流。一般要求串入 R_B 后将电枢电流限制在电动机额定电流的2～2.5倍即可。

如图5-25所示为直流他励电动机起动、反接制动控制电路。图中，电阻 R_S 和 R_B 分别是起动电阻和反接制动电阻，时间继电器控制起动电阻切除时间，反接制动采用点动控制方式，速度继电器用于制动结束后切除电源和防止电动机反转。

5.3.3 直流电机的回馈制动

回馈制动是电机的实际转速超过理想空载转速的运行状态。在这种运行状态下，电机处于

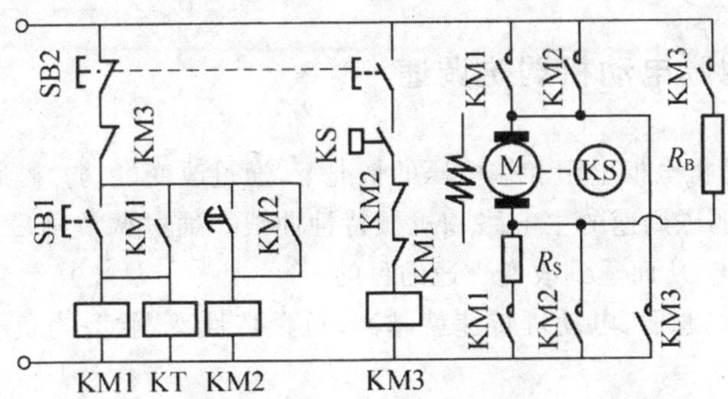

图 5-25　直流他励电动机起动、反接制动控制电路

发电制动状态,故回馈制动又称为再生制动。

回馈制动时,直流电机的接线同电动机运行状态完全相同,其机械特性的表达式也完全相同。所不同的是,电机的实际转速超过理想空载转速,导致外加电压低于感应反电势,电枢电流小于零。

5.4　直流电机的调速控制

电动机转速 n 与端电压 U_a 励磁磁通 Φ 和电枢回路电阻 R 有关。相应地,直流电动机电气调速的方法也有调压、串电阻和改变磁通量调速 3 种。

5.4.1　直流他励电动机串联电阻调速

在不改变磁通和端电压的情况下,通过改变电枢回路中串接电阻的大小实现电气调速。

如图 5-26 所示为电枢串联两级电阻调速的主电路和机械特性曲线。对应不同的电枢电阻,可以得到 3 条机械特性曲线:③为全部电阻串入(KM1、KM2 触头断开)时的机械特性曲线,②为串入电阻 R_{S1} 时的机械特性,①为全部电阻切除后(KM1、KM2 触头闭合)的机械特性(固有特性)。

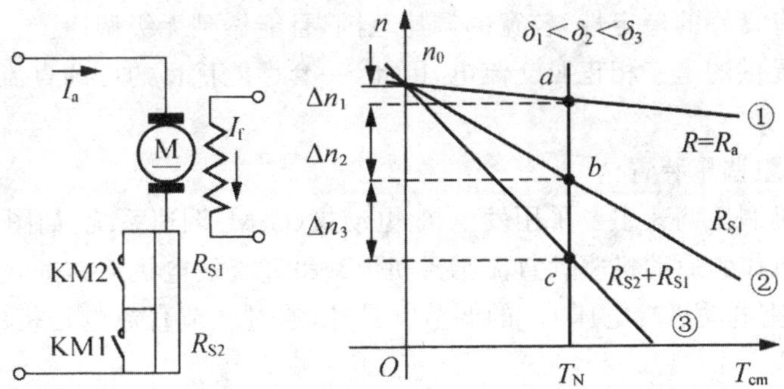

图 5-26　电枢串联两级电阻调速的主电路和机械特性曲线

串联电阻越大,机械特性就越"软",电动机转速降低,电动机的静差率变差,即 $\delta(\delta=\Delta n/n_0)$ 值变大,导致稳定性变差。

5.4.2 直流他励电动机弱磁调速

在不改变直流电动机电枢电阻和端电压的情况下，通过改变(削弱)磁通量实现电气调速。

如图 5-27 所示为弱磁调速的主电路和机械特性曲线。通过调节励磁回路电阻 R_f 的大小，使励磁电流 I_f 发生变化，从而达到改变磁通的目的。

在一定负载下，磁场越弱，电动机转速就越高，机械特性变“软”；当负载过大($T_{f1}>T_N$)时，转速反而下降。

由于电动机换向能力和机械强度的限制，电动机转速不能调节过高，因此，弱磁调速的调速范围不大，一般 $D\leqslant 2$。

为了扩大调速范围，通常把串联电阻调速和弱磁调速相结合，在额定转速以下采用串联电阻的方法，而在额定转速以上则采用弱磁调速的方法。

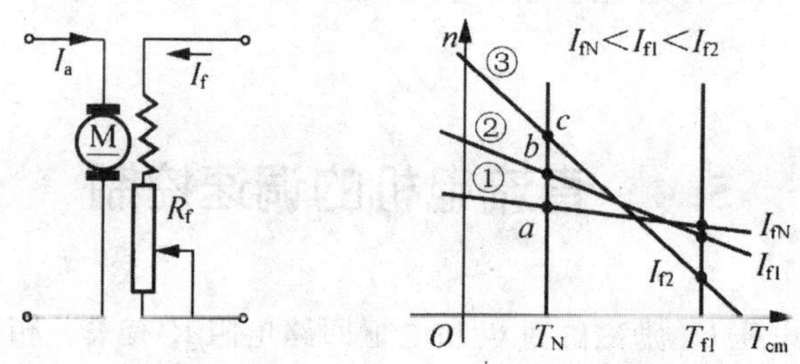

图 5-27 弱磁调速主电路和机械特性曲线

5.4.3 直流他励电动机调压调速

在不改变直流电动机电枢回路电阻和磁通的情况下，通过改变端电压实现电气调速，是目前使用最广泛的调速方法。

如图 5-28 所示为调压调速时的机械特性曲线，电压越低电动机转速就越小。

调压时，电动机的机械特性硬度大、静差率较小，且电压可以连续调节。因此，直流他励电动机调压调速方法具有良好的稳定性，较宽的调速范围，且能做到无级调速。

由于工业电网提供的是三相正弦交流电，因此，一套性能优良的可调直流电源是实现调压调速的关键。

(1)旋转变流机组调压装置

早期直流电动机调压调速主要采用发电机-电动机(G-M)调速系统，如图 5-29 所示。

三相异步电动机作为原动机驱动直流励磁机 G1 和直流发电机 G2，通过调节发电机 G2 励磁电流 I_{f2} 实现对直流电动机端电压 U_a 的调节。另外，通过调节直流电动机的励磁电流 I_{f3} 还可实现调磁调速。

(2)静止可控整流器

从 20 世纪 60 年代起，逐渐用晶闸管-电动机调速系统(V-M)替代旋转机组。如图 5-30 所示为 V-M 系统的原理框图，图中，V1 是晶闸管可控整流器，通过调节触发装置 GT 的控制电压来移动触发脉冲的相位，改变整流输出电压平均值，从而实现电动机调速。

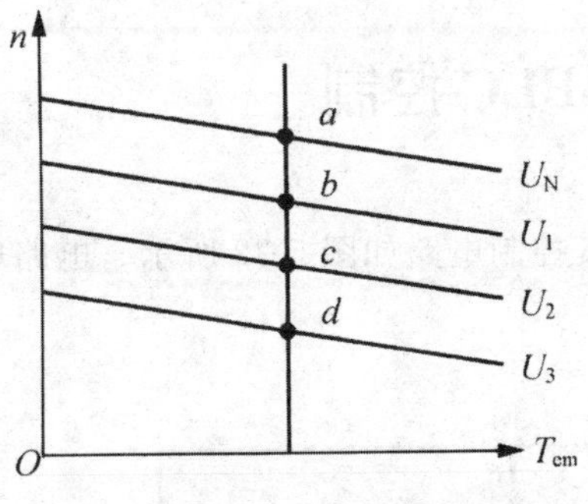

图 5-28　调压调速时的机械特性曲线

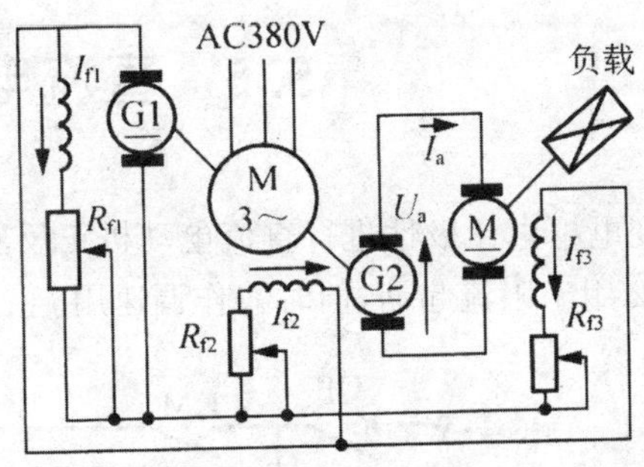

图 5-29　发电机-电动机(G-M)调速系统

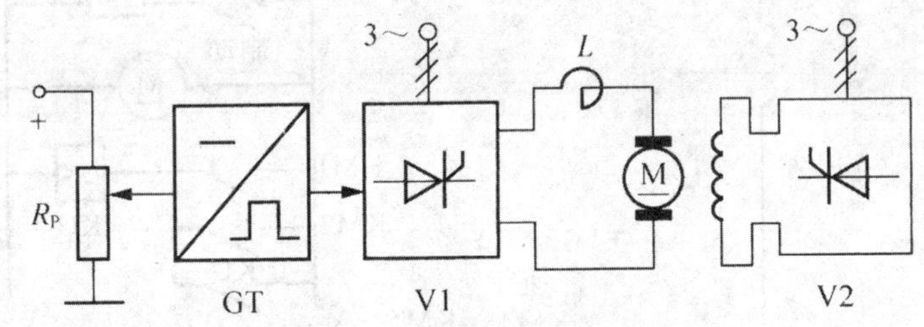

图 5-30　V-M 系统原理框图

V-M 调速系统在经济性和可靠性上较 G-M 系统有很大提高，目前在冶金、机床、矿井提升以及造纸机等方面得到广泛应用。

(3)脉宽调制控制器

随着电力电子技术的高速发展，全控型开关元件的出现和成熟，脉宽调制控制器在直流电动机调速中得到广泛应用。脉宽调制控制器利用全控型开关器件来实现电路的通断控制，用开关电源实现输出电压的调节。

如图 5-31 所示为脉宽调制控制器原理电路和输出电压波形，图中 VT 为全控型开关器件。当开关 VT 接通时，电源电压 U_i 加到电动机上；当 VT 断开时，直流电源与电动机断开，电动机电枢端电压为零。如此反复，在电枢上得到一系列的脉冲电压，其平均值为 U_d。而直流电动机的转速则正比电压 U_d。

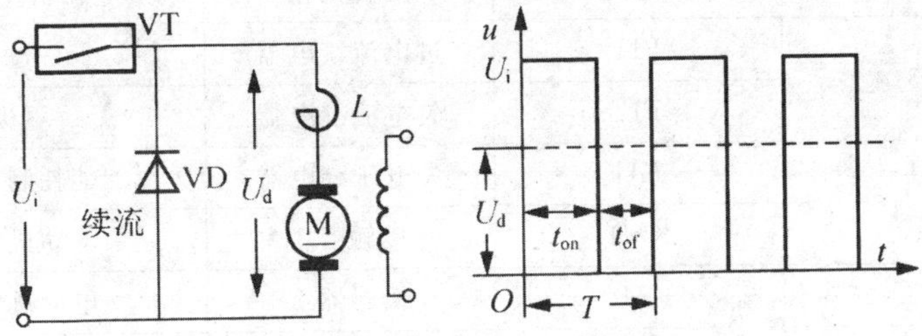

图 5-31　脉宽调制控制器原理电路和输出电压波形

在上述电路中，通常采用保持开关器件的通断周期(T)不变，只改变器件每次导通的时间(t_{on})，即通过改变脉冲的宽度来调节输出电压的平均值，这种方法称为脉冲宽度调制，简称脉宽调制。

5.5 直流电机的PLC控制

改变电枢电压极性进行直流电动机正反转控制，其控制电路如图5-32所示。电路中的电阻R1和R2用于限流起动，同时兼作调速用。

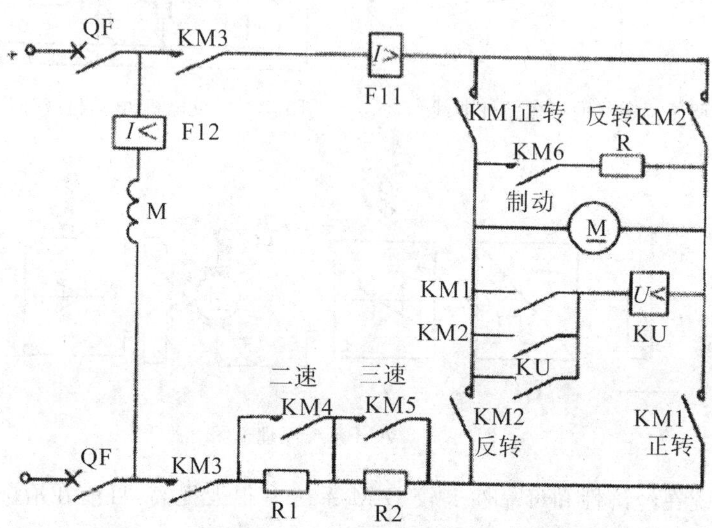

图5-32 直流电动机正反转、调速及能耗制动控制电路

5.5.1 输入/输出元件及控制功能

直流电动机正反转、调速及能耗制动控制中用到的输入/输出元件及控制功能见表5-1。

表5-1 输入/输出元件及控制功能

	PLC软元件	元件文字符号	元件名称	控制功能
输入	X1	SB1	正转按钮	电动机正转、调速及停止
	X2	SB2	反转按钮	电动机反转、调速及停止
	X3	F11	过电流继电器	过电流保护
		F12	欠电流继电器	失磁保护
	X4	KU	欠电压继电器	能耗制动(转速检测)
输出	Y0	KM1	接触器1	电动机电枢绕组正接
	Y1	KM2	接触器2	电动机电枢绕组反接
	Y2	KM3	接触器3	电动机电枢绕组电源
	Y3	KM4	接触器4	二速(短接R1)
	Y4	KM5	接触器5	三速(短接R2)
	Y5	KM6	接触器6	能耗制动(连接R)

5.5.2 电路设计及控制原理

电动机有 7 种状态:停止、正转一速、正转二速、正转三速、反转一速、反转二速、反转三速。将三速、二速、反转、正转分别用 M0、M1、M2 和 M3 表示,电动机的 7 种状态可用 7 位十六进制数表示,见表 5-2。

表 5-2　正反转数据

转速		正转			停止	反转			停止
		高速	中速	低速		低速	中速	高速	
数据(H)		B	A	8	0	4	6	7	0
高速	M0	1	0	0	0	0	0	1	0
中速	M1	1	1	0	0	0	1	1	0
反转	M2	0	0	0	0	1	1	1	0
正转	M3	1	1	1	0	0	0	0	0

直流电动机正反转、调速及能耗制动控制电路 PLC 接线图如图 5-33 所示,梯形图如图 5-34 所示。利用两个按钮控制电动机正反转,调速和停止。

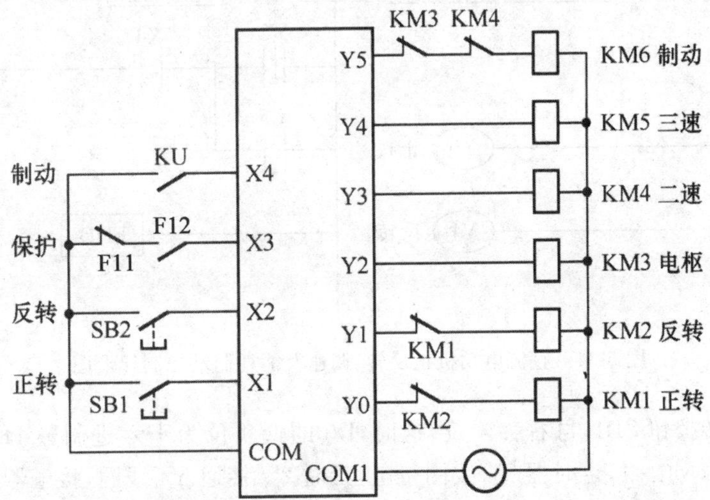

图 5-33　直流电动机正反转、调速及能耗制动控制电路 PLC 接线图

电动机起动前,闭合电源断路器 QF,励磁绕组得电,欠电流继电器 F12 动作,F12 常开接点闭合,X3=1,执行 MC NO M4 指令,MC～MCR 之间的梯形图被接通。

PLC 运行时,初始状态 D0、D1=0。按下正转按钮 SB1,X1=1,执行循环右移指令 DRORP D0 K4, DO 的低 4 位为十六进制数 H8,将 D0 的低 4 位传送到 K1M0 中,K1M0=1000(H8),即 M3=1,Y0 线圈得电,接触器 KM1 得电,KM1 主接点闭合,Y2 线圈得电,接触器 KM3 得电,KM3 主接点闭合,电枢绕组串 R1、R2 低速起动运行。KM1 接点闭合,使欠电压继电器 KU 得电自锁,KU 接点闭合,X4=1,梯形图中常开接点 X4 闭合,为能耗制动做好准备。

第二次按正转按钮 SB1，X1=1，执行循环右移指令 DRORP DO K4，DO 的低 4 位为十六进制数 HA，K1M0=1010，M3=1，M1=1，Y0 和定时器 TO 线圈得电，延时 4 s 接通 Y3 线圈，接触器 KM4 得电，KM4 主接点闭合，短接电阻 R1，中速起动运行。

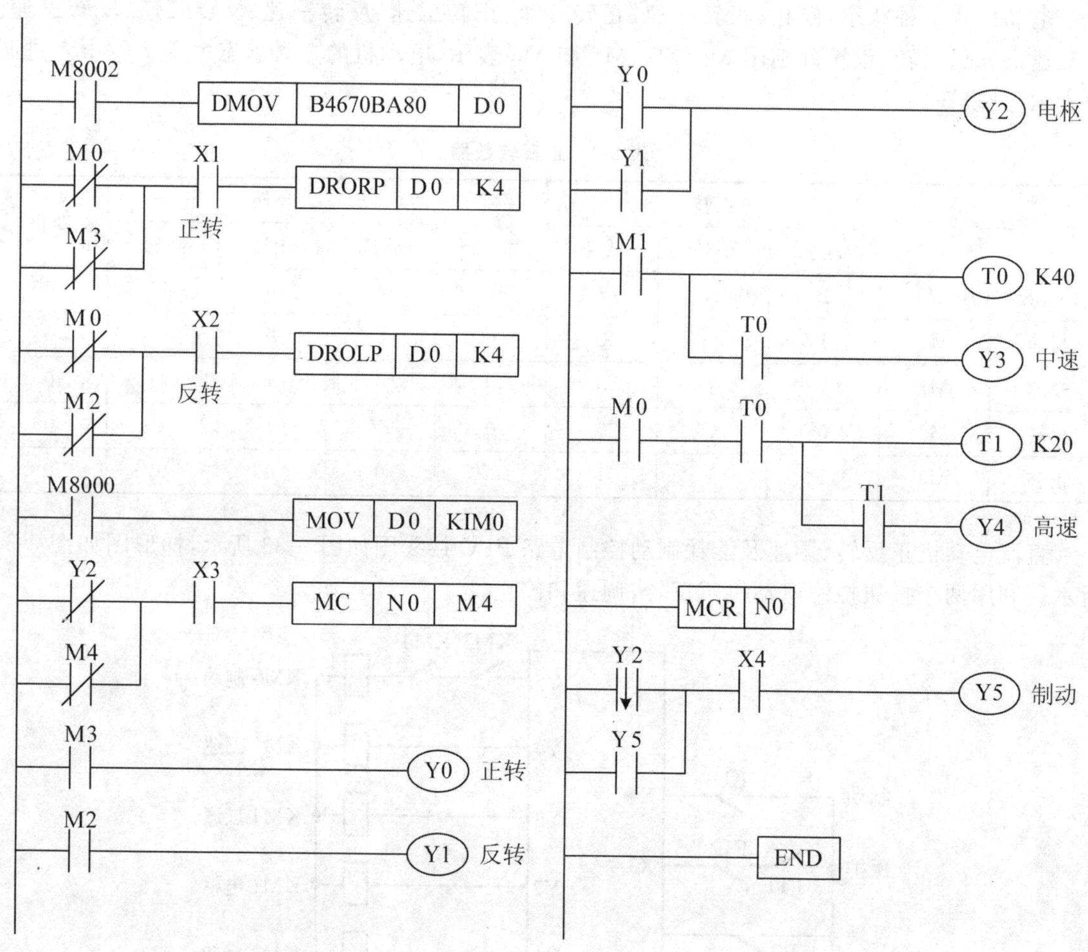

图 5-34　直流电动机正反转、调速及能耗制动控制梯形图

第三次按正转按钮 SB1，再右移 4 位，这时，D0 的低 4 位为十六进制数 HB，K1M0=1011，即 M3=1、M1=1、M0=1，定时器 T1 线圈得电，延时 2 s 接通 Y4 线圈，接触器 KM5 得电，KM5 主接点闭合，短接电阻 R2，高速起动运行。

连按三次正转按钮 SB1，则 K1M0=1011，即 M3=1、M1=1、M0=1，M3 接通 Y0 线圈，Y0 接点接通 Y2，KM1 和 KM3 得电，电枢绕组串联电阻 R1、R2 低速起动运行。M1 接通定时器 T0 线圈，延时 4 s 接通 Y3 线圈，接触器 KM4 得电，KM4 主接点闭合，短接电阻 R1，中速起动运行。M0 和 T0 接点接通定时器 T1 线圈，再延时 2 s 接通 Y4 线圈，接触器 KM5 得电，KM5 主接点闭合，短接电阻 R2，高速起动运行。

减速时可按反转按钮 SB2，X2=1，执行一次循环左移指令 DROLP D0 K4，左移 4 位，电动机减速。若连续按反转按钮，电动机转速从三速→二速→一速→停止。停止时，K1M0=0000，Y2 失电，Y2 下降沿接点使 Y5 得电自锁，电枢绕组失去电源，由于惯性，电动机轴继续转动，两端仍有较高的电压，欠电压继电器 KU 线圈仍吸合，X4 接点仍闭合，Y2 下降沿接点使 Y5 得电自锁，KM6 得电，KM6 常开接点闭合，电枢绕组并接制动电阻 R 进行能耗制动，电动机转速迅速下降，电枢绕组两端的电压迅速下降，当电压下降到欠电压继电器 KU 线圈的释放电压时，KU 线圈释放，X4 常开接点断开，Y5 失电，KM6 失电，KM6 接点断开，制动结束。

PLC 运行时，如果过电流继电器 F11 或欠电流继电器 F12 动作，则 X3＝0，梯形图中 X3 常开接点断开，MC～MCR 之间的电路被断开，电枢绕组失电，Y5 得电进行制动。

5.6　直流无刷电机的控制技术

直流电动机利用碳刷与换向器换向，由于碳刷与换向器之间高速摩擦以及换向过程中换向器表面产生的电火花，影响电刷乃至电动机的使用寿命。为此，人们发明了一种无须碳刷的直流电动机，通常也称作无刷电机。

5.6.1　直流无刷电动机的结构

随着电力电子工业的飞速发展，许多高性能半导体功率器件，如 GTR、MOSFET、IGBT、IPM 等相继出现，以及高性能永磁材料的问世，为直流无刷电动机的广泛应用奠定了坚实的基础。

直流无刷电动机由电动机本体、转子位置检测电路以及电子开关电路 3 部分组成。

根据电动机本体结构的不同，直流无刷电动机可分为内转子式和外转子式两种形式。目前广泛使用的家用电瓶车就采用了外转子式直流无刷电动机。

如图 5-35 所示为外转子式直流无刷电动机结构示意图。

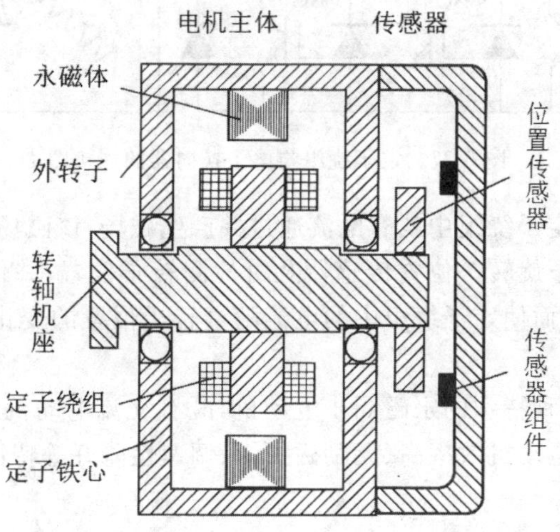

图 5-35　外转子式直流无刷电动机结构示意图

如图 5-36 所示为外转子式直流无刷电动机本体结构及剖面示意图，由定子和转子组成。定子由定子铁心和定子绕组组成，转子采用永久磁铁。工作时内定子固定在电瓶车的车架上，而外转子则固定在电瓶车轮子上并驱动轮子做旋转运动。

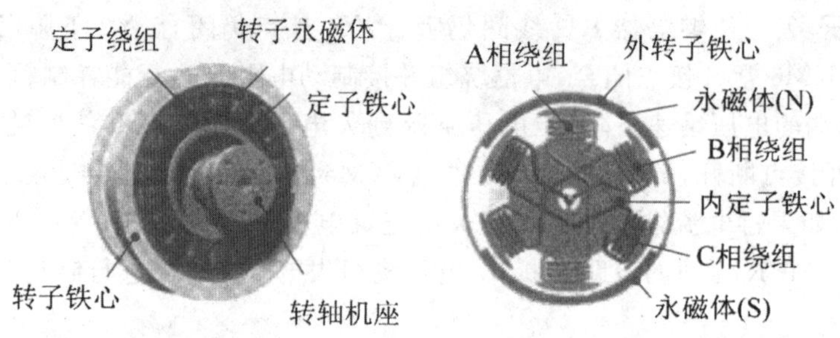

(a)外转子无刷电动机本体　　(b)外转子无刷电动机剖面图

图 5-36　外转子式直流无刷电动机本体结构及剖面图

5.6.2　直流无刷电动机的工作原理

有电刷直流电动机基于通电导体在磁场中受力的原理，而无刷直流永磁电动机的工作原理则靠定子磁场与转子磁场间的作用力拉动转子转动的。因此，其定子的基本结构类似交流三相电动机，3 个绕组由电子开关元件按规律与直流电源连接。

直流无刷电动机工作时，外部直流电源通过电子开关与定子绕组相连接。如图 5-37 所示是定子绕组与电子换向器的连接图。

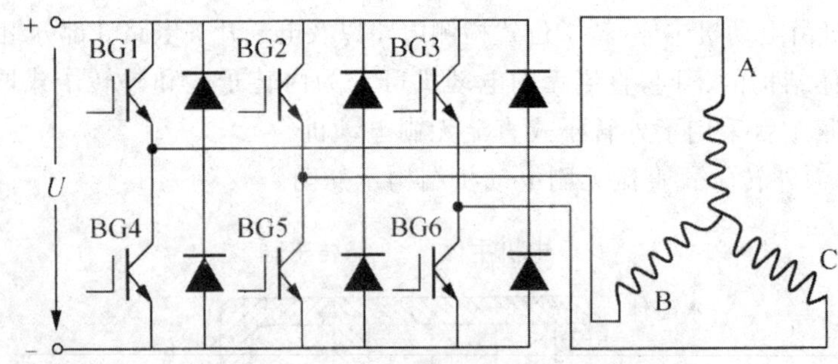

图 5-37　定子绕组与电子换向器的连接图

开关管导通时，相应定子绕组中就有电流通过并产生磁场，该磁场与永磁转子磁极相互作用便产生力矩，使电动机转子旋转。位置传感器及时检测转子位置，并依次向 BG1～BG5 发出信号，控制其导通与截止，从而使定子绕组中的电流随着转子位置的变化依次换向，产生满足要求的磁场。

无刷直流电动机是一种特殊的永磁同步电动机，既有交流电动机结构简单、运行可靠、维护方便等优点，又具有直流电动机效率高、无励磁损耗、调速性能好等特性，因此在当今国民经济各领域应用日益普及。

5.7　直流电机的应用——汽车直流起动机

汽车发动机需要由外力带动曲轴旋转才能进入工作状态，电力起动利用蓄电池的电能使起动机带动曲轴旋转，由于结构简单、操作方便、起动迅速、成本低、可靠性好等优点，广泛应用于汽车发动机的起动。

汽车发动机需采用电力起动，因此汽车上要有可靠充足的电源。发电机是汽车电器系统的主要电源，由汽车发动机驱动。正常工作时，对除起动机以外的所有用电设备供电，并向蓄电池充电以补充蓄电池在使用中所消耗的电能。

汽车直流起动机由直流串激式电动机、传动机构和控制装置三部分组成。直流串激式电动机在直流电作用下产生电磁力矩，通过传动装置和控制装置驱动发动机。

5.7.1　汽车直流串激式电动机的结构及工作特性

1. 汽车直流串激式电动机的结构

直流串激式电动机主要由机壳、磁极、电枢、换向器及电刷等组成，如图 5-38 所示。

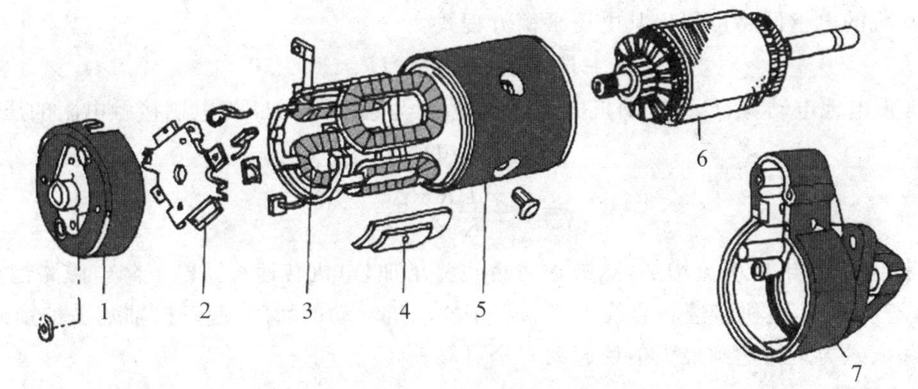

图 5-38　直流电动机的结构

1—端盖；2—电刷和刷架；3—磁场绕组；4—磁极铁心；5—机壳；6—电枢；7—后端盖

(1)磁极

磁极的数目一般为 4 个，功率超过 7.5 kW 的起动机有用 6 个的。磁场绕组用矩形截面的裸铜条绕制。4 个磁场绕组的连接方法有两种：①4 个相互串联；②两串两并，即先将两个串联后再并联。不论采用哪一种连接方式，4 个磁场绕组产生的极性是相互交错的。

(2)电枢和换向器

电枢由电枢轴、电枢铁心、电枢绕组和换向器组成。换向器和铁心压装在电枢轴上，电枢绕组嵌装在铁心内。电枢轴两端支承在壳体内，其中一端制有螺旋花键与传动机构连接。铁心由许多相互绝缘的硅钢片叠装而成，其圆周表面上有槽，用来安放电枢绕组。

由于流经电枢绕组的电流一般为 200～600 A，故电枢绕组采用较粗的矩形裸铜线绕制。为了防止裸铜线绕组间短路，在铜线与铜线、铜线与铁心之间均用绝缘性能较好的绝缘纸隔开。电枢绕组各线圈的端头均焊在换向器上，换向器由铜片和云母片相间叠压而成。换向器的作用是把通入电刷的直流电流转变为电枢绕组中导体所需要的交变电流。

2. 工作特性

(1)转矩特性

直流电动机电磁转矩 T 随电枢电流 I_S 变化的关系 $T=f(I_S)$，称为转矩特性。串激式直流电动机的电枢绕组与磁场绕组串联，如图 5-39 所示。则电枢电流 I_S、磁场电流 I_c 和负载电流 I_f 的关系为

$$I_S=I_c=I_f \tag{5-7-1}$$

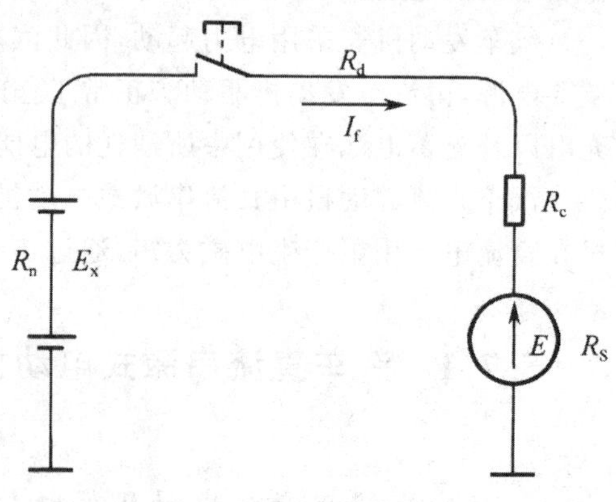

图 5-39　串激式直流电动机电路

电机的磁极磁通 Φ 随电枢电流 I_S 变化，磁路未饱和时，直流电动机电磁转矩与电枢电流 I_S 的平方成正比；磁路饱和后，磁通 Φ 与电枢电流 I_S 无关，直流电动机电磁转矩与电枢电流 I_S 成正比。

(2)转速特性

电动机的转速 n 和电磁转矩 T 的函数关系为 $n=f(T)$，称为转速特性。

对电动机的电枢回路可写出其电压平衡方程式

$$E_x-E=I_SR+\Delta U \tag{5-7-2}$$

式中，E_x 为蓄电池电动势；E 为电动机电枢反电势；R 为总电阻；ΔU 为电刷接触电阻的压降。而

$$E=K_F\Phi n \tag{5-7-3}$$

故有

$$\eta=\frac{E_x-I_SR-\Delta U}{K_E\Phi} \tag{5-7-4}$$

磁路未饱和时，电枢电流增加，磁极磁通 Φ 也将增加，电机转速将急剧下降。磁路饱和后，I_S 增加时，Φ 基本不变，电机转速将直线下降。汽车发动机起动的瞬间，起动机轴几乎被锁死，此时电枢电流和电磁力矩均达到最大值使起动安全可靠。

(3)功率特性

电动机的输出功率 P 与电枢电流 I_S 的函数关系 $P=f(I_S)$，称为功率特性。输出功率为

$$P=P_d\eta \tag{5-7-5}$$

式中，η 为电动机的机械效率；P_d 为电磁功率，且

$$P_d=EI_S \tag{5-7-6}$$

电机转速为零时，$I_S=I_{max}$，反电势为零，功率 $P_d=0$；当电枢电流 $I_S=0$ 时，$P_d=0$。此外，当 $I_S=\frac{1}{2}I_{max}$ 时，起动功率达到极大值。

5.7.2　电磁啮合式起动机

由电磁开关控制起动机电路的通断及驱动齿轮的啮入与退出的起动机，称为电磁啮合式起动机。其由于结构简单、操作方便，广泛应用于现代汽车。

电磁啮合式起动机的基本结构有串激式直流电动机、电磁开关、驱动齿轮和单向离合器。如图 5-40 所示为一个基本控制电路的示意图。其中，线圈 11 为吸引线圈，与电枢绕组串联，当电磁开关闭合后即被短路，只提供活动铁心与固定铁心分离时所需的较大电磁力。吸引线圈被接

触盘短路后，为保持活动铁心 13 处于起动位置，则由保持线圈 12 提供电磁力。

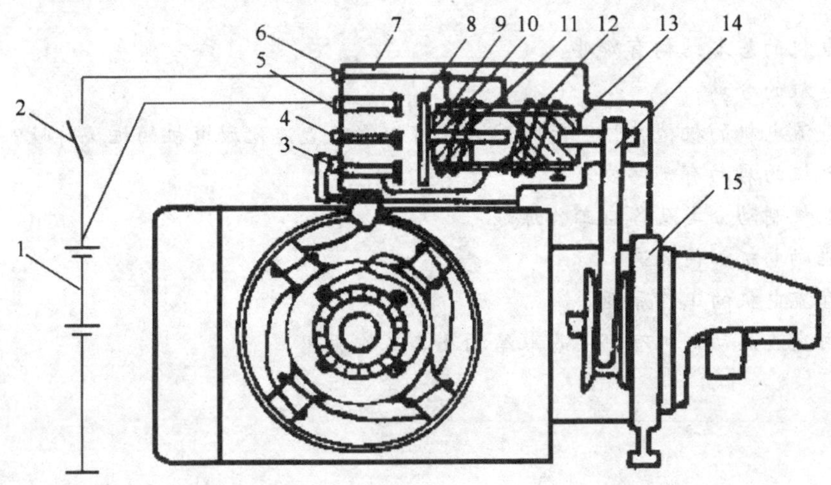

图 5-40　电磁啮合式起动机基本电路

1—蓄电池；2—起动开关；3—电磁开关起动机接线柱；4—至点火开关接线柱；5—蓄电池接线柱；6—起动开关接线柱；7—电磁开关；8—电磁开关接触片；9—套筒；10—固定铁心；11—吸引线圈；12—保持线圈；13—活动铁心；14—传动叉；15—起动机

电磁啮合式起动机起动前，驱动齿轮与飞轮脱开，传动叉与活动铁心均处在准备状态。起动开关 2 接通时，与电机并联的保持线圈 12 获得工作电流，吸引线圈 11 通过电枢绕组到“搭铁”，获得工作电流。活动铁心 13 克服弹簧张力向左运动，电磁开关接触片 8 通过其推杆在活动铁心作用下也向左移，并带动传动叉 14 将驱动齿轮推出，在驱动齿轮与飞轮完全啮合时，电磁开关接触片 8 将接线柱 3、5 接通，接通起动机的主电路，使起动机以正常转速起动发动机。同时，接触片也将吸引线圈短路，靠保持线圈 12 的电磁力使活动铁心处于吸合位置。发动机起动后，曲轴转速提高，飞轮带动驱动齿轮高速旋转，单向离合器使驱动齿轮与电枢轴脱开，防止电机超速。

当起动开关接通时，吸引线圈 11 的电流通过电机的磁场绕组和电枢绕组，使电枢作缓慢转动，驱动齿轮在旋转中外移，使得驱动齿轮与飞轮的啮合没有冲击。

起动开关 2 松开切断起动开关接线柱 6 的电源可以复位电磁开关。这时电源正极经电磁开关接触片 8 到达吸引线圈下端→吸引线圈上端→保持线圈下端→保持线圈下端搭铁。两线圈电流产生的铁心磁通方向相反，使铁心迅速退磁，活动铁心在弹簧作用下复位，起动机主电路被切断，驱动齿轮退出啮合，起动机停止工作。

除电磁啮合式起动机外，汽车直流起动机还有电枢移动式起动机、减速起动机及永磁起动机等。电枢移动式起动机磁极磁通的吸力，使整个电枢轴向移动来实现起动机驱动齿轮与发动机飞轮齿圈的啮合过程，由弹簧的拉力实现脱开啮合，可以传递较大的转矩，因而被大功率柴油机采用；减速起动机装在电机轴与驱动齿轮之间，其工作电流较小，可大大减轻蓄电池的负担，延长蓄电池的使用寿命，常用于国外汽车；永磁起动机由永磁材料作直流电机的磁极，以取代原有的磁极绕组和磁极铁心，由于取消了磁场绕组和磁极铁心，起动机的工作可靠性提高，但永磁材料随使用时间的加长，其去磁作用严重，使得起动机功率随使用期的延长而下降，现仅限于小功率起动机应用。

课后思考题

1. 直流电机的基本结构有哪些?

2. 直流电机的分类?

3. 何为直流电机的机械特性? 有哪些方法可以影响直流他励电机的机械特性?

4. 直流电机的启动有哪些要求?

5. 直流电机制动分类及各自工作原理?

6. 直流他励电机如何调速?

7. 无刷直流电机的工作原理?

8. 汽车用直流启动电机有哪些基本结构及其工作原理?

第6章　交流异步电机及其控制技术

6.1　三相异步电机的基本结构和工作原理

6.1.1　三相异步电机的基本结构

三相异步电动机是由固定不动的部分(定子)和旋转的部分(转子)组成,定、转子间有气隙。此外,还有端盖、轴承、接线盒和风扇等。按转子结构的不同,三相异步电动机分为笼型和绕线式两大类。笼型转子异步电动机的结构如图 6-1 所示;绕线转子异步电动机的结构如图 6-2 所示。

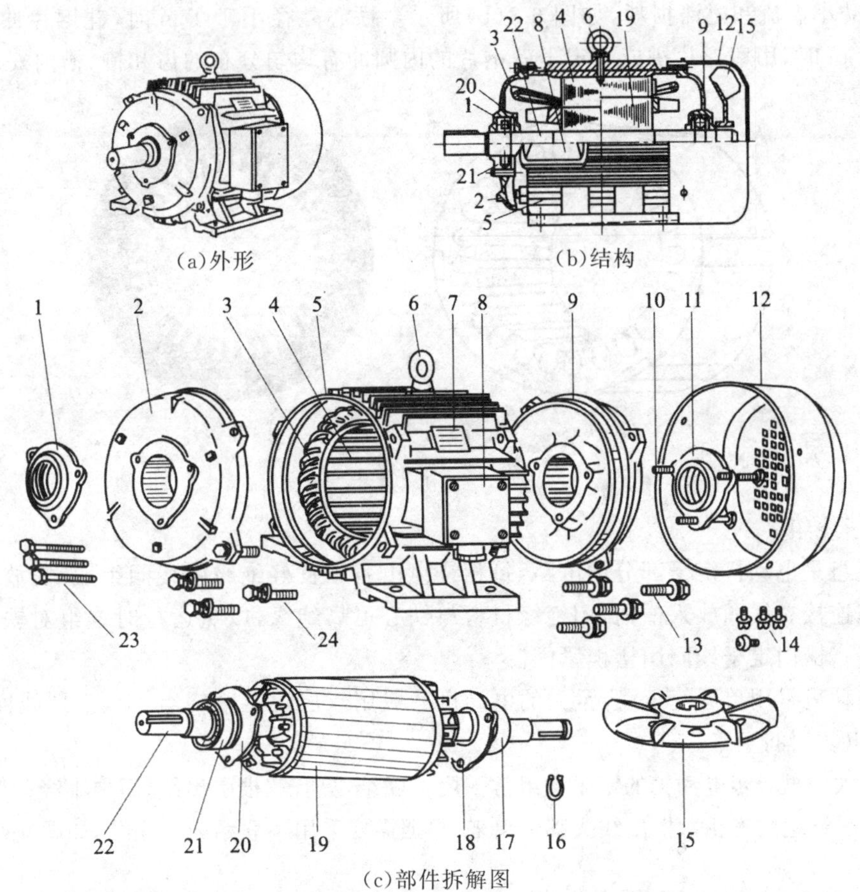

(a)外形　　(b)结构

(c)部件拆解图

图 6-1　Y2 系列笼型电动机结构及拆解图

1、11—轴承外盖;2、9—端盖;3—定子绕组;4—定子铁心;5—机座;6—吊环;7—铭牌;8—接线盒;10、23—轴承盖螺栓;12—风扇罩;13、24—端盖螺栓;14—风扇罩螺钉;15—外风扇;16—外风扇卡圈;17、21—轴承;18、20—轴承内盖;19—转子;22—轴

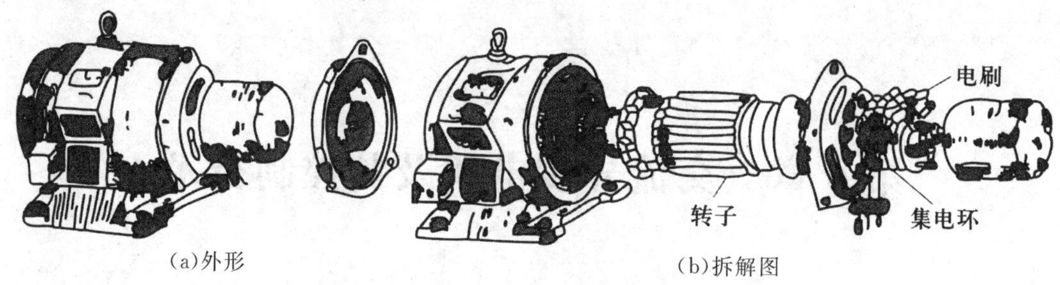

(a)外形　　(b)拆解图

图 6-2　绕线转子异步电动机的结构

1.异步电动机的定子

异步电动机的定子是电动机的固定部分，一般由定子铁心、定子绕组和机座三部分组成。

(1)定子铁心

异步电动机的定子铁心是一个在圆周上冲有齿和槽的空心圆筒形铁心，如图 6-3(a)所示。定子铁心的作用有两方面:一是导磁;二是安放定子绕组。由于旋转磁场以同步转速相对于定子旋转，因此铁心中的磁通是交变的，所以铁心一般用厚度为 0.5 mm、表面涂绝缘漆的硅钢片叠压而成，以减小涡流和磁滞损耗，如图 6-3(b)所示。铁心外径小于 1 m 时，硅钢片冲成整圆的;外径大于 1 m 时，用扇形片拼成。定子硅钢片的内圆冲有均匀分布的齿和槽，槽内安放线圈。

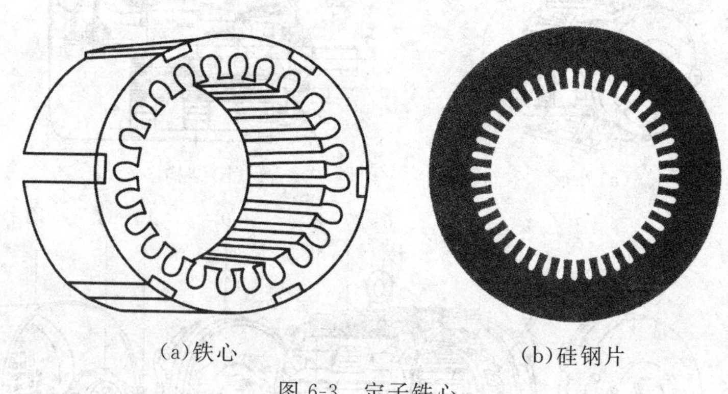

(a)铁心　　(b)硅钢片

图 6-3　定子铁心

(2)定子绕组

定子绕组是电动机定子部分的电路，每相绕组由若干良好绝缘的线圈组成，安放于槽内，并按一定规律连接。线圈放入槽内，用绝缘材料与铁心可靠绝缘，以免运行时绕组对铁心击穿，造成接地短路。槽内定子线圈用槽楔紧固。

小型电动机常用单层绕组，容量大的电动机一般用双层短距叠绕组，上、下层线圈间用层间绝缘隔开，以防层间短路。

高压和大中型异步电动机的定子绕组常采用丫联结，只有三根引出线，而中小容量低压异步电动机常把定子绕组的三相六根出线头都引出来，根据需要采用丫联结或△联结，如图 6-4 所示。

(3)机座

机座的主要作用是固定、支撑定子铁心，转子也通过轴承、端盖固定在机座上，所以它是电动机机械结构的重要组成部分。中小型电动机一般都用铸铁机座，有的电动机铁心紧贴机座内圆，这样绕组和铁心产生的热量就要通过机座表面散发到空气中去。为增加散热面积，小型封闭式电动机表面铸出散热筋；防护式电动机的机座上开有通风孔，增加机内、外空气对流以便散热；大容量异步电动机一般都采用钢板焊接机座，为便于通风散热，往往留有冷却空气的通道。

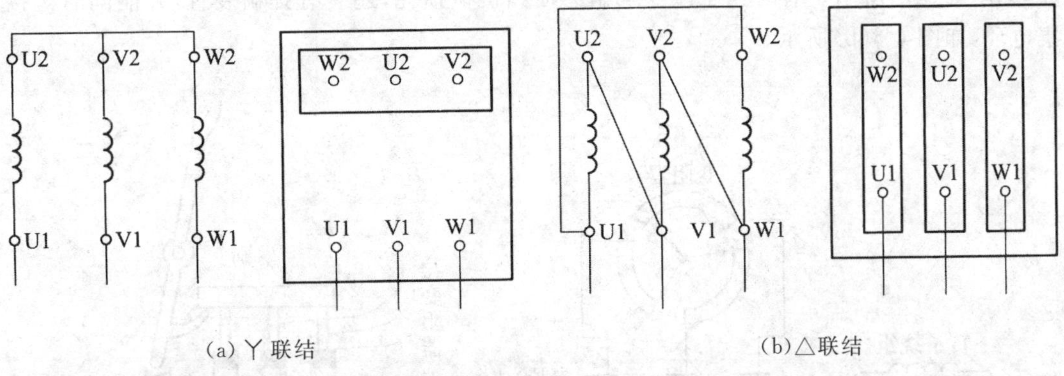

图 6-4　定子三相Y、△绕组接线板

2.异步电动机的转子

异步电动机的转子是电动机的转动部分，其作用是导磁、产生感应电动势、产生转矩并拖动负载。它由转子铁心、转子绕组和转轴三部分构成。轴端外接负载，整个转子靠轴承和端盖支承。

转子铁心也是磁路的一部分，通常也由 0.5 mm 厚的硅钢片叠成。中小型异步电动机的转子铁心可采用热套、装键或轴滚花等方式与电动机轴固接；大型异步电动机的转子铁心则套于转子支架上。转子硅钢片铁心外圆也冲有均匀分布的齿与槽，槽内安放转子绕组。转子绕组构成转子电路，其作用是流过电流和产生电磁转矩。

根据转子绕组的不同，三相异步电动机转子分为绕线转子和笼型转子两大类。

(1)绕线转子(集电环转子)

如图 6-5 所示为绕线转子。绕线转子绕组一般做成对称绕组，极数与定子绕组相同，但不一定要求有相同的相数，而在实际中常常制成相同的相数，故通常所用的三相异步电动机的转子均采用对称的三相绕组。

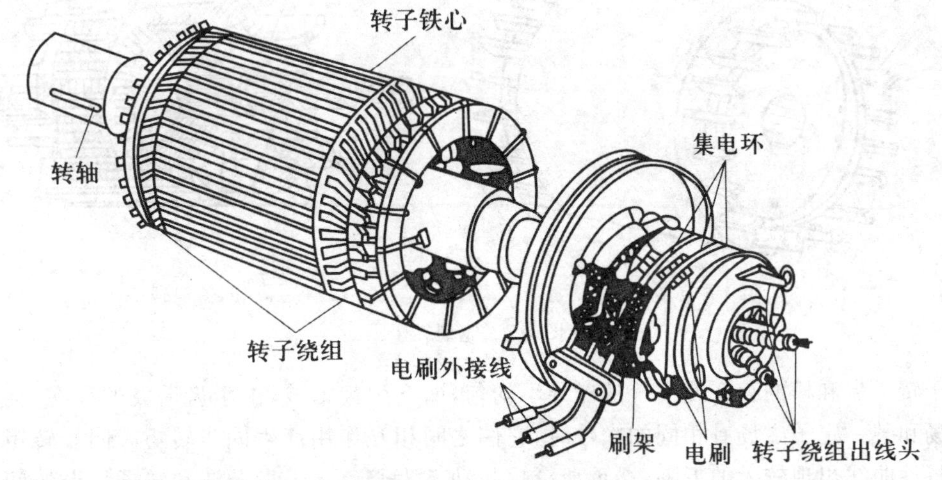

图 6-5　绕线转子

转子绕组多为双层短距波绕组，一般接成星形。它的三相引出线接到固定在转轴上的三个相互绝缘的集电环上，有三组安装在集电环上的电刷与集电环接触，转子绕组通过电刷与外电路接通，如图 6-6(a)所示。有时为了减少电刷磨损和机械损耗，还装有提刷装置，并能同时短接三个集电环，如图 6-6(b)所示。

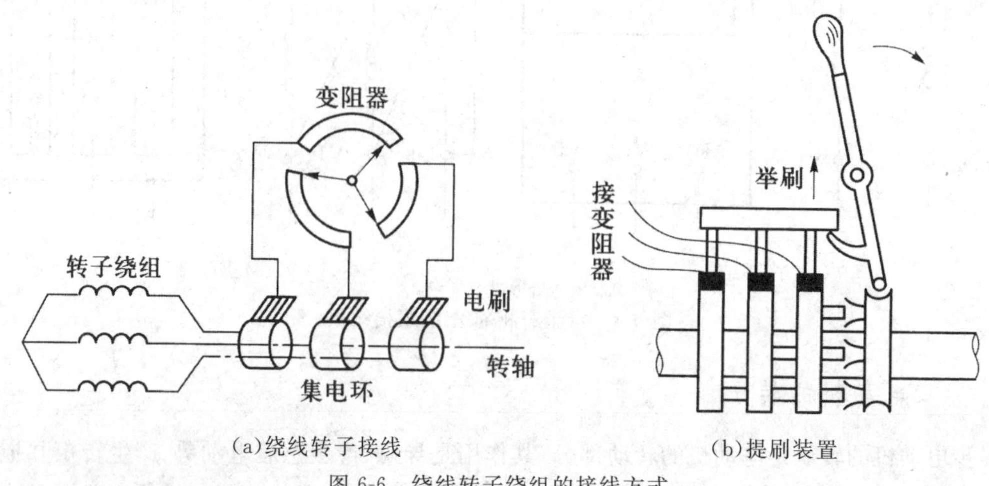

(a)绕线转子接线　　(b)提刷装置

图 6-6　绕线转子绕组的接线方式

(2)笼型转子(短路转子)

笼型转子的铁心外圆也有均匀分布的槽，每个槽中安放一个导体并伸出铁心以外，然后用两个端环把所有导条的两端分别连接起来。

笼型转子中的导条可以是铜材料或铝材料。如果是铜材料，就是事先把做好的裸铜条插入转子铁心槽中，再用铜端环固定在两端铜条的头上，并用铜焊或银焊把它们焊在一起，如图 6-7(a)所示。中小型电动机一般都采用铸铝转子，是用熔化了的铝液直接浇铸在转子铁心槽内，连同端环和风扇一次铸出，如图 6-7(b)所示。

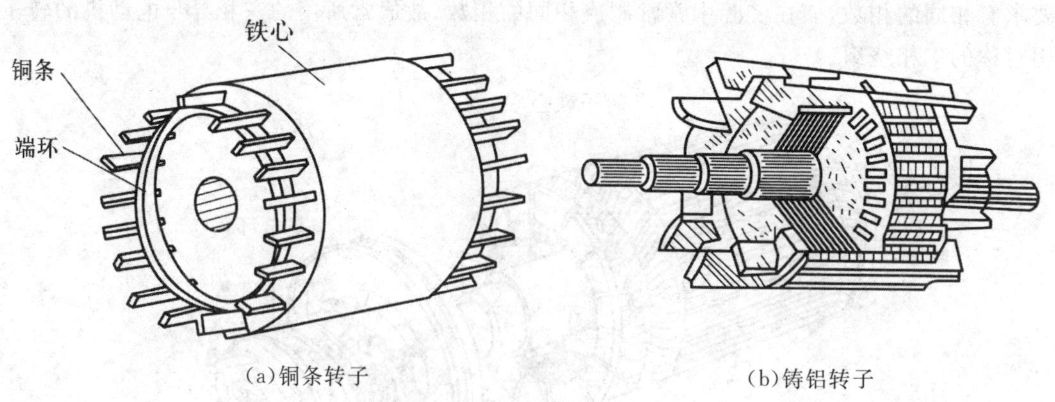

(a)铜条转子　　(b)铸铝转子

图 6-7　笼型转子

由于转子齿和槽的存在使空气的磁导不均匀，而产生齿谐波，由于齿谐波的存在，会使某一转子磁场和某一定子磁场有相同的次数时，它们之间相互作用产生同步转矩。同步转矩的存在使机械特性曲线出现较大的下陷，严重地影响起动。为避免定子齿谐波和转子齿谐波间产生同步转矩，定子槽数与转子槽数不应相等，它们之间的差数也不应等于极数。

为消除或减小由齿谐波引起的附加转矩,可在转子上应用斜槽,转子条的两端应斜过一定距离,使其等于定子齿距。这样,在同一转子导条中,由于切割定子齿谐波而产生的感应电动势为零,可使定子齿谐波与转子齿谐波不易胶着,可以大大减小转子的振动以及伴随而来的噪声。

3. 气隙

为了实现能量转换,拖动负载旋转,异步电动机的定、转子间必须有气隙。气隙是电动机磁路的一个重要部分,对电动机性能影响很大。制造良好的异步电动机,气隙不仅应当均匀,气隙长度值也应适当。气隙越大,励磁电流也越大,耗用的无功功率也越多,电动机功率因数越低。为了减少励磁电流,提高功率因数,气隙应当越小越好。但气隙过小会引起电动机的附加损耗增加,甚至发生定、转子相擦。为减小磁场脉振引起的附加损耗和减少谐波漏磁,并使制造方便、装配容易、运行可靠,气隙又不能太小,因此须兼顾各方面的要求。中小型异步电动机的气隙通常为 0.2～1.5 mm。

6.1.2　三相异步电动机的工作原理

三相异步电动机的定子绕组是一个空间位置对称的三相绕组,如果在定子绕组中通入三相对称的交流电流,就会在电动机内部建立起一个恒速旋转的磁场,称为旋转磁场,它是异步电动机工作的基本条件。因此,有必要先说明旋转磁场是如何产生的、有什么特性,然后再讨论异步电动机的工作原理。

1. 旋转磁场

(1)二极旋转磁场

图 6-8 为最简单的三相异步电动机的定子绕组,每相绕组只有一个线圈,三个相同的线圈 U1-U2、V1-V2、W1-W2 在空间的位置彼此互差 120°,分别放在定子铁心槽中。

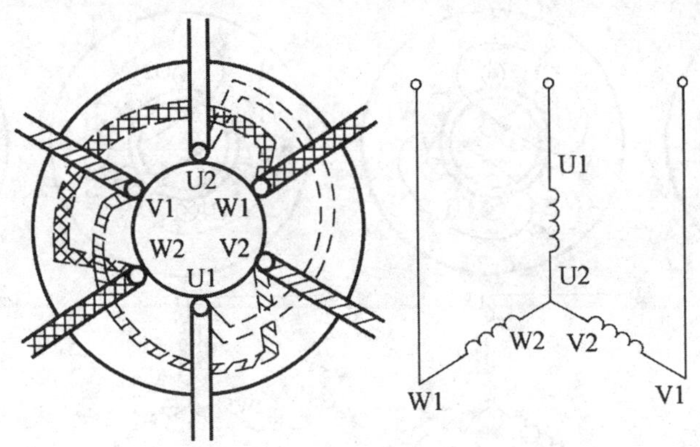

图 6-8　三相异步电动机的定子绕组

把三相线圈接成星形,并接通三相对称电源,那么在定子线圈中便产生三个对称电流,即

$$i_U = I_m \sin\omega t \qquad (6\text{-}1\text{-}1)$$

$$i_V = I_m \sin(\omega t - 120°) \qquad (6\text{-}1\text{-}2)$$

$$i_W = I_m \sin(\omega t + 120°) \tag{6-1-3}$$

其波形如图 6-9 所示。

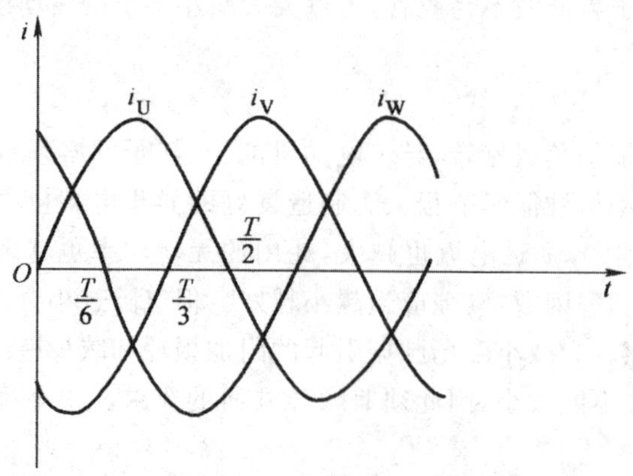

图 6-9　三相电流的波形

电流通过每个线圈要产生磁场，而现在通入定子线圈的三相交流电流的大小及方向均随时间而变化，三个线圈所产生的合成磁场可由每个线圈在同一时刻各自产生的磁场进行叠加而得到。

假定电流由线圈的首端流入、末端流出为正，反之则为负。电流流进端用“⊗”表示，流出端用“⊙”表示。下面就分别取 $t=0$、$T/6$、$T/3$ 和 $T/2$ 四个时刻三个线圈所产生的合成磁场作定性分析（其中 T 为三相电流变化的周期）。

当 $t=0$ 时，由三相电流的波形可见，电流瞬时值 $i_U=0$，i_V 为负值，i_W 为正值。这表示 U 相电流为零，V 相电流是从线圈的末端 V2 流向首端 V1，W 相电流是从线圈的首端 W1 流向末端 W2，这一时刻由三个线圈电流所产生的合成磁场如图 6-10(a)所示。它在空间形成二极磁场，上为 S 极，下为 N 极（对定子而言）。设此时 N、S 极的轴线（即合成磁场的轴线）为 0°。

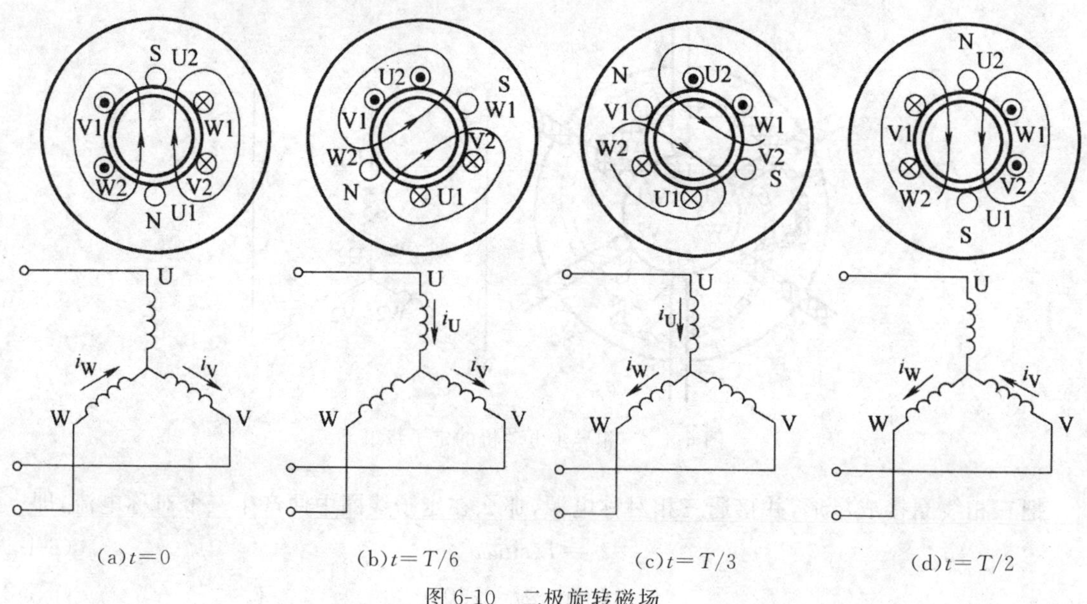

图 6-10　二极旋转磁场

当 $t=T/6$ 时，U 相电流为正，U 相电流由首端 U1 流向末端 U2；V 相电流为负，V 相电流由末端 V2 流向首端 V1；W 相电流为零。其合成磁场如图 6-10(b)所示，也是一个二极磁场，但 N、S 极的轴线在空间沿顺时针方向转了 60°。

当 $t=T/3$ 时，i_U 为正，U 相电流由首端 U1 流向末端 U2；$i_V=0$，V 相电流为零；i_W 为负，由末端 W2 流向首端 W1，其合成磁场的轴线比上一时刻又向前转过了 60°，如图 6-10(c)所示。

用同样的方法可得出当 $t=T/2$ 时，合成磁场的轴线比上一时刻又转过了 60°空间角。由此可见，图 6-10 产生的是一对磁极的旋转磁场。当电流经过一个周期的变化时，磁场也沿着顺时针方向旋转一周，即在空间旋转的角度为 360°(一转)。

上面分析充分说明，当空间互差 120°的线圈通入对称的三相交流电流时，在空间就产生一个旋转磁场。

(2)四极旋转磁场

如果定子绕组的每相都是由两个线圈串联而成，线圈跨距约为四分之一圆周，其布置如图 6-11 所示。图中 U 相绕组由 U1-U2 与 U1′-U2′串联而成，V 相绕组由 V1-V2 与 V1′-V2′串联而成，W 相绕组由 W1-W2 与 W1′-W2′串联而成。按照类似于分析二极旋转磁场的方法，取 $t=0$、$T/6$、$T/3$、$T/2$ 四个点进行分析，其结果如图 6-12 所示。

当 $t=0$ 时，$i_U=0$，i_V 为负，i_W 为正，即 i_V 由 V2′端流入，V1′端流出，再从 V2 端流入，V1 端流出。此时三相电流在空间形成的合成磁场是两对磁极的磁场，如图 6-12(a)所示。

同理，可以画出 $t=T/6$、$T/3$ 和 $T/2$ 时刻的合成磁场，分别如图 6-12(b)、(c)、(d)所示。

比较图 6-12 中的四个时刻，可以看出，当每相绕组在空间相差 60°时，通入对称三相交流电后，也产生一个旋转磁场，但它是一个四极旋转磁场。与二极旋转磁场相比较，当 $t=T/6$ 时，四极旋转磁场只转过 30°空间角；当 $t=T/2$ 时，只转过 90°空间角，即电流变化一周时，旋转磁场在空间只转过了 180°空间角(半转)，速度是二极旋转磁场的 1/2。

由上述分析可见，旋转磁场的转速大小与磁极对数有关，磁极对数越多，旋转磁场的转速就越慢，与其成反比关系。另外，旋转磁场的转速与电流变化的频率(即电源频率)有关，频率越高，电流变化所需的时间越短，旋转磁场的转速就越快，二者成正比关系。若用 p 表示磁极对数，f_1 表示电源频率(Hz)，以分(min)为时间单位来计算旋转磁场的转速 n_1(r/min)，则可得出下面的关系式

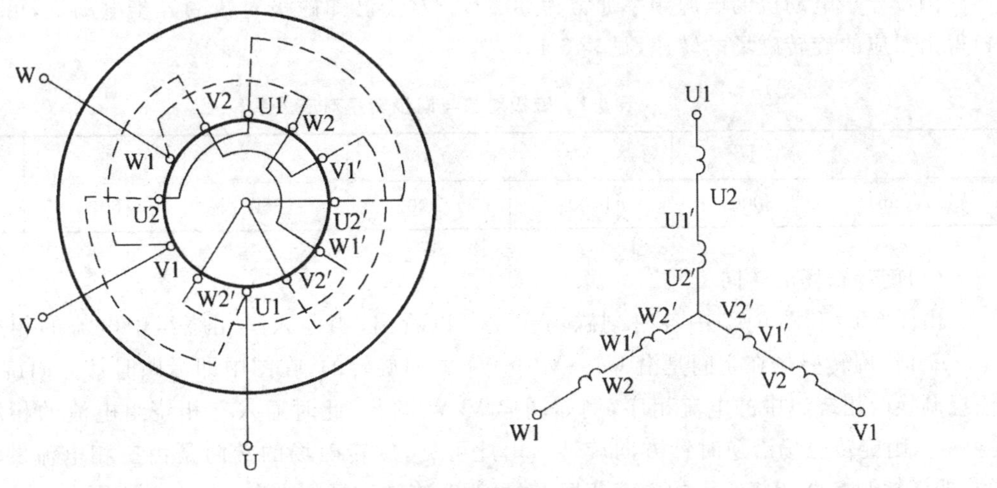

图 6-11　四极定子绕组

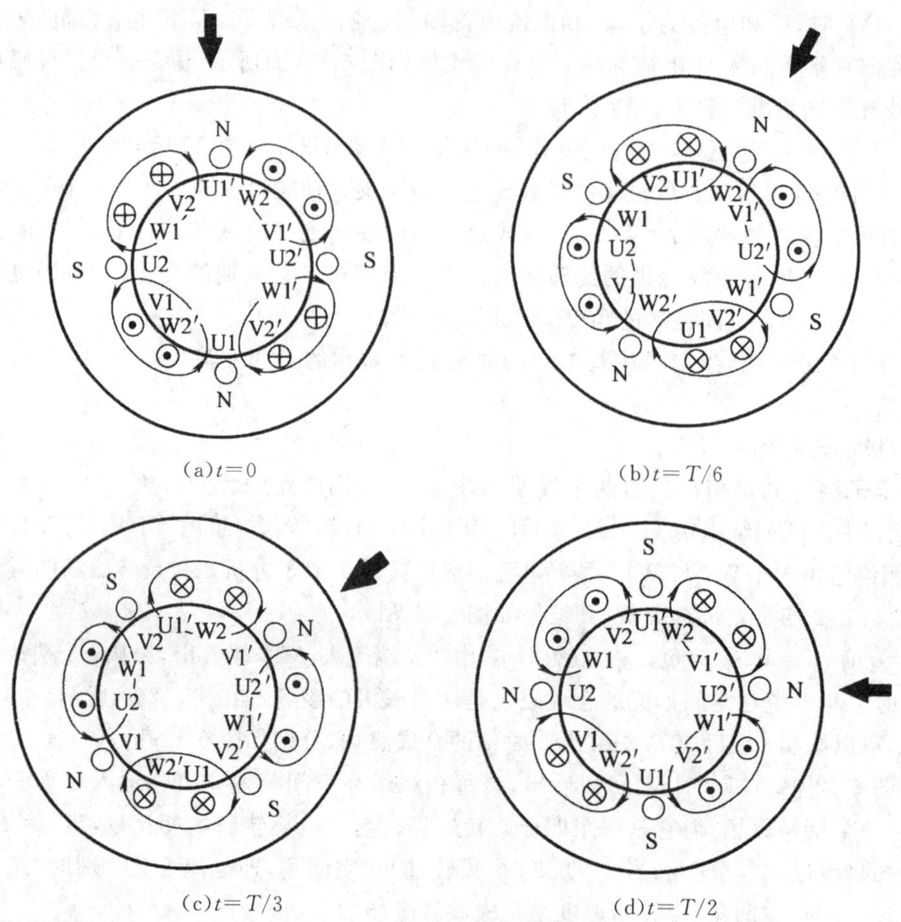

(a) $t=0$　　(b) $t=T/6$

(c) $t=T/3$　　(d) $t=T/2$

图 6-12　四极旋转磁场

$$n_1=\frac{60f_1}{p} \tag{6-1-4}$$

旋转磁场的转速 n_1 又称为同步转速。

国产异步电动机的电源频率通常为 50 Hz。对于已知磁极对数的异步电动机，可由式(6-1-4)得出对应的旋转磁场的转速，见表 6-1。

表 6-1　磁极对数与同步转速对应关系

p	1	2	3	4	5	6
n_1 (r/min)	3000	1500	1000	750	600	500

(3)旋转磁场的转向

由图 6-10 和图 6-12 中各时刻磁场变化可以看出，当通入三相绕组中电流的相序为 $i_U \to i_V \to i_W$ 时，旋转磁场在空间是沿 U1→V1→W1 方向旋转的，在图中即沿顺时针方向旋转。如果任意调换两相绕组中的电流相序，例如调换 V、W 两相，此时通入三相绕组电流的相序为 $i_U \to i_W \to i_V$，则旋转磁场沿逆时针方向旋转。由此可见，旋转磁场的转向是由三相电流的相序决定的，即任意调换两相绕组中的电流相序，就可改变旋转磁场的方向。

2. 三相异步电动机工作原理

(1)"异步"转动原理

由上面分析可知,如果在定子绕组中通入三相对称电流,则定子内部将产生某个方向转速为 n_1 的旋转磁场。这时转子导体与旋转磁场之间存在着相对运动,切割磁力线而产生感应电动势。电动势的方向可根据右手定则确定。由于转子绕组是闭合的,于是在感应电动势的作用下,绕组内有电流流过,如图 6-13 所示。转子电流与旋转磁场相互作用,便在转子绕组中产生电磁力 F,F 的方向可由左手定则确定。该力对转轴形成了电磁转矩 T,使转子沿旋转磁场方向转动。异步电动机的定子和转子之间能量的传递依靠电磁感应作用,故异步电动机又称感应电动机。

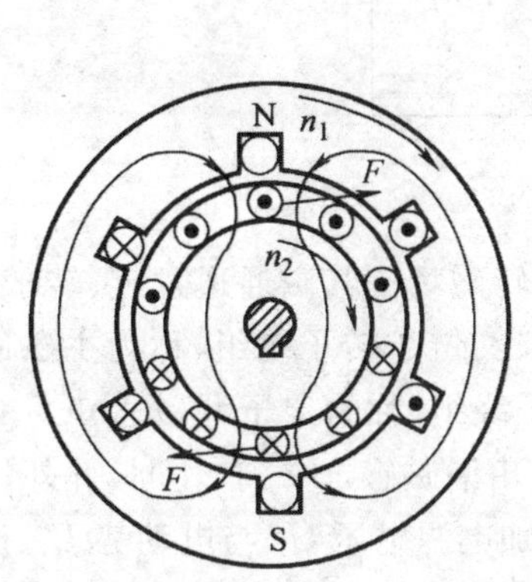

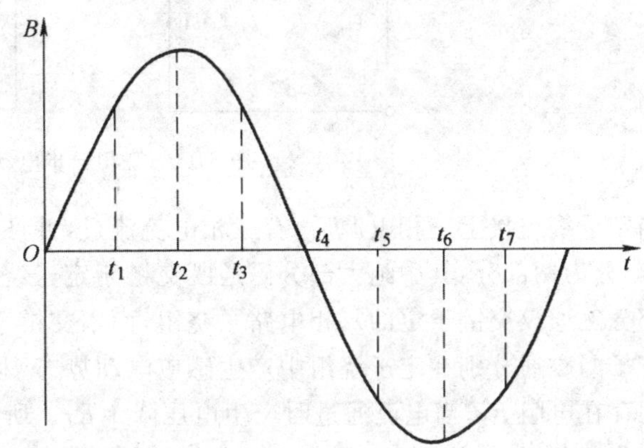

图 6-13　异步电动机工作原理

转子的转速 n_2 是否与旋转磁场的转速 n_1 相同呢？回答是不可能的。因为一旦转子的转速和旋转磁场的转速相同,二者便无相对运动,转子也就不能产生感应电动势和感应电流,也就没有电磁转矩了。只有当二者转速有差异时,才能产生电磁转矩,驱使转子转动。可见,转子转速 n_2 总是略小于旋转磁场的转速 n_1。正是由于这个关系,这种电动机被称为异步电动机。

(2)异步电动机的空载和负载运行

要使异步电动机运行,必须产生足够大的电磁转矩。异步电动机空载运行时,它产生的电磁力必须克服轴与轴套之间的摩擦和转子旋转所受风阻等产生的空载转矩,即 $T=T_0$,异步电动机才能稳定运行。T_0 一般很小,所以电磁转矩也很小,但转子转速很高,几乎接近同步转速。

异步电动机轴上带负载转动时,也必须符合动力学的规律,即只有在异步电动机的电磁转矩与机械负载的反抗力矩($M_{反}$)相平衡,即 $T=M_{反}$ 时,电动机才能以恒速运行。如果电动机的电磁转矩大于反抗力矩,即 $T>M_{反}$ 时,电动机将加速运行。反之,如果 $T<M_{反}$,则电动机将减速运转。

异步电动机依靠转子转速的变化,来调整电动机的电磁能量,从而使电动机的电磁转矩得到相应的改变,以适应负载变化的需要,来实现新的平衡。当电动机以稳定转速 n_2 运行时,假如由于某种原因,负载反抗力矩突然降低,即变为 $T>M_{反}$,电动机将加速旋转,转子感应电动势和电流减小,从而使电磁转矩减小,直到电磁转矩与新的反抗力矩相平衡,此时电动机在高于原转速 n_2 的情况下稳定运行。反之,当反抗力矩由于某种原因增大时,电动机最终将在低于原转速的情况下稳定运行。

(3)三相异步电动机的电磁关系

三相异步电动机的电磁关系与变压器的很相似。其定子绕组相当于变压器的一次绕组,转子绕组相当于变压器的二次绕组，只不过是短路的绕组。但三相异步电动机的每相绕组不像变压器那样集中地绕在铁心上，而是分布在铁心内壁的槽内，每一相绕组是由许多沿圆周分布的线圈串联而成的。另外，三相异步电动机的磁路中有一个较大的空气隙。三相异步电动机的每相电路如图 6-14 所示。

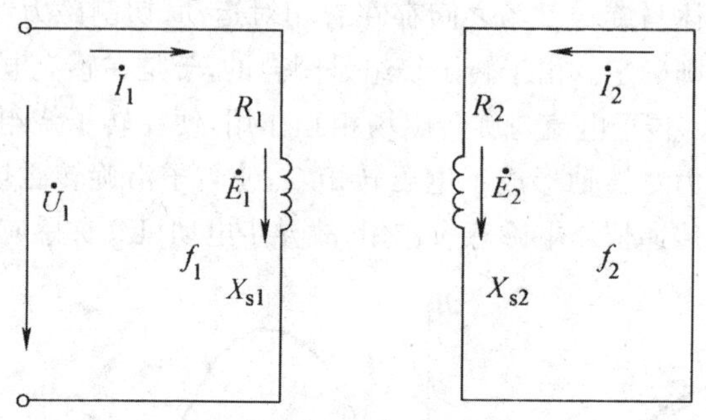

图 6-14　三相异步电动机

当定子绕组接上三相电源后，有三相电流流过，并产生旋转磁场。其磁通通过定、转子的铁心闭合，分为两部分：其中绝大部分磁通既交链于定子绕组，又交链于转子绕组，称为主磁通 Φ；另一部分磁通仅交链于定的每相电路子绕组，而不交链于转子绕组，称为定子漏磁通 Φ_{s1}。主磁通和定子漏磁通分别在定子绕组中产生感应电动势 $\dot{E}_1$ 和 $\dot{E}_s$（由漏磁感抗 X_{s1} 产生）。此外，定子绕组还存在电阻 R_1，当电流通过时产生电压降 $\dot{I}_1R_1$。所以外加电源电压 $\dot{U}_1$ 与电动势 $\dot{E}_1$、$\dot{E}_{s1}$ 以及电压降 $\dot{I}_1R_1$ 这三部分之和相平衡。考虑到 $\dot{E}_{s1}$、$\dot{I}_1R_1$ 与 $\dot{E}_1$ 相比较小，可以忽略不计，所以定子感应电动势 $\dot{E}_1$ 近似地与电源电压 $\dot{U}_1$ 相平衡，即

$$\dot{U}_1 \approx \dot{E}_1 = 4.44K_1N_1f_1\dot{\Phi} \tag{6-1-5}$$

式中，K_1 为定子绕组系数，它是为表示异步电动机的定子绕组放在槽中时所产生的感应电动势比绕组集中放置时小而引入的系数；N_1 为定子每相绕组匝数；f_1 为电源电压频率。

当负载增加时，转子电流增大，转子的磁动势也增加。由磁动势平衡关系，$\dot{I}_0N_1 = \dot{I}_1N_1 + \dot{I}_2N_2$（该式的推导方法与变压器相似）可知，在外加电源电压保持不变的情况下，要维持此时空载磁动势不变，只有增大定子电流，以此来抵消转子磁动势对旋转磁动势的影响，才能保持其平衡关系。由此可见，异步电动机中定子绕组电流是随负载的变化而变化的，亦即异步电动机向电网取用的电流和功率是由机械负载的大小决定的。它不一定等于电动机铭牌上的额定电流和额定功率，但一般不应大于上述额定值。

6.2　三相异步电机的起动控制

6.2.1　全压起动控制电路

对于小容量笼型异步电动机或变压器允许的情况下，笼型异步电动机可采用全压直接起动。图 6-15、图 6-16 所示为两种全压直接起动控制电路，图 6-15 适于小型设备，图 6-16 适于中小型设备。

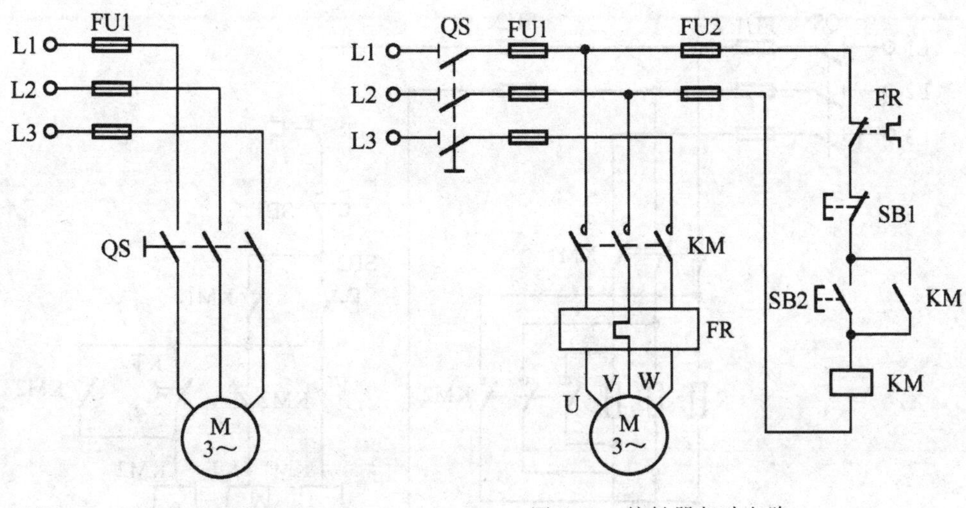

图 6-15　开关起动电路　　　　图 6-16　接触器起动电路

6.2.2　减压起动控制电路

由于大容量笼型异步电动机的起动电流很大，会引起电网电压降低，使电动机转矩减小，甚至起动困难，而且还会影响同一供电网络中其他设备的正常工作，所以大容量异步电动机的起动电流应限制在一定的范围内，不允许直接起动。

电动机能否直接起动，应根据起动次数、电网容量和电动机的容量来决定。一般规定是：起动时供电母线上的电压降落不得超过额定电压的 10%～15%；起动时变压器的短时过载不超过最大允许值，即电动机的最大容量不得超过变压器容量的 20%～30%。常用的降压起动方法有定子绕组串电阻、Y/△降压、串自耦变压器等。

1. 定子绕组串电阻降压起动控制电路

用时间继电器控制串电阻降压起动的控制电路如图 6-17 所示。当按下起动按钮 SB2 后，接触器 KM1 线圈获电吸合，KM1 主触点闭合，电动机 M 串电阻 R 降压起动；与此同时，时间继电器 KT 线圈获电吸合，KT 触点延时闭合，接触器 KM2 线圈获电吸合，KM2 主触点闭合，起动电阻 R 被短接，电动机全压运行，同时 KM2 的动断触点断开，时间继电器 KT 线圈断电释放。

起动电阻 R 的阻值可通过以下近似公式计算

$$R=190\times\frac{I_{st}-I'_{st}}{I_{st}\times I'_{st}}(\Omega) \tag{6-2-1}$$

式中，I_{st} 为未串电阻前的起动电流，一般 $I_{st}=(4\sim7)I_N$；I'_{st} 为串联电阻后的起动电流，一般 $I'_{st}=(2\sim3)I_N$；I_N 为电动机的额定电流。公式中电流单位均为 A。

起动电阻的功率

$$P=\left(\frac{1}{4}\sim\frac{1}{3}\right)I'^{2}_{st}R \tag{6-2-2}$$

若是起动电阻仅在电动机的两相定子绕组中串联时，选用的起动电阻应为上述计算值的 1.5 倍。

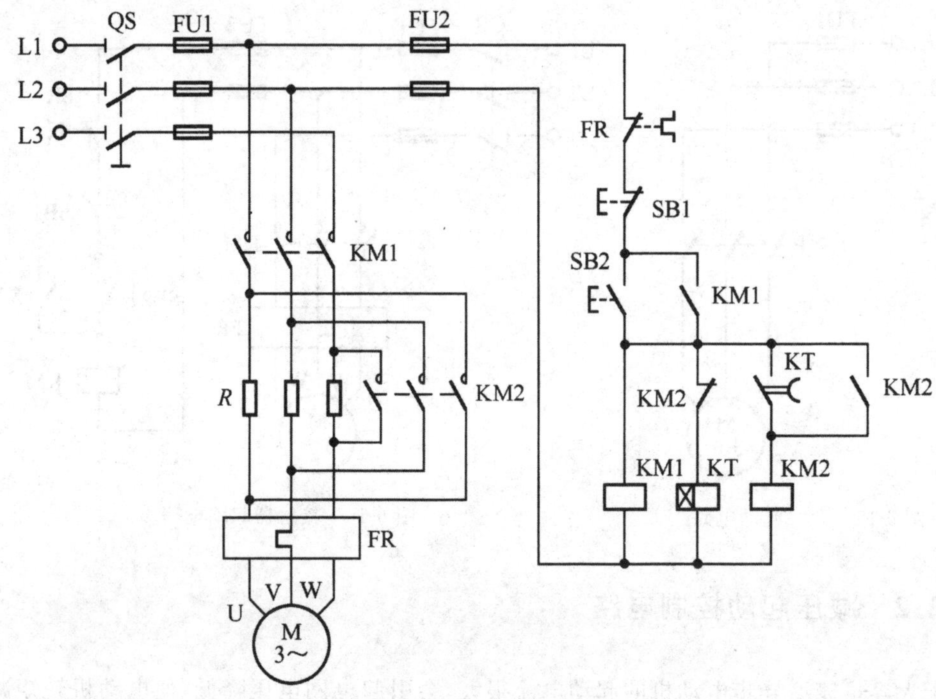

图 6-17　串电阻降压起动的控制电路

2. Y/△降压起动控制线路

Y/△降压起动适用于正常工作时定子绕组作三角形联结的电动机。由于方法简便且经济，所以使用较普遍，但起动转矩只有全压起动的 1/3，故只适用于空载或轻载起动。Y/△起动控制线路如图 6-18 所示。

合上电源开关 QS 后，按下起动按钮 SB2，接触器 KM1 和 KM2 线圈同时获电吸合，KM1 和 KM2 主触点闭合，电动机Y联结降压起动。与此同时，时间继电器 KT 的线圈同时获电，KT 动断触点延时断开，KM2 线圈断电释放，KT 动合触点延时闭合，KM3 线圈获电吸合，电动机定子绕组由Y联结自动换接成△联结，时间继电器 KT 的触点延时动作时间由电动机的容量及起动时间的快慢等决定。

3. 自耦变压器降压起动电路

自耦变压器降压起动就是把三相交流电源接入自耦变压器的一次侧，电动机的定子绕组接到自耦变压器的二次侧，电动机起动时得到的电压低于电源电压（额定电压），从而达到限制起动电流的目的，当电动机的转速达到一定值时，让自耦变压器与电路脱开，使电动机全压运行。图 6-19 所示为时间继电器控制的自耦变压器降压起动控制线路。

电路的工作过程是：合上空气开关 QF，按下起动按钮 SB2，接触器 KM1 和时间继电器 KT 的线圈通电吸合，接触器 KM1 主触点闭合，其动合辅助触点（3～4）闭合而自锁，对接触器 KM2 互锁的动断辅助触点（7～8）断开；时间继电器 KT 开始延时，同时自耦变压器 T 接入电路，电动机定子绕组接入低电压起动，当电动机的转速达到一定值时，时间继电器 KT 动作，延时动合触

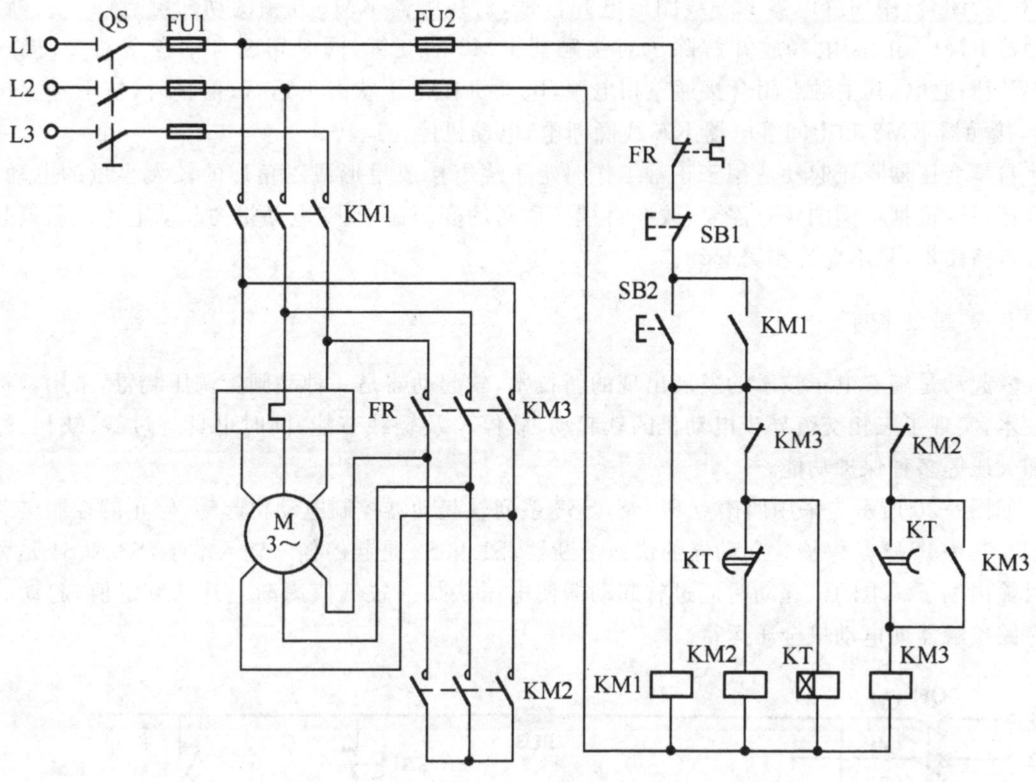

图 6-18　Y/△起动控制电路

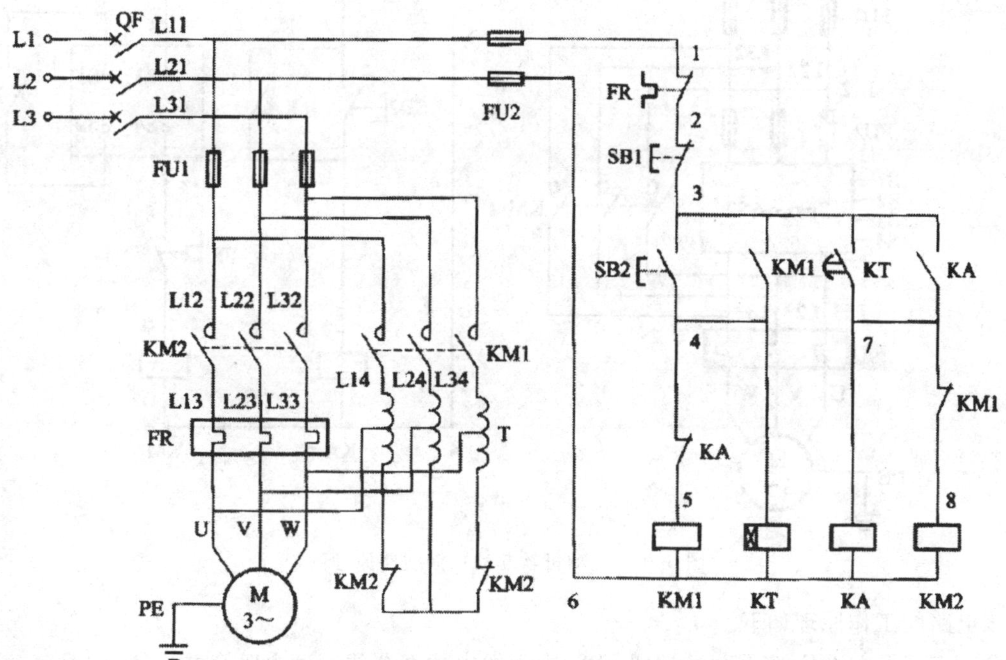

图 6-19　自耦变压器降压起动控制电路原理图

点(3～7)闭合，中间继电器 KA 线圈通电并自锁，对接触器 KM1 互锁的动断触点(4～5)断开，接触器 KM1 线圈断电释放并解除了对接触器 KM2 的互锁，同时切断自耦变压器 T；接触器 KM2 线圈通电，其主触点闭合接通三相电源，电动机在全压状态下运行；停止时，按下停止按钮 SB1，接触器 KM2 和中间继电器 KA 线圈断电，电动机停止运转。

自耦变压器降压起动适用于正常工作时定子绕组接成星形或三角形的较大容量的电动机，而且还可以根据不同的场合需要，改变自耦变压器的变压比，改变电动机的起动电流。但该起动方式价格昂贵，且不允许频繁起动。

4. 软起动控制

软起动是随着电子技术的发展出现的新技术，软起动器是一种晶闸管调压装置，采用微机控制技术，实现了三相交流异步电动机的软起动、软停车及轻载节能，同时也具有过载、缺相、过电压和欠压等多种保护功能。

如图 6-20 所示为采用西诺克 Sinoco-SS2 系列软起动器控制电动机起动、停止的控制电路原理图。其中 FU2 是保护软起动器的快速熔断器，S1 和 S2 是起停信号输入端子，S3 和 S4 是旁路信号输出端子。电动机起动时通过软起动器使电压从某一较低值逐渐上升到额定值，起动后再用旁路接触器使电动机全压运行。

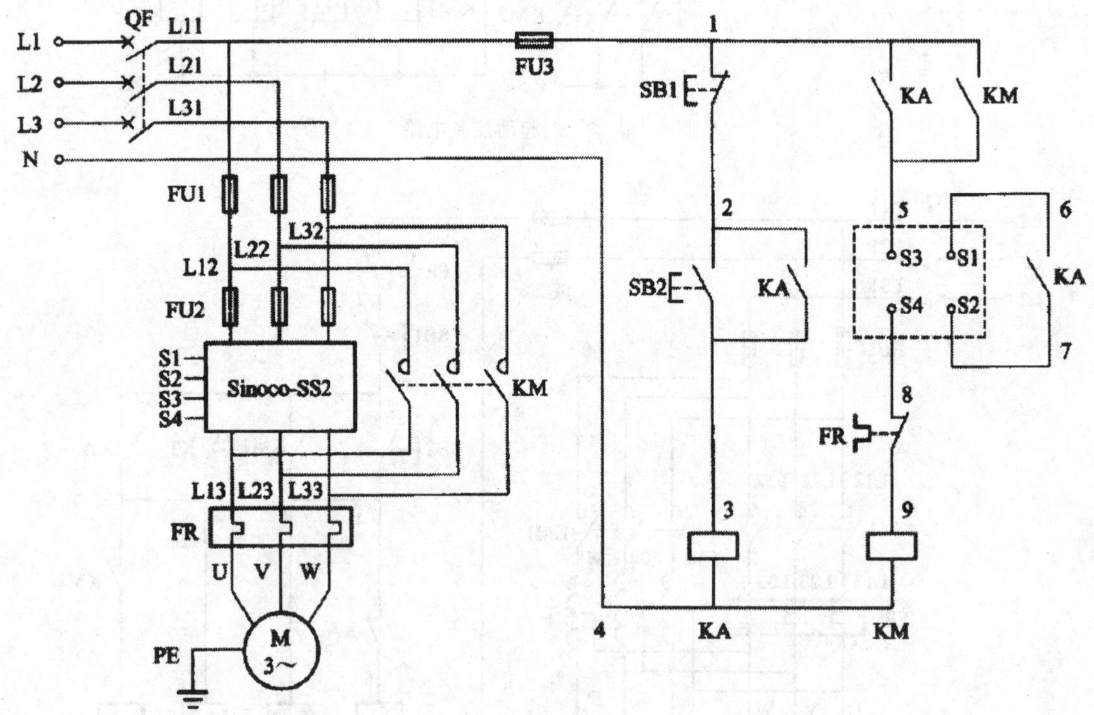

图 6-20　电动机软起动控制线路原理图

该电路的工作原理如下。

合上空气开关 QF，按下起动按钮 SB2，中间继电器 KA 线圈通电吸合并自锁，同时其动合触点(1～5)、(2～3)、(6～7)闭合，起停信号输入端子 S1 和 S2 给软起动器输入信号，电动机按设定的过程起动，当起动完成后，软起动器输出旁路信号，使 S3 和 S4 端子闭合，接触器 KM 线圈通电吸合并自锁，旁路电路起动，电动机在全压下运行。

停止时，按下停止按钮 SB1，中间继电器 KA 线圈断电并解除自锁，同时已闭合的动合触点(1～5)、(2～3)、(6～7)复位断开，起停信号输入端子 S1 和 S2 给软起动器输入该信号，使软起动器旁路信号输出端子 S3 和 S4 断开，接触器 KM 线圈断电并解除自锁，软起动器接入电路，电动机按预定的过程实现软停车。

6.3　三相异步电机的制动控制

6.3.1　三相异步电机的制动方法

在生产实际中，经常要求电动机能够在很短的时间内停止运转或准确定位，这就要对电动机进行制动，使其转速迅速下降。制动可分为机械制动和电气制动。机械制动一般为电磁铁操作抱闸制动；电气制动就是在转子上加上一个与转子旋转方向相反的电磁转矩，这个转矩称为制动转矩，可使电动机的转速迅速下降。三相交流异步电动机常用的制动方法有电源反接制动、能耗制动和发电反馈制动。

1. 电源反接制动

如图 6-21 所示，异步电动机在稳定运行时，将定子电源线中的任意两相反接，电动机三相电源的相序突然转变，旋转磁场也立即随之反向，转子由于惯性仍在原来的方向上旋转，此时旋转磁场转动的方向同转子转动的方向刚好相反。转子导条切割旋转磁场的方向也与原来相反，所以产生的感应电流的方向也相反，由感应电流产生的电磁转矩也与转子的转向相反，对转子产生强烈制动作用，电动机转速迅速下降为零，使被拖动的负载快速刹车。这时，需及时切断电源，否则电动机将反向起动旋转。

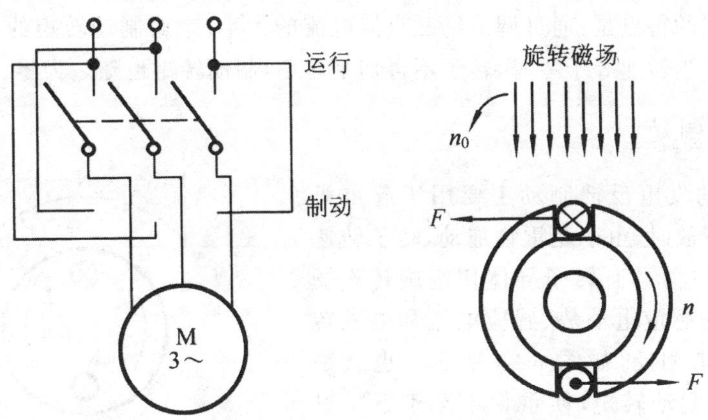

图 6-21　三相异步电动机的电源反接制动

这种制动的特点是：在制动时，转子回路产生很大的冲击电流，从而也对电源产生冲击。为了限制电流，在制动时，常在鼠笼式电动机定子电路中串接电阻限流。在电源反接制动下，电动机不仅从电源吸取能量，而且还从机械轴上吸收机械能（由机械系统降速时释放的动能转换而来）并转换为电能，这两部分能量都消耗在转子电阻上。这种制动方法的优点是，制动强度大，制动速度快；其缺点是能量损耗大，对电动机和电源产生的冲击大，也不易实现准确停车。

2. 能耗制动

使用异步电动机电源反接制动的方法来实现准确停车有一定困难，因为它容易造成反转，能耗制动则能较好地解决这个问题。如图 6-22 所示，能耗制动就是在电动机切断三相电源的同时，将一直流电源接到电动机三相绕组中的任意两相上，使电动机内产生一恒定磁场。由于异步电动机及所带负载有一定的转动惯量，电动机仍在旋转，转子导条切割恒定磁场产生感应电动势和电流与磁场作用产生的电磁转矩，其方向与转子旋转方向相反，从而对转子起制动作用。在它的作用下，电动机转速迅速下降，此时机械系统储存的机械能转换成电能后消耗在转子电路的电阻上，所以称为能耗制动。

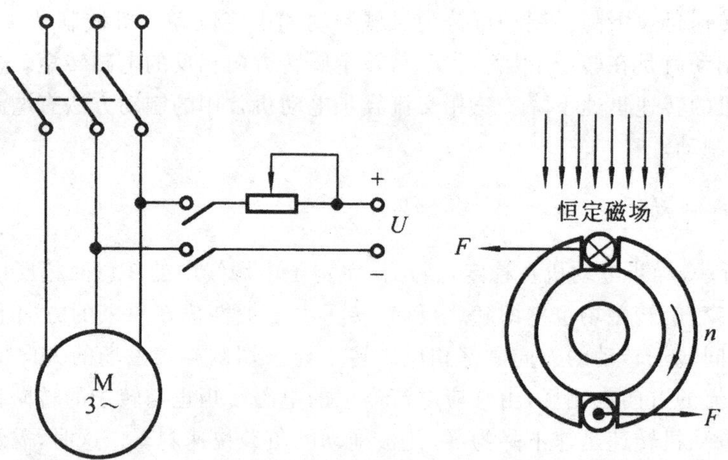

图 6-22　三相异步电动机的能耗制动

这种制动方式的特点是：通过调节励磁直流电流的大小，来对制动转矩的大小进行调节，从而实现准确停车。当转速等于零时，转子不再切割磁场，制动转矩也随之为零。

3. 发电反馈制动

异步电动机的发电反馈制动主要用于起重机械。当重物快速下放时，由于受重物拖动，转子转速 n 将会超过同步转速 n_0，且转子导体切割旋转磁场的磁力线所产生的感应电动势、感应电流和电磁转矩的方向将与原来相反，如图 6-23 所示。也就是说，电磁转矩变为制动转矩，使重物不至于下降过快。此时重物的位能已转换为电能反馈到电网中去了，电动机也转入了发电运行状态，因此，这种制动方式称为发电反馈制动。

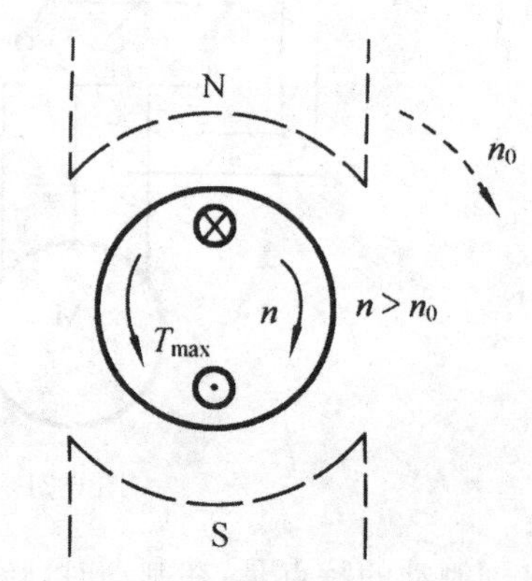

图 6-23　三相异步电动机的发电反馈制动

6.3.2　三相异步电动机的机械制动

机械制动是利用机械装置使电动机在切断电源后迅速停止转动的一种控制方法。机械制动可分为外部机械制动和内部机械制动。

1. 三相异步电动机外部机械制动

外部机械制动应用较普遍的是电磁制动器抱闸制动。如图 6-24 所示为电磁制动器的结构。电磁制动器主要由两部分构成：一部分是电磁铁，另一部分是闸瓦制动器。电磁铁有单相电磁铁和三相电磁铁之分。闸瓦制动器包括弹簧、闸轮、杠杆、闸瓦和轴等。闸轮的转轴与电动机转轴相连。

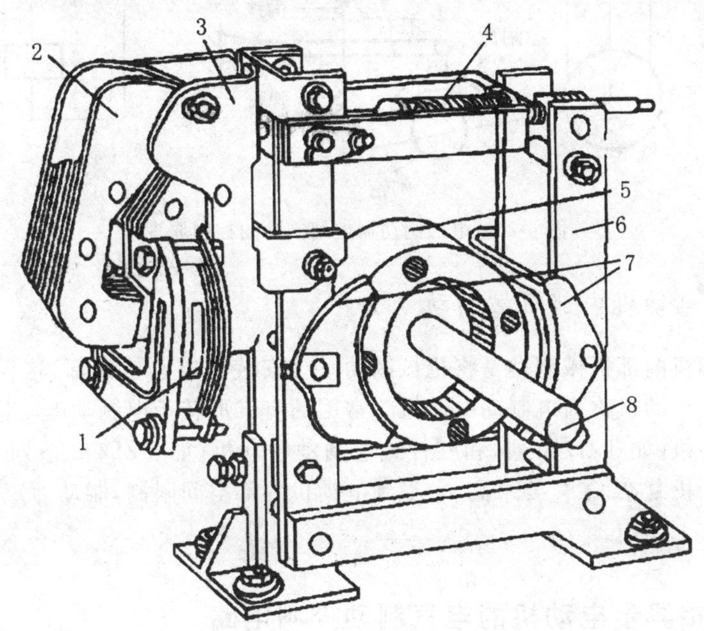

图 6-24　电磁制动器的结构

1—线圈；2—衔铁；3—铁心；4—弹簧；5—闸轮；6—杠杆；7—闸瓦；8—轴

电磁制动器抱闸制动的控制原理如图 6-25 所示。电动机起动时，同时给电磁抱闸的电磁铁线圈通电，电磁铁的动铁心被吸合，通过一系列杠杆作用，动铁心克服弹簧拉力，迫使闸瓦和闸轮分开，闸轮可以自由转动，电动机就实现正常运转。当切断电动机电源时，电磁铁的线圈电源也同时被切断，动铁心和静铁心分离，使闸瓦在弹簧作用下，把闸轮紧紧抱住，摩擦力矩使闸轮迅速停止转动，电动机也就停转。制动器的抱紧和松开由弹簧和电磁铁配合完成。调节弹簧可在一定范围内调节制动力矩，以便控制制动时间的长短。

由于电磁铁和电动机共用一个电源和一个控制电路，只要电动机不通电，闸瓦总是把闸轮紧紧抱住，电动机总是被制动的。电磁抱闸制动产生的制动力矩大，因而广泛应用在起重设备上。

外部机械制动的优点是安全可靠，不会因突然断电而发生事故；不足之处是制动器磨损严重，快速制动时产生振动，并且电磁抱闸的体积较大。

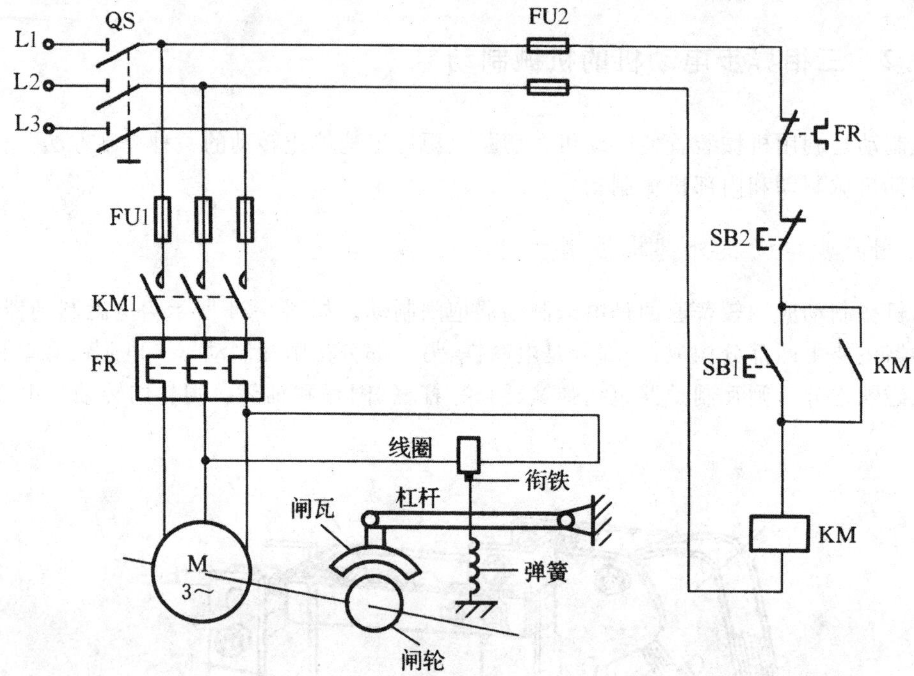

图 6-25　电磁制动器抱闸制动的控制原理

2. 三相异步电动机内部机械制动

三相异步电动机内部机械制动是将机械制动系统安装在电动机内部，这样可使整体结构紧凑、体积缩小，这类电动机称为电制动电动机。常用的有锥形转子电制动电动机（如 TZZ 系列）、傍磁式电制动电动机（如 TZD 系列）和杠杆式电制动电动机（如 TZDO2 系列）。电制动电动机的结构比普通电动机复杂，工艺要求高，它受到电动机内部空间限制，制动力矩不够大，目前只限于在小容量电动机上使用。

6.3.3　三相异步电动机的电气制动控制电路

1. 三相异步电动机电源反接制动控制电路

三相异步电动机反接制动控制电路如图 6-26 所示。其工作过程为：起动时，按下起动按钮 SB2，接触器 KM1 得电并自锁，电动机 M 通电起动。电动机正常运转时，速度继电器 KS 的常开触点闭合，为反接制动做好准备。电动机停止运转时，按下停止按钮 SB1，其常闭触头断开，接触器 KM1 线圈失电，电动机断开电源，由于此时电动机的惯性转速还很高，KS 的常开触点依然处于闭合状态，所以 SB1 常开触点闭合时，反接制动接触器 KM2 线圈得电并自锁，其主触点闭合，使电动机定子绕组得到与正常运转相序相反的三相交流电源，电动机进入反接制动状态，转速迅速下降，当电动机转速接近于零时，速度继电器 KS 的常开触点复位，接触器线圈电路被切断，反接制动结束。

反接制动时，由于转子与旋转磁场的相对速度接近于两倍的同步转速，所以定子绕组中流过的反接制动电流相当于全压直接起动时的两倍，因此，反接制动的特点是制动迅速，效果好，但冲

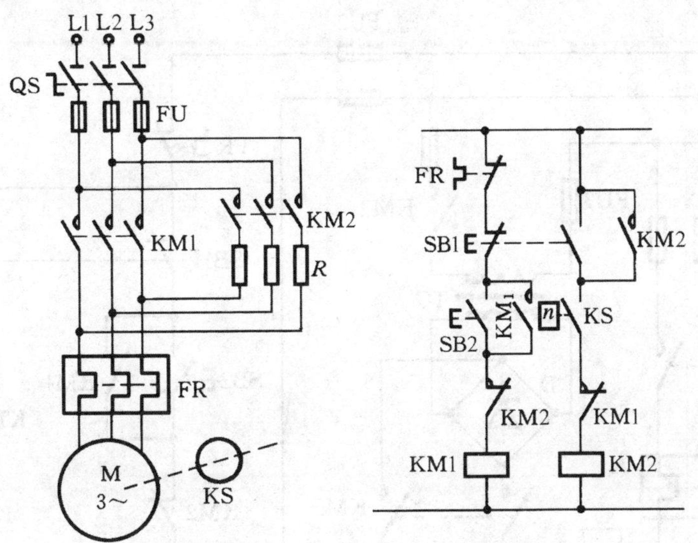

图 6-26　三相异步电动机反接制动控制电路

击大，通常仅适用于 10 kW 以下的小容量电动机。为了减小冲击电流，通常要求在电动机主电路中串接一定的电阻以限制反接制动电流。这个电阻称为反接制动电阻。

速度继电器的动作值一般调整至 120 r/min 左右，释放值调整至 90 r/min 左右，释放值调得太大时，反接制动不充分，自由停车时间过长；调得太小时，则可能出现不能及时断开电源而造成短时间反转现象。

2. 三相异步电动机能耗制动控制电路

(1)按时间原则控制的单向运行能耗制动控制电路

如图 6-27 所示为按时间原则控制的单向运行能耗制动控制电路。图中 KM1 为单向运行接触器，KM2 为能耗制动接触器，D 为桥式整流电路，TC 为整流变压器。

电路工作原理为：电动机正常运行后，需要停车时按下按钮 SB1，KM1 线圈断电，KM2、KT 线圈通电并自锁，同时接通直流电源，能耗制动开始，在时间继电器 KT 延时结束动作后，电动机脱离直流电源，能耗制动结束。

图中 KT 的瞬时常开触点与 KM2 辅助常开触点串联组成联合自锁，其作用是当发生 KT 线圈断线或机械卡住故障时，防止在按下按钮 SB1 电动机进行制动后，因 KM2 触点自锁使两相的定子绕组长期接入能耗制动的直流电流而烧坏电动机。该电路还具有手动控制能耗制动的功能，只要使停止按钮 SB1 处于按下状态，电动机就能实现能耗制动。

(2)按速度原则控制的单向运行能耗制动控制电路

如图 6-28 所示为按速度原则控制的单向运行能耗制动控制电路。该电路与图 6-27 所示的电路基本相同，仅是控制电路中取消了时间继电器 KT 的线圈及其触点电路，而在电动机轴伸出端安装了速度继电器 KS，并逐步形成用 KS 的常开触点取代了 KT 延时打开的常闭触点。这样一来，该电路中的电动机在刚刚脱离三相交流电源时，由于电动机转子的惯性速度仍很高，速度继电器 KS 的常开触点仍然处于闭合状态，所以接触器 KM2 线圈能够依靠 SB1 按钮的按下得电自锁。于是，两相定子绕组获得直流电源，电动机进入能耗制动。当电动机转子的惯性速度接近于零时，KS 常开触点复位，接触器 KM2 线圈断电而释放，能耗制动结束。

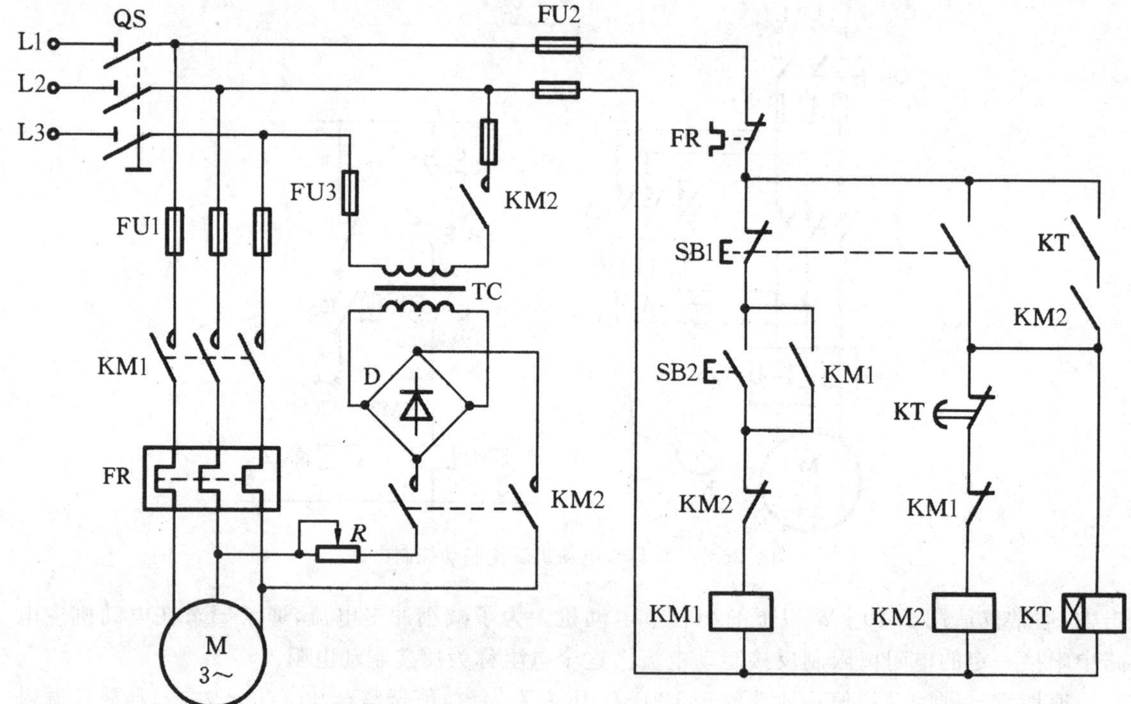

图 6-27　按时间原则控制的单向运行能耗制动控制电路

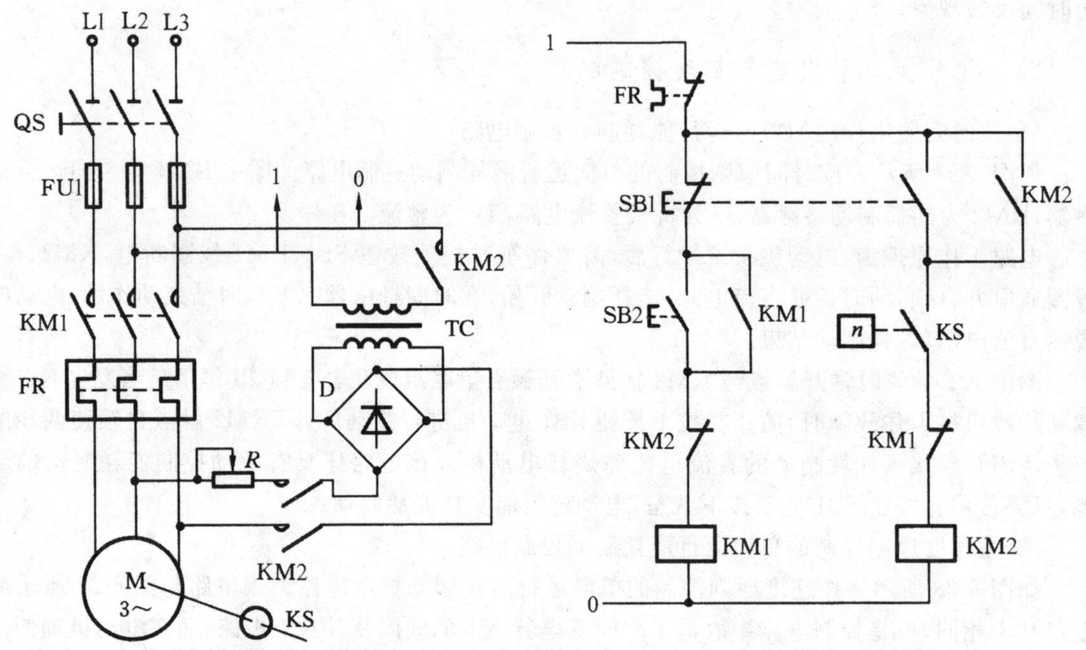

图 6-28　按速度原则控制的单向运行能耗制动控制电路

(3)按时间原则控制的正、反转运行能耗制动控制电路

如图 6-29 所示为按时间原则控制的正、反转运行能耗制动控制电路。图中 KM1 为正转运行接触器，KM2 为反转运行接触器，KM3 为能耗制动接触器，D 为桥式整流电路，TC 为整流变

压器。电路的工作原理与按时间原则控制的单向运行能耗制动控制电路完全相同。值得注意的是，控制电路中接触器 KM1、KM2、KM3 之间必须互锁，以防止交流电源和交直流电源短路事故。电动机正、反转运行能耗制动也可以采用速度原理，用速度继电器取代时间继电器，达到制动目的。

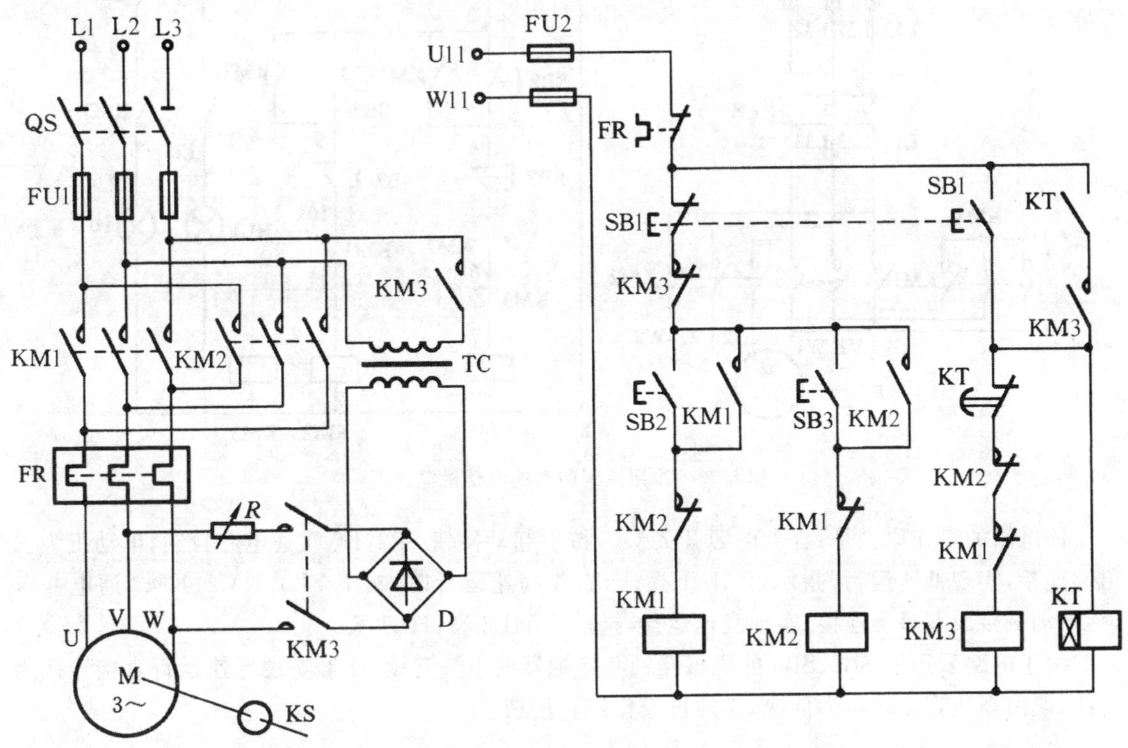

图 6-29　按时间原则控制的正、反转运行能耗制动控制电路

能耗制动的优点是制动准确、平稳，且能量消耗小；其缺点是需附加直流电源装置，设备费用较高，制动力较弱，在低速时制动力矩小，一般用于要求制动准确、平稳的场合。按时间原则控制的正、反转运行能耗制动控制电路适用于负载转速比较稳定的生产机械。对于那些负载惯性经常变化的生产机械来说，采用速度原则控制的能耗制动更为合适。

6.4　三相异步电机的调速控制

6.4.1　三相异步电动机的变极调速控制

1. 按钮控制的双速电动机电路

如图 6-30 所示为按钮控制的双速电动机电路图。图中 KM1 用于三角形连接的低速控制，KM2、KM3 用于双星形连接的高速控制，SB2 为低速按钮，SB3 为高速按钮，HL1、HL2 分别为低、高速指示灯。

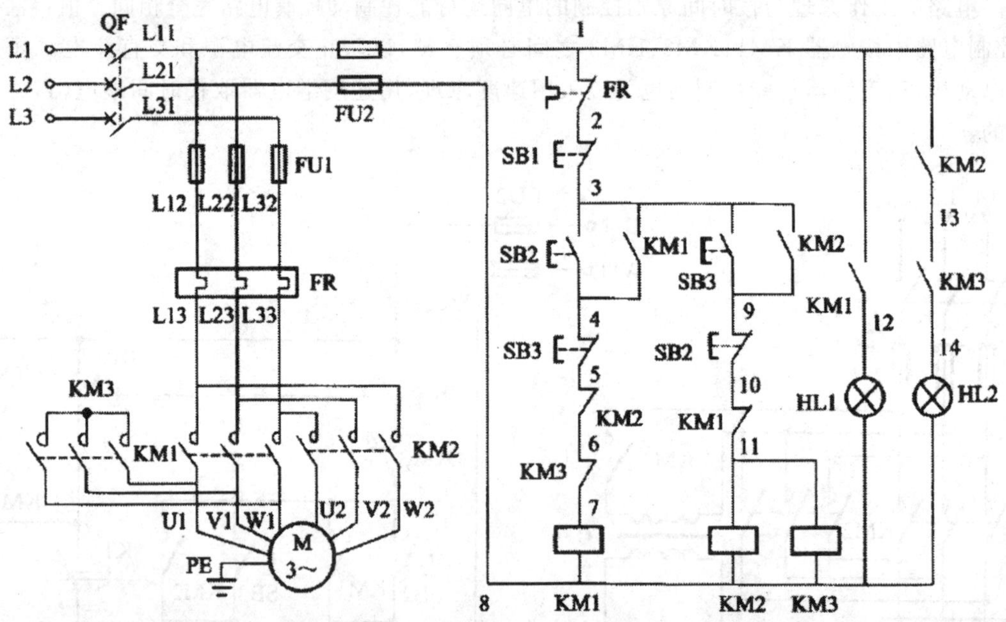

图 6-30 按钮控制的双速电动机电路图

该电路的工作原理是：合上电源开关 QF，按下起动按钮 SB2，KM1 通电并自锁，电动机为三角形连接，实现低速运行，指示灯 HL1 亮；当需要高速运行时，按下 SB3，KM2、KM3 通电并自锁，电动机接成双星形连接，实现高速运行，指示灯 HL2 亮，HL1 灭。

由于电路采用了 SB2、SB3 的机械互锁和接触器的电气互锁，能够实现低速运行直接转换为高速，或由高速直接转换为低速，无须再操作停止按钮。

2. 时间继电器控制的双速电动机电路

如图 6-31 所示为时间继电器控制的双速电动机电路图。图中 KM1 用于三角形连接的低速控制，KM2、KM3 用于双星形连接的高速控制，KT 用于高、低速自动切换控制，SB2 为低速按钮，SA 为转换开关，KA 为中间继电器，HL1、HL2 分别为低、高速指示灯。

该电路的工作原理是：合上电源开关 QF，按下起动按钮 SB2，KA 通电并自锁，KM1 线圈得电，其触头动作，电动机为三角形连接，实现低速运行，指示灯 HL1 亮；当需要高速运行时，合上 SA，时间继电器 KT 通电，经过延时后 KT(4～5)点断开，KM1 线圈失电，电动机断开三角形连接，同时 KT(4～9)点延时闭合，KM2、KM3 的线圈通电，电动机接成双星形连接，实现高速运行，此时指示灯 HL2 亮，HL1 灭。

由于电路采用了时间继电器 KT 和接触器的电气互锁，能够实现低速直接转换为高速，或由高速直接转换为低速。

6.4.2 三相异步电动机的变频调速控制

异步电动机的变频调速是一种很好的调速方法。异步电动机的转速正比于电源的频率 f_1，若连续调节电动机供电电源的频率，即可连续改变电动机的转速。随着电力电子技术的发展，很

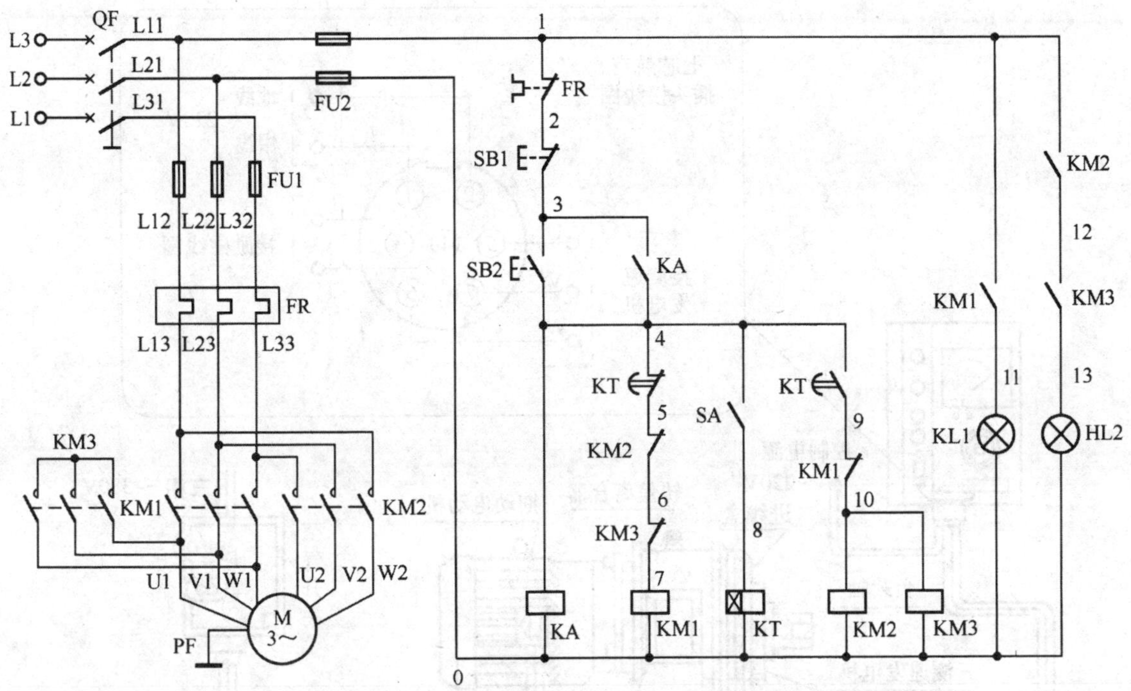

图 6-31　时间继电器控制的双速电动机电路图

容易大范围且平滑地改变电源频率,因而可以得到平滑的无级调速,且调速范围较广,有较硬的机械特性。因此,这是一种比较理想的调速方法,是交流调速的发展方向。

工频电源频率是固定的 50 Hz,所以要改变电源频率 f_1 来调速,需要一套变频装置。目前变频装置有两种:一种是交-直变频装置,它的原理是先用可控硅整流装置将交流电转换成直流电,再采用逆变器将直流电变换成频率可调、电压值可调的交流电供给电动机;另一种是交-交变频装置,它用两套极性相反的晶闸管整流电路向三相异步电动机供电,交替以低于电源频率切换正、反两组整流电路的工作状态,使电动机绕组得到相应频率的交变电压。

6.4.3　电磁滑差离合器调速控制

电磁滑差离合器调速系统是目前较为广泛使用的一种恒转矩交流调速方式,它由标准型异步电动机、电磁滑差离合器(以下简称离合器)和控制器 3 部分组成。其中,异步电动机作为拖动原动力、电磁离合器作为转矩传输器,将异步电动机的输出转矩传递至负载侧,而控制器则为供给和自动调整离合器励磁电流的电子装置。

由于它具有调速范围广、速度调节平滑、起动转矩大、控制功率小、有速度负反馈、自动调节系统时机械特性硬度高等一系列优点,因此在印刷机及其订书机、无线装订、高频烘干联动机控制中都得到广泛应用。

如图 6-32 所示为电磁滑差离合器调速系统的接线图,输入和输出线都通过面板下方的七芯航空插座进行连接,插座各芯与相应的各线进行连接。

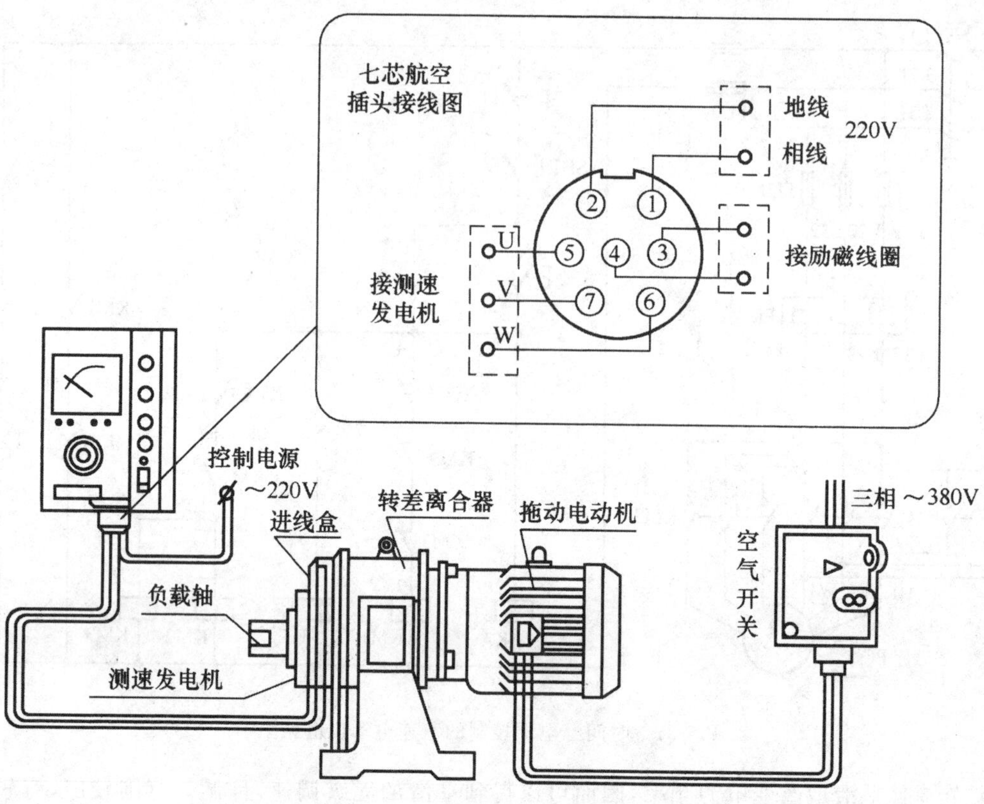

图 6-32 电磁滑差离合器调速系统的接线图

1. 电磁滑差离合器调速系统的结构组成

电磁调速异步电动机是由三相交流鼠笼式异步电动机、电磁滑差离合器和电磁调速控制器等三部分组成，如图 6-33 所示。

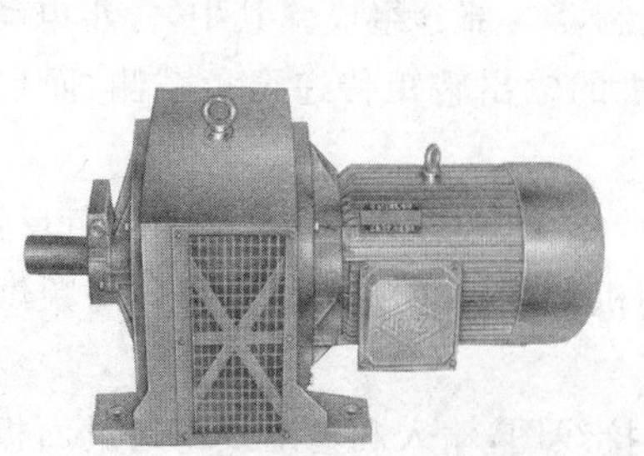

(a)电磁调速异步电动机外形图

(b)电磁调速控制器外形图

图 6-33 电磁调速异步电动机

(1)三相交流鼠笼式异步电动机的结构

滑差电动机采用组合式结构,拖动电动机为笼型的 Y 系列电动机,同步转速为 1500 r/min,电动机端盖上的凸缘装在离合器机座上。图 6-34 所示为 YCT 系列电磁调速电动机的结构图。

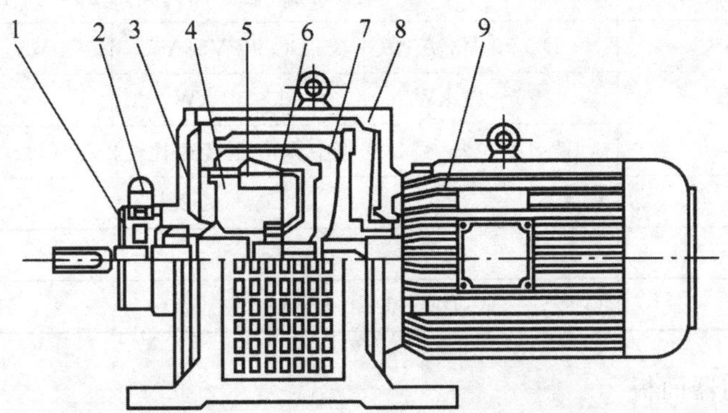

图 6-34　YCT 系列电磁调速电动机的结构图

1—测速发电机;2—接线盒;3—端盖;4—导磁体;5—激磁绕组;
6—磁极;7—电枢;8—基座;9—拖动电动机

(2)电磁离合器的组成

离合器的主要部件为电枢、磁极和静止励磁绕组等,如图 6-35 所示。

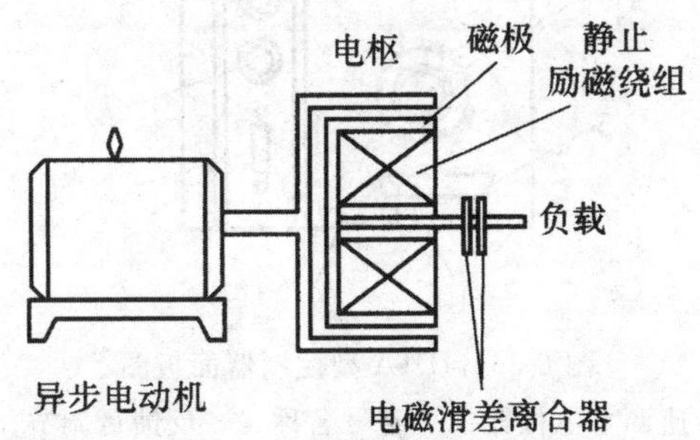

图 6-35　电磁离合器的组成

①电枢为圆筒形实心钢体,直接套在拖动电动机的轴上,作为主动转子,其转速与拖动电动机相同。

②磁极采用爪式结构,部分交叉,作为从动转子而输出转矩,在机械上与电枢无硬性连接,借助气隙而分开。

③静止励磁绕组固定在端盖上,包括直流励磁组和导磁体两个部件。导磁体除支持绕组外,还作为磁路的一部分,借助两个辅助气隙与磁极转子分开,因此该系列调速电动机无碳刷等接触部件,使用安全可靠,且输出惯量小。

(3)电磁调速控制器

如图 6-33(b)所示为 JD1 系列电磁调速控制装置,是原机械电子工业部联合设计的节能型产品,主要用于电磁调速电动机的速度控制,实现恒转矩无级调速,当负载为风机和泵类时有明显的节电效果。

(4)规格型号与技术参数。

规格型号与技术参数参见表 6-2。

表 6-2 规格型号与技术参数

型号	JD1A-11	JD1A-40	JD1A-90
电源电压	AC 220 V ±10%频率 20～60 Hz		
最大输出定额	DC 90 V3 A	DC 90 V5 A	DC 90 V8 A
可控电动机功率	0.55～11 kW	11～40 kW	40～90 kW
测速发电机	三相中频电压转速比≤2V/100 r/min		
转速变化率	≤2.5%		
稳速精度	≤1%		
调速范围	100～1420 r/min		130～1420 r/min

(5)JD1A 型控制器面板

JD1A 型控制器面板图如图 6-36 所示。

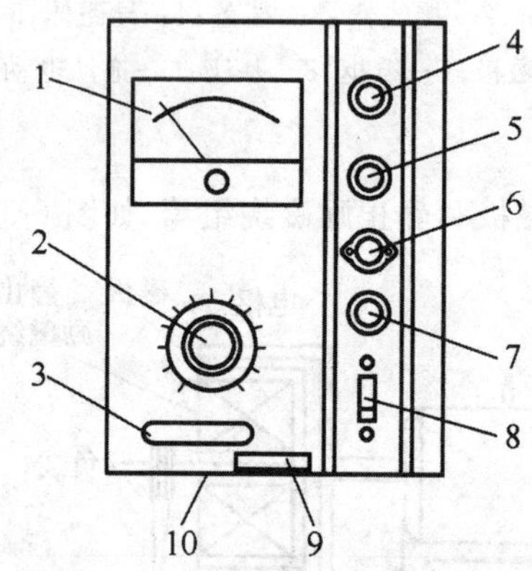

图 6-36 JD1A 型控制器面板图

1—转速表;2—转速调节电位器;3—型号名称;4—反馈量调节;5—转速表校准;6—熔断器;7—电源指示灯;8—主令开关;9—公司名称;10—七芯航空插座

(6)调速控制器的工作原理

JD1A 系列调速电动机控制器是由速度调节器、移相触发器、晶闸管调压电路及速度反馈等环节组成的。如图 6-37 所示为 JD1A 调速控制器原理图。

由图 6-37 可以看出,速度指令电位器 W1 给定的信号电压与测速发电机反馈量电位器 W2 上的信号相比较后,其差值信号被送入速度调节器(或前置放大器)进行放大,放大后的信号电压与锯齿波叠加,控制晶闸管的导通放大,从而控制晶闸管的导通角来控制直流输出电压(0～90V),使转差离合器的激磁电流得到控制,即转差离合器的输出转速随着激磁电流的改变而改变,从而实现电磁调速电动机输出转速的宽范围调节。

2.电磁滑差离合器电动机调速系统的基本工作原理

接通电动机和调速控制器的电源,电动机作为原动机使用,当它旋转时带动离合器的电枢一起旋转。调速控制器是提供滑差离合器励磁线圈励磁电流的装置,当励磁绕组通入直流电后,工作气隙中产生空间交变的磁场,电枢切割磁力线产生感应电动势并产生涡流,由涡流产生的磁场

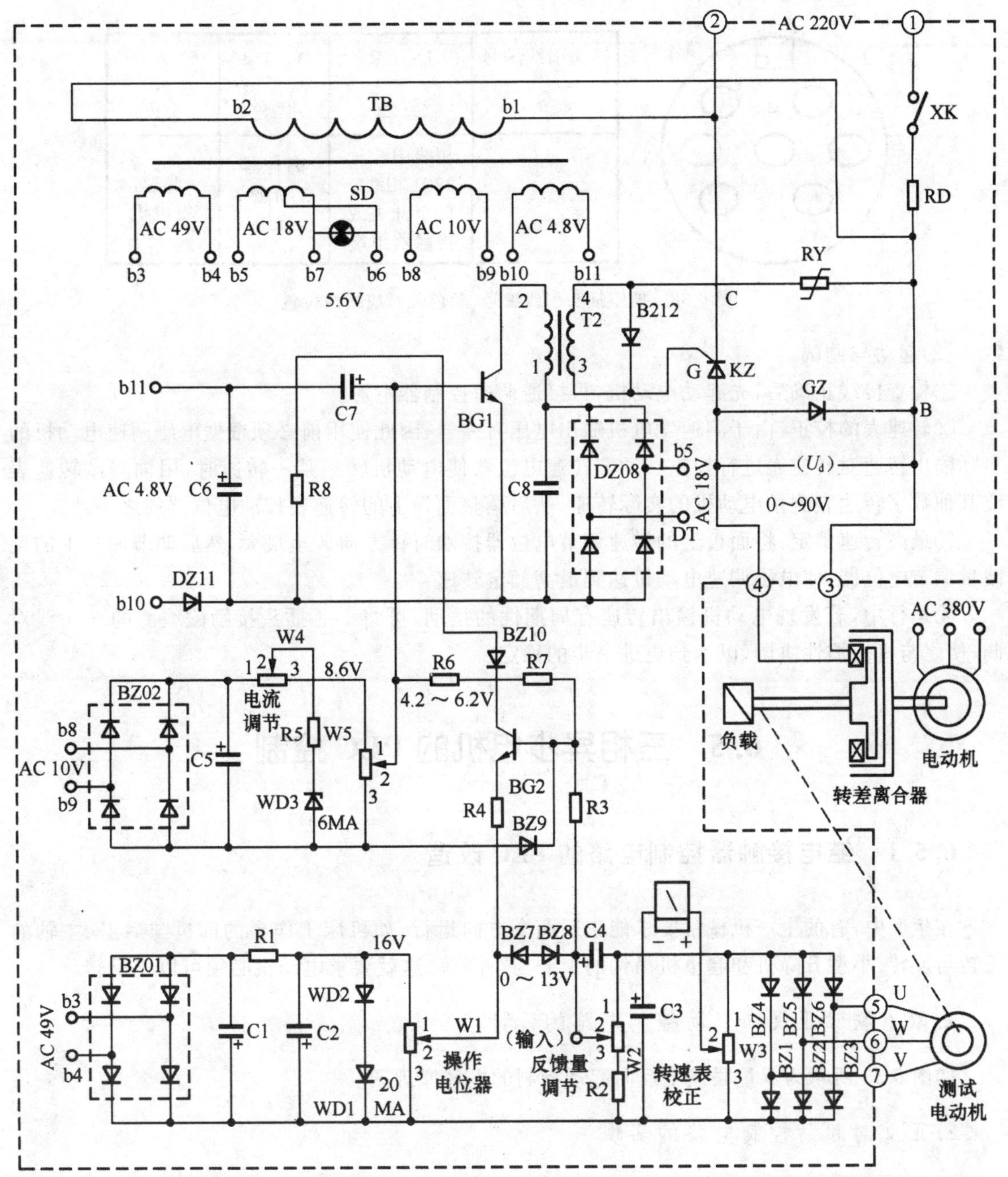

图 6-37　JD1A 调速控制器原理图

与磁极磁场相互作用,产生转矩。输出轴的旋转速度取决于通入励磁绕组的励磁电流的大小,电流越大,转速越高,反之则低。不通入电流,输出轴便不能输出转矩。

3. 安装与接线

(1)接线

如图 6-38 所示,接线是调速器的 7 根外部接线,通过航空插头进行连接。

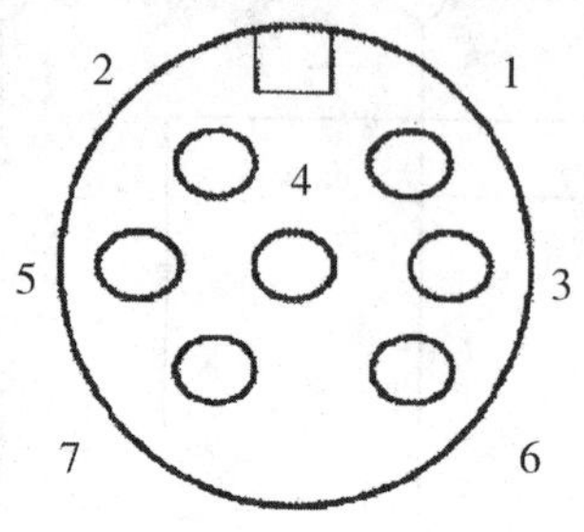

插头引线编号	1　2	3　4	5　6　7
颜色	红色	黑色	黄色
对应接线位置	相线中线~220V相线接至开关或接触器下端	离合器励磁绕组	测速发电机

图 6-38　航空插头引线编号、颜色及对应接线位置

(2)起动与调试

①检查接线正确后,先起动电动机,再接通调速控制器电源。

②转速表的校正:由于测速发电机输出电压有差异,因此使用前必须根据电磁调速电动机的实际输出转速对转速表进行校正。调节转速电位器使电动机转到某一转速时,用轴测试转速表或其他数字转速表测量电动机的实际转速,然后调整面板上的转速表校准电位器使之一致。

③最高转速整定:将面板上的转速调节电位器按顺时针方向调至最大,然后调节面板上的反馈量调节电位器,使电磁调速电动机达到最高额定转速。

④运行中,若发现电动机输出转速有周期性的摆动,可将 7 芯插头接励磁线圈的 3、4 线对调,使之与机械惯性协调,以达到更进一步的稳定。

6.5　三相异步电机的 PLC 控制

6.5.1　继电接触器控制电路的 PLC 改造

在生产中,有的生产机械常要求能正反两个方向运行,如机床工作台的前进与后退、主轴的正转与反转、小型升降机和起重机吊钩的上升与下降等,这就要求电动机必须可以正反转。

1. 双重联锁正反向起动控制电路的设计

如图 6-39 所示为双重联锁正反向起动控制的电气原理图。

2. 正反向起动控制电路的实现

(1)绘制安装接线图

安装接线图如图 6-40 所示。线路中的刀开关 QS,两组熔断器 FU1、FU2,两组接触器 KM1、KM2 以及热继电器安装在底板上;控制按钮 SB2、SB3、SB1(使用 LA4 系列按钮盒)及电动机 M 在底板外,通过接线端子板 XT 与安装底板上的电器连接。为了接线美观,绘图时注意使 QS、FU1、KM1、FR 排在一条直线上,KM1 和 KM2 排在一条水平线上。在控制电路中,将每只接触器的联锁触点并排画在自保触点旁边,认真对照原理图的线号标好端子号。

(2)检查与接线

认真检查两只交流接触器的主触点、辅助触点的接触情况,按下触点架检查各极触点的分合

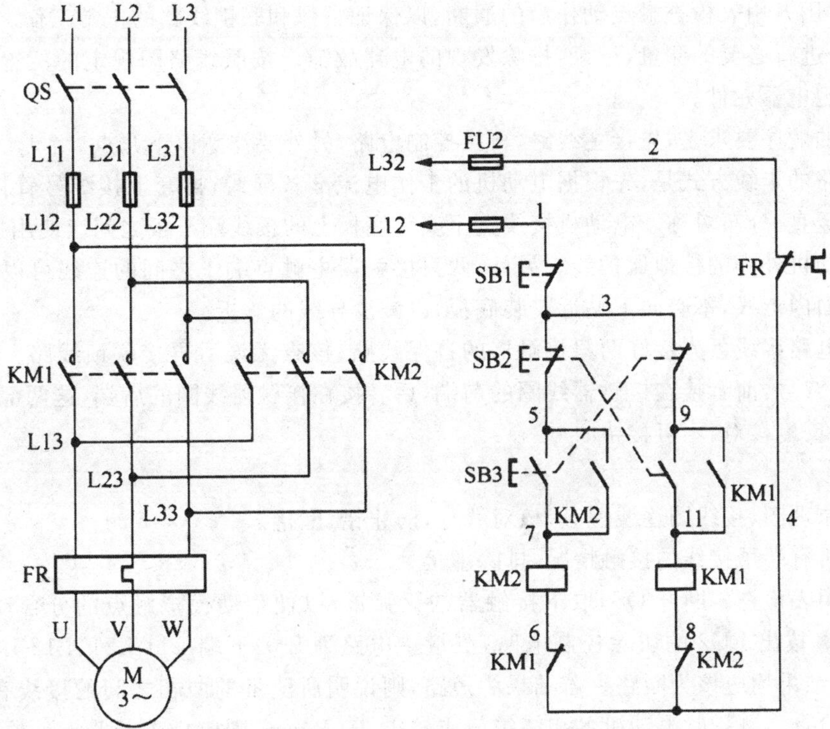

图 6-39　双重联锁正反向起动控制的电气原理图

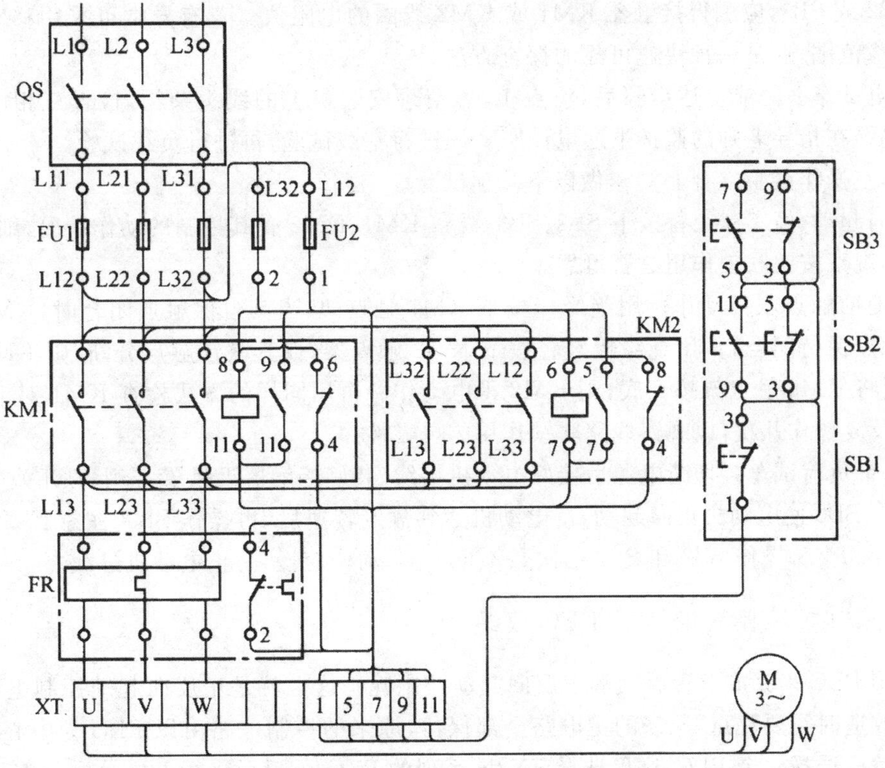

图 6-40　双重联锁的正反向起动控制线路的安装接线图

动作,必要时用万用表检查触点动作后的通断,以保证自保和联锁线路的正常工作。检查其他电器动作情况,进行必要的测量、记录,排除发现的电器故障。按照线路图规定的位置在底板上定位打孔和固定电器元件。

接线时的顺序要求是,先接主线路,再接控制电路,另外要注意以下几点。

①主电路的走线方式是,先根据电动机的工作电流准备导线,再套上接线号管接到端子上。接线应横平竖直,分布对称。电动机接线盒至安装底板上的接线端子板之间应使用护套线连接。注意做好电动机外壳的接地保护线。另外,两只接触器主触点端子之间的连线可以直接在主触点高度的平面内走线,不必向下贴近安装底板,以减少导线的弯折。

②控制电路接线可先接好两只接触器的自保线路,核查无误后再接联锁线路。自保线为单号,联锁线为双号,前者接在接触器线圈的前端,后者接在接触器线圈的后端,这两部分线路没有公共接点,应反复核对,不可接错。

(3)试车

①对照原理图、接线图逐线检查,核对线号,防止错、漏接。

②检查所有端子接线的接触情况,排除虚接处。

③用万用表检查。断开 QS,取下接触器的灭弧罩,以便手动模拟触点的分合动作,万用表拨到 Rx1 挡。拔出 FU2 的切除控制电路,测量主电路刀开关下端 L11-L21、L12-L31、L11-L31 之间的电阻,结果均应该为断路。若结果为短路,则说明所测量的两相之间的接线有短路问题,应仔细逐线检查。测量时电动机各相绕组值应较小,若 $R\to\infty$,则应排查断路点。检查控制电路时,应拆下电动机,插好 FU2 的瓷盖。用万用表笔接刀开关下端子 L11、L31 处,应测得断路;按下按钮 SB2 或 SB3,应测得接触器 KM1 或 KM2 线圈的电阻值。若有异常可采用移动表笔、逐步缩小故障范围,这是一种快速可靠的探查方法。

④通电试车。完成上述步骤后,清点工具,清理安装板上的线头杂物,检查三相电源电压。一切正常后,在指导老师的监护下通电试车。先进行空载试验,再进行负载试验。

第一,空操作试验。合上 QS,做以下几项试验。

正反向起动、停车。交替按下 SB2、SB3,观察 KM1、KM2 受其控制的动作情况,细听它们运行的声音,观察按钮联锁作用是否可靠。

检查辅助触点联锁动作。用绝缘棒按下 KM1 触点架,当其自保触点闭合时,KM1 线圈立即得电,触点保持闭合;再用绝缘棒轻轻按下 KM2 触点架,使其联锁触点分断,则 KM1 应立即释放;继续将 KM2 触点架按到底,则 KM2 得电动作。再用同样的方法检查 KM1 对 KM2 的联锁作用。反复操作几次,以观察线路联锁作用的可靠性。

第二,带负荷试车。切断电源后接好电动机接线,装好接触器灭弧罩,合上刀开关后试车。

先操作 SB2 使电动机正向起动,待电动机达到额定转速后,再操作 SB3,注意观察电动机转向是否改变。交替操作 SB2 和 SB3 的次数不可太多,动作应慢,防止电动机过载。

3. 正反向起动控制电路的 PLC 改造

如何用 PLC 来完成双重联锁的正反向起动控制呢?这也就是正反向起动控制电路的 PLC 改造。在改造时需要注意,原来的主电路全部保留,原来的控制电路由以 PLC 为中心的电路来取代。当然应选择一个 PLC,这里选择 FX2N 系列的 PLC,然后要进行 I/O 分配与编程,再进行硬件的接线与调试等。下面分别进行介绍。

(1)I/O(输入/输出)分配表与编程

①I/O(输入/输出)分配表。

由上述控制要求可确定 PLC 需要 3 个输入点、2 个输出点,其 I/O 分配表见表 6-3。

表 6-3　I/O 分配表

输入			输出		
输入继电器	输入元件	作用	输出继电器	输出元件	作用
X000	SB1	停止按钮	Y000	KM1	正转运行用交流接触器
X001	SB2	正转起动按钮	Y001	KM2	反转运行用交流接触器
X002	SB3	反转起动按钮	—	—	—

②编程。

根据表 6-3 及控制要求,当按下正转起动按钮 SB2 时,输入继电器 X001 接通,输出继电器 Y000 置 1,交流接触器 KM1 线圈得电并自保,这时电动机正转连续运行;当按下停止按钮 SB1 时,输入继电器 X000 接通,输出继电器 Y000 置 0,电动机停止运行;当按下反转起动按钮 SB3 时,输入继电器 X002 接通,输出继电器 Y001 置 1,交流接触器 KM2 线圈得电并自锁,这时电动机反转连续运行;当按下停止按钮 SB1 时,输入继电器 X000 接通,输出继电器 Y001 置 0,电动机停止运行。从图 6-39 所示的继电器控制电路可知,不但正反转按钮实行了互锁,而且正反转运行接触器间也实行了互锁。结合以上的编程分析及所学的起—保—停基本编程环节、置位复位指令和栈操作指令,可以通过下面 3 种方案来实现 PLC 控制电动机连续运行电路的要求。

方案一:直接用起—保—停基本电路实现。

梯形图及指令表如图 6-41 所示。

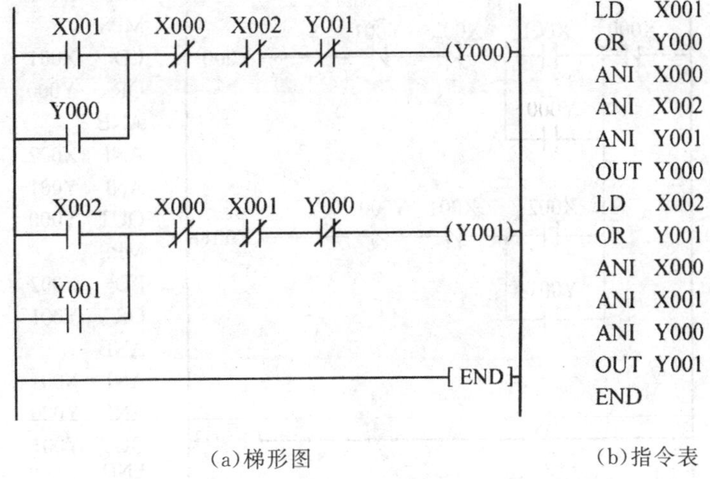

(a)梯形图　　(b)指令表

图 6-41　PLC 控制三相异步电动机正反转运行电路方案一

此方案通过在正转运行支路中串入 X002 常闭触点和 Y001 常闭触点,在反转运行支路中串入 X001 常闭触点和 Y000 常闭触点来实现按钮及接触器的互锁。

方案二:利用置位复位基本电路实现。

梯形图及指令表如图 6-42 所示。

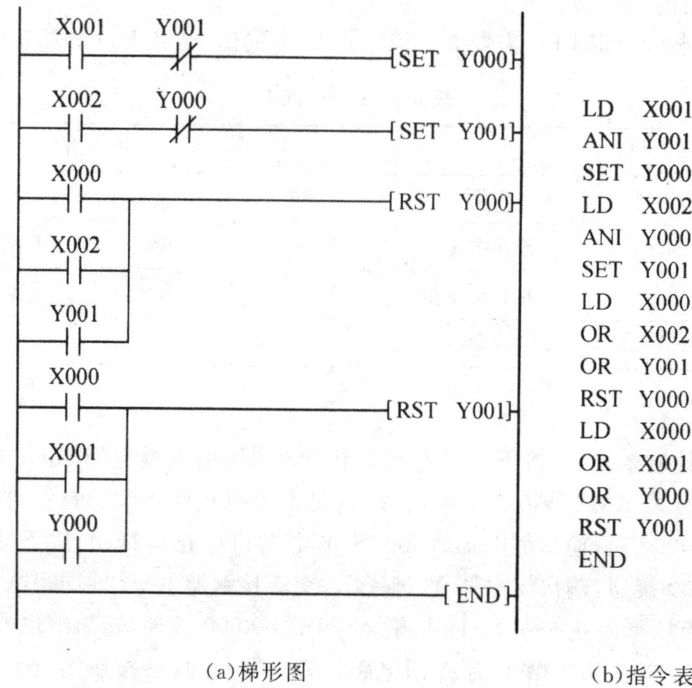

(a)梯形图　　(b)指令表

图 6-42　PLC 控制三相异步电动机正反转运行电路方案二

方案三:利用栈操作指令实现。

梯形图及指令表如图 6-43 所示。

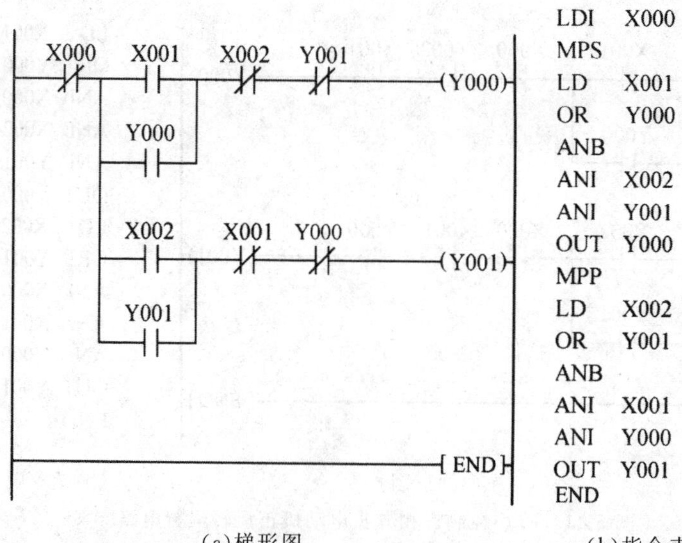

(a)梯形图　　(b)指令表

图 6-43　PLC 控制三相异步电动机正反转运行电路方案三

(2)硬件接线

PLC 的外部硬件接线图如图 6-44 所示。

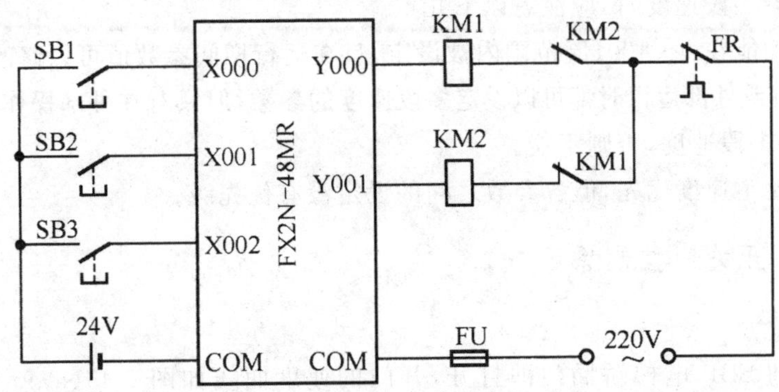

图 6-44　PLC 的外部硬件接线图

由图 6-44 可知，外部硬件输出电路中使用 KM1、KM2 的常闭触点进行了互锁。这是因为 PLC 内部软继电器互锁只相差一个扫描周期，来不及响应。例如 Y000 虽然已断开，可能 KM1 的触点还未断开，在没有外部硬件互锁的情况下，KM2 的触点可能接通，引起主电路短路。因此不仅要在梯形图中加入软继电器的互锁触点，而且还要在外部硬件输出电路中进行互锁，这也就是常说的“软硬件双重互锁”。采用双重互锁，同时也避免了因接触器 KM1 和 KM2 的主触点熔焊引起电动机主电路短路。

6.5.2　多段速变频器调速的 PLC 控制

1. 变频器的多段速调速

变频器的多段速调速就是通过变频器参数来设定其运行频率，然后通过变频器的外部端子来选择执行相关参数所设定的运行频率。

多段速调速是变频器的一种特殊的组合运行方式，其运行频率由 PU 单元的参数来设置，起动和停止由外部输入端子来控制。其中 Pr. 4、Pr. 5、Pr. 6 为三段速度设定，至于变频器实际运行哪个参数设定的频率，则分别由其外部控制端子 RH、RM 和 RL 的闭合来决定。Pr. 24～Pr. 27 为 4～7 段速度设定，实际运行哪个参数设定的频率由端子 RH、RM 和 RL 的组合(ON)来决定，如图 6-45 所示。

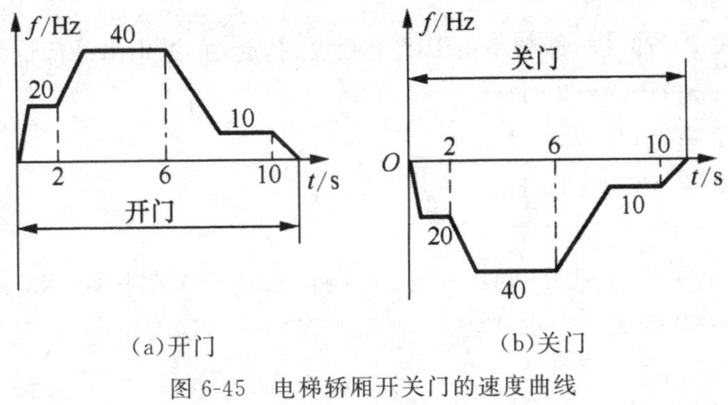

(a)开门　　(b)关门

图 6-45　电梯轿厢开关门的速度曲线

在设定变频器多段速度时，应注意以下几点。

①每个参数均能在 0～400Hz 范围内被设定，且在运行期间参数值可以修改。

②在 PU 运行或外部运行时都可以设定多段速度的参数，但只有在外部操作模式或 Pr. 79＝3 或 4 时，才能运行多段速度，否则不能。

③多段速度比主速度优先，但各参数之间的设定没有优先级。

2. 电梯轿厢开关门控制系统

(1)控制要求

①按开门按钮 SB1，电梯轿厢门即打开，开门的速度曲线如图 6-45(a)所示。按开门按钮 SB1 后即起动(20 Hz)，2s 后即加速(40 Hz)，6 s 后即减速(10 Hz)，10 s 后开始停止。

②按关门按钮 SB2，电梯轿厢门即关闭，关门的速度曲线如图 6-45(b)所示。按关门按钮 SB2 后即起动(20 Hz)，2s 后即加速(40 Hz)，6 s 后即减速(10 Hz)，10 s 后开始停止。

③在电动机运行过程中，若热保护动作，则电动机无条件停止运行。

④电动机的加、减速时间自行设定。

⑤模拟调试时，不考虑电梯的各种安全保护和联运条件。

(2)设计思路

根据控制要求，可以采用变频器的三段调速功能来实现，即通过变频器的输入端子 RH、RM、RL，并结合变频器的参数 Pr. 4、Pr. 5、Pr. 6 进行变频器的多段速调速；而输入端子 RH、RM、RL 与 SD 端子的通和断可以通过 PLC 的输出信号来控制。

(3)变频器设置

根据控制要求，变频器的具体设定参数如下。

①PU 操作模式 Pr. 79＝1，清除所有参数。

②PU 操作模式 Pr. 79＝1。

③上限频率 Pr. 1＝50 Hz。

④下限频率 Pr. 2＝0 Hz。

⑤加速时间 Pr. 7＝1 s。

⑥减速时间 Pr. 8＝1 s。

⑦电子过电流保护 Pr. 9＝电动机的额定电流。

⑧基准频率 Pr. 20＝50 Hz。

⑨组合操作模式 Pr. 79＝3，即频率由 PU 单元设定，起动、停止由外部信号控制。

⑩多段速设定(1 速)Pr. 4＝20 Hz。

⑪多段速设定(2 速)Pr. 5＝40 Hz。

⑫多段速设定(3 速)Pr. 6＝10 Hz。

(4)PLC 的 I/O 分配

根据要求，PLC 的 I/O 分配为：X1——开门按钮，X2——关门按钮，X3——热继电器(用动合按钮替代)；Y0——STF，Y1——RH，Y2——RM，Y3——RL，Y4——STR。

(5)程序设计

根据系统控制要求及 PLC 的 I/O 分配，其系统的控制程序如图 6-46 所示。

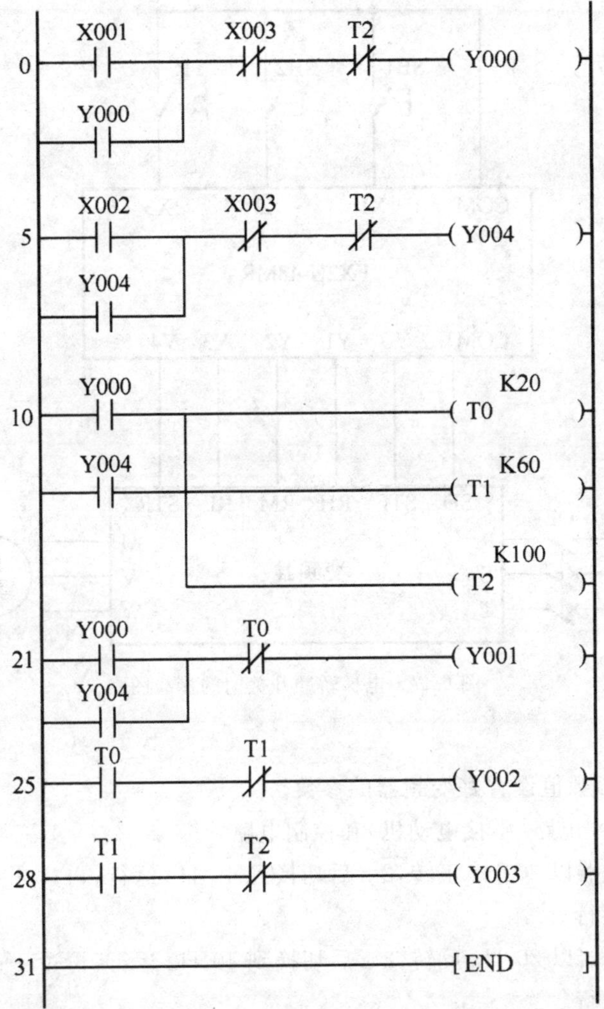

图 6-46　电梯轿厢开关门控制程序

(6)系统接线图

系统接线图如图 6-47 所示。

(7)运行调试

①PLC 程序调试。

按图 6-46 输入程序，并按图 6-47 连接 PLC 输入电路，将 PLC 运行开关置 RUN。

按 SB11 按钮(即 X1 闭合)，输出指示灯 Y0、Y1 亮；2 s 后 Y1 灭，Y0、Y2 亮；再过 4 s 后，Y2 灭，Y0、Y3 亮；再过 4 s 后全部熄灭。

按 SB2 按钮(即 X2 闭合)，输出指示灯 Y1、Y4 亮；2 s 后 Y1 灭，Y2、Y4 亮；再过 4 s 后，Y2 灭，Y3、Y4 亮；再过 4 s 后全部熄灭。

在上述运行过程中，热继电器动作(即 X3 闭合)，所有指示灯全部熄灭。

观察输出指示灯是否正确，如不正确，则用监视功能监视其运行情况。

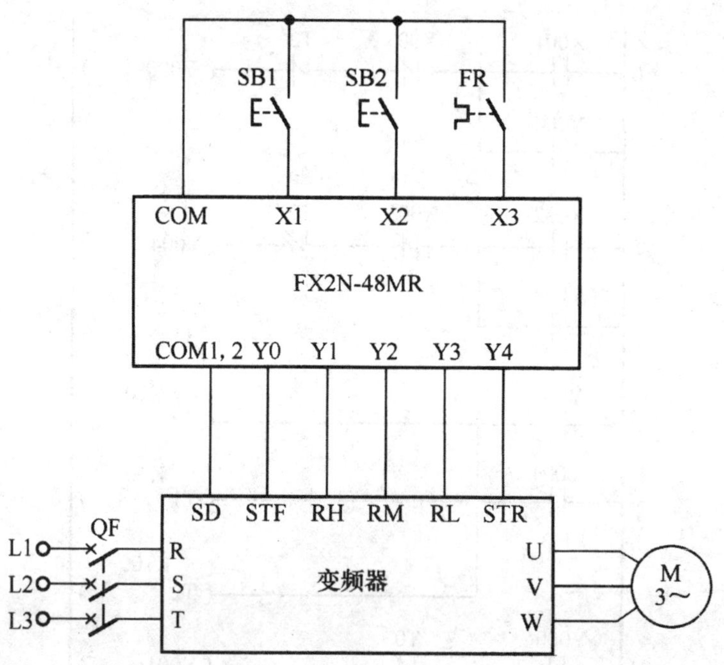

图 6-47 电梯轿厢开关门的接线图

②空载调试。

按上述变频器的参数值设置好变频器的参数。

按图 6-47 连接好主电路(不接电动机)和控制电路。

按 SB1 按钮,变频器以 20 Hz 正转,2 s 后切换到 40 Hz 运行,再过 4 s 切换到 10 Hz 运行,再过 4 s 变频器停止运行。

按 SB2 按钮,变频器以 20 Hz 反转,2 s 后切换到 40 Hz 运行,再过 4 s 切换到 10 Hz 运行,再过 4 s 变频器停止运行。

在任何时刻,热继电器动作,变频器均停止运行。

若按下 SB1 按钮,变频器不运行,请检查 PLC 输出点 Y0 与变频器 STF 的连接线路及 PLC 输出点 Y0 是否有故障。若变频器的运行频率与设定频率不一致,请检查 PLC 端子 COM1、COM2、Y1～Y3 与变频器的连接线及 PLC 的输出点 Y1～Y3 是否有故障,再检查变频器的参数 Pr. 4、Pr. 5、Pr. 6 的设定值是否正确。

③综合调试。

按图 6-47 连接好所有主电路和控制电路。

按 SB1 按钮,电动机以 20 Hz 正转,2 s 后切换到 40 Hz 运行,再过 4 s 后切换到 10 Hz 运行,再过 4 s 电动机停止运行。

按 SB2 按钮,电动机以 20 Hz 反转,2 s 后切换到 40 Hz 运行,再过 4 s 后切换到 10 Hz 运行,再过 4 s 电动机停止运行。

在任何时刻,热继电器动作,电动机均停止运行。

6.6　单相异步电机的控制

6.6.1　单相异步电动机起动控制

根据单相异步电动机获得起动转矩方法的不同,单相交流异步电动机的起动分为电容运行单相异步电动机控制电路、电容起动单相异步电动机控制电路、电阻起动单相异步电动机控制电路、罩极式电动机控制电路,各起动控制电路如图 6-48 所示。

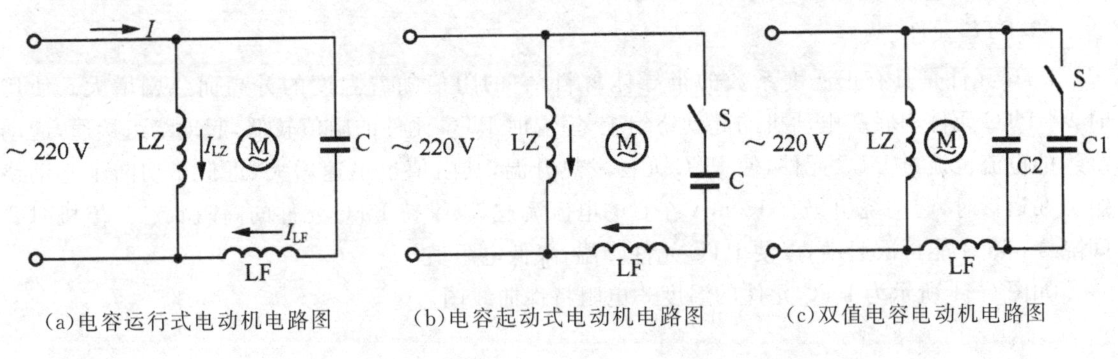

(a)电容运行式电动机电路图　(b)电容起动式电动机电路图　(c)双值电容电动机电路图

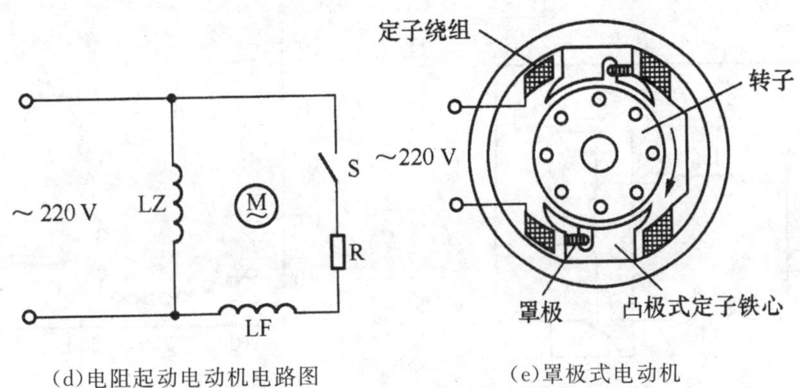

(d)电阻起动电动机电路图　(e)罩极式电动机

图 6-48　单相异步电动机起动控制电路

单相异步电动机起动线路中的常用器件有电容器、起动开关。现分别介绍如下。

1. 电容器

电容器在单相电动机中比较常用,一般选用金属箔电容、金属化薄膜电容,交流耐压值为250～600 V。

2. 起动开关

单相异步电动机的起动开关主要有以下 3 种。

(1)离心开关

当电动机转子静止或转速较低时,离心开关的触点在弹簧的压力下处于接通位置,当电动机转速达到一定值后，离心开关的重球产生的离心力大于弹簧的弹力，则重球带动触点向右移动，触头断开。离心开关如图 6-49 所示。

(2)电磁起动继电器

电磁起动继电器主要用于专业电动机上，如冰箱压缩电动机，有电流起动型和电压起动型两种。

电流起动型的工作原理：继电器的线圈与工作绕组串联，电动机起动时工作绕组电流较大，继电器动作，触头闭合，接通起动绕组。随着转速上升，工作绕组电流减小，当电磁起动继电器电磁引力小于继电器铁心的重力及弹簧反作用力时，继电器复位，触头断开切断起动绕组，如图 6-50 所示。

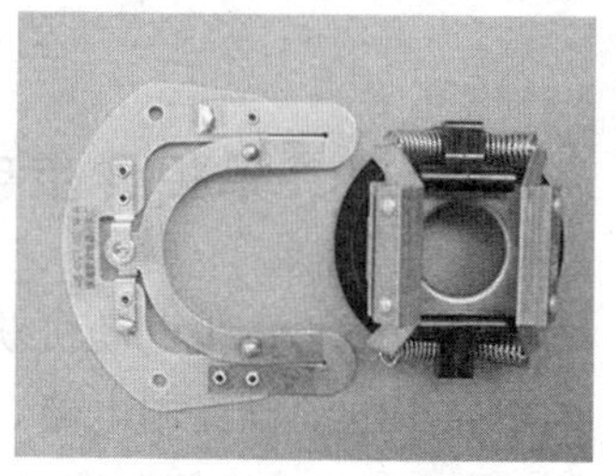

图 6-49 离心开关

(3)PTC 元件

PTC 元件是具有正温度系数的半导体材料，它的阻值随着温度的升高而急剧增大。使用时，将 PTC 元件串联在电动机的起动绕组上，室温时 PTC 元件的阻值较低，起动绕组接通，起动绕组的电流也流过 PTC 元件，使 PTC 元件发热升温，其阻值也迅速增大，近似于切断了起动绕组。在运行时，起动绕组仍有 15 mA 左右的电流流过，以维持 PTC 元件的高阻状态。停机时要间隔 3 min 才能再次起动，以便 PTC 元件降温，降低电阻值。

如图 6-51 所示为 PTC 元件的温度—电阻特性曲线图。

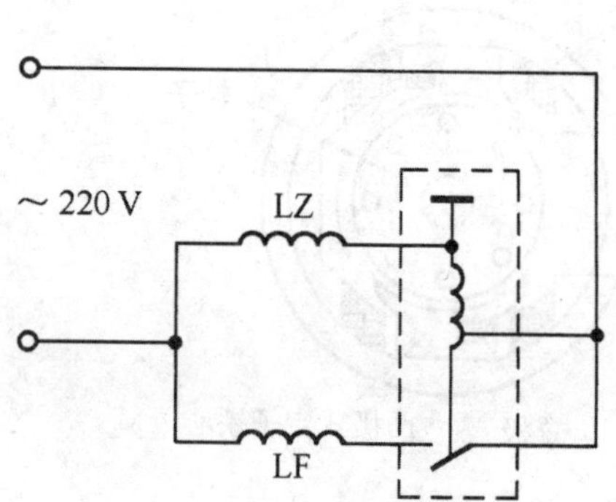

图 6-50 电流起动型电磁起动继电器

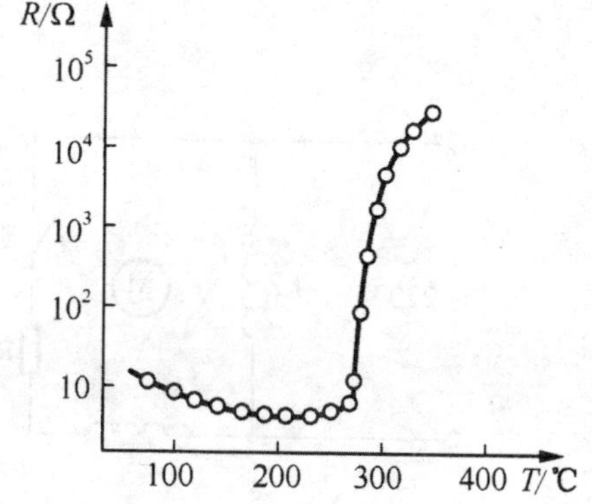

图 6-51 PTC 元件的温度—电阻特性曲线

6.6.2 单相异步电动机正反转控制

在一些实际生产机械中，需要单相电动机进行正反转控制。例如，洗衣机电动机的控制，需要实现单相异步电动机的正反转。

由于单相异步电动机的转向是从电流相位超前的绕组向电流相位滞后的绕组旋转。如果把其中一个绕组反接，等于把这个绕组的电流相位改变了 180°，假若原来这个绕组是超前 90°，则改接后就变为滞后 90°，结果是旋转磁场的方向随之改变。如图 6-52 所示为洗衣机用电容运转式电动机的正反转控制电路。

图 6-52 中电子开关 K 的触头 0-1 接通时，绕组 1 与电容 C 串联，电流 I_1 超前电流 I_2，若此

时电动机正转。当 K 的触头 0-2 接通时，绕组 2 与电容 C 串联，电流 I_1 滞后电流 I_2，此时电动机将反转。

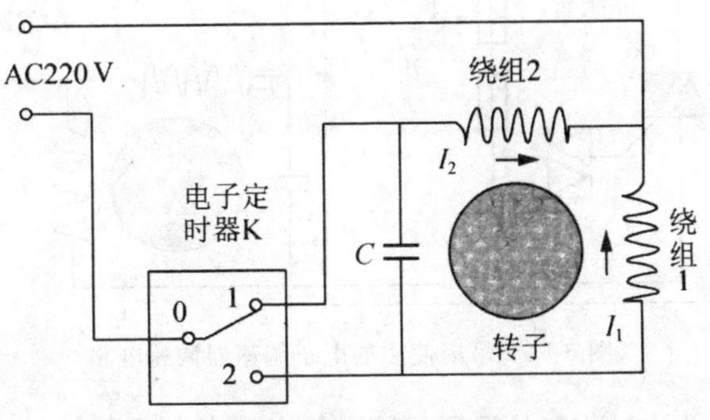

图 6-52　电容运转电动机正反转控制电路

6.6.3　单相异步电动机调速控制

电风扇是一种不需要正反转，但需要调速的家用电器，它的调速是通过对电动机的调速实现的。单相异步电动机的调速方法有变频调速、串电抗器调速、晶闸管调速和抽头法调速等。

变频调速设备复杂、成本高、很少采用。目前较多采用的方法有串联电抗器调速、抽头法调速和晶闸管调速。

1. 外接电抗器降压法调速

家庭用吊扇常采用电容运转电动机外接电抗器(调速开关)降压的办法进行调速。

如图 6-53 所示是其调速电路，图中虚线部分为调速开关。

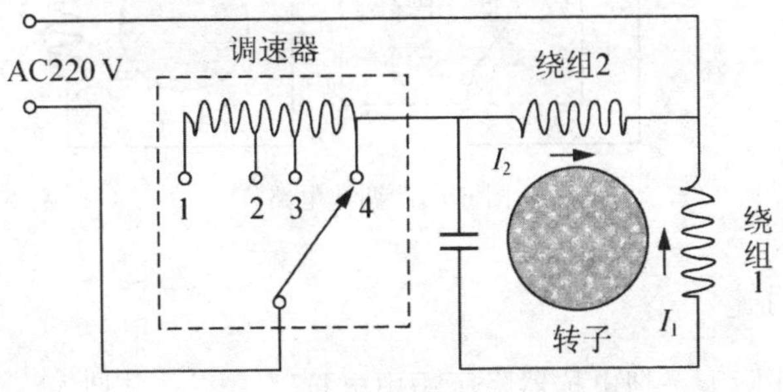

图 6-53　吊扇使用的电抗器调速电路

当调速开关置于位置“1”时，电动机的转速最低，当调速开关置于位置“4”时，电动机的转速最高。

这种调速电路结构简单、维修方便，但电抗器成本较高，低速时电抗器功耗大以及起动性能差等。目前这种调速方法逐渐被电子调速开关替代。

2. 外接电子调速开关调速

晶闸管电子调速开关是目前使用较多的一种风扇调速装置。如图 6-54 所示是吊扇电动机的调速电路。

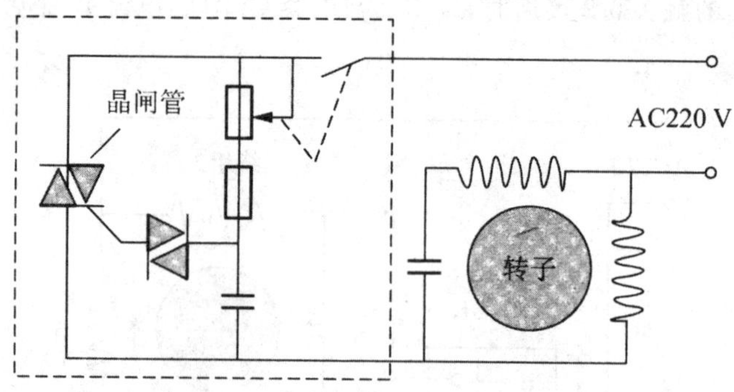

图 6-54　吊扇使用的电子调速器调速电路

晶闸管电子调速开关通过改变晶闸管的导通角来改变电子调速开关的输出电压，从而达到调速的目的。这种方法能实现无级调速，缺点是会产生一些电磁干扰。

3. 外接 PTC 元件调速

微风风扇能在 500 r/min 以下的速度进行送风，如采用一般的调速方法，电动机在这样低速的情况下很难起动。

在如图 6-55 所示电路中，当调速开关置于“微风”挡时，利用常温下 PTC 电阻阻值很小的特点，电动机可在微风挡直接起动（相当于调速开关直接置低速挡），起动后 PTC 温度上升、电阻增大，电动机转速下降而进入微风运行状态。

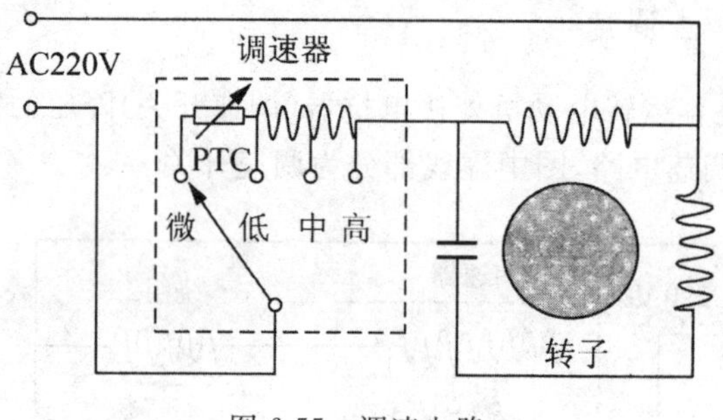

图 6-55　调速电路

4. 绕组抽头法调速

绕组抽头法调速实际上是把电抗器降压法中电抗器线圈（中间绕组）嵌入定子槽中，通过改变中间绕组与电动机绕组的连接方式来调整电动机气隙磁场的大小及椭圆度，从而达到调速的目的。抽头法调速与串联电抗器调速相比较，抽头法调速时用料省，耗电少，但是绕组嵌线和接线比较复杂。

实际应用中常用的方法有 L 型和 T 型两种接线方法。如图 6-56 所示是 T 型接法的调速电路原理图。

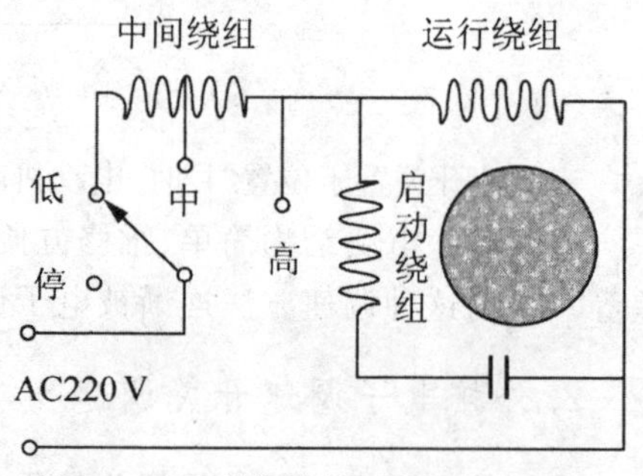

图 6-56　T 型接法的调速电路原理图

6.7　三相异步电机在机床电器中的应用

异步电动机与其他类型电机相比，之所以能得到广泛的应用是因为它具有结构简单、制造容易、运行可靠、效率较高、成本较低和坚固耐用等优点。随着电气化和自动化程度的不断提高，异步电动机将占有越来越重要的地位。而随着电力电子技术的不断发展，由异步电动机构成的电力拖动系统也将得到越来越广泛的应用。

6.7.1　三相异步电动机点动和自锁控制线路

1. 点动控制线路

点动控制线路如图 6-57 所示。

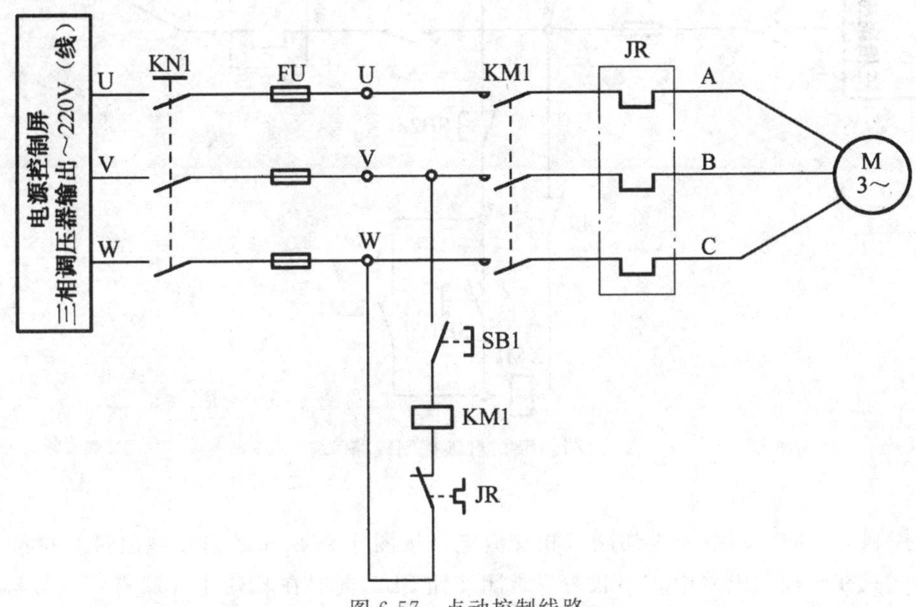

图 6-57　点动控制线路

步骤：

①将三相交流电源输出端 U、V、W 的线电压调到 220 V，以后保持不变。

②按下控制屏上的“关”按钮以切断三相交流电源。按图 6-57 所示的点动控制线路进行安装接线，接线时，先接主电路，它是从 220 V 三相交流电源的输出端 U、V、W 开始，经三刀开关 KN1、熔断器 FU、接触器 KM1 的主触点，热继电器 JR 的热组件到电动机。

③电机要参看电机铭牌说明，按 220V 线电压要求接成Y或△。

④主电路连接完整无误后，再连接控制电路，它是从熔断器 FU 后的 V 相开始，经过常开按钮 SB1、接触器 KM1 的线圈、热继电器 JR 的常闭触点到 W 相，显然它是对接触器 KM1 线圈供电的电路。

⑤开机时先合 QS，再按下按钮 SB1 时，KM1 线圈通电将主电路中的 KM1 主触点吸合，电动机

M 因接通电源而被投入运转。当松开 SB1 时，KM1 线圈断电，KM1 主触点断开，M 停止运转。

实验线路经指导教师检查无误后，方可按下控制屏上的“开”按钮，按下列步骤进行通电实验。

a. 合上开关 KN1，接通三相交流 220 V 电源。

b. 按下起动按钮 SB1，对电动机 M 进行点动操作，即比较按下 SB1 与松开 SB1 时电动机 M 的运转情况。

2. 自锁控制线路

自锁控制线路如图 6-58 所示。

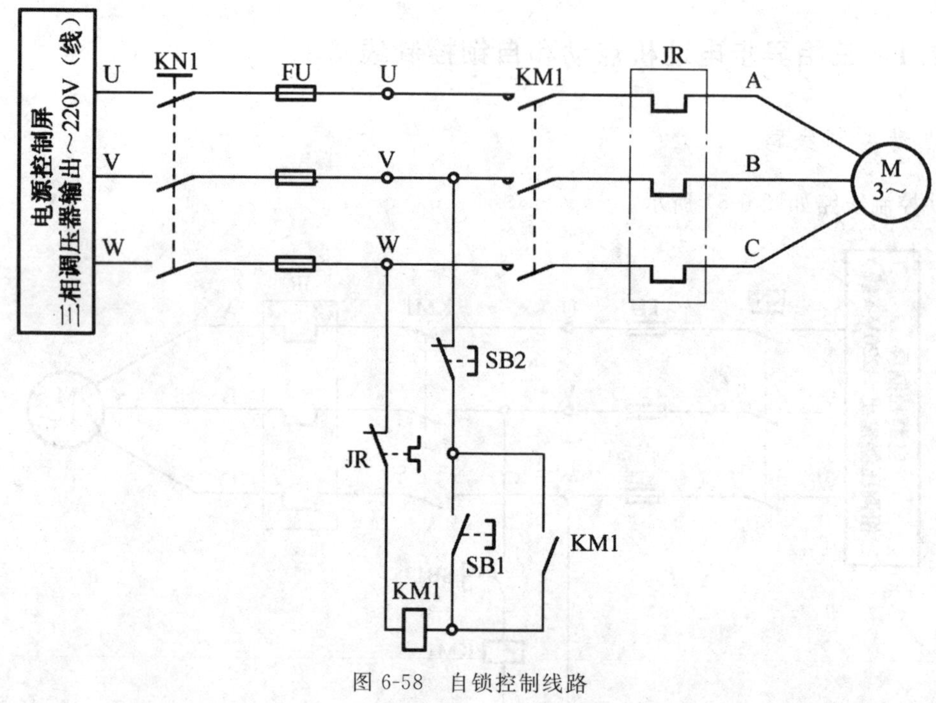

图 6-58　自锁控制线路

步骤：

按下控制屏上的“关”按钮以切断三相交流电。按图 6-58 所示的自锁线路进行接线，它与图 6-57 的不同只在于控制电路中多串联一只常闭按钮 SB2，同时在 SB1 上并联有一只接触器 KM1 的常开触点，起自锁作用。实验线路经指导教师检查无误后，方可按下控制屏上的“开”按钮，按下列步骤进行通电实验。

①合上开关 KN1，接通三相交流 220 V 电源。

②按下起动按钮 SB1，松手观察电动机 M 是否继续运转。

③按下停止按钮 SB2，松手观察电动机 M 是否停止运转。

6.7.2　三相异步电动机的正反转控制线路

1. 接触器联锁的正反转控制线路

接触器联锁的正反转控制线路如图 6-59 所示。

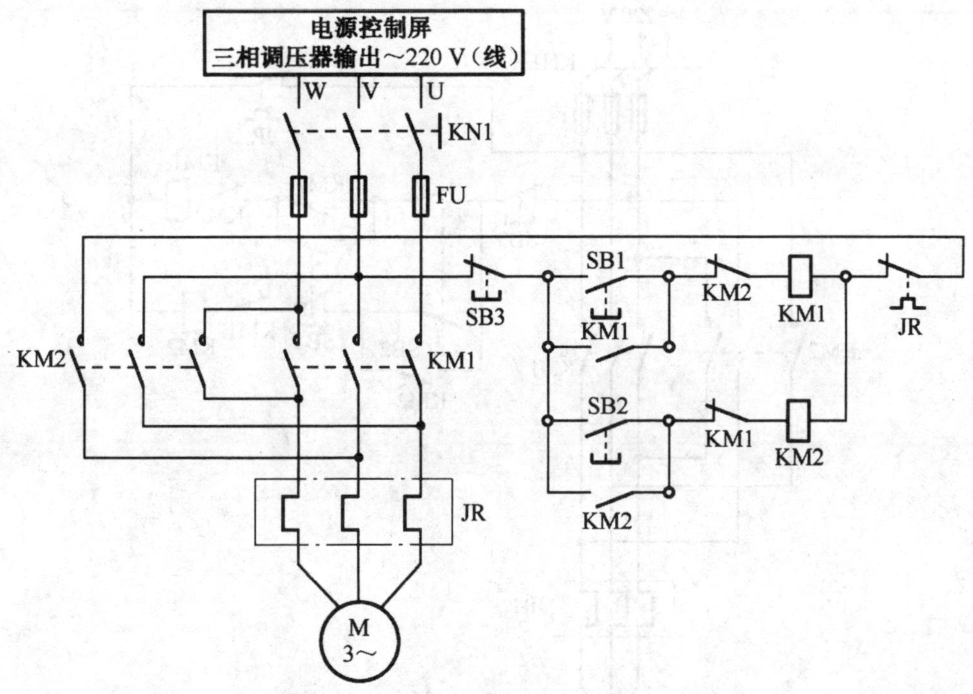

图 6-59　接触器联锁的正反转控制线路

步骤：

①将三相交流电源输出端U、V、W的线电压调到220 V，以后保持不变。

②按下控制屏上的"关"按钮以切断三相交流电源。按图6-59所示的接触器联锁的正反转控制线路进行安装接线，接线时，先接主电路，它是从220 V三相交流电源的输出端U、V、W开始，经三刀开关KN1、熔断器FU、接触器KM1、KM2的主触点，热继电器JR的热组件到电动机。

③电机要参看电机铭牌说明，按220 V线电压要求接成Y或△。

④主电路连接完整无误后，再连接控制电路。

实验线路经指导教师检查无误后，方可按下控制屏上的"开"按钮，按下列步骤进行通电实验。

a. 合上电源开关KN1，接通三相交流220 V电源。

b. 按下按钮SB1，观察并记录电动机M的转向，自锁和联锁触点的吸断状态。

c. 按下按钮SB2，观察并记录电动机M的转向，自锁和联锁触点的吸断状态。

d. 按下按钮SB3，观察并记录电动机M运转状态，自锁和联锁触点的吸断状态。

e. 再按下按钮SB2，观察并记录电动机M的转向、自锁和联锁触点的吸断状态。

2. 接触器和按钮双重联锁的正反控制线路

接触器和按钮双重联锁的正反控制线路如图6-60所示。

按下"关"按钮以切断三相交流电源，按图6-60所示的接触器和按钮双重联锁的正反控制线路进行安装接线。经指导教师检查无误后，方可按下"开"按钮，按下列实验步骤进行通电实验。

①合上开关KN1，接通220 V交流电源。

②按下按钮SB1，观察并记录电动机M的转向，自锁和联锁触点的吸断状态。

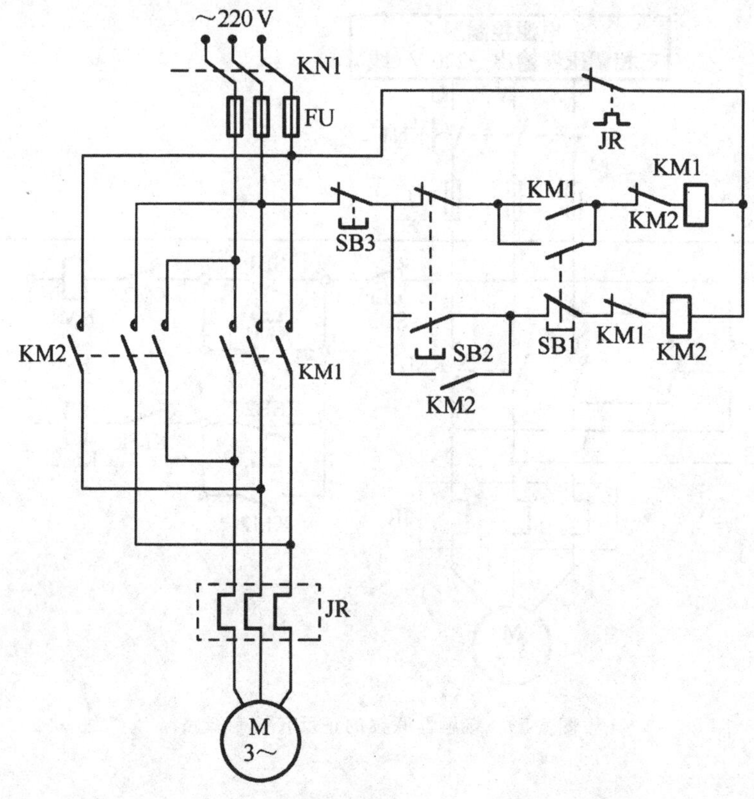

图 6-60　接触器和按钮双重联锁的正反控制线路

③按下按钮 SB2,观察并记录电动机 M 的转向,自锁和联锁触点的吸断状态。

④按下按钮 SB3,观察并记录电动机 M 运转状态,自锁和联锁触点的吸断状态。

⑤将 SB1 按下一半(即不是按到底),将 SB2 按到底,分别观察电机运转状态,自锁和联锁触点的吸断状态。

⑥将 SB2 按下一半(即不是按到底),将 SB1 按到底,分别观察上述状态。

⑦同时按下 SB1 和 SB2,观察上述状态。

6.7.3　三相异步电动机Y-△降压起动控制线路

1. 接触器控制Y-△起动线路

接触器控制Y-△起动线路如图 6-61 所示。

步骤:

①将三相交流电源输出端 U、V、W 的线电压调到 220 V,以后保持不变。

②按下控制屏上的“关”按钮以切断三相交流电源。按图 6-61 所示的接触器控制Y-△降压起动控制线路进行接线,接线时,先接主电路,再接控制电路,注意交流电流表可接入任何一相主电路。

③电机要参看电机铭牌说明,要选用按△接 220 V 线电压的电机。

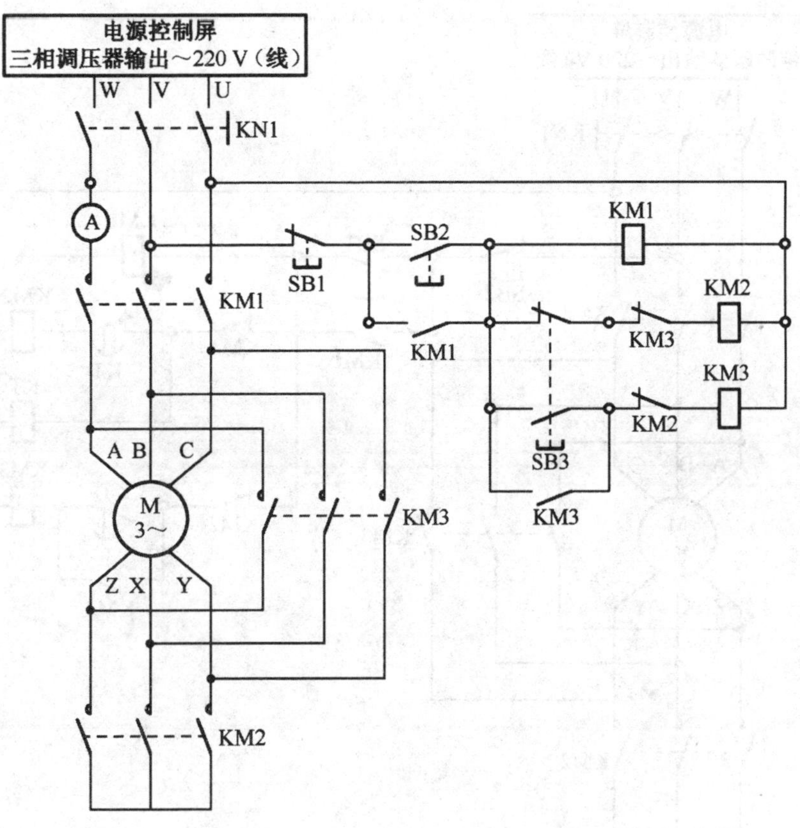

图 6-61　接触器控制丫-△起动线路

实验线路经指导教师检查无误后，方可按下控制屏上的"开"按钮，按下列步骤进行通电实验。

a. 合上挂箱 RTDJ13-1 上的开关 KN1，接通三相交流 220 V 电源。

b. 按下按钮 SB2，电机作 Y 接法起动，注意观察起动时，电流表最大读数。

c. 按下按钮 SB3，使电机为△接法运行。

d. 按下按钮 SB1，电机断电停止运行。

e. 先按下按钮 SB3，再同时按下起动按钮 SB2，观察电机在△接法直接起动时电流表最大读数。

2. 时间继电器控制丫-△起动控制线路

时间继电器控制丫-△起动控制线路如图 6-62 所示。

按下"关"按钮切断三相交流电源，按图 6-62 所示的时间继电器丫-△起动控制线路进行接线。经指导教师检查后，按下列步骤进行通电实验。

①合上开关 KN1，接通三相交流 220 V 电源。

②按下起动按钮 SB1，电动机 M 作丫接法起动，经过一定的延时时间，电机自动按△接法正常运行。

③调节时间继电器的延时螺钉，观察电机从丫接法自动转为△接法的延时时间。

④按下停止按钮 SB2，电动机 M 停止运转。

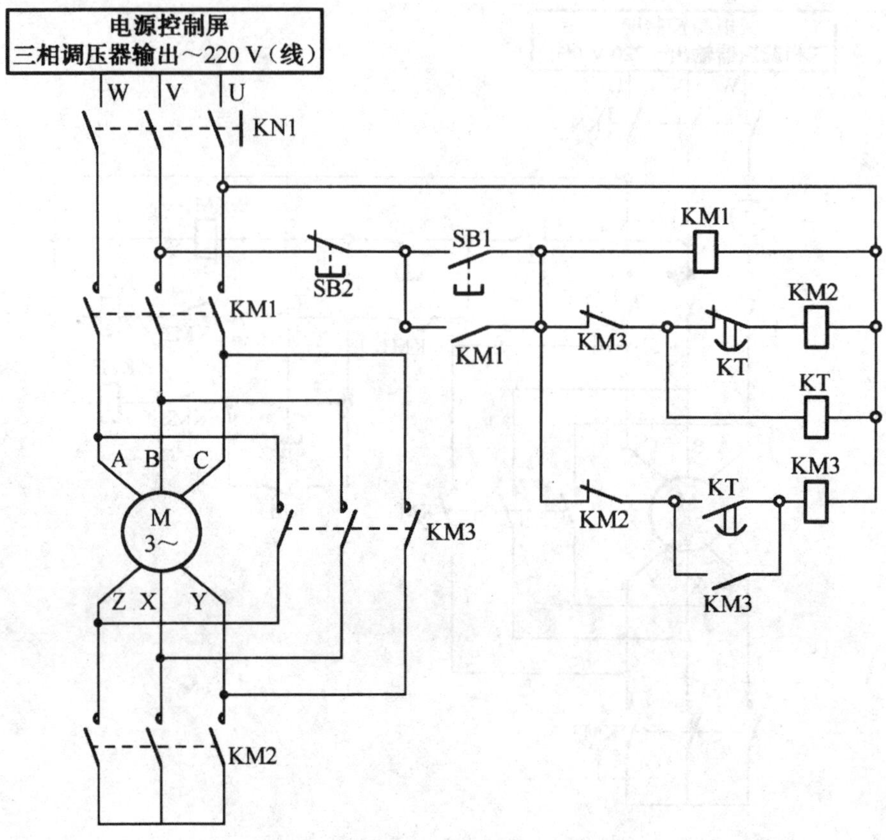

图 6-62　时间继电器控制Y-△起动控制线路

6.7.4　能耗制动控制线路

异步电动机能耗制动控制线路如图 6-63 所示。

步骤：

①将三相交流电源输出端 U、V、W 的线电压调到 220 V，以后保持不变。

②按下控制屏上的“关”按钮以切断三相交流电源。按图 6-63 所示的异步电动机能耗制动控制线路进行接线，接线时，先接主电路，再接控制电路，注意交流电流表的接法。

③电机要参看电机铭牌说明，按 220V 线电压要求接成Y或△。

实验线路经指导教师检查无误后，方可按下控制屏上的“开”按钮，按下列步骤进行通电实验。

a. 调节能耗制动的限流电阻 R 值，使流过电动机的直流制动电流约为电动机的额定电流值。

b. 调节时间继电器，使延时时间约为 10 s。

c. 接通三相交流 220 V 电源。

d. 按下 SB2，使电动机 M 起动运转。

e. 待电动机运转稳定后，按下 SB1，观察并记录电动机 M 从按下 SB1 起至电动机停止旋转止的能耗制动时间。

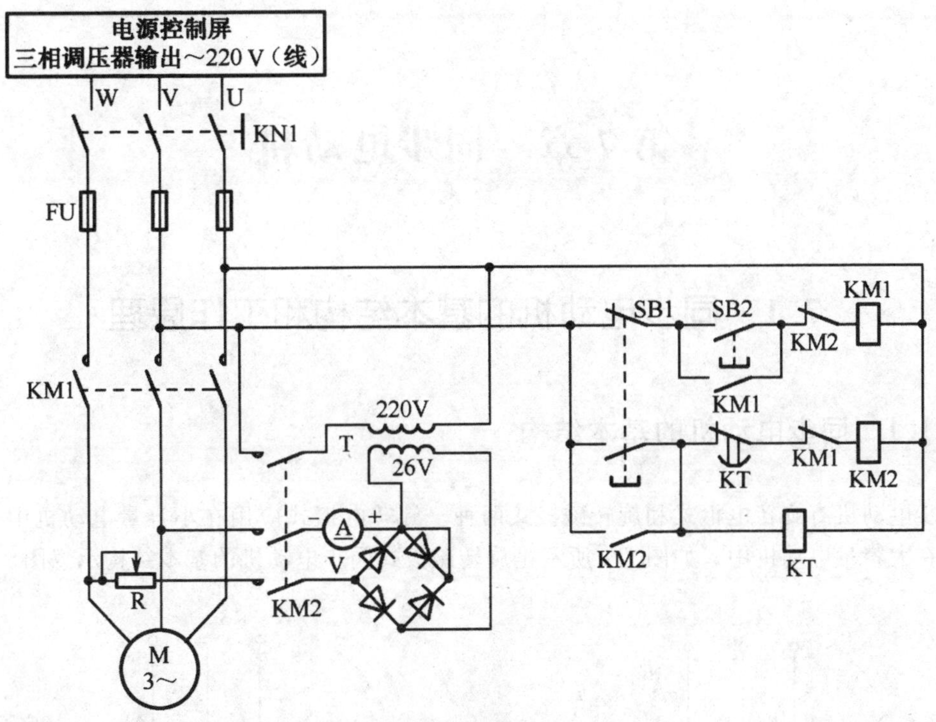

图 6-63　异步电动机能耗制动控制线路

f. 增大限流电阻 R 值，使流过电动机的直流制动电流小于电机额定电流，分别观察并记录电动机 M 能耗制动的时间，并比较分析与理论是否符合。

课后思考题

1. 三相异步电机的基本结构有哪些，其工作原理是什么？
2. 三相异步电动机的电磁是如何转化的？
3. 三相异步电动机的启动方法有哪些？
4. Y/△启动方式的应用场合？
5. 何为软启动，及其工作原理？
6. 三相异步电动机的制动方法有哪些？
7. 三相异步电动机如何调速？
8. 如何实现单项异步电机旋转及控制？

第 7 章　同步电动机

7.1　同步电动机的基本结构和工作原理

7.1.1　同步电动机的基本结构

同步电动机有旋转电枢式和旋转磁极式两种。旋转电枢式应用在小容量电动机中，旋转磁极式用在大容量电动机中。如图 7-1 所示是旋转磁极式同步电动机的基本结构示意图。

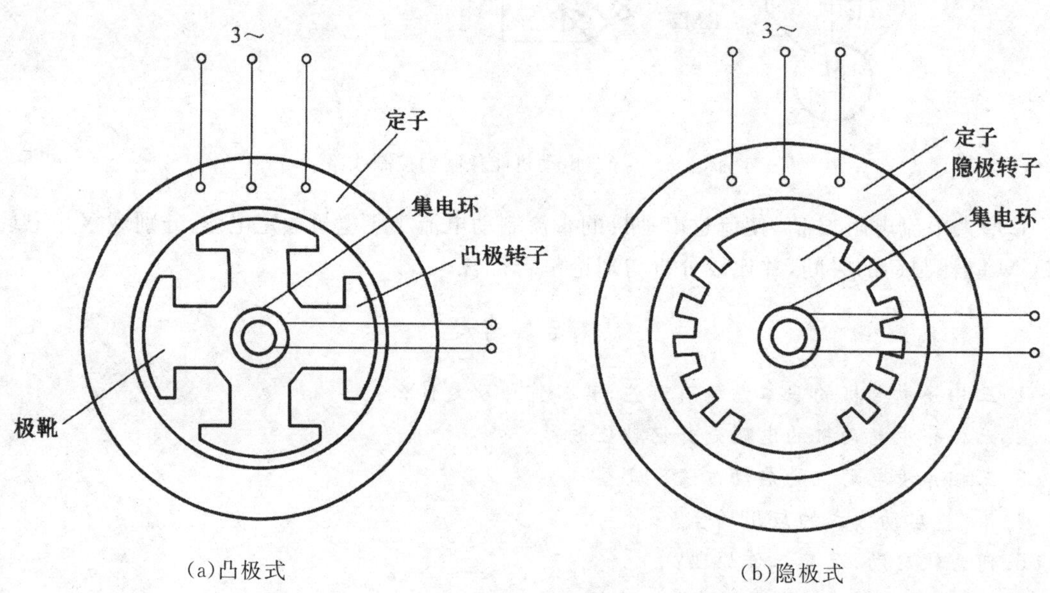

图 7-1　旋转磁极式同步电动机的基本结构示意图

其定子又称电枢，与异步电动机结构相同，在定子内槽内嵌放三相对称绕组。凸极式的转子有明显凸出的磁极，气隙是不均匀的，极靴下的气隙较小，极间部分的气隙较大，励磁绕组为集中绕组，一般用于 4 极以上的电动机。而隐极式的转子做成圆柱形，转子上没有明显凸出的磁极，气隙是均匀的，励磁绕组是分布绕组，转子铁心上有大小齿分开，一般用于 2 极或 4 极的电动机。

7.1.2　同步电动机的基本工作原理

一般同步电动机的定子和异步电动机的定子相同，即在定子铁心内均匀分布三相对称绕组，如图 7-2 所示（图中只画出一相绕组）。

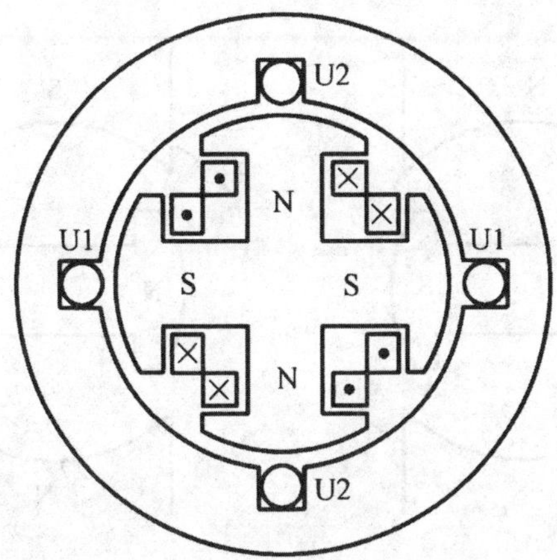

图 7-2　同步电动机的构造原理图

定子又称电枢，是电动机中产生感应电动势的部分。转子主要由磁极铁心和励磁绕组组成。当励磁绕组通以直流电后，转子即建立恒定磁场。作为电动机，需要在三相定子绕组施加三相交流电压，以使电动机内部产生一个旋转磁场，旋转速度为同步转速 n_1，此刻在转子绕组上加上直流励磁电流，转子将在定子旋转磁场的带动下，带动负载沿旋转磁场的方向以相同的转速旋转，转子的转速 n_2 为

$$n_2 = n_1 = \frac{60f}{p} \tag{7-1-1}$$

式中，p 为电动机的极对数；n_2 为转子每分钟转数；f 为交流电源频率。

我国电力系统的标准频率为 50 Hz，电动机的磁极对数为整数，所以同步电动机的转速为一固定值。例如，2 极电动机的转速为 3000 r/min，4 极电动机的转速为 1500 r/min，依此类推。

7.1.3　同步电动机的起动

1. 同步电动机不能自行起动

同步电动机本身是没有起动转矩的，通电以后，转子不能自行起动。

当静止的转子接通电源时，定子绕组通过三相交流电，建立旋转磁场，转子励磁绕组通过直流电而建立固定磁场。

由于转子在起动时是静止的，转子磁场静止不动，定子旋转磁场以同步转速 n_1 对转子磁场作相对运动。设通电瞬间，定、转子磁极的相对位置如图 7-3(a)所示，定子的旋转磁场以 n_1 同步转速逆时针方向旋转，此时转子上将产生一个逆时针方向的转矩，欲拖动转子逆时针旋转，由于转子所具有的转动惯量，还来不及转动，而同步转速很快，旋转磁场就已转过去 180°，到了图 7-3(b)的位置，定子旋转磁场将吸引转子磁场，顺时针转动。由此可见，在一个周期内，作用在同步电动机转子上的平均转矩为零，因此同步电动机不能自行起动，需要借助其他方法起动。

2. 同步电动机的起动过程

同步电动机常用的起动方法有三种：辅助电动机起动法、变频起动法和异步起动法。本节主要介绍应用广泛的异步起动法。

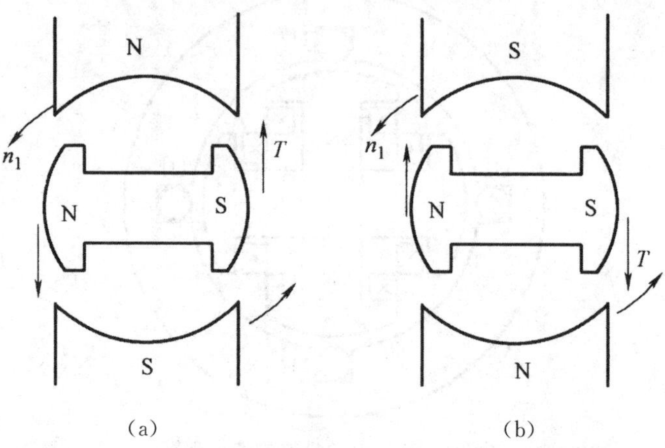

(a) (b)

图 7-3 同步电动机起动时定子磁场对转子磁场的作用

异步起动法是通过在同步电动机的转子上安装阻尼绕组来获得起动转矩的。阻尼绕组与异步电动机的笼型绕组相似，只是它装在转子磁极的极靴上，在图 7-4 中用一连串的○表示，这个阻尼绕组称为起动绕组。其原理图如图 7-4 所示。

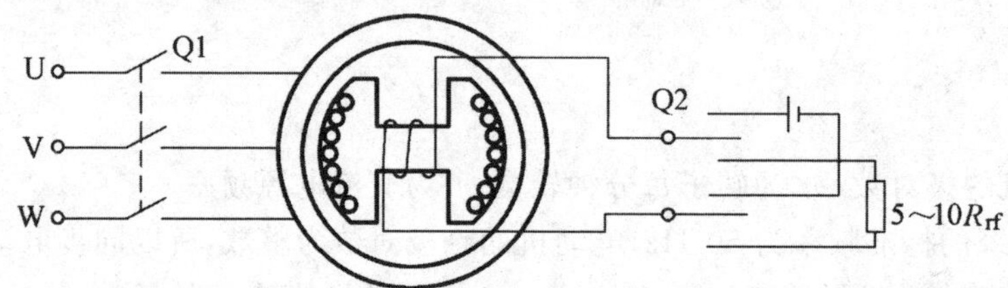

图 7-4 异步起动法接线原理图

起动步骤如下：

第一步，将励磁绕组通过一个双刀双掷开关 Q2（在图 7-4 的右侧）合向下面，将励磁绕组通过附加电阻短接，附加电阻的大小约为励磁绕组本身电阻 R_{rf} 的 5～10 倍。串电阻的作用主要是削弱由转子绕组产生的对起动不利的单轴转矩。而起动时励磁绕组开路是很危险的，因为励磁绕组匝数很多，定子旋转磁场将在该绕组产生很高的电压，可能击穿该绕组的绝缘。

第二步，合上开关 Q1（在图 7-4 的左侧），将同步电动机的定子绕组接通三相交流电源。这时定子绕组将在阻尼绕组中产生感应电动势和电流，这个电流与定子旋转磁场相互作用产生异步电磁转矩，同步电动机便当作异步电动机而起动。

第三步，当同步电动机的转速接近同步转速（约为 $0.95n_1$）时，将开关 Q2 合向上，切除附加电阻，将励磁绕组改接至直流励磁电源，转子磁极有了确定的极性。这时转子上增加了一个频率很低的交变转矩，依靠定子旋转磁场与转子磁极之间的吸引力产生同步转矩，将同步电动机带入同步转速运行。

在同步是动机异步起动时，为了限制过大的起动电流，可以采用减压起动方法。通常采用电抗器或自耦变压器来降压，当电动机接近同步转速时再恢复全压，然后才给予直流励磁，电动机即可进入同步运行。

7.1.4　同步电动机的额定值

额定值是制造厂对电机正常工作给出的使用规定。同步电动机的额定值有：

①额定容量 S_N 或额定功率 P_N，指电动机在额定状态下运行时，输出功率的保证值。同步电动机的额定容量一般都用 kW 表示。同步调相机则用 kV·A 或 kvar 表示。

②额定电压 U_N，指电动机在额定运行时的三相定子绕组的线电压，常以 kV 表示。

③额定电流 I_N，指电动机在额定运行时的三相定子绕组的线电流，常以 A 或 kA 表示。

④额定频率 f_N，我国标准工频为 50Hz。

⑤额定功率因数 $\cos\varphi_N$，指电动机在额定运行时的功率因数。

除上述额定值外，铭牌上还列出电动机的额定效率 η_N、额定转速 n_N、额定励磁电压 U_{fN}、额定励磁电流 I_{fN} 和额定温升等。

7.2　三相同步电动机

7.2.1　三相同步电动机的工作原理

三相同步电动机采用旋转磁极式的结构(参见图 7-1)。

当定子绕组加上三相交流电源时，三相对称绕组中便有了三相对称电流流过，产生旋转速度为 n_1 的旋转磁场。如果以某种起动方法(例如异步起动法)使转子以接近于同步转速 n_1 起动，这时在转子励磁绕组中通以直流励磁电流，将产生极性和大小都不变的磁场，其磁极数与定子的相同。

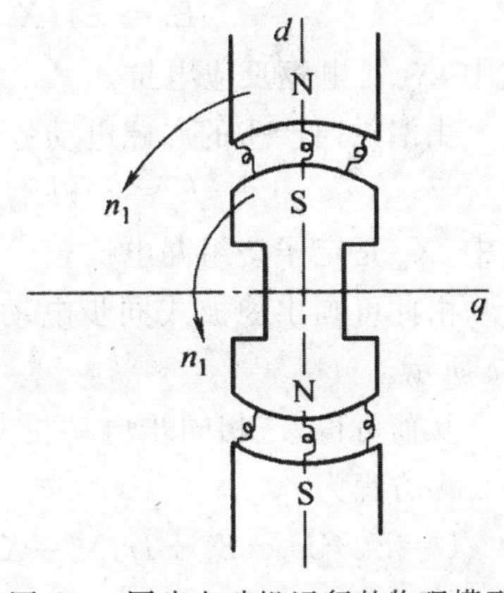

图 7-5　同步电动机运行的物理模型

当转子的 S、N 极分别与旋转磁场的 N、S 对齐时，如图 7-5 所示，在定转子磁场(极)间就会产生电磁转矩，即同步转矩，使转子的磁极跟随旋转磁场一起以同步转速 n_1 转动。

如图 7-6 所示的是同步电动机在理想空载时、实际空载时和有负载时的工作原理。

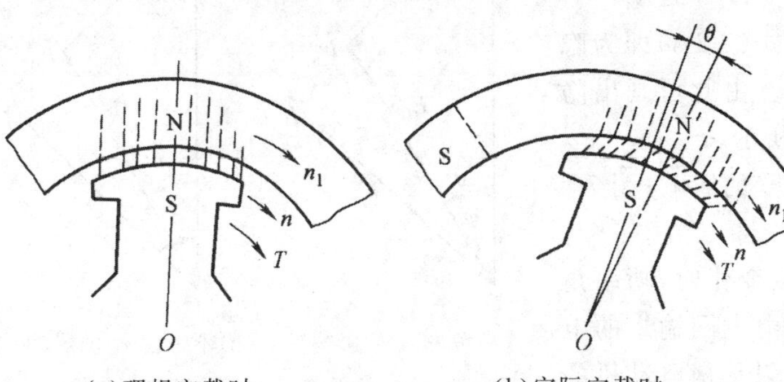

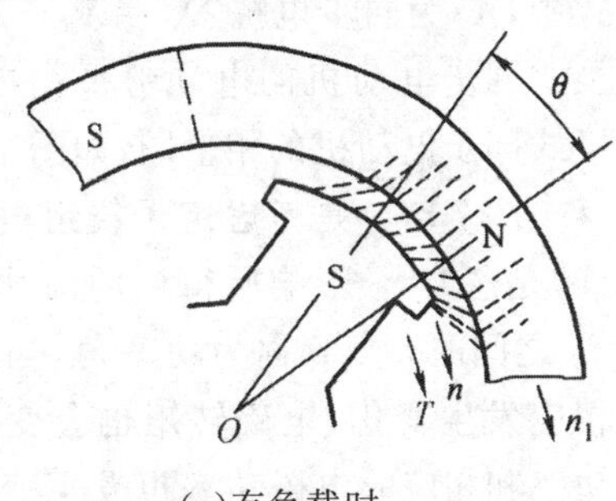

图 7-6　同步电动机的工作原理

同步电动机在理想空载情况时,转子与旋转磁场同步转动,如图 7-6(a)所示。在实际空载情况时,由于电动机空载运转总存在阻力,因此转子磁极的轴线总要滞后磁场轴线一个很小的角度 θ,如图 7-6(b)所示,以增大电磁转矩。在有负载情况时,则 θ 角随之增大,电动机的电磁转矩也随之增大,使电动机仍保持同步状态,如图 7-6(c)所示。若负载力矩超过电磁转矩,旋转磁场就无法拖着转子一起旋转,这种现象称为失步,电动机不能正常工作。

7.2.2 同步电动机的电动势平衡方程

下面以隐极式同步电动机为例,分析同步电动机的电动势平衡方程。由于三相对称,所以在此只分析其中一相。三相同步电动机在稳定运行时,存在两个旋转磁场:一个是励磁磁场,另一个是电枢磁场(即定子磁场)。这两个磁场作用在同一磁路上,当有负载时,电枢磁场对励磁磁场有一定的影响,称为电枢反应。当不考虑磁路饱和时,由两个磁场共同作用(即气隙合成磁场)产生的每相绕组的合成电动势,可以看成是各个磁场产生的电动势之和。即

励磁磁通势→Φ_f→$\dot{E}_0$ 空载电动势(对电动机而言,$\dot{E}_0$ 为反电动势)

电枢磁通势→Φ_a→$\dot{E}_a$ 电枢反应电动势

电枢磁通势→Φ_L→$\dot{E}_L$ 漏磁电动势

由于不考虑磁路饱和,故电流,$I \propto F_a \propto \Phi_a \propto \dot{E}_a$,而 $\dot{E}_a$ 滞后 $\Phi_a 90°$,即 $\dot{E}_a$ 滞后 $\dot{I}90°$。用电抗压降形式可表示为

$$\dot{E}_a = -j\dot{I}X_a \tag{7-2-1}$$

式中,X_a 是电枢反应电抗。

由漏磁通产生的漏磁电动势为

$$\dot{E}_L = -j\dot{I}X_L \tag{7-2-2}$$

式中,X_L 是定子绕组漏电抗。

由此可画出隐极式同步电动机的等效电路,如图 7-7 所示。

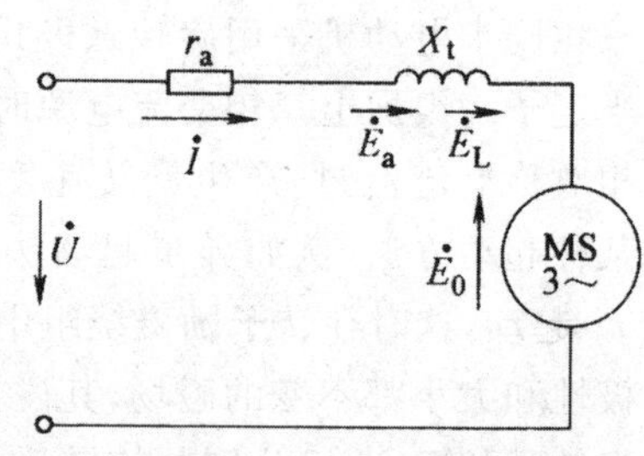

图 7-7 隐极式同步电动机的等效电路

从而可得,三相同步电动机一相定子回路的电动势平衡方程为

$$\dot{U} = \dot{E}_0 - \dot{E}_a - \dot{E}_L + \dot{I}r_a X_t = X_a + X_L \tag{7-2-3}$$

将式(7-2-1)和式(7-2-2)代入式(7-2-3)后,得

$$\dot{U} = \dot{E}_0 + \dot{I}r_a + j\dot{I}(X_a + X_L) = \dot{E}_0 + \dot{I}r_a + j\dot{I}X_t$$

式中,X_t 为同步电抗,$X_t = X_a + X_L$,式(7-2-3)即为隐极式同步电动机的电动势平衡方程。由此可画出隐极式同步电动机的相量图,如图 7-8 所示。

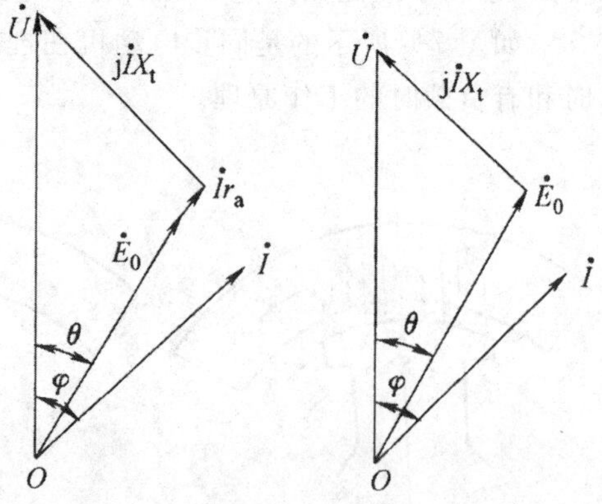

(a)考虑 r_a 的影响　(b)不考虑 r_a 的影响

图 7-8 隐极式同步电动机的相量图

图 7-8(a)是考虑定子绕组电阻 r_a 的影响;图 7-8(b)是忽略 r_a 影响所得到的简化相量图。图中 $\dot{U}$ 与 $\dot{E}_0$ 之间的夹角 θ 称为功率角,当负载变化时,功率角相应发生变化,电磁转矩也会变化,由电网输入的电功率和相应的电磁功率也发生变化,以平衡电动机的输出功率。

7.2.3　三相同步电动机的运行特性

1. 功率平衡关系

三相同步电动机的定子绕组由电网输入电功率 P_1，扣除定子绕组铜耗 P_{Cu} 及铁耗 P_{Fe} 外，余下的作为电磁功率 P_{em} 通过气隙传入定子，即

$$P_1 = P_{Cu} + P_{Fe} + P_{em} \tag{7-2-4}$$

P_{em} 扣除机械损耗 P_m 和附加损耗 P_s，剩下的就是电动机轴上的机械输出功率 P_2，即

$$P_2 = P_{em} - (P_m + P_s) \tag{7-2-5}$$

2. 电磁功率与功率角之间的关系

三相同步电动机接在恒定的电网上稳定运行时，电磁功率 P_{em} 与功率角 θ 之间的关系称为功角特性，即 $P_{em} = f(\theta)$。

由于同步电动机的绕组电阻远小于同步电抗，因此可以把 r_a 忽略不计，同时忽略铁耗 P_{Fe}，则由式(7-2-4)可得

$$P_{em} \approx 3UI\cos\varphi \tag{7-2-6}$$

由图 7-8(b)可以推导出

$$\cos\varphi = \frac{E_0}{IX_t}\sin\theta \tag{7-2-7}$$

将式(7-2-7)代入式(7-2-6)，则可求得三相同步电动机的电磁功率 P_{em} 为

$$P_{em} = 3\frac{UE_0}{X_t}\sin\theta \tag{7-2-8}$$

式(7-2-8)表明，在恒定励磁(E_0 = 常值)、U = 常值时，电磁功率 P_{em} 的大小取决于功率角 θ 的大小。由此可做出隐极式同步电动机的 $P_{em} = f(\theta)$ 功角特性曲线，如图 7-9 所示。

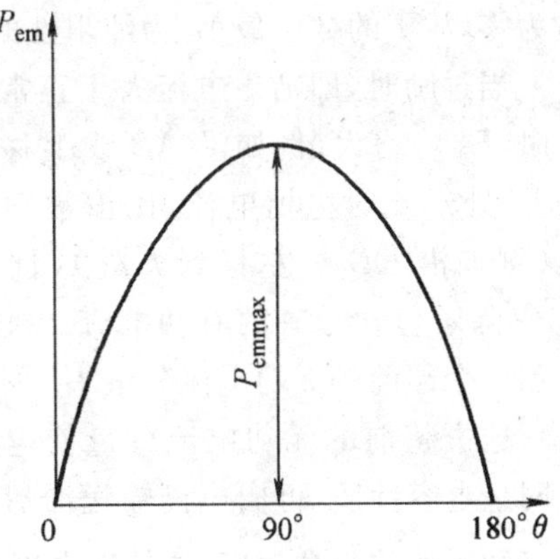

图 7-9　隐极式同步电动机的功角特性

当 $\theta = 90°$ 时，电磁功率为最大

$$P_{emmax} = 3\frac{UE_0}{X_t} \tag{7-2-9}$$

式(7-2-8)除以同步角速度 Ω_1，即可得到同步电动机的电磁转矩 T 为

$$T = 3\frac{UE_0}{\Omega_1 X_t}\sin\theta \tag{7-2-10}$$

最大电磁转矩 T_{max}($\theta = 90°$时)为

$$T_{max} = 3\frac{UE_0}{\Omega_1 X_t} \tag{7-2-11}$$

当同步电动机的负载转矩大于最大电磁转矩时，电动机将不能保持同步运转状态，即产生“失步”现象。为了衡量同步电动机的过载能力，通常以最大电磁转矩与额定电磁转矩之比值(称为“过载系数 λ_m”)来表示

$$\lambda_m = \frac{T_{max}}{T_N} = \frac{1}{\sin\theta_N} \tag{7-2-12}$$

式中，θ_N 是额定运行时的功率角。

同步电动机稳定运行时，一般 $\theta_N = 20° \sim 30°$，$\lambda_m = 2 \sim 3$。

3. V 形曲线

同步电动机的 V 形曲线是指在电网电压、频率和电动机输出功率恒定的情况下，电枢电流 I（定子输入相电流）和励磁电流 I_f 之间的关系曲线，即 $I = f(I_f)$。

由于假定电网是无穷大的，故频率 f 和电压 U 均保持不变。忽略励磁电流变化时，附加损耗将微弱变化，可认为输入功率等于电磁功率 P_{em}。则当电动机的输出功率不变时，从式(7-2-5)可知电磁功率 P_{em} 保持不变。则有

$$P_{em} = 3\frac{UE_0}{X_t}\sin\theta = 3UI\cos\varphi = \text{常数} \tag{7-2-13}$$

即 $E_0\sin\theta = \text{常数}$，$I\cos\varphi = \text{常数}$。

在式(7-2-3)中忽略电阻压降 $\dot{I}r_a$，由 $\dot{U} = \dot{E}_0 + j\dot{I}X_t$ 画出恒功率、变励磁时隐极式同步电动机的相量图，如图 7-10 所示。

由图可见，当改变励磁电流 I_f 时，相量 $\dot{E}_0$ 的端点在垂直线 AB 上移动，即总是落在垂直线 AB 上，以使 $E_0\sin\theta = \text{常数}$；相量 $\dot{I}$ 的端点在水平线 CD 上移动，即总是落在水平线 CD 上，以使 $I\cos\varphi = \text{常数}$。

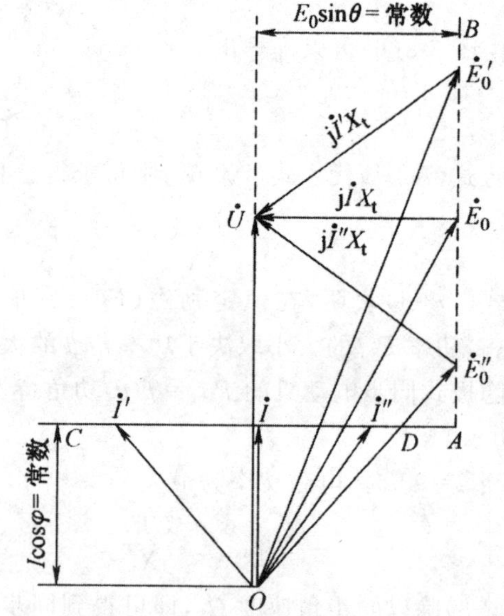

图 7-10　恒功率、变励磁时隐极式同步电动机的相量图

正常励磁时，电动机的功率因数 $\cos\varphi = 1$，电枢电流 $\dot{I}$ 全部为有功电流 $\dot{I}_P$，其无功分量为零，故 $\dot{I}$ 的数值最小，为纯阻性的。

当过励时，即励磁电流大于正常励磁电流时，$\dot{E}_0$ 将增大（例如沿 AB 线上移到图上的 $\dot{E}_0'$ 处），此时电枢电流，比正常励磁时的大（例如沿 CD 线左移到 $\dot{I}'$ 处），且 $\dot{I}'$ 超前 $\dot{U}$，它除了包含原有的有功电流 $\dot{I}_P$ 以外，还增加一个超前的无功电流分量 $\dot{I}_Q'$（图上没画出），这个超前的无功电流分量使电动机对电网呈电容性质，可向电网输送滞后的无功电流和感性的无功功率，能补偿电网感性负载所需的无功功率，提高电网的功率因数。

当欠励时，即励磁电流小于正常励磁电流时，$\dot{E}_0$ 减小（例如沿 AB 线下移到图上的 $\dot{E}_0''$ 处），此时电枢电流 $\dot{I}$ 比正常励磁时的大（例如沿 CD 线右移到 $\dot{I}''$ 处），且 $\dot{I}''$ 滞后 $\dot{U}$，它除了包含原有的有功电流 $\dot{I}_P$ 以外，还增加一个滞后的无功分量 $\dot{I}_Q''$（图上没画出），这个滞后的无功电流分量使电动机对电网呈电感性质，自电网吸取滞后的无功电流和感性的无功功率。

综上所述，改变励磁电流 I_f 可画出同步电动机电枢电流 I 随 I_f 变化的曲线，此曲线呈 V 形，故称为同步电动机的 V 形曲线，如图 7-11 所示。

不同的输出可得到不同的曲线。由图可见,正常励磁点即 $\cos\varphi=1$ 的电枢电流最小,为纯阻性的;其右边处于过励状态,功率因数是超前性质的,电枢电流为容性电流;其左边处于欠励状态,功率因数是滞后性质的,电枢电流为感性电流。

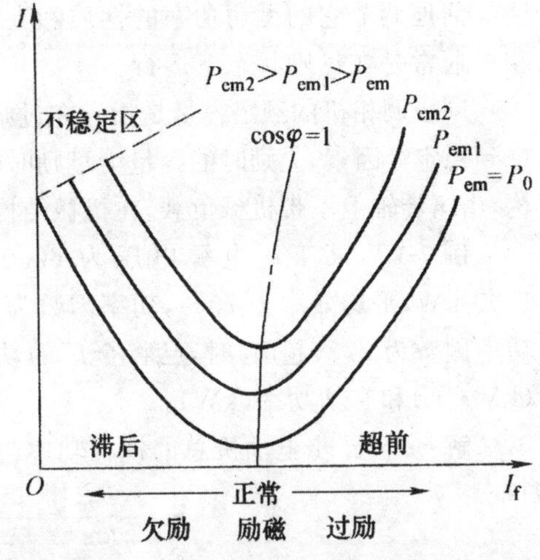

图 7-11　同步电动机的 V 形曲线

由于同步电动机的最大电磁功率 P_{emmax} 与 E_0 成正比,如果励磁电流 I_f 减得太小,会使功率角过大,从而使电动机的过载能力下降很多。在某一负载下,当励磁电流减少到一定数值时,功率角 θ 超过 90°,将会因过载能力太小而不能稳定工作。图中虚线表示电动机不稳定区的极限位置。

改变励磁电流可调节同步电动机的功率因数,这是同步电动机最重要的特点之一。由于电网上的负载多为感性负载,同步电动机在过励时,可以向电网提供滞后的无功电流和感性的无功功率,这就避免了无功功率的远程输送,提高了电网的功率因数。为了改善电网的功率因数和提高同步电动机的过载能力,现代同步电动机的额定功率因数一般设计为 1～0.8(超前)。

7.3　同步调相机

通常所说的电机(发电机和电动机),仅指有功功率而言,发电机向电网输出有功功率,电动机从电网吸收有功功率。同步电动机可用来专门提供无功功率,特别是感性无功功率,以提高电网的功率因数。这种专供无功功率的同步电动机称为同步调相机或同步补偿机。

提高电网的功率因数,既可以提高发电设备的利用率和效率,也能显著提高电力系统的经济性与供电质量,具有重大的实际经济意义。在电网的受电端接上一些同步调相机,是提高电网的功率因数的重要方法之一。

同步调相机实际上是一台空载运行的同步电动机。它从电网吸收的有功功率仅供给电机本身的损耗,因此同步调相机总是在接近零电磁功率和零功率因数的情况下运行。

忽略同步调相机的全部损耗,则电枢电流全是无功分量,其电动势方程为

$$\dot{U}=\dot{E}_0+\mathrm{j}\dot{I}X_t \tag{7-3-1}$$

依据上式可画出过励和欠励时同步调相机的相量图,如图 7-12 所示。

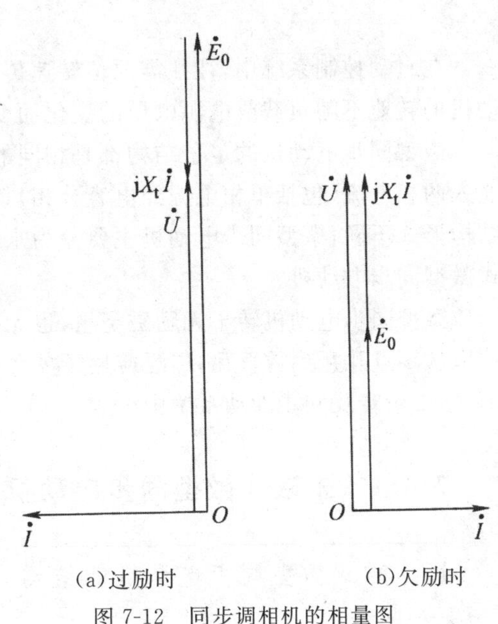

(a)过励时　　(b)欠励时

图 7-12　同步调相机的相量图

由图可见,过励时,电流 $\dot{I}$ 超前 $\dot{U}$90°,而欠励时,电流 $\dot{I}$ 滞后 $\dot{U}$90°。所以只需调节励磁电流,就

能灵活地调节它的无功功率的性质和大小。由于电力系统大多数情况下带感性负载，故同步调相机通常是在过励状态下运行。

同步调相机的额定容量是指它在过励时的视在功率，这时的励磁电流称为额定励磁电流。考虑到稳定等因素，欠励时的容量为过励时额定容量的50%～65%。同步调相机一般采用凸极式结构，由于转轴上不带机械负载，在机械结构上要求较低，转轴较细。起动方法与同步电动机相同。

例 7-1 某工厂电源电压为 6000 V，厂内使用了多台异步电动机，其总输出功率为1500 kW，平均效率为 70%，功率因数为 0.7(滞后)，现增添了一台同步电动机，该同步电动机的功率因数为 0.8(超前)时，已将全厂的功率因数调整到 1。求此同步电动机承担多少视在功率(kV·A)和有功功率(kW)。

解：多台异步电动机总的视在功率为

$$S=\frac{P_2}{\eta\cos\varphi}=\frac{1500}{0.7\times0.7}\text{kV}\cdot\text{A}=3061\ \text{kV}\cdot\text{A}$$

由于 $\cos\varphi=0.7$，所以 $\sin\varphi=0.714$。

多台异步电动机总的无功功率为

$$Q=S\sin\varphi=3061\times0.714\ \text{kvar}=2186\ \text{kvar}$$

同步电动机运行后 $\cos\varphi=1$，故全部的感性无功全由该同步电动机提供，即有

$$Q'=Q=2186\ \text{kvar}$$

因 $\cos\varphi'=0.8$，$\sin\varphi'=0.6$，故同步电动机的视在功率为

$$S'=\frac{Q'}{\sin\varphi'}=\frac{2186}{0.6}\ \text{kV}\cdot\text{A}=3643.3\ \text{kV}\cdot\text{A}$$

有功功率为

$$P'=S'\cos\varphi'=3643.3\times0.8\ \text{kW}=2915\ \text{kW}$$

7.4 微型同步电动机

在自动控制系统中，往往需要恒转速传动装置，要求电动机具有恒定不变的转速，即要求电动机的转速不随负载或电源电压的变化而变化。微型同步电动机就是具有这种特性的电动机。

微型同步电动机的定子结构都是相同的，或者是三相绕组通入三相交流电，或者是两相绕组通入两相电流(包括单相电源经电容分相)，主要作用都是为了产生一个旋转磁场。根据转子的结构形式不同，微型同步电动机主要分为永磁式微型同步电动机、反应式微型同步电动机和磁滞式微型同步电动机。

微型同步电动机转子无励磁绕组，也无须电刷和滑环，因此结构简单、运行可靠、维护方便，功率从零点几瓦到数百瓦，广泛应用于需要恒速运行的自动控制装置及遥控、无线通信、有声电影、磁带录音及同步随动系统中。

7.4.1 永磁式微型同步电动机

1. 永磁式微型同步电动机的结构

永磁式微型同步电动机的定子与异步电动机的完全相同，有两相和单相罩极式绕组，通入交

流电后产生旋转磁场，转速为 n_0。

永磁式微型同步电动机的转子是由永久磁钢制成的，可以是两极，也可以是多极的，N、S 极沿圆周方向交替排列，如图 7-13(a)所示为四极转子，如图 7-13(b)所示为两极转子。转子上装有笼型绕组，作为起动绕组。转子极数必须与定子绕组产生的旋转磁场的极数相等。

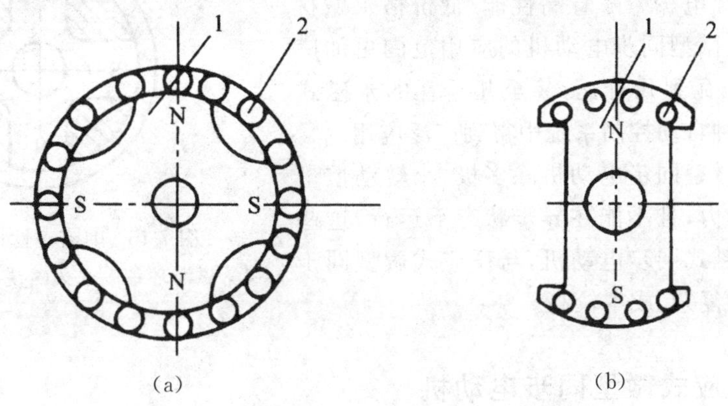

图 7-13　永磁式微型同步电动机的转子

1—永久磁铁；2—起动绕组工作原理

2.永磁式微型同步电动机的工作原理

如图 7-14 所示为具有两个永久磁极的永磁式微型同步电动机的转子。当同步电动机的定子接入交流电源后，产生一个旋转磁场，旋转磁场用一对旋转磁极表示。当定子旋转磁场以转速 n_0 沿图示方向旋转时，转子笼型绕组上产生异步起动转矩，驱动转子起动。当转子加速到接近同步之后，异步转矩同定子磁场与永久磁场产生的同步转矩共同将转子牵入同步，即根据 N 极与 S 极相互吸引的原理，定子旋转磁极与转子永久磁极紧紧吸住，带着转子一起旋转。由于转子靠旋转磁场拖动旋转，所以转子的转速与定子磁场的转速相等，都为同步转速 n_0。当转子上负载转矩增大时，定子磁极轴线与转子磁极轴线间的夹角 δ 就会相应增大，负载转矩减小时，夹角 δ 又会减小，两对磁极间的磁力线如同弹性的橡皮筋一样。尽管负载变化时，定子、转子磁极轴线之间的夹角会有变化，但只要负载不超过一定的限度，转子就始终跟着定子旋转磁场以同步转速旋转，即转子转速为 n_0。

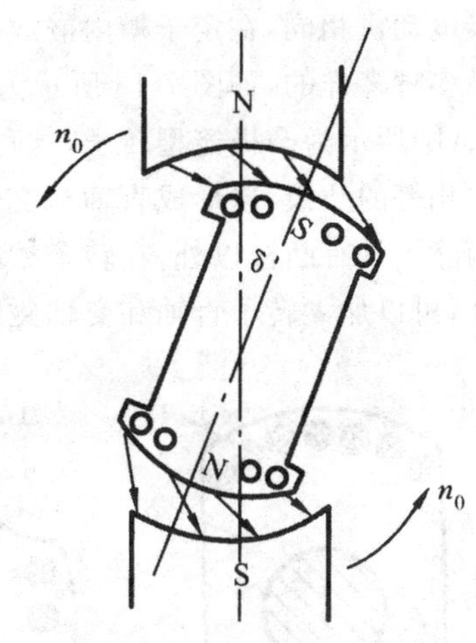

图 7-14　永磁式微型同步电动机的转子

应当注意，永磁式微型同步电动机起动比较困难。其主要原因是刚起动时，虽然合上了电源，永磁式微型同步电动机内产生了以同步转速的旋转磁场，但转子还是静止的，转子由于惯性的作用而跟不上定子旋转磁场的转速。因此，定子、转子磁场之间存在着相对运动，转子受到的平均转矩为零，因而永磁式微型同步电动机不能自行起动。

为了使永磁式微型同步电动机能够自行起动，除了转子本身惯性很小、极数较多的低速永磁式微型同步电动机外，一般的永磁式微型同步电动机都需附加起动装置。一种是转子上附加笼型绕组，如图 7-13 所示；另一种是转子上附加磁性材料环帮助起动，如图 7-15 所示。这种同步电动机称为磁滞起动永磁式同步电动机。

永磁式同步电动机的功率因数和效率较高，有效材料利用率高，与同体积的其他类同步电动机相比，功率大、体积小、耗电少。随着高性能、低价格永磁材料的出现，永磁式微型同步电动机的应用范围更加广泛，目前功率从几瓦到几百瓦，甚至几千瓦的永磁式同步电动机在各种自动控制系统中得到广泛应用。

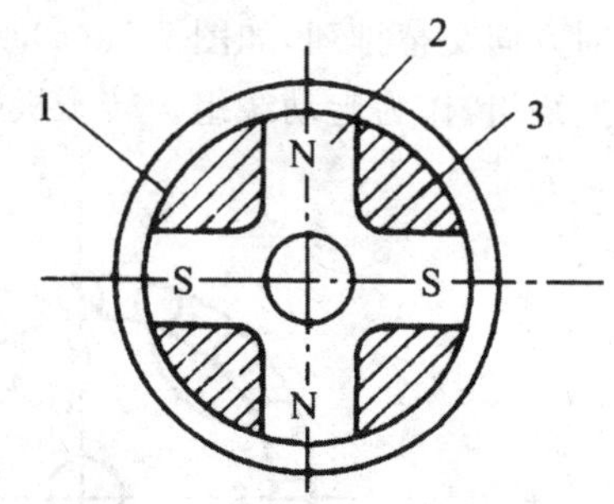

图 7-15　具有磁性材料环的转子
1—磁滞环；2—永久磁铁；3—极间填充材料

但是永磁式微型同步电动机除多极、小转动惯量外，无自行起动能力，且不能在异步状态下运行，这些不及磁滞起动永磁式同步电动机，与反应式微型同步电动机相比，结构复杂、成本较高。

7.4.2　反应式微型同步电动机

1. 反应式微型同步电动机的结构

反应式微型同步电动机即没有直流励磁的凸极式同步电动机。其定子与一般同步电动机或异步电动机相同，在定子槽内嵌放两相或三相对称绕组，也可能是单相罩极式绕组。转子结构形式是多种多样的，如图 7-16 所示为反应式微型同步电动机转子的几种常见形式，其中如图 7-16(a)、(b)所示为凸极笼型转子，这种转子与一般鼠笼式异步电动机的转子差别仅在于具有与定子极数相等的凸极，以形成直轴与交轴磁阻不等。如图 7-16(c)所示为反应式微型同步电动机转子结构除了具有凸极以外，在转子铁心中还设置了隔离槽(内反应槽)，并相应增大凸极极弧。这样一来，可以加大转子直轴和交轴磁阻差，提高反应式微型同步电动机的功率。

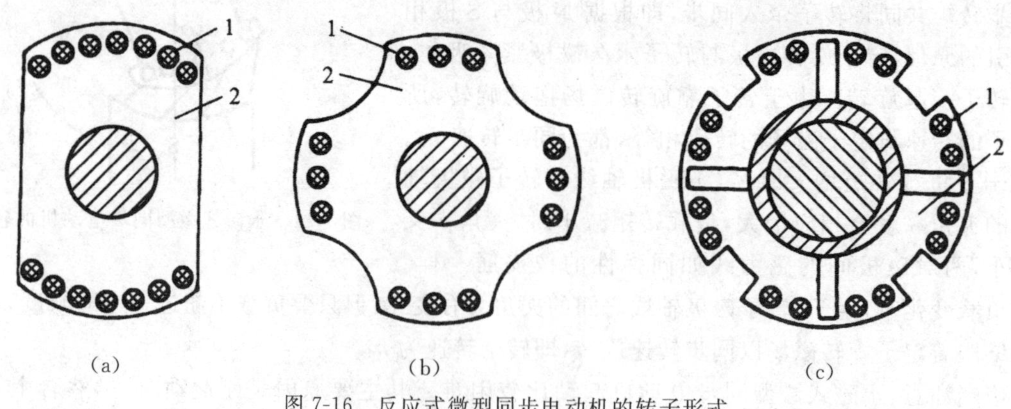

图 7-16　反应式微型同步电动机的转子形式
1—笼型条；2—转子铁心

2. 反应式微型同步电动机的工作原理

反应式微型同步电动机的工作原理可用图 7-17 的简单模型来进行进一步的说明。

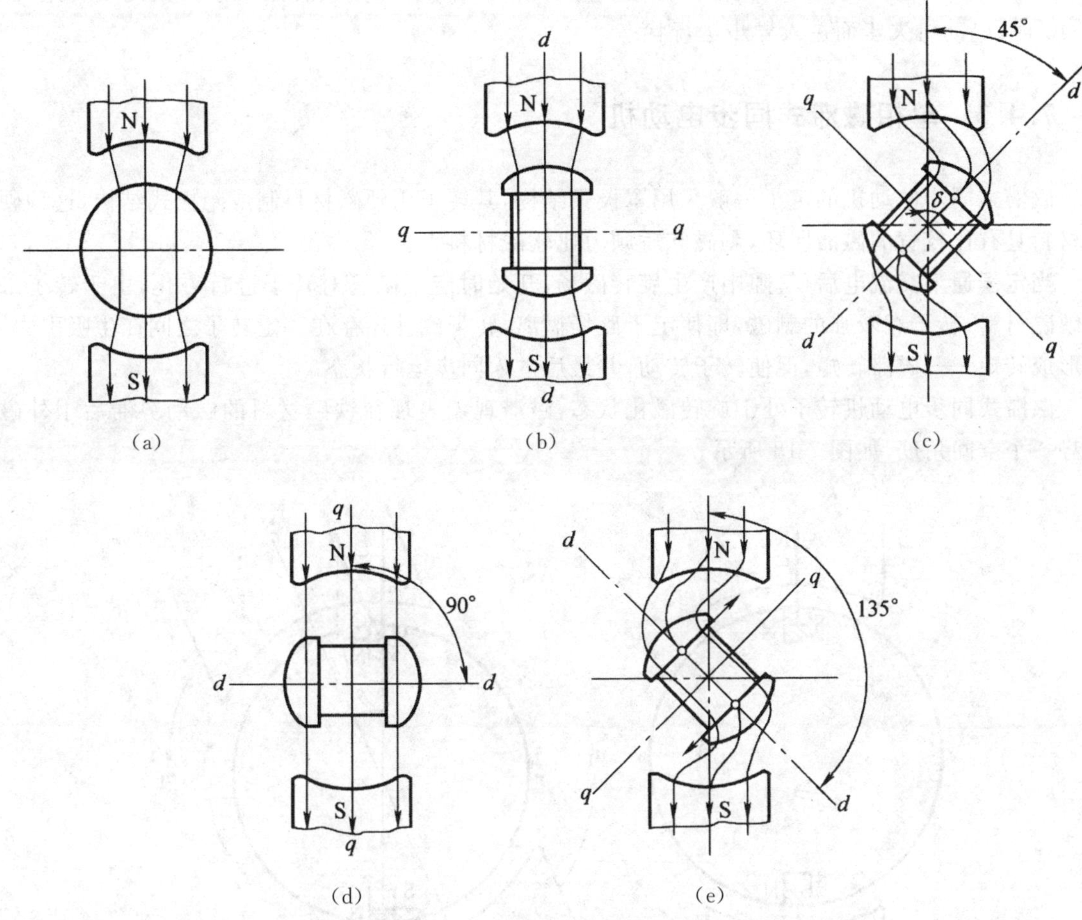

图 7-17　反应式微型同步电动机的工作原理模型

图 7-17(a)是一个圆柱形隐极转子,它自身是没有磁性的,不论其直轴与旋转磁场的轴线相差多大角度,磁通都不发生扭斜,所以不会产生切向电磁力和电磁转矩。

图 7-17(b)是凸极的反应式同步电动机的空转情况,电动机的空载损耗很小可略去不计,故电动机产生的电磁转矩 $T_{em}\approx 0$,于是定子旋转磁场轴线与转子磁极轴线相重合,此时磁力线也不发生扭斜。

当电动机轴上加机械负载时,由于转矩不平衡,转子将发生瞬时减速,于是转子的直轴将落后旋转磁场的磁极轴线一个 δ 角度,如图 7-17(c)所示($\delta=45°$)。由于磁力线仍然力求沿磁阻最小的路径(沿转子直轴方向)通过转子,而被迫变弯,于是磁场发生扭斜。这时候磁力线所经路径增长,磁阻增大。被拉长的磁力线力图缩短所经路径以减小磁阻,而产生与电枢磁场转向相同方向的磁阻转矩以与负载转矩相平衡,因而转子直轴与旋转磁场轴线保持这一角度,以与定子旋转磁场转速相同的同步转速同向运转。

如果负载再增大,则 δ 角继续增大,由于部分磁通开始直接沿转子交轴方向通过,使磁场的畸变反而开始减小。当转子偏转角 $\delta=90°$时,全部磁力线都沿转子交轴通过,转子磁力线却未被扭斜,如图 7-17(d)所示,电磁转矩又变为零。

当 $\delta>90°$时,转矩将改变方向,如图 7-17(e)所示。当 $\delta=180°$时,转矩又等于零。

反应式同步电动机的最大同步转矩是发生在 $\delta=45°$ 时。如负载转矩大于最大同步转矩，即 $\delta>45°$ 时，电动机失步而进入异步运行状态。

7.4.3 单相磁滞式同步电动机

磁滞式同步电动机的定子一般采用罩极式结构，其转子用硬磁材料制成隐极式结构，这种硬磁材料具有比较宽的磁滞回环，剩磁和矫顽力比软磁材料大。

当定子通入交流电后，气隙中产生旋转磁场，开始时定子磁场对转子进行磁化，由于转子采用硬磁材料，转子有较强的剩磁，即使定子磁场撤离，转子磁性还存在。定转子之间产生吸引力，就形成转矩——磁滞转矩，促使转子转动，并最后进入同步运行状态。

磁滞式同步电动机转子处于旋转磁化状态，磁滞现象表现在铁磁材料的磁动势滞后于外磁动势一个空间角度，如图 7-18 所示。

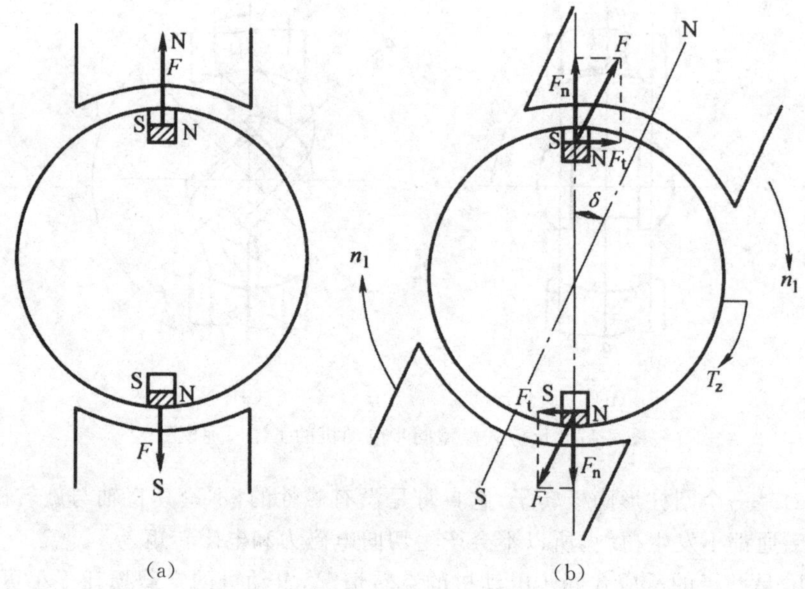

图 7-18 磁滞式同步电动机的工作原理

图 7-18(a)中转子是一个硬磁材料的实心转子，处在用磁极 S、N 表示的由定子产生的旋转磁场中。转子被磁化后所产生的磁场轴线与定子磁场的轴线相重合。这时定、转子磁场的相互作用力是径向方向的，不会产生转矩。

当旋转磁场相对于转子转动后，转子磁分子也要跟随旋转磁场方向转动。由于硬磁材料中的磁分子之间有较大的摩擦力，磁分子在转动时便不能立即随着旋转磁场方向转过相同的角度，而始终落后一个角度 δ。由所有磁分子产生的合成磁通即转子磁通也就落后定子旋转磁场一个 δ 角，称为“磁滞角”，如图 7-18(b)所示。

定、转子之间相互作用将产生切向力 F_t，并引起磁滞转矩，使转子朝着定子旋转磁场方向转动。磁滞角 δ 的大小与旋转磁场相对转子的速度无关，它决定于铁磁材料的性质。在转子转速低于同步转速 n_1(异步运行状态)时，不管转子转速是多少，在旋转磁场反复磁化下，转子的磁滞角 δ 总是相同的，所以产生的磁滞转矩 T_z 也与转子转速无关。

磁滞式同步电动机在磁滞转矩起动后并达到同步转速运行时，转子相对旋转磁场静止不动，也就不再被交变磁化，而是恒定磁化。这时转子类似一永磁转子。转子磁通的轴线与定子磁场的轴线之间的夹角不是固定不变，而是可以变化的。

当电动机轴上负载转矩为零时，被磁化的转子产生的磁通的轴线与定子磁场的轴线相重合，电动机不产生转矩。当负载转矩增大时，电动机就要瞬时减速，定、转子两个磁场夹角就会增大，磁滞转矩也会增大，与负载转矩相平衡而以同步转速运转。这种转矩平衡情况与永磁式同步电动机运行时完全相同。

磁滞式同步电动机还可以与其他类型的同步电动机组合，形成组合式电动机。它既可以保持磁滞式电动机良好的起动性能，又可使电动机同步运行时性能指标有较大的提高。目前已有磁滞-反应式同步电动机、磁滞-永磁式同步电动机和磁滞-励磁式同步电动机等。磁滞起动永磁式同步电动机的转子结构如图 7-19 所示。

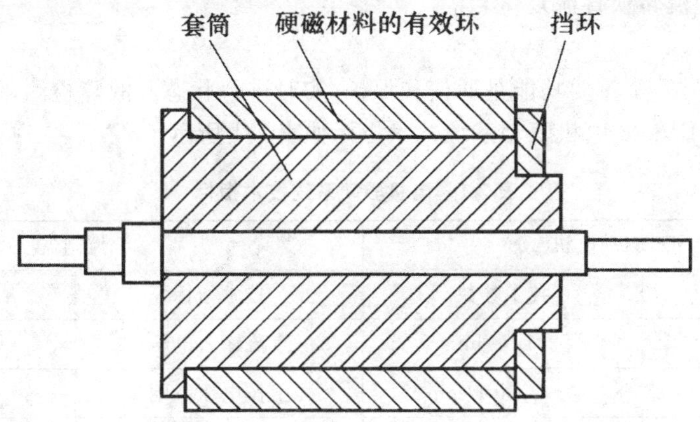

图 7-19 磁滞起动永磁式同步电动机的转子结构

磁滞式同步电动机转子的转速不论是否同步，都能产生磁滞转矩，因此它不需要任何起动装置就可以自行起动；它可以同步运行，在某些条件下也可以异步运行；它结构简单，工作可靠，运行噪声小。它广泛应用于自动控制和需要恒定转速的设备上，如遥控装置、程序控制系统、复印机、传真机和自动记录仪等。

7.5 永磁同步电机在电动汽车中的应用

由于永磁同步电机具有体积小、效率高、功率因数高、维护方便和控制准确等特点，在电动汽车中的应用越来越普遍，特别是小型电动汽车中应用较多。如德国奥迪 DUOⅢ混合动力汽车中采用了三相永磁同步电机，额定功率 21.6 kW。美国通用电气公司的永磁同步电机，最大功率为 52 kW，最大转矩 110 N·m，最高转速达 11 000 r/min。日本丰田、本田、日产等公司生产的电动汽车中大部分都是采用永磁同步电机作驱动电机，如我们熟悉的丰田 Prius 混合动力汽车用的永磁同步电机最大电压为 650 V，最大输出功率 60 kW，最大扭矩 207 N·m。丰田燃料电池混合动力汽车 FCHV-4 采用了 80 kW 永磁同步电机，日野(Hino)公司燃料电池公交车 FCHV-BUS 用了两个 90 kW 的永磁同步电机，采用双电机驱动方式。本田公司研制的 FCX 燃料电池汽车也采用永磁同步电机，最大功率 60 kW，最大扭矩 272 N·m。

本节以北汽新能源电动汽车 EV200 的永磁同步电机驱动系统为例进行叙述。

7.5.1 电机驱动系统概述

电机驱动系统是纯电动汽车三大核心部件之一，是车辆行驶的主要执行机构，其特性决定了车辆的主要性能指标，直接影响车辆动力性、经济性和舒适性。

北汽 EV200 采用三相永磁同步电机，电机驱动系统的主要功能如下：

①怠速控制(爬行)。

②控制电机正转(前进)。

③控制电机反转(倒车)。

④能量回收(交流转换直流)。

⑤驻坡(防溜车)。

电机控制器的另一个重要功能是通信和保护，实时进行状态和故障检测，保护驱动电机系统和故障反馈。北汽 EV200 电机驱动系统技术指标如表 7-1 所示。

表 7-1 电机驱动系统技术指标

永磁同步驱动电机		控制器	
技术指标	技术参数	技术指标	技术参数
额定转速	2812 r/min	直流输入电压	336 V
转速范围	0～9000 r/min	工作电压范围	265～410 V
额定功率	30 kW	控制电源	12 V
峰值功率	53 kW	控制器电源电压范围	9～16 V
额定扭矩	102 N·m	标称容量	85 kV·A
峰值扭矩	180 N·m	质量	9 kg
质量	45 kg	防护等级	IP67
防护等级	IP67	尺寸(长×宽×高)	403 mm×249 mm×140 mm
尺寸(定子直径×总长)	(Φ)245 mm×(L)280 mm		

7.5.2 电机驱动系统的组成与工作原理

北汽 EV200 电机驱动系统的结构框图如图 7-20 所示。

由图 7-20 可知，电机驱动系统主要由电机、电机控制器和冷却系统组成。电机控制器和电机通过水冷却系统进行冷却散热；驱动电机采用的是三相交流永磁同步电机；控制器采用三相电压源型逆变器为主电路的控制系统。

电机驱动系统的工作原理：整车控制器(VCU)发出指令，通过 CAN 线传输到电机控制器主板，控制器主板经过逻辑换算确定旋变传感器的转子位置，再发信号驱动 IGBT 模块(又称智能功率模块)，输出三相交流电使电机旋转。控制器主板对所有的输入信号进行处理，并将驱动电机控制系统运行状态的信息通过 CAN 总线网络反馈给整车控制器。当诊断出故障时，电机控制器存储该故障码和数据或发送给整车控制器。

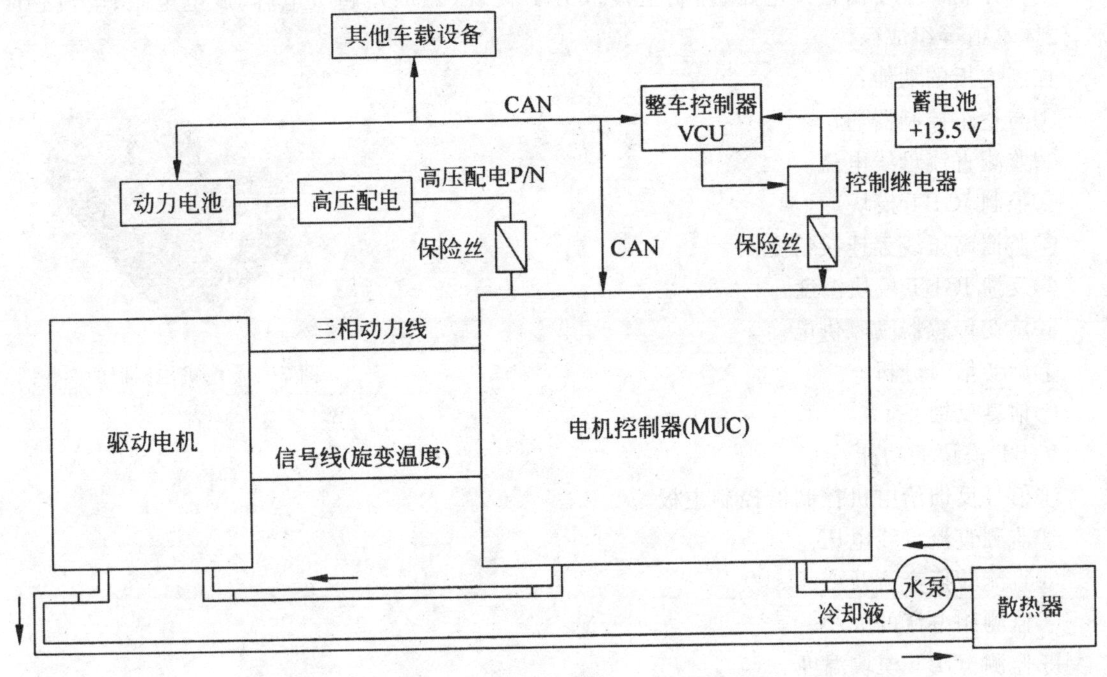

图 7-20　电机驱动系统的结构框图

1. 永磁同步电机

北汽 EV200 电机驱动采用的是三相永磁同步电机，其基本构造如图 7-21 所示。

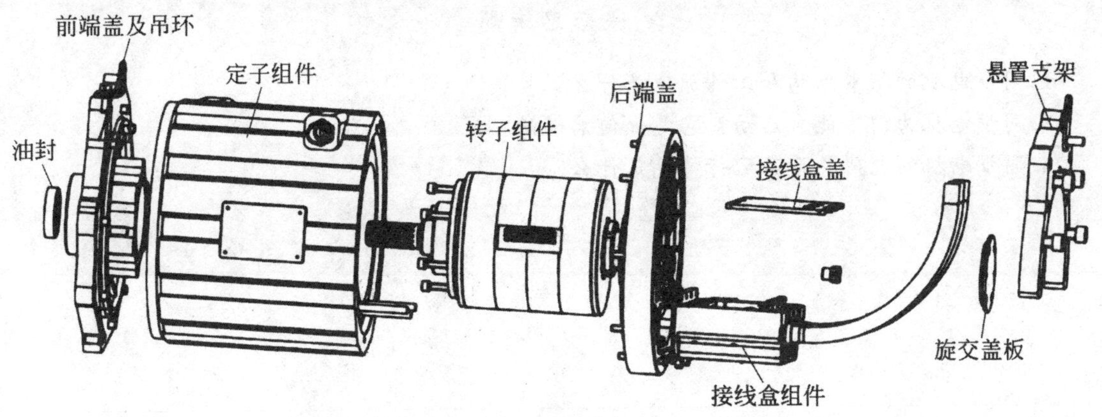

图 7-21　三相永磁同步电机的构造图

由图 7-21 可知，三相交流永磁同步电机主要由定子(铝合金)、转子(永磁)、前后端盖、旋变传感器和水道等组成。其中，旋变传感器线圈(励磁、正弦、余弦三组线圈)固定在壳体上，信号齿圈固定在转子上。

2. 电机控制器

北汽 EV200 电机控制器的实物图如图 7-22 所示。

电机控制器主要由接口电路、控制主板、IGBT 模块(驱动)、超级电容、放电电阻、电流感应器、壳体水道等组成。

控制主板的功能:

①与整车控制器通信。

②监测直流母线电流。

③控制 IGBT 模块。

④监控高压线束连接情况。

⑤反馈 IGBT 模块温度。

⑥旋变传感器励磁供电。

⑦旋变信号分析。

⑧信息反馈。

图 7-22　电机控制器的实物图

IGBT 模块的功能:

①信号反馈给电机控制器控制主板。

②监测直流母线电压。

③直流转换交流及变频。

④监测相电流的大小。

⑤监测 IGBT 模块温度。

⑥三相整流。

超级电容的功能:接通高压电路时给电容充电,在电机起动时保持电压的稳定。

放电电阻的功能:断开高压电路时,通过电阻给电容放电。

壳体水道的功能:用于电机控制器的散热。

课后思考题

1. 同步电机的基本结构和工作原理是什么?
2. 同步电机为何不能自启动? 它是如何启动的?
3. 同步电机的电磁关系及运行特性是什么?

第8章 步进电动机及步进控制系统

8.1 步进电动机的工作原理及典型结构

步进电动机是一种由电脉冲控制运动的特殊电动机，步进电动机不能直接使用通常的直流或交流电源来驱动，而是需要使用专门的步进电动机驱动器。专用的驱动电源向步进电动机供给一系列有一定规律的电脉冲信号，每输入一个电脉冲，步进电动机就前进一步，其角位移与脉冲数成正比，步进电动机转速与脉冲频率成正比，而且转速和转向与各相绕组的通电方式有关。在非超载的情况下，步进电动机的转速、停止的位置只取决于脉冲信号的频率和脉冲数，而不受负载变化的影响，即给步进电动机加一个脉冲信号，电动机就转过一个步距角。步进电动机可以在较宽的范围内通过改变输入控制脉冲的频率来实现调速，并能够做到快速起动、反转和制动。另外，步进电动机能直接利用脉冲数字信号进行控制并将其转换成角位移，因而很适合于计算机控制。

步进电动机是每输入一个脉冲就前进一步，前进一步的角度大小称为步距角，这种步进式运动不同于普通匀速旋转的电动机，所以称为步进电动机。由于其工作电源是脉冲电压，因此步进电动机也称为脉冲电动机。

8.1.1 步进电动机的典型结构

三相反应式步进电动机的步距角太大，通常不能满足生产中小位移的要求，为此必须增加拍数和转子齿数。下面介绍一种最常见的小步距角三相反应式步进电动机。

三相反应式步进电动机典型结构示意图如图8-1所示。定子仍然为三对极，每相一对，相对的极属同一相，不过每个定子磁极的极靴上各有5个小齿，转子圆周上均匀分布着40个小齿，根据工作原理的要求，定子、转子齿宽和齿距必须相等，转子齿数不能为任意数值，一方面要考虑到对步距角的要求，另一方面需以工作原理为根据。这些要求的根据有两点。

①在同相的几个磁极下，定子、转子齿应同时对齐或同时错开，这样才能使几个磁极的作用相加，产生足够的磁阻转矩，所以当每相的磁极沿圆周均匀分布时，要求转子齿数为每相极数的倍数。

②在不同相的相邻极之间的距离（即极距）不应是转子齿数的倍数。应依次错开 $1/m$ 齿距（m 为相数），这样才能在连续改变通电的状态下获得不断的步进运动。否则，当任一相通电时，转子齿都将处于磁路的磁导为最大的位置上。各相轮流通电时，电动机就不能运行，无工作能力。

因此定子、转子齿数必须配合适当，如图8-1中，A相的一对极下，定子、转子齿一一对齐时，B相绕组所在一对极下的定子、转子齿错开齿距 t 的 $1/m$，C相绕组所在一对极下的定子、转子齿错开齿距 t 的 $2/m$，当转子齿数 $Z_R=40$，相数 $m=3$ 时，其齿距所对应的空间角度，即齿距角为：

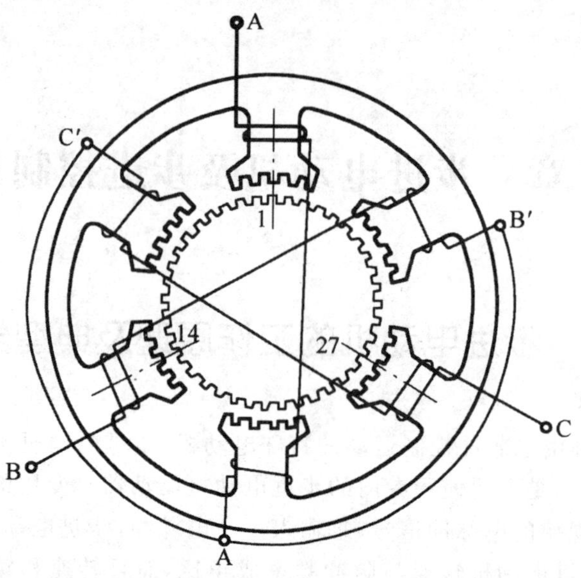

图 8-1 三相反应式步进电动机典型结构示意图(A 相通电时位置)

$$\theta_s=\frac{360°}{Z_R}=\frac{360°}{40}=9°$$

相邻两相间的齿数为：

$$\frac{Z_R}{m}=\frac{40}{3}=13\ \frac{1}{13}$$

定子相邻磁极间的转子齿数为：

$$\frac{Z_R}{m}=\frac{40}{6}=6\ \frac{2}{3}$$

也就是说，当 A 相一对极下定子、转子齿一一对齐时，则 B 相下转子齿沿 ABC 方向滞后定子齿 1/3 齿距；同理，C 相下转子齿沿 ABC 方向滞后定子齿 2/3 齿距，如图 8-2 所示。

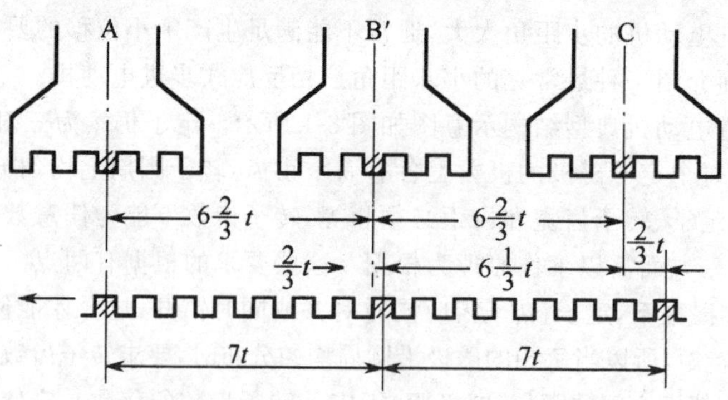

图 8-2 电动机的定子、转子展开图

如按三相单三拍运行，当 A 相绕组通电时，便建立一个以 A 相磁极为轴线的磁场，转子力图取最大磁导位置，因此 A 相磁极下定子、转子齿一一对齐，同时在 B 相错开 1/3 齿距，C 相错开 2/3 齿距。当 A 相断电、B 相通电时，B 相磁极下定子、转子齿一一对齐，则转子转过 1/3 齿距，这样按 A—B—C 顺序轮流通电时，便完成 1 个循环，转子转过 1 个齿距。因此可知步距

角 θ_b：

$$\theta_b = \frac{360°}{NZ_R} = \frac{360°}{3 \times 40} = 3°$$

若按三相单双六拍方式运行，拍数 $N=6$，增加 1 倍，步距角减小一半，即这时步距角为 1.5°。因为每输入一个脉冲，转子转过 $1/NZ_R$ 转，若脉冲电源的频率为 f，步进电动机转速为：

$$n = \frac{60f}{NZ_R}\ \text{r/min} \tag{8-1-1}$$

上式说明步进电动机转速由控制脉冲频率 f、拍数 N、转子齿数 Z_R 决定，与电源电压、绕组电阻及负载无关，这是它抗干扰能力强的重要原因。

8.1.2　步进电动机的工作原理

1. 磁阻转矩产生的原理

在定子绕组由通电产生的相应的电磁场的作用下，定子小齿与转子小齿之间存在磁场，转子小齿将被强行推到最大磁导率(或者最小磁阻)的位置，即定子小齿与转子小齿对齐的位置，如图 8-3(a)所示，这一过程称为对齿，并处于平衡状态。同时这一过程中形成转子的转动。

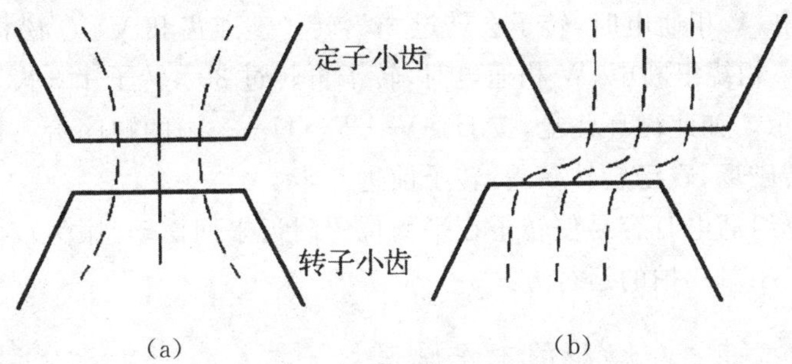

图 8-3　定子与转子之间的磁导现象

当定子小齿与转子小齿对齐后，将不再产生使转子转动的电磁力，为了持续形成转动，必须使其他没有对齐的定子小齿与转子小齿(即错齿)产生电磁力，并由磁阻作用形成转矩，如图 8-3(b)所示。这一过程为步进电动机的电流换相。

错齿的存在是步进电动机能够旋转的前提条件，所以，在步进电动机的结构中必须保证有错齿的存在。也就是说，当某一相处于对齿状态时，其他相必须处于错齿状态。

定子的齿距角与转子的相同，所不同的是，转子的小齿是圆周分布的，而定子的小齿只分布在磁极上，属于不完全齿。当某一相处于对齿状态时，该相磁极上的定子的所有小齿都与转子上的小齿对齐。

如果给处于错齿状态的相通电，则转子在电磁力的作用下，将向磁导率最大(或磁阻最小)的位置转动，即向趋于对齿的状态转动。步进电动机是基于这一原理实现转动。

2. 三相单三拍式步进电动机的工作原理

如图 8-4 所示为三相单三拍反应式步进电动机的工作原理图。“三相单三拍”中的“三相”是指定子的三相绕组，“单”是指每次只有一相绕组通电。从一相通电切换到另一相通电称为“一拍”,“三拍”是指完成一次通电循环要经过三次切换。

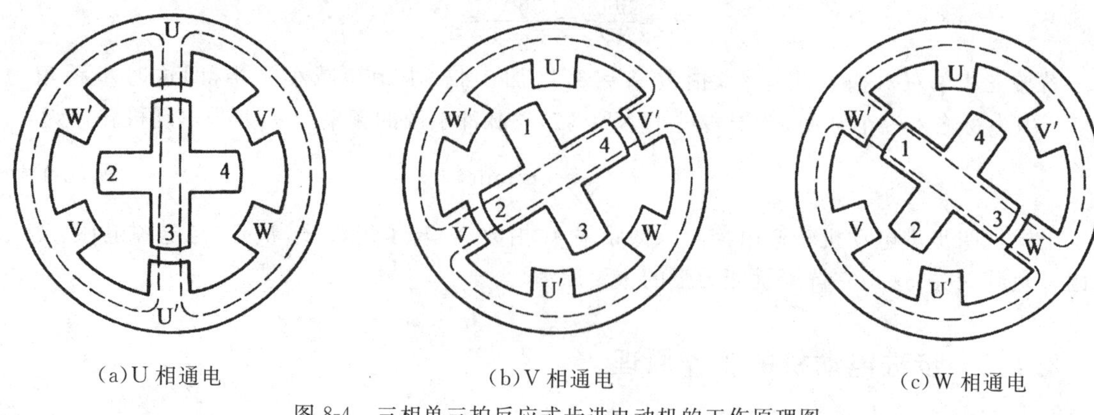

(a)U 相通电　　(b)V 相通电　　(c)W 相通电

图 8-4　三相单三拍反应式步进电动机的工作原理图

工作时,假设按 U→V→W→U 的通电顺序,使三相绕组轮流通电。当 U 相绕组通电时,气隙中生成以 U、U′为轴线的磁场。在磁阻转矩的作用下,转子 1、3 齿与 U、U′磁极轴线对齐,如图 8-4(a)所示。如果 U 相绕组不断电,转子 1、3 齿就一直被 U、U′磁极吸住而不改变其位置,即转子具有自锁能力。

当 U 相绕组断电,V 相通电时,转子会转过 30°,转子 2、4 齿和 V、V′磁极轴线对齐,如图 8-4(b)所示;同理,当 V 相绕组断电,W 相通电时,转子再转过 30°,转子 1、3 齿和 W、W′磁极轴线对齐,如图 8-4(c)所示。如此循环往复,按 U→V→W→U→……的顺序给三相绕组轮流通电,气隙中产生脉冲式旋转磁场,磁场旋转一周,转子前进三步。

单独一相控制绕组通电时容易使转子在平衡位置附近来回摆动(振荡),会使运行不稳定,因此实际上很少采用三相单三拍的运行方式。

3. 三相双三拍式步进电动机的工作原理

按 UV→VW→WU→UV 的顺序给三相定子绕组轮流通电。每次有两相绕组同时通电,如图 8-5 所示。步距角 $\theta_b=30°$与三相单三拍方式相同,但是双三拍每一步的平衡点,转子受到两个相反方向的转矩而平衡,不会产生振荡,因而稳定性好于单三拍方式,不易失步。反转时,定子绕组按 UW→WV→VU→UW 的顺序通电。

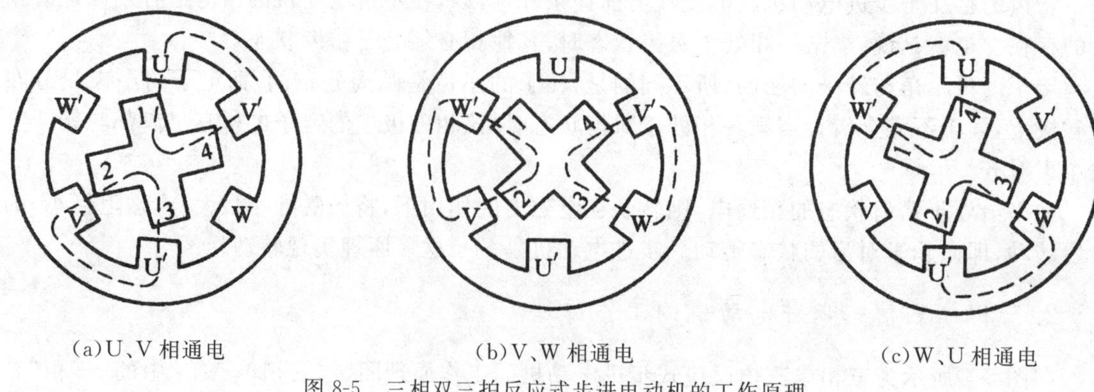

(a)U、V 相通电　　(b)V、W 相通电　　(c)W、U 相通电

图 8-5　三相双三拍反应式步进电动机的工作原理

4. 三相单双六拍式步进电动机的工作原理

三相单双六拍式步进电动机的工作原理如图 8-6 所示，工作时，按 U→UV→V→VW→W→WU→U 的顺序给三相绕组轮流通电。当 U 相通电时，转子 1、3 齿与 U、U′磁极轴线对齐，如图 8-6(a)所示；当 U、V 相同时通电时，U、U′磁极拉住 1、3 齿，V、V′磁极拉住 2、4 齿，转子转过 15°，到达图 8-6(b)所示位置；当 V 相通电时，转子 2、4 齿与 V、V′磁极轴线对齐，转子又转过 15°，到达图 8-6(c)所示位置，依此规律，按 U→UV→V→VW→W→WU→U 顺序循环通电，则转子逆时针旋转 15°，即步距角 $\theta_b=15°$。一个通电循环周期有六拍($N=6$)，转子前进的齿距角为 90°。若按 U→UW→W→WV→V→VU→U 顺序循环通电，则转子顺时针方向旋转，步进电动机反转。

三相单双六拍工作方式可以使步进电动机获得更精确的控制特性，其运行稳定性比前两种方式更好。

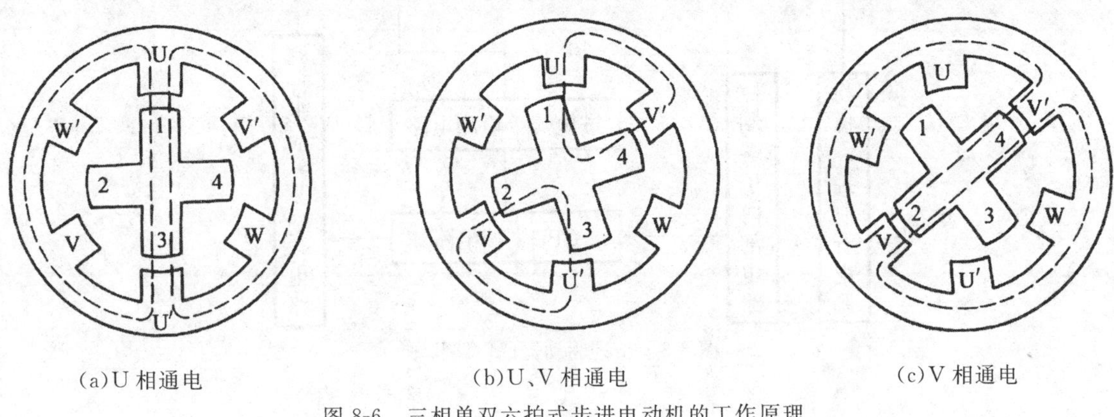

(a)U 相通电　　(b)U、V 相通电　　(c)V 相通电

图 8-6　三相单双六拍式步进电动机的工作原理

8.2　步进驱动器

步进驱动器是一种能使步进电动机运转的功率放大器，能把控制器发来的脉冲信号转化为步进电动机的角位移，电动机的转速与脉冲频率成正比，所以控制脉冲频率可以精确调速，控制脉冲数就可以精确定位。如图 8-7 所示是步进驱动器外形图。

图 8-7　步进驱动器外形图

8.2.1 步进驱动器的电路构成和工作原理

步进驱动器的电路构成如图 8-8 所示。整流电路将输入 AC 电源，整流滤波为直流电，给稳压电源的供电，并作为逆变功率电路的输入电源。部分小功率步进驱动器，直接取用外供直流电源，省去了整流电路这一环节。控制电路以单片机(CPU)为核心，接收输入端子输入的控制信号和过流检测电路输入的保护信号，输出逆变电路所需的信号脉冲，并经脉冲驱动电路进行功率放大，驱动逆变功率电路的 CMOS(或 IGBT)功率开关管，使负载电动机产生相应步进动作。逆变功率电路，有些机型是由单管分立零件组成，有些则与整流电路等集成于一个功率模块内部。

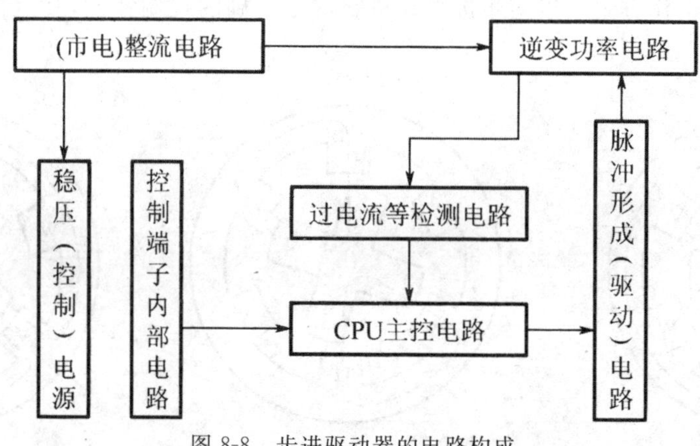

图 8-8　步进驱动器的电路构成

8.2.2 步进驱动器与步进电动机和控制线路的连接

图 8-9 为二相步进电动机与驱动器的接线图，控制设备可以是 PLC 的输出回路，也可以是其他电器设备。步进电动机驱动器最重要的控制信号有两个：脉冲信号和方向信号。脉冲信号决定步进电动机的运转速度，方向信号决定步进电动机的旋转方向。不仅仅是 PLC，任何设备只要能给出这两个控制信号，便能控制步进电动机的步进、转速和旋转方向。从脉冲信号输入脚输入的是频率可变的、脉冲个数可控的脉冲信号，这种信号可由纯硬件电路或软件程序生成；方向信号则为常规开关量信号。下面对步时电动机驱动器的几个控制信号及其他接线做一简要说明。

(1)脉冲信号输入端(CP)

由控制设备发送脉冲个数与频率可变化的控制脉冲，控制步进电动机的转速、步进距离；信号要求为矩形脉冲，脉冲宽度不低于 6～10 μs，信号间隔大于 6～10 μs，低电平幅值 0～1 V，高电平幅值达 4～6 V。工作方式一般为脉冲边沿触发，每输入一个脉冲信号，电动机转过一个步距角(步进一次)。

(2)方向信号输入端(CW/CCW)

方向信号输入端输入开关量电压信号。端子开路状态下，为静态高电平，CP 端子有脉冲信号输入时，步进电动机正转；控制信号生效使方向输入端为低电平时，在脉冲信号输入期间反转。

该端子控制回路，接通与断开与否，步进电动机都有可能运转，只是运转方向不同罢了。机型不同，对应正、反转的电平值可能有所不同。例如，有的 CW/CWW 端子为高电平时，反转。

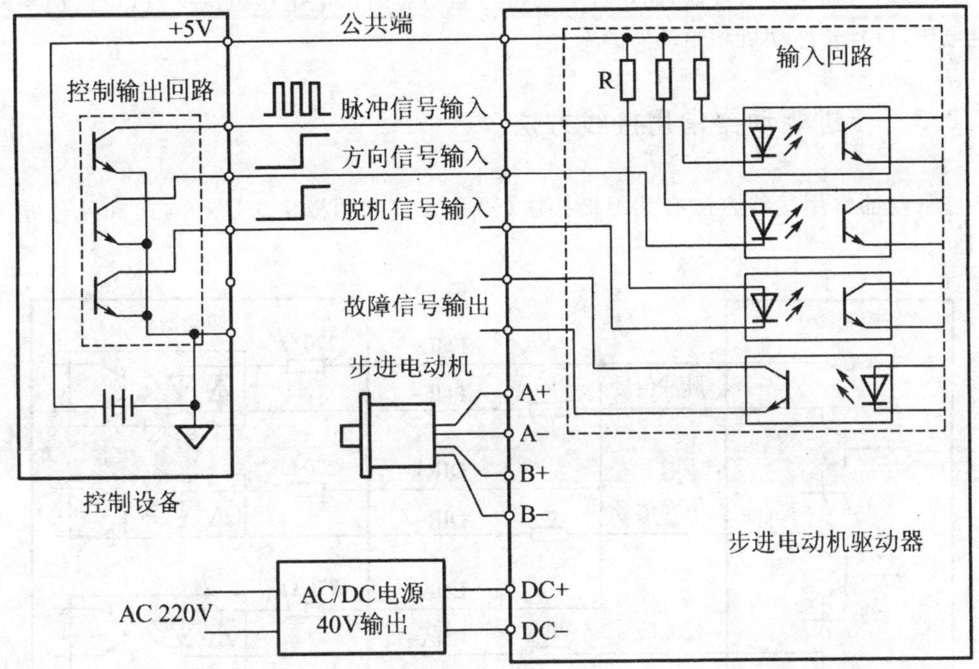

图 8-9 二相步进电动机与驱动器的接线图

这两个控制端子一般为必接端子，即使只需要一个转向。接入方向控制的目的，在单转向时，相当于启/停信号。

(3)脱机信号输入端(FREE)

脱机信号输入端指通电运行前步进电动机的静止力矩(锁定转子力矩)。步进驱动器在脉冲信号无输出时，一般仍输出一静态直流电压，产生静止力矩以锁住转子不动。而当有脱机信号时解除自锁功能，转子处于自由状态并且不响应脉冲信号输入。

在不断电情况下，要手动调整转子位置时，为步进驱动器输入脱机信号，可使转子解除锁定状态，进行手动操作或调节，调整完毕后，再解除脱机信号。

注意：有些步进驱动器，该端子定义为 HOLD(励磁控制信号输入)，端子接通状态下，由转子锁定力矩产生，步进电动机允许运行。端子开路状态下，反而为脱机状态。

(4)故障信号输出端(ERR)

故障信号输出端为开路集电极输出或接点输出方式，在过电流、欠电压、过电压、电动机连线接错等故障发生时，步进驱动器停止输出，同时发出故障报警信号。故障信号输出端操作面板还有各种运行、故障指示灯，配合显示步进驱动器的工作状态。

(5)输出接线端(A＋/A－/B＋/B－)

输出接线端与步进电动机的绕组引线对应相连接。改变电动机转向时，除改变 CW/CCW 端子信号外，也可以用改变输出端子的方法来改变电动机转向，将 A＋、A－端子互调，便使步进电动机的转向改变。

(6)供电电源端(AC 80 V 或 DC 40 V)

直流供电时，可采用开关电源，注意电流供给能力应大于步进电动机的 2 倍；交流供电时，可采用 220 V/80 V 或 380 V/80 V 降压变压器，电流供给能力应大于步进电动机的 1.5 倍以上。

如果负载较轻，转速也要求较低，而步进电动机与驱动器的供电电压范围又宽，可以适当降低电源供电电压，以延长电动机和驱动器的寿命。

8.2.3 步进驱动器常用接线方法

步进驱动器常用接线方法有共阳极接法(图 8-10)、共阴极接法(图 8-11)和差分方式接法(图 8-12)。

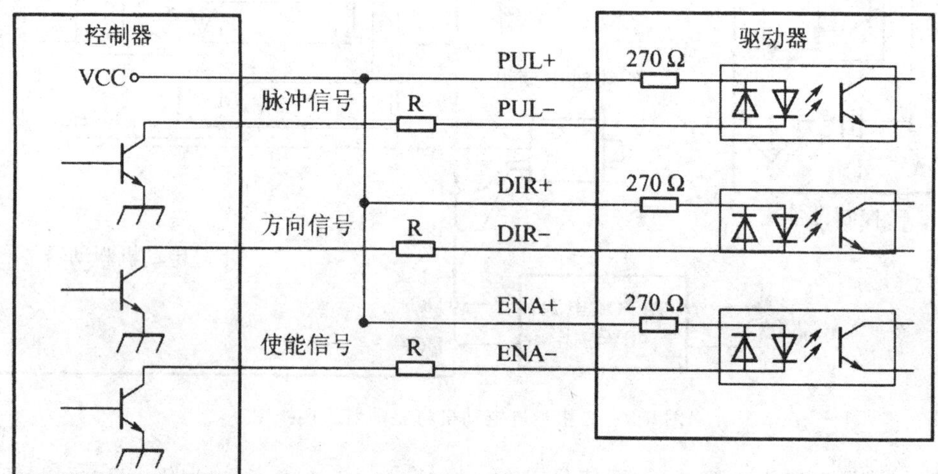

图 8-10 共阳极接法

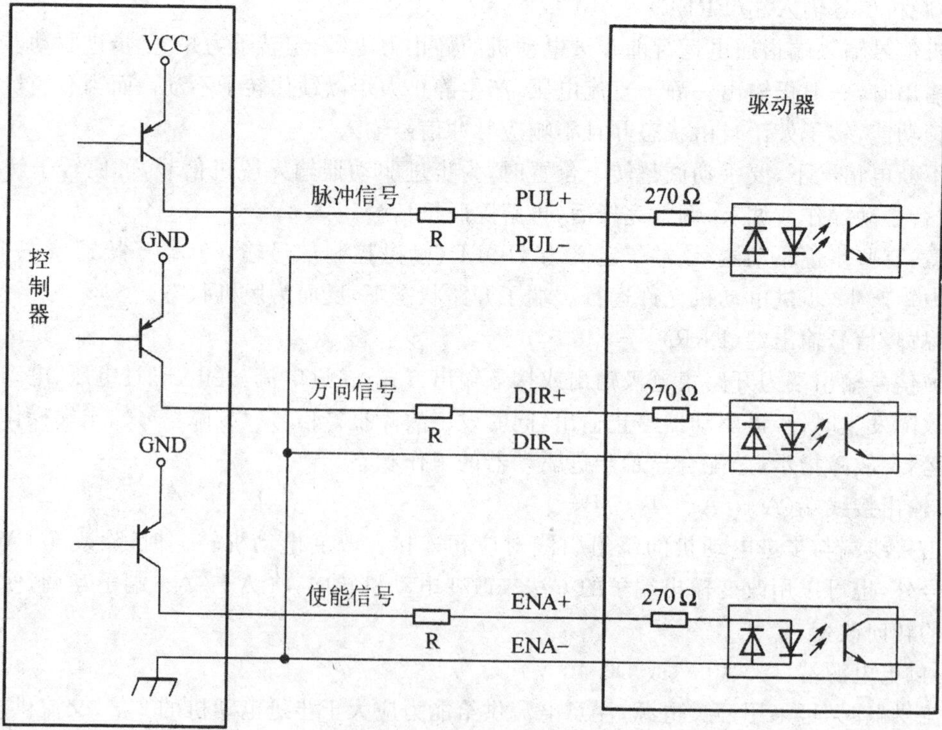

图 8-11 共阴极接法

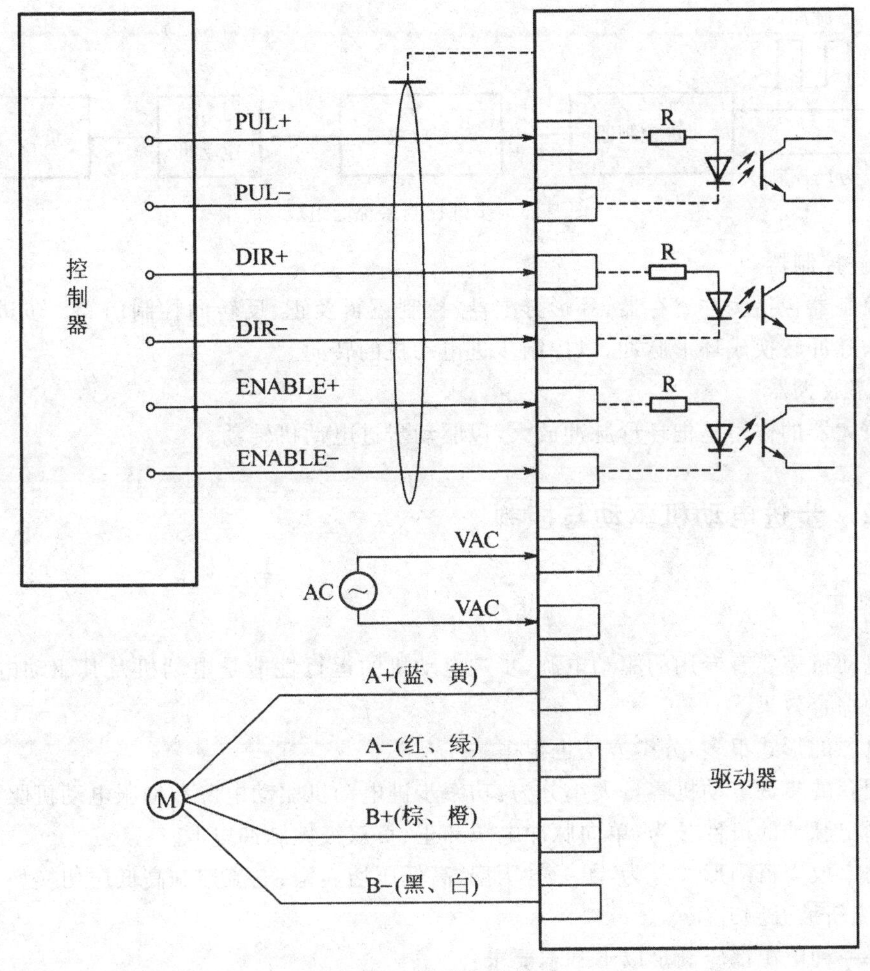

图 8-12　差分方式接法

8.2.4　步进驱动器常用电流设置

①四线电动机和六线电动机高速度模式:输出电流设成等于或略小于电动机的额定电流值。

②六线电动机高力矩模式:输出电流设成电动机额定电流的 0.7。

③八线电动机并联接法:输出电流应设成电动机单极性接法电流的 1.4 倍。

④八线电动机串联接法:输出电流应设成电动机单极性接法电流的 0.7。

8.3　步进控制系统

8.3.1　步进控制系统的组成

如图 8-13 所示是步进控制系统的组成示意图。

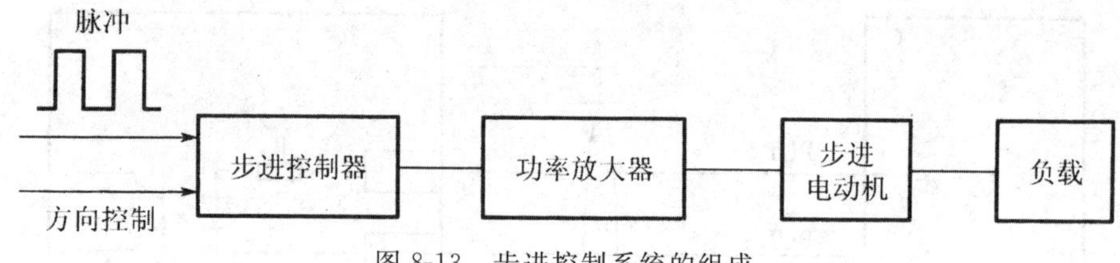

图 8-13　步进控制系统的组成

(1)步进控制器

步进控制器包括缓冲寄存器、环形分配器、控制逻辑及正、反转向控制门等。步进控制器作用是把输入脉冲转换成环形脉冲,以控制步进电动机的转向。

(2)功率放大器

功率放大器的作用是把环形脉冲放大,以驱动步进电动机转动。

8.3.2　步进电动机驱动与控制

1. 驱动电源

步进电动机需要有专用的驱动电源,步进电动机的运行性能是电动机及其驱动电源两者配合所反映的综合效果。

驱动电源的形式很多,分类方法也很多。

①按配套的步进电动机容量大小分为:功率步进电动机驱动电源和伺服电动机驱动电源。

②按输出脉冲的极性分为:单向脉冲电源和正、负双极性脉冲电源。

③按功率放大器的形式分为:单一电压型、高低压切换型、电流控制高低压切换型、细分电路电源、定电流斩波升频升压等。

无论哪一种电源都应满足以下基本要求:

①各种参数都要与步进电动机相匹配,如驱动电源的相数、通电方式、电压电流等。

②步进电动机起动频率和连续运行频率运行正常,并最大限度地抑制电机振荡。

③工作时抗扰能力强、安全可靠。

步进电动机的驱动电源的三个组成部分是变频信号源、脉冲分配器和脉冲放大器。变频信号源是一个脉冲信号发生器,脉冲的频率范围由几赫兹到几万赫兹不等。常用的有多谐振荡器和张弛振荡器(单结晶体管构成)两种。

脉冲放大器是要进行脉冲功率的放大。因为从脉冲分配器能够输出的电流很小(毫安级),而步进电动机工作时需要的电流较大(一般几安到几十安)。这就需要进行功率放大。功率放大电路的种类很多,它们对电机性能的影响也各不相同。脉冲放大器是每相绕组一套。

步进电动机的控制系统由变频信号源、脉冲分配器、驱动电路和步进电动机组成,是一个开环系统。如图 8-14 所示。

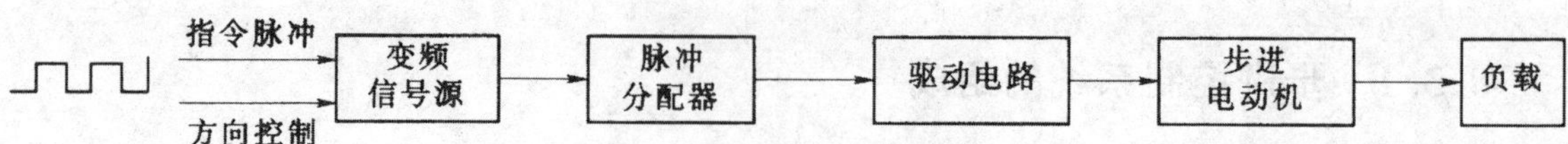

图 8-14　步进电动机控制系统

2. 脉冲分配器

脉冲分配器就是将指令脉冲按一定规律分配给各相绕组，可由硬件电路或软件程序来实现。

(1)硬件脉冲分配器

硬件电路采用分立元件(触发器或逻辑门等)组成，体积较大。如图 8-15 所示是三相六拍步进电动机的脉冲分配器线路图。

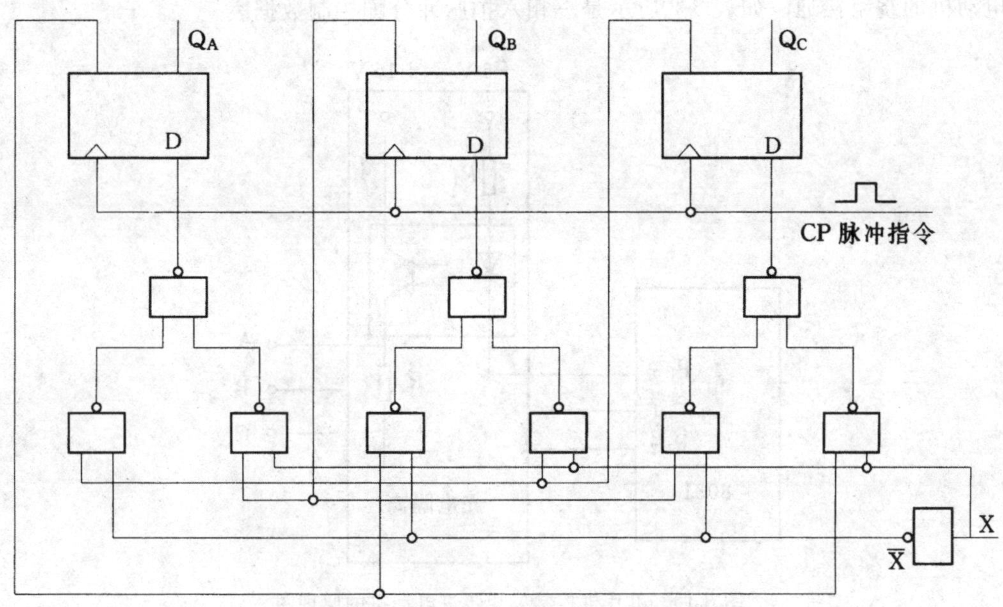

图 8-15　三相六拍步进电动机的脉冲分配器线路图

图 8-15 中从脉冲输入端 CP 加入脉冲指令，每输入一个脉冲，通电状态改变一次，如表 8-1 所示。当正向控制端 X 处在“1”状态，反向控制端 X 处在“0”状态时，步进电动机按 A→AB→B→BC→C→CA→A 旋转。反之，按 A→AC→C→CB→B→BA→A 旋转。

表 8-1　三相六拍步进电动机状态表

通电相	Q_C	Q_B	Q_A	正转 X(1)	反转 $\overline{X}$(0)
A	0	0	1	↓	↑
AB	0	1	1		
B	0	1	0		
BC	1	1	0		
C	1	0	0		
CA	1	0	1		

此外，目前大多使用集成化的脉冲分配器芯片代替分立元件，以缩小体积和降低成本。

(2)软件脉冲分配器

软件脉冲分配器就是用计算机程序代替硬件电路，除了缩小体积和降低成本以外，不用改变硬件线路，只要修改程序就可得到不同的通电方式。但是占用计算机资源，影响运行速度。

软件脉冲分配的基本原理是根据步进电机与计算机的接线情况及通电方式，列出脉冲分配数据表，运行时计算机按节拍序号查表获得相应的控制数据，在规定的时间内，通过输出口将数据输入到步进电机的驱动电路。

如图 8-16 所示是采用单片机 8031 控制三相步进电动机的电路原理图，输出口 $P_{1.0}$、$P_{1.1}$、$P_{1.2}$通过光电隔离接口分别接到步进电动机的 A、B、C 三相绕组上，当输出高电平"1"时，对应的步进电动机的绕组接通。如表 8-2 所示是三相六拍脉冲分配控制数据表。

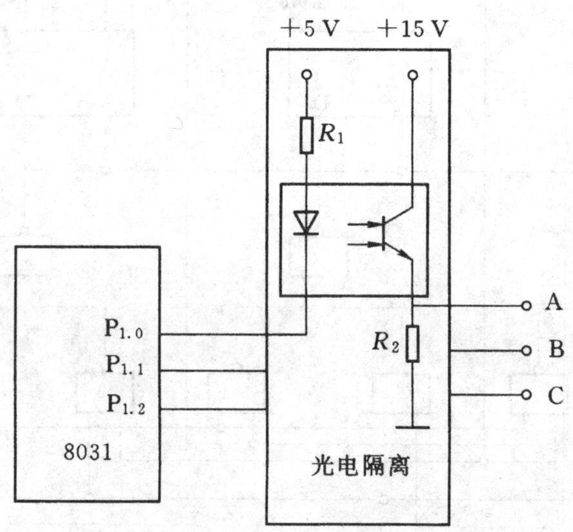

图 8-16　单片机控制三相步进电动机的原理图

表 8-2　三相六拍脉冲分配控制数据表

节拍序号	$P_{1.0}$(A 相)	$P_{1.1}$(B 相)	$P_{1.2}$(C 相)	通电相	控制数据
1	1	0	0	A	01H
2	1	1	0	AB	03H
3	0	1	0	B	02H
4	0	1	1	BC	06H
5	0	0	1	C	04H
6	1	0	1	CA	05H

三相六拍脉冲分配程序流程图如图 8-17 所示。

(3)脉冲分配方式对性能的影响

脉冲分配方式对输出转矩有很大影响。一般来说，同时通电的相数越多，转矩下降越少。如三相步进电动机中，三相双三拍及三相六拍时的转矩都比三相单三拍的高。这是因为在换相过程中，如 AB→BC 时，B 相电流在换接过程中，始终不变，它对维持转矩起了很大作用。多拍制分配方式的步距角比单拍制的小，对提高起动和连续运行频率是有利的。

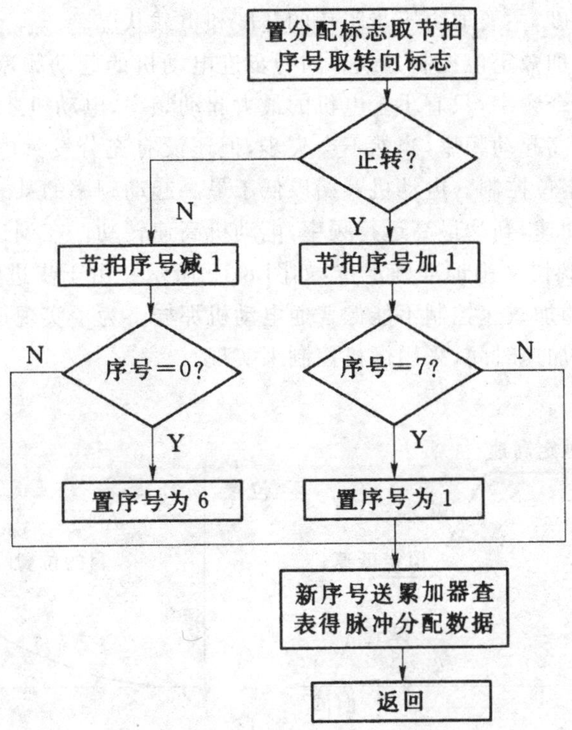

图 8-17　三相六拍脉冲分配程序流程图

3. 步进电动机的控制

由于步进电动机能直接接收数字量信号，所以被广泛应用于数字控制系统中。较简单的控制电路是一些数字逻辑单元组成，即采用硬件的方式。但要改变系统的控制功能，一般都要重新设计硬件电路，因此控制电路的灵活性较差。同时以微型计算机为核心的计算机控制系统来作为步进电动机的控制系统开辟了新的途径，利用计算机的软件或软、硬件相结合的方法能使系统的功能大大增强，同时也提高了系统的灵活性和可靠性。

以步进电动机作为执行元件的数字控制系统，有开环和闭环两种形式。

(1)开环控制系统

步进电动机系统能实现精确位移、精确定位，且无积累误差等特点。这是因为步进电动机的运动受输入脉冲控制，其位移量是断续的，严格来说，总的位移量等于输入的指令脉冲数或平均转速与输入指令脉冲的频率成正比；若能准确控制输入指令脉冲的数量或频率，就能够完成精确的位置或速度控制，无须系统的反馈，形成开环控制系统。

步进电机的开环控制系统，由控制器(包括变频信号源)、脉冲分配器、驱动电路及步进电动机四部分组成，如图 8-18 所示。

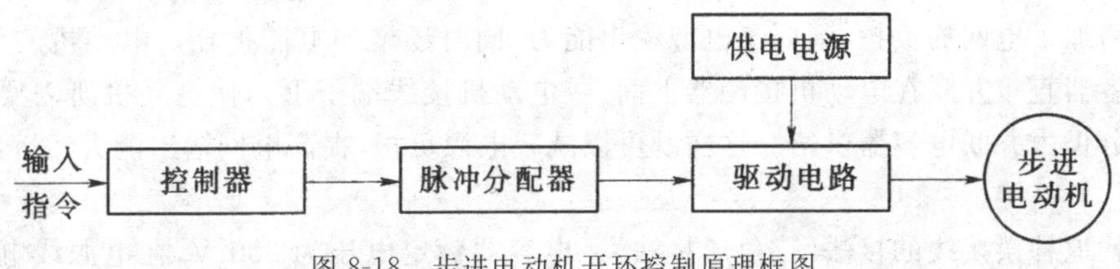

图 8-18　步进电动机开环控制原理框图

开环控制系统的精度，主要取决于步距角的精度和负载状况。

开环控制常常采用加减定位控制方式。因为步进电动机的起动频率要比连续运行频率小，所以开环控制的脉冲指令频率，只有小于电机的最大起动频率，电动机才能成功起动。若电动机的工作频率总是低于最高起动频率，当然不会失步，但还没有充分发挥电机的潜力，工作效率太低。为此，常用加减速定位控制。电动机开始以低于最高起动频率的某一频率起动，然后再逐步提高频率，使电机逐步加速，到达最高运行频率，电动机高速转动。在到达终点前，降低频率使电动机减速，这样就可以既快又稳地准确定位，如图 8-19 所示。由于步进电动机的电磁转矩受频率影响较大，所以负载的加减速控制不能像普通电动机那样。为了实现加减速的最佳控制，往往是分段设计加速转矩和加速时间，采用微机控制来实现。

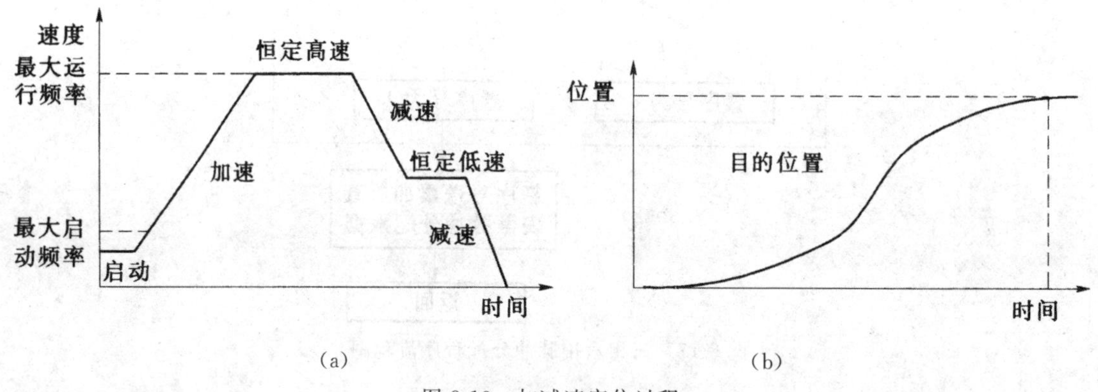

图 8-19　加减速定位过程

开环驱动的步进电动机系统以其成本低、定位精度较高、低速输出力矩大及掉电时有定位力矩等优点，在数字控制系统中得到广泛的应用，但开环控制使系统存在振荡区，在使用时必须避开振荡点，否则速度波动很大，严重时可能导致失步，同时，起动受到限制。一般要通过控制外加的速度给定，按一定的升速规律实现起动，必须有足够长的升速过程。这导致它在速度变化率较大的使用场合受到了限制。另外，抗负载波动的能力较差。

如果负载出现冲击转矩，电机可能失步或堵转。所以一般不能满载运行，必须留有足够的余量。这导致电动机的容量得不到充分应用。开环控制一般无法实现有效的功角控制，定子电流中有很大的无功电流成分，驱动电流过大，加大了电动机的损耗，所以它的效率一般较低。

鉴于无功电流成分造成电动机损耗，导致效率过低的问题，这里简要介绍一下电动机无功就地补偿原理。

工业企业用电设备大部分使用的交流异步电动机，其流入异步电动机的电流包括有功电流和无功电流两个部分。有功电流主要是拖动负载做功。无功电流又分为产生磁场的励磁电流和电动机内一、二次漏磁电流两个部分。

由于无功电流的存在(必需的)，而要从电源索取比实际多的电能，才能满足电动机的工作需要。这就增加了电网的负担，削弱了电源输出能力，同时还增加电能损耗。电动机的无功补偿，就是把电容器直接并联在电动机接触器下面(或电动机接线端子上)，使电动机所需要的无功电流的大部分仍由并联电容器供给。这样既可以减轻电源负担，提高电网输出能力，又可以减少电能损耗。

无功就地补偿接线的接法(三角形接法)。电容器额定电压为 380 V，在电源线电压一定情况下，电容器做三角形连接时再将三角分别接到电动机引出线端子上，每千瓦可提供的超前无功电流是电容器星形连接时的 3 倍，因此三角形接法可提供较大的无功功率。

由于在集中补偿设备管理上欠妥，集中补偿设备失灵，失去自动跟踪补偿作用，或者采用手动投切时，不及时、不准确，这样都会增加电能损失。电动机在无功就地补偿后具备集中补偿能力，最主要是解决了低压配电线路的无功流动问题，使电动机在较合理状态下运行，维持了电动机的额定力矩，避免电动机发热。

几年来使用无功就地补偿技术的实践证明，由于电动机受生产工艺要求制约，设备使用现场供电距离及设备原配套时留有裕量等原因，促成了大部分电动机都是在高能耗、低效益状态下运行。采用无功就地补偿后，不仅节电，同时对保证供电质量、防止设备超载运行、防止接点发热、防止电动机和线路绝缘老化及提高变压器供电能力等方面都起到了良好的作用。电动机无功就地补偿技术的发展，最大限度地提高了电动机的功率因数，这也是中国将来的发展趋势。

(2)闭环控制系统

在开环控制系统中，电动机响应控制指令后的实际运行情况，控制系统是无法预测和监控的。在某些运行速度范围宽、负载大小变化频繁的场合，步进电动机很容易失步，使整个系统趋于失控。另外，对于高精度的控制系统，采用开环控制往往满足不了精度的要求。因此必须在控制回路中增加反馈环节，构成闭环控制系统，如图 8-20 所示。与开环系统相比多了一个由位置传感器组成的反馈环节。将位置传感器测出的负载实际位置与位置指令值相比较，用比较信号进行控制，既防止了失步、震荡，还提高了系统的精度。

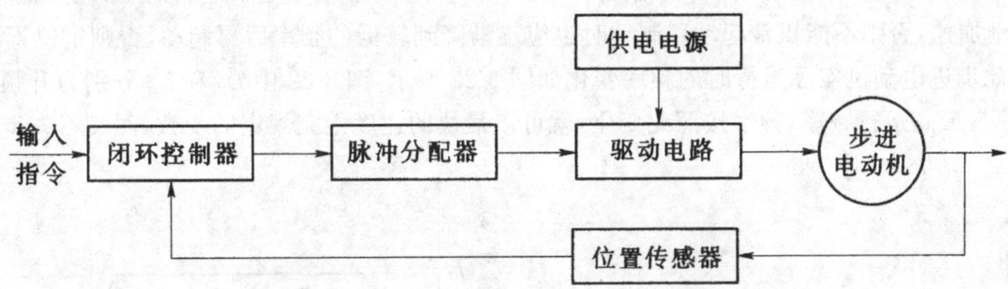

图 8-20　步进电动机闭环系统原理框图

闭环控制系统的精度与步进电动机有关，但主要是取决于位置传感器的精度。在数字位置随动系统中，为了提高系统的工作速度和稳定性，还应该有速度反馈内环。

随着工业应用的不断深入和相关技术的发展，人们对步进电动机应用系统提出了越来越高的性能要求。闭环伺服控制运行方式从根本上解决了震荡和失步问题，实现了绕组电流的有效控制，提高了效率，拓宽了步进电动机运动控制系统的应用领域。

(3)步进电动机的步数与速度控制

1)步数控制

步进电动机在用于软件驱动、打印机或数控机床进给系统中，都需要精确定位，所以在编写程序时，需先给定应走的步数。

例如某数控机床进给系统的五相步进电动机步距角 $\theta=1.5°$，脉冲当量 $\delta_p=0.005$ mm/脉冲，要求走刀距离为 $L=20$ cm。则需要 $\frac{L}{\delta_p}=4\times10^4$ 个脉冲，即要走 4×10^4 步(166.7 圈)才能走完这段距离。

通过上例可以了解步进电动机的运转步数与输入脉冲之间的关系，达到控制步数。

2）速度的控制

通过控制脉冲分配频率可实现步进电动机的速度控制。速度控制也有硬、软件两种方法。硬件方法是在硬件脉冲分配器的脉冲输入端（CP）接一个可变频率脉冲发生器，改变其振荡频率，即可改变步进电动机速度。

软件方法常采用改变脉冲周期大小的办法，如图 8-21 所示，脉冲高度是由使用的数字元件电平来决定，如一般 TTL 电平为 0～5 V，CMOS 电平为 0～10 V 等。在常用的接口电路中，多为 0～5 V。接通和断开时间的长短可用延时来控制，如果接通和断开时间加长，那么脉冲周期也变长，则一定时间内的脉冲频率数减少，步进电动机的转速降低。

要求一台三相六拍运行的步进电动机在 2s 内，走完 10 圈，转子齿数 $z=40$。步进电动机每进一步需要的时间周期为

$$T=\frac{2000\ \text{ms}}{10Nz}=\frac{200\ \text{ms}}{6\times40}\approx833\ \mu\text{s}$$

且 $T=t_{通}+t_{断}$，而 $t_{断}$ 是 CPU 执行程序的时间，为一定值，若 $t_{断}=100\ \mu\text{s}$，则 $t_{通}=733\ \mu\text{s}$，即一个脉冲的通电延时时间为 733 μs。在步进电动机的控制程序中，都设有延时子程序来调速。

另一种方法是改变单片机本身定时器的定时时间常数，来改变脉冲周期，通过中断子程序向输出口分配控制数据。

3）自动升降速控制

步进电动机允许的起动频率一般较低（100～250 步/s）。当要求告诉运行时，必须从低频起动，然后逐渐加速，否则不能正常起动。制动时也应逐渐降到较低的频率后再制动，否则定位不准。

因此步进电动机实际运行时的频率变化如图 8-22 所示，图 8-22 中 L_1 和 L_2 分别为升频区和降频区，f_e 为最高运行频率，频率按照此变化，就可以最快的速度走完规定的步数，而又不失步。

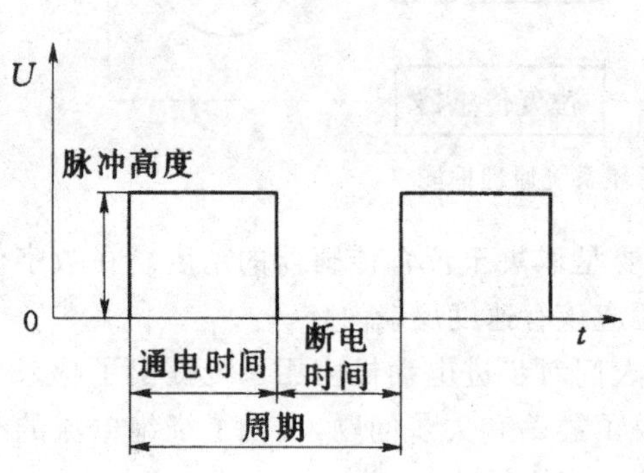

图 8-21　软件产生的脉冲波形图

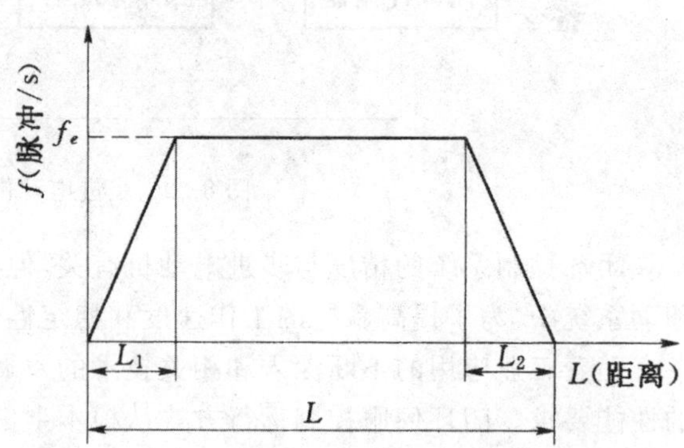

图 8-22　自动升降速时频率和距离的关系

4. 步进电动机的驱动电路

要使控制脉冲驱动步进电动机旋转，必须对它进行功率放大，实现这一功能的电路称为驱动电路，常用的驱动电路有单极性驱动和双极性驱动两种。

（1）单极性驱动

1）单电压驱动方式

如图 8-23 所示为一相控制绕组驱动电路的原理图。当有控制脉冲信号输入时，功率管 V 导

通，控制绕组中有电流流过；否则，功率管 V 关断，控制绕组中没有电流流过。

为了减小控制绕组电路的时间常数，提高步进电动机的动态转矩，改善运行性能，在控制绕组中串联电阻 R_{f1}，同时也起限流作用，电阻两端并联电容 C 的作用是改善注入步进电动机控制绕组中电流脉冲的前沿。在功率管 V 导通的瞬间，由于电容上的电压不能跃变，电容 C 相当于将电阻 R 短接，使控制绕组中的电流迅速上升，这样就使得电流波形的前沿明显变陡。但是如果电容 C 选择不当，在低频段会使振荡有所增加，引起低频性能变差。

由于功率管 V 由导通突然变为关断状态时，在控制绕组中会产生很高的电动势，其极性与电源的极性一致，两者叠加在一起作用到功率管 V 的集电极上，很容易使功率管击穿。为此，并联一个二极管 D 及其串联电阻 R_{f2}，形成放电回路，限制功率管 V 集电极上的电压，保护功率管 V。

单电压驱动方式的最大特点是线路简单、功率元件少、成本低。但它的缺点是由于电阻 R_{f1} 要消耗能量，使得工作效率低。所以这种驱动方式只适用小功率步进电动机的驱动。

2)高、低压驱动电路(双电压驱动方式)

如图 8-24 所示，当分配脉冲时，三极管 V_g 和 V_d 的基极电压同时由低电平跳到高电平，V_g 和 V_d 同时导通，高压 U_g 加到绕组两端，使得绕组电流迅速上升。这时二极管 D_1 两端承受反向电压，处于截至状态，低压电源 U_d 不起作用。当绕组电流超过额定电流的 1～2 倍时，通过电流检测器切断 V_g 的基极电压，使得 V_g 截止。但此时 V_d 依然是导通的，绕组电流转而由低压电源经过二极管 D_1 供给，此时绕组电流是额定电流，电阻 R_{f1} 是限流电阻。

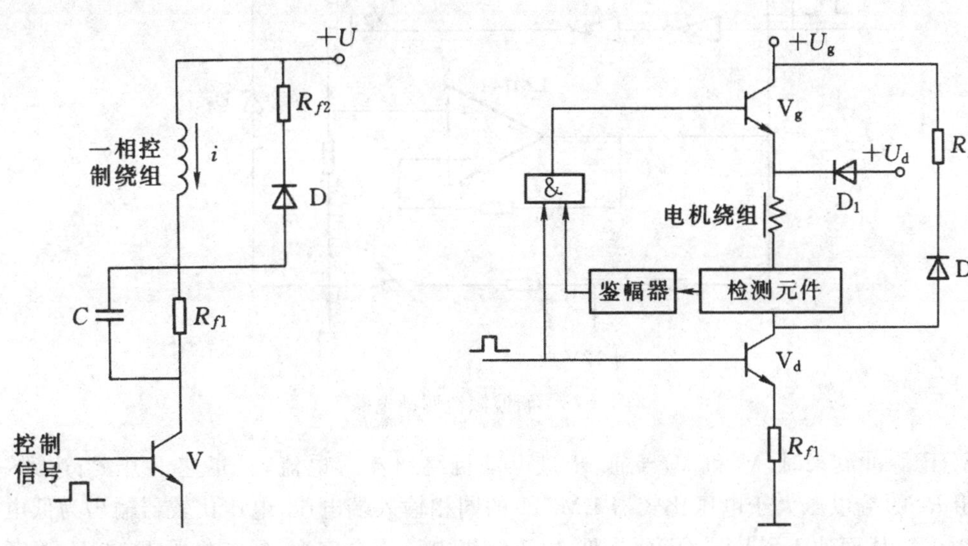

图 8-23　单电压驱动电路原理图　　　　图 8-24　高、低压驱动电路

当高电平变为低电平时，V_d 也截止，绕组电流经二极管 D_2 和电阻 R_{f2} 向高压电源放电，绕组电流迅速下降。如图 8-25 所示，由于 R_{f1} 很小，所以这种电路的功耗小，而且电流波形较平滑，提高了起动和运行频率。

3)斩波限流驱动电路

大功率场效应晶体管(VMOSFET)是一种新型的高压、高速大电流元件，它的驱动功率很小，无二次击穿问题，适宜作步进电动机的驱动元件，如图 8-26 所示是应用 VMOS 管的斩波限流驱动电路。

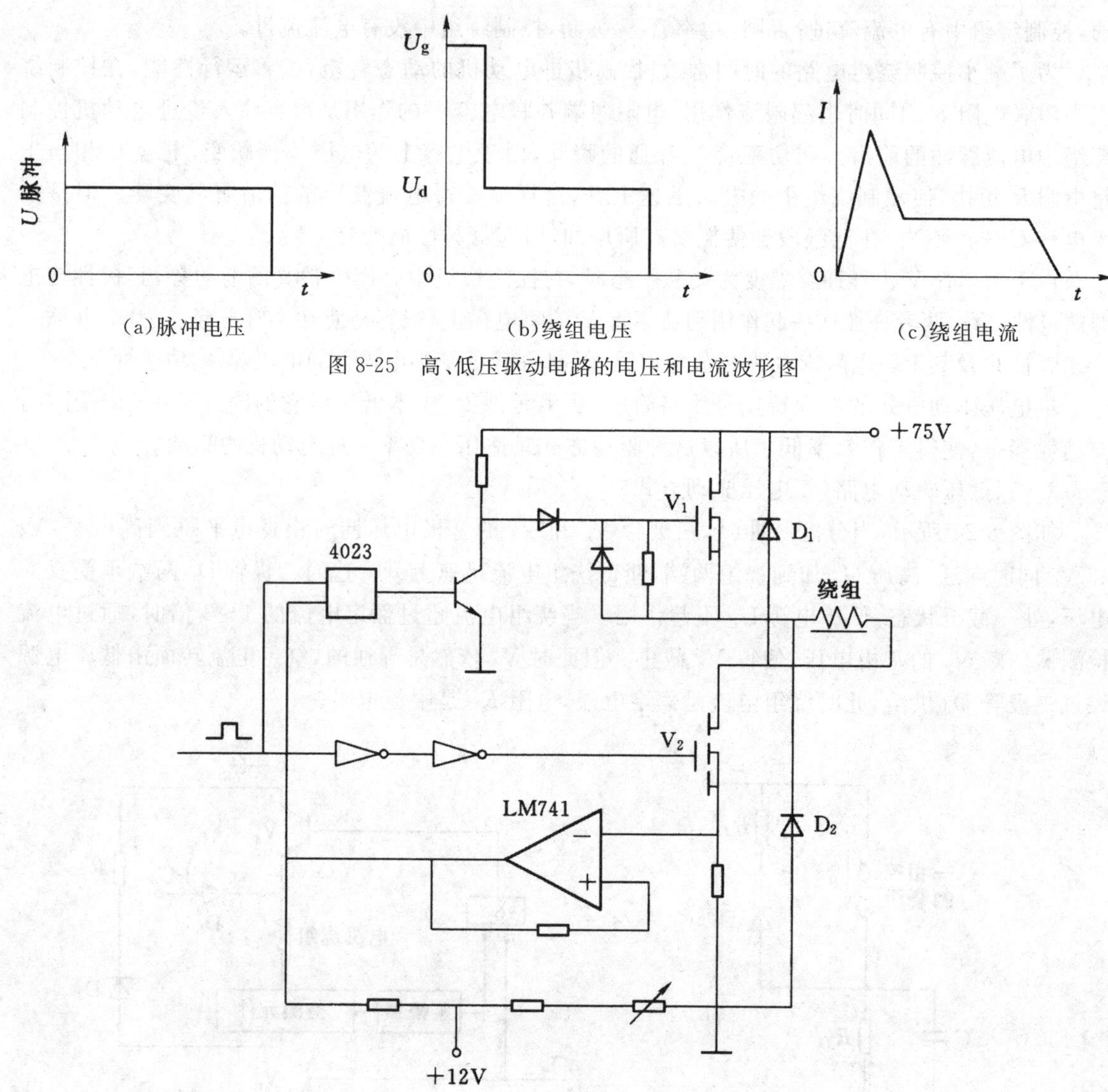

(a)脉冲电压　(b)绕组电压　(c)绕组电流

图 8-25　高、低压驱动电路的电压和电流波形图

图 8-26　斩波限流驱动电路

当分配脉冲到来时，V_1 和 V_2 导通，步进电动机绕组流入电流，且迅速上升，当达到一定值时，电阻 R_5 的端电压大于电压比较器 LM741 的同相输入端电压，电压比较器输出为低电平，锁住与门 4023，从而使 V_1 截止，而 V_2 导通，由于绕组电流不会突变，经二极管 D_2 和 V_2 逐渐衰减，当减到一定值(一般为额定电流的 90%)时，R_5 的端电压小于电压比较器 LM741 的同相输入端电压，电压比较器输出为高电平，再使 V_1 导通，这样在整个脉冲期间，绕组电流保持在一定范围内波动。当分配脉冲消失时，V_1 和 V_2 均截止，绕组电流经 D_1 流回到电源，形成很陡的电流脉冲后沿，如图 8-27 所示。

这种电路具有以下优点：

①效率高。V_1 和 V_2 工作于开关状态，以斩波方式获得绕组电流，效率比高、低压驱动电路高得多。

②电流幅值和波形调整方便。可通过改变电压比较器同相输入端的整定电压的幅值和波形

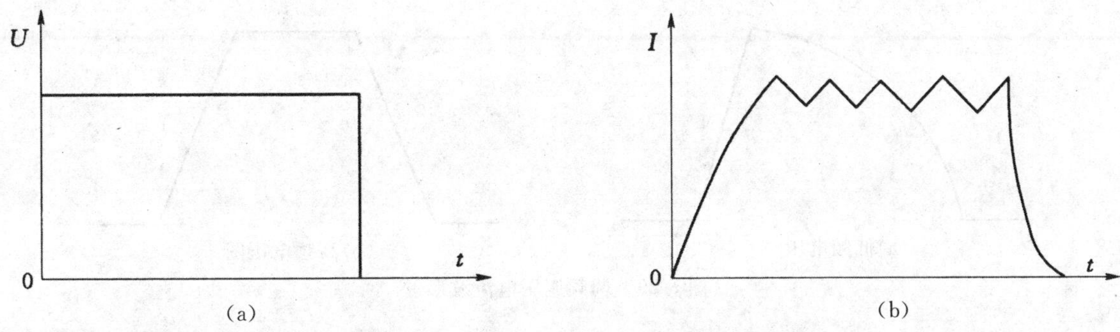

图 8-27　斩波限流驱动电路的电压和电流波形图

来达到。例如很容易得到一个前高后低的电流波形，以提高动态转矩，减少静态损耗。

③开关管所承受的电压任何时候不超过电源电压，所以可以采用较高的电源电压，以获得较快的旋转速度。

这种驱动方式不仅具有高低压驱动方式的优点，而且由于电流的波形得到了补偿，使电动机的运行性能得到显著提高。它的缺点是线路相对比较复杂，而且要求功率管的开关速度高。

4)调频调压驱动方式

从本质上来说，步进电动机控制绕组中的电流对运行性能起着决定性的作用。一般希望在低速时绕组电流上升缓慢一些，使转子向新的稳定平衡位置移动时不要有严重的过冲，避免产生明显的振荡；而在建立足够的绕组电流时，希望在高速运行中电流波形的前沿较陡，以提高带负载能力。然而前几种驱动电路都不能很好满足这一要求。因此，可采用调频调压驱动方式。

调频调压驱动方式的电路原理图如图 8-28 所示。电压调整器用脉冲调宽(PWM)实现调压，输出电压随脉冲频率的上升而上升；积分器对脉冲进行积分，其输出电压与锯齿波发生器产生的锯齿波在比较器中进行比较，产生脉宽随频率变化的控制脉冲信号，用该信号控制电压调整器，即可控制 U_2 的大小，达到随输入控制脉冲频率的变化自动调整控制绕组电源电压的目的，从而调节控制绕组中的电流。即输入控制脉冲频率低，使得绕组所加电压低，电流上升较缓；输入控制脉冲频率高等，使得绕组所加电压高，电流上升较快，电流波形如图 8-29 所示。

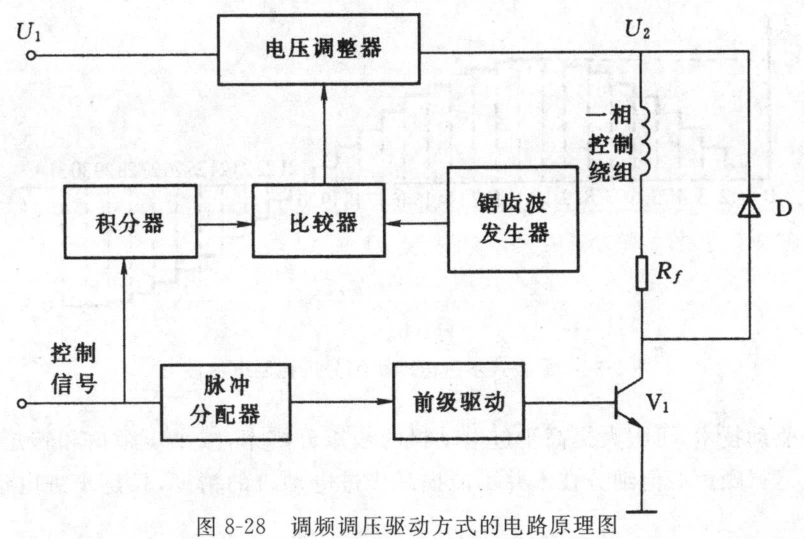

图 8-28　调频调压驱动方式的电路原理图

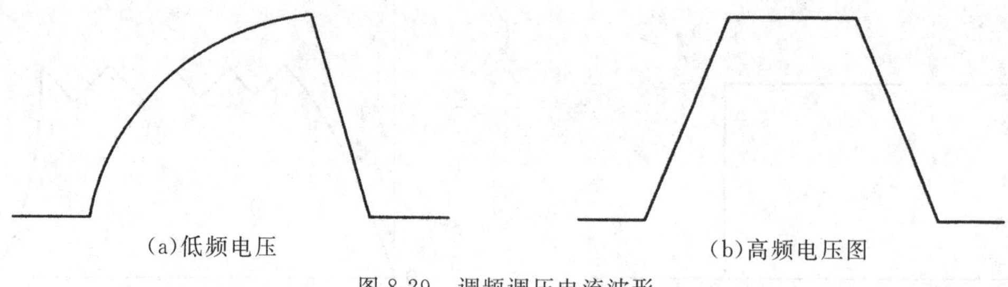

图 8-29　调频调压电流波形

这种驱动方式不仅线路比较复杂，而且在实际运行时针对不同参数的电动机，还要相应调整电压 U_2 与输入控制脉冲频率的特性。

5)细分驱动方式

一般步进电动机受制造工艺的限制，它的步距角是有限的。而实际中的某些系统往往要求步进电动机的步距角必须很小，才能达到设计加工要求，这时一般的驱动方式是不行的。为此，常采用细分驱动方式。所谓细分驱动方式，就是把原来的一步再细分成若干步，使步进电动机的转速近似为匀速运动，并能在任何位置停步。为达到这一目的，可将原来的矩形脉冲电流改为阶梯波电流。如图 8-30 所示为一台两相混合式步进电动机 A、B 两相电流按 40 等份细分的控制电流的波形。

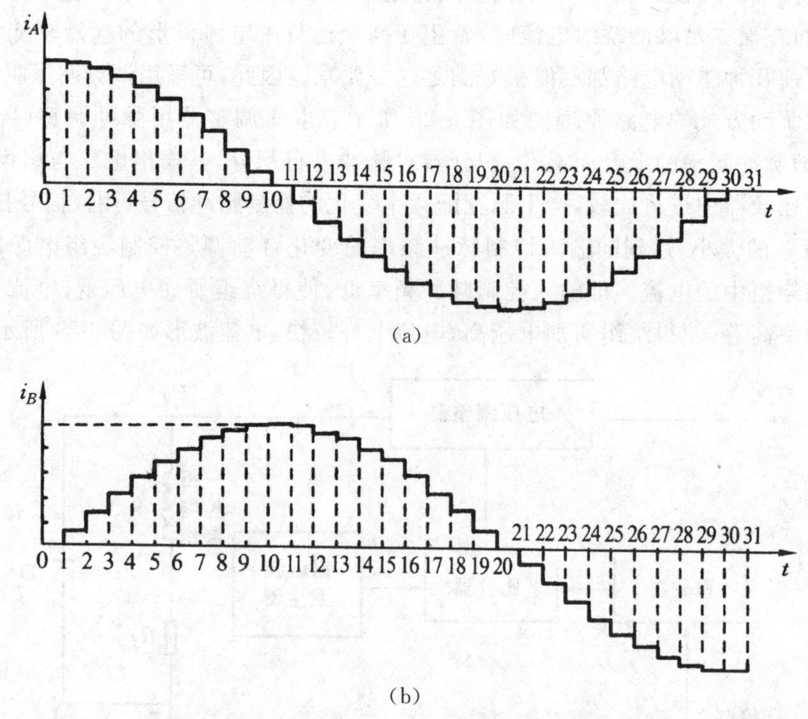

图 8-30　混合式步进电动机细分进控制电流波形

采用细分驱动技术，可大大提高步进电动机的步矩分辨率，减小步距角和转矩波动，避免低频共振及降低运行噪声。但细分技术并不能提高步进电动机的精度，只是步进电动机的转动更加平稳。

实现阶梯波形电流通常有如下两种方法：

①通过顺序脉冲形成器所形成的各个等幅等宽的脉冲，用几个完全相同的开关放大器分别进行功率放大，接着在电动机的绕组中将这些脉冲电流进行叠加，形成阶梯波电流，如图 8-31(a)所示。这种方法功率元件多，容量小，且构造简单，容易调整。适用于中、大功率步进电动机的驱动。

②把顺序脉冲形成器所形成的等幅、等宽的脉冲，先合成阶梯波，然后对阶梯波进行放大并驱动步进电动机，如图 8-31(b)所示。这种方法是功率元件少，但元件的容量较大，它适用于微小功率步进电动机的驱动。

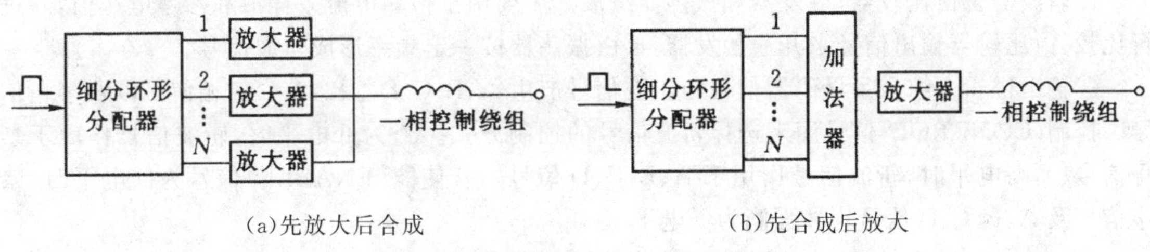

图 8-31　阶梯波形电流合成的原理图

(2)双极性驱动

前面介绍的各种驱动电路只能使控制绕组中的电流以相同的方向流动，适用于反应式步进电动机。而对于永磁式或混合式步进电动机要求在工作时定子磁极的极性交变，即绕组由双极性驱动电路驱动，形成绕组电流的正、反方向流动。大大提高了绕组利用率，增大低速时的转矩。

如果系统能提供合适的正负功率电源，则双极性驱动电路将相当简单，如图 8-32(a)所示。若 V_1 导通提供正向电流，V_2 导通则提供反向电流。然而大多数系统只有单极性的功率电源，这时就要采用全桥式驱动电路，如图 8-32(b)所示。若 V_2 和 V_3 导通提供正向电流，V_1、V_4 导通则提供反向电流。

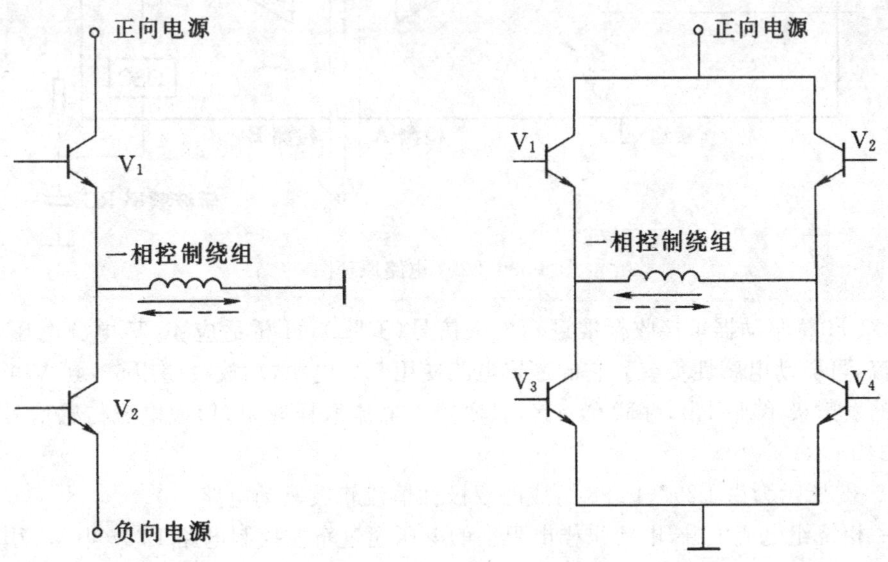

图 8-32　双极性驱动电源原理图

由于双极性驱动电路较为复杂，过去仅用于大功率步进电动机。但近年来出现了集成化的双极性驱动芯片，使它能方便地应用于对效率和体积要求较高的产品中。

下面以 L298 双 H 桥驱动器和 L297 步进电动机恒流斩波驱动器组成的双极性恒流斩波驱动电路为例，来介绍集成化驱动电路的应用。

L297 是 ST 公司推出的一种步进电动机斩波驱动控制器，主要用于双极性两相步进电动机或单极性四相步进电动机的控制。其原理框图如图 8-33 所示。它主要包含下面三部分的内容：

①译码器（即脉冲分配器）。是将输入的走步时钟脉冲（CP）、正/反转方向信号（CW/CCW）、半步/全步信号（HALF/FULL）综合以后，形成符合要求的各相通断信号。

②斩波器。由比较器、触发器和振荡器组成。主要用于检测电流采样值和参考电压值，并进行比较，由比较器输出信号来开通触发器，再由振荡器按一定频率形成斩波信号。

③输出逻辑。综合了译码器信号与斩波信号产生 A、B、C、D(1、2、3、4)四相信号以及禁止信号。控制（CONTROL）信号用来选择斩波信号的控制方式。当为低电平时，斩波信号作用于禁止信号；而高电平时，斩波信号作用于 A、B、C、D 信号。若使能（ENABLE）信号为低电平时，禁止信号及 A、B、C、D 信号均被强制为低电平。

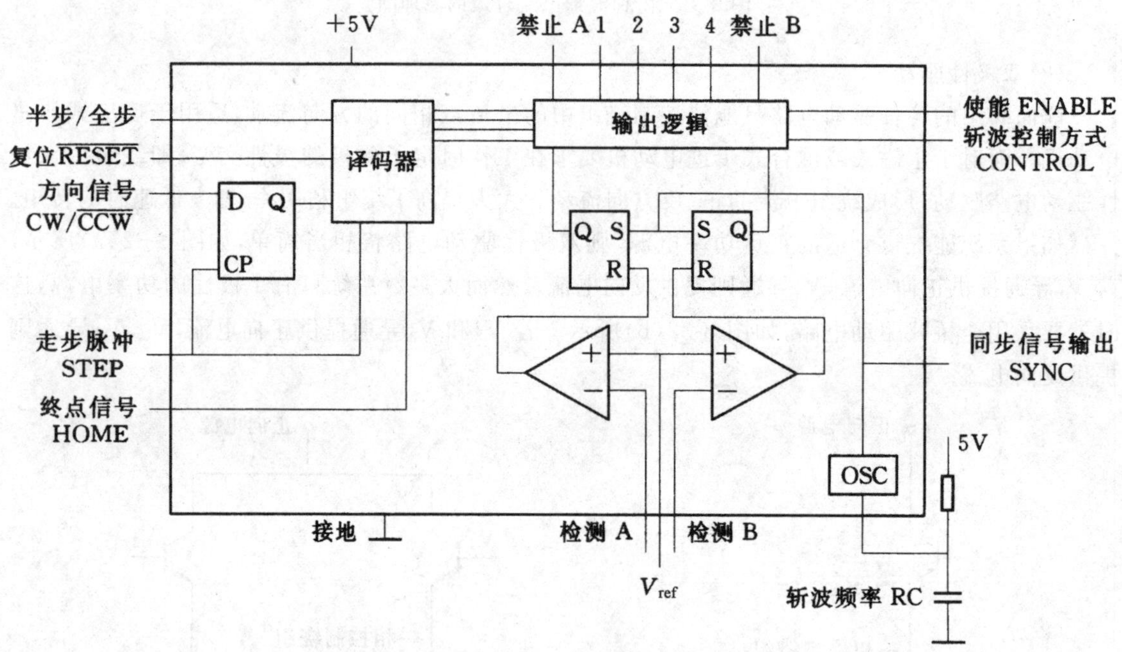

图 8-33 L297 电路原理图

L298 双 H 桥驱动器可接收标准逻辑电平信号（TTL），H 桥适应 46 V 电源电压，可达 2.5 A 的相电流，可驱动电感性负载。它的逻辑电路使用 5 V 电源，功放级使用 5～46 V 电压。下桥臂晶体管的发射极单独引出，并联在一起，以便接入电流取样电阻，形成电流传感信号。内部结构如图 8-34 所示。

如图 8-35 所示为由 L297、L298 组成的双极性恒流斩波驱动电路。

当某一相绕组电流上升，电流采样电阻上的电压超过斩波控制电路 L297 中 V_{ref} 引脚的限流电平参考电压时，其禁止信号为低电平、驱动管截止、绕组电流下降。待绕组电流下降到定值时，禁止信号变为高电平，相应的驱动管又导通，这就使电流稳定在要求值附近。

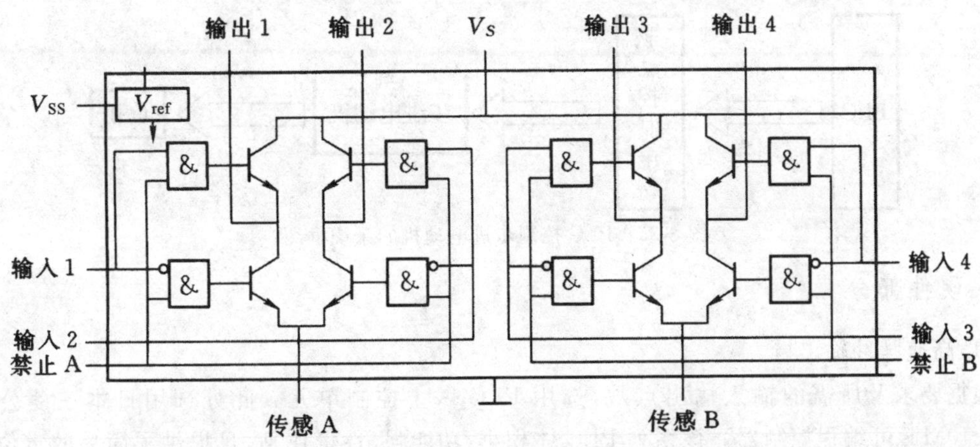

图 8-34　L298 内部原理图

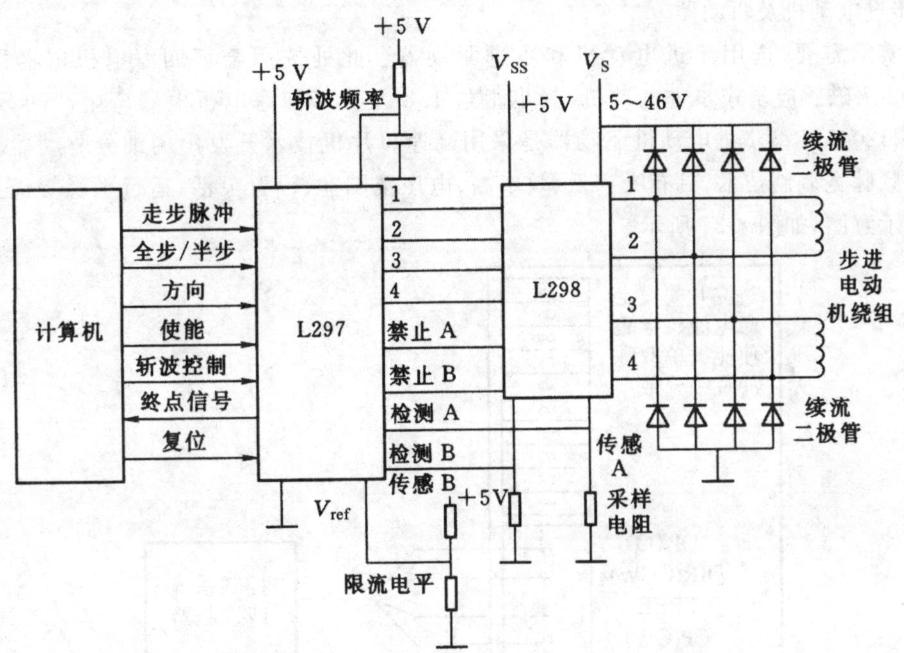

图 8-35　专用芯片构成的双极性斩波驱动电路

与 L298 类似的电路还有：

①TSR 公司的 3717 的单 H 桥电路。

②SGS 公司的 SG3635 的单桥臂电路。

③IR 公司的 IR2130 的三相桥电路。

8.3.3　步进电动机的 PLC 控制系统

在实际应用中，一般的定位控制大多采用可编程控制器 PLC 加定位模块进行定位控制；但当需要进行定位控制的定位轴比较少、控制要求不是特别高时，可以不需要单独配置定位模块，而是直接利用 PLC 本身的高速脉冲输出口控制步进电动机，如图 8-36 所示。

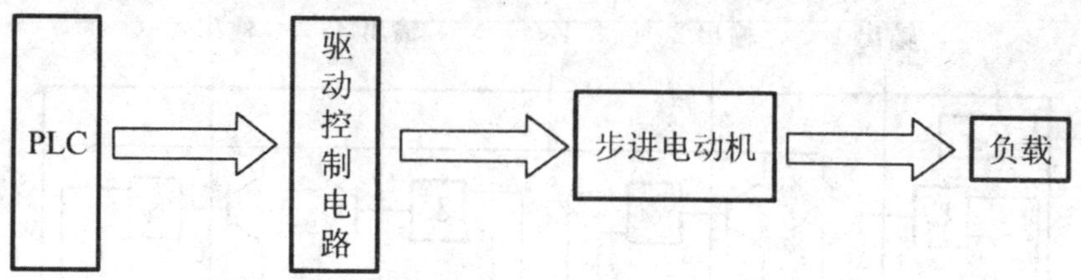

图 8-36　PLC 控制步进电动机的系统框图

1. 硬件部分

(1)高速脉冲输出口

根据要求及所需的输入输出点数,选用 PLC 做主控制单元。此处选用日本三菱公司的 FX1N-40MT 可编程控制器。该系列 PLC 体积小、功能强、性价比高,且提供了简易的定位控制及脉冲摘出功能,其输出点 Y0 和 Y1 具有脉冲输出功能,输出最高可达 100 kHz 的脉冲。

(2)步进电动机及驱动器

根据实际需要,选用步进电动机和步进驱动器。此处选用金坛四海电机电器厂生产的 86BYG402 永磁感应子式步进电动机,其步距角 1.8°及金坛四海电机电器厂生产的 SH2046M 驱动器,SH2046M 型步进电动机驱动器是采用高速单片机技术开发出的细分驱动器。该驱动器采用高频脉宽调制技术,具有噪声低、效率高、电压范围宽、设置灵活、运行平稳等优点。驱动器的接线示意图,如图 8-37 所示。

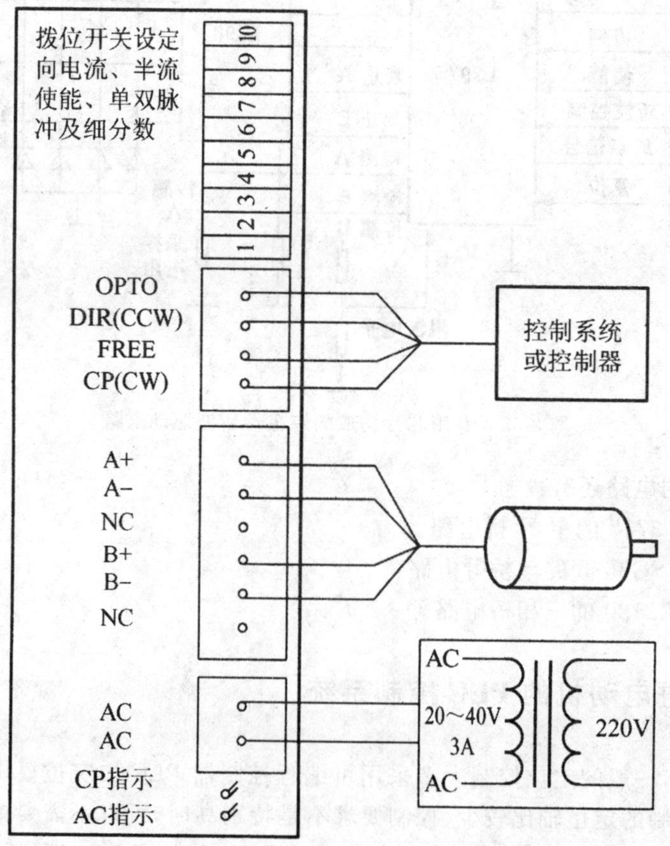

图 8-37　驱动器的接线示意图

输入电源接口：采用一组交流供电，AC 接 20～40 V，3 A。电动机接口：对于四相八线电动机，通常将电动机绕线两两并联后与驱动器相连。如图 8-38 所示是电动机的连接图。输入信号接口：SH2046M 型步进电动机驱动器内部的接口电路都采用光耦信号隔离。图 8-39 所示是驱动器输入信号接口电路。OPTO 为输入信号的公共端，OPTO 端须接外部系统的 V_{CC}。若 $V_{CC}=+5$ V 则可直接连接；若 $V_{CC}>5$ V，则须外接限流电阻 R，保证给内部光耦提供 8～15 mA 的驱动电流；当 $V_{CC}=12$ V 时，限流电阻 R 选择 680 Ω；当 $V_{CC}=24$ V 时，限流电限 R 选择 1.8 kΩ。DIR 是方向电平信号输入端，高低电平控制电动机正/反转，信号电平要求稳定时间大于 1 μs。REE：脱机信号（低电平有效），当此输入控制端为低时，电动机励磁电流被关断，电动机处于脱机自由状态。CP：步进脉冲信号输入，下降沿有效，信号电平稳定时间不小于 0.5 μs。

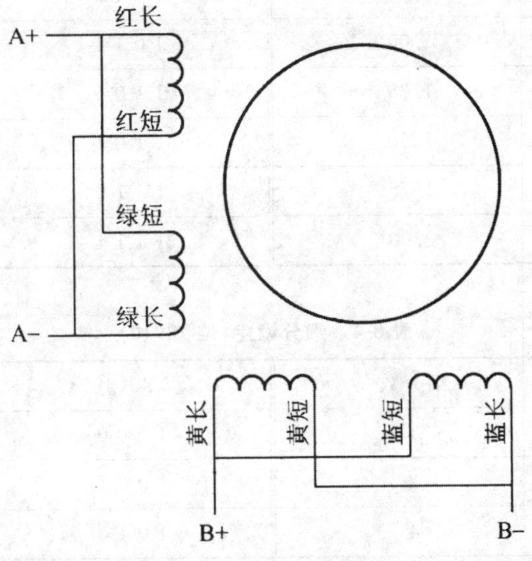

图 8-38　电动机的连接图

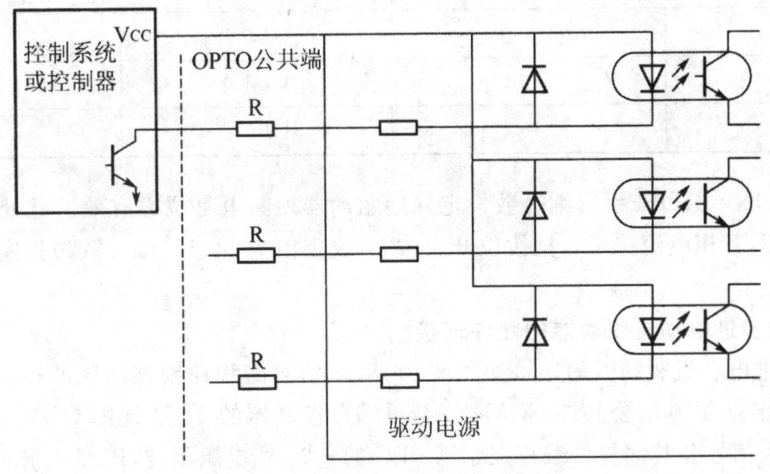

图 8-39　驱动器输入信号接口电路

相电流及细分数设定：SH2046M 型细分驱动器采用拨位开关设定相电流及细分数，其中 1,2,3,4 位用于对相电流的设定，具体设定如表 8-3 所示。7,8,9,10 位用于对细分数的设定，具体设定如表 8-4 所示。驱动器细分设定后电动机的步距角等于电动机的整步步距角除以细分数。例如，细分数设定为 20，驱动步距角是 1.8°的步进电动机，其细分步距角为 1.8°/20＝0.09°。

表 8-3　相电流设定(位 1234)

1 2 3 4	相电流/A	1 2 3 4	相电流/A
0 0 0 0	0.25	1 0 0 0	2.25
0 0 0 1	0.50	1 0 0 1	2.50
0 0 1 0	0.75	1 0 1 0	2.75
0 0 1 1	1.00	1 0 1 1	3.00
0 1 0 0	1.25	1 1 0 0	3.25
0 1 0 1	1.50	1 1 0 1	3.50
0 1 1 0	1.75	1 1 1 0	3.75
0 1 1 1	2.00	1 1 1 1	4.00

表 8-4　细分设定(位 78910)

7 8 9 10	细分数	7 8 9 10	细分数
0 0 0 0	1	1 0 0 0	18
0 0 0 1	2	1 0 0 1	20
0 0 1 0	4	1 0 1 0	32
0 0 1 1	5	1 0 1 1	40
0 1 0 0	6	1 1 0 0	50
0 1 0 1	8	1 1 0 1	64
0 1 1 0	10	1 1 1 0	128
0 1 1 1	16	1 1 1 1	256

拨位开关 ON＝0，OFF＝1，细分数设定好后驱动器须断电复位方有效。此处步进电动机用的是 86BYG402，其相电流选 4A，把拨位开关 1234 设定值为 1111。细分数根据实际应用的精度要求来选取。

(3)PLC 与步进电动机驱动器的硬件连接

PLC 与步进电动机驱动器的连接如图 8-40 所示，将可编程控制器的脉冲输出端 Y0 的公共端 COM0 和输出点 Y10 的公共端 COM4 皆与可编程控制器的 24 V 地即 COM 相连，步进电动机驱动器的输入信号公共端与可编程控制器 PLC 的＋24 V 电源相连，PLC 的脉冲输出端 Y0 外接 1.8 kΩ 的限流电阻连接至步进脉冲输入信号 CP，PLC 的输出点 Y10 用于控制步进电动机的旋转方向，外接 1.8 kΩ 的限流电阻连接至方向电平输入端 DIR。步进电动机驱动器的脱机信号

FREE 可用于关断电动机励磁电流，使电动机处于脱机自由状态，在实际使用时也可以不连接，即对此不进行控制。

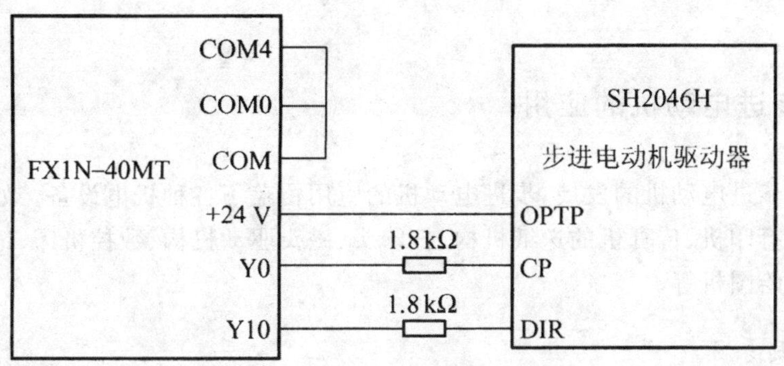

图 8-40　PLC 与步进电动机驱动器的连接

2. 软件部分

在三菱可编程控制器的功能指令中，FNC57 和 FNC59 分别对应的是脉冲输出 PLSY 和可调脉冲输出 PLSR 指令，其指令示意如图 8-41 所示。

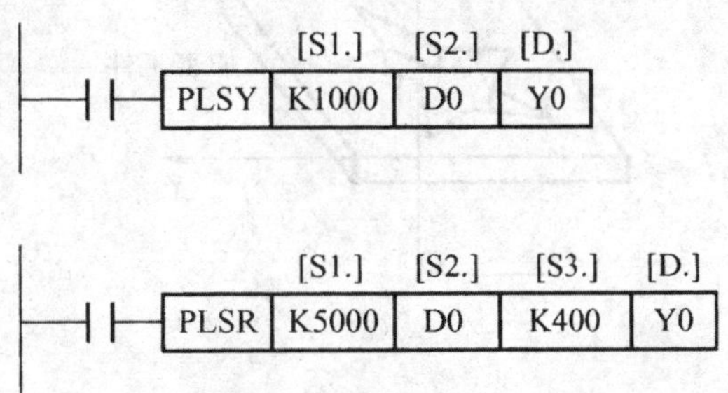

图 8-41　指令示意图

PLSY 指令用于产生指定数目和频率的脉冲。[S1.]用来指定脉冲频率，16 位指令的频率范围是 1～32 767 Hz，32 位指令的频率范围是 1～100 000 Hz，[S2.]用来指定产生的脉冲个数，16 位指令的脉冲数范围是 1～32 767，32 位指令的脉冲数范围是 1～2 147 483 647。若指定脉冲数为 0，则持续产生脉冲，即控制步进电动机一直转动。[D.]用来指定脉冲输出元件，只能用晶体管输出型可编程控制器的 Y0 或 Y1。图 8-41 中所示的指令是当可编程控制器 PLC 的输入点 X10 有信号时，从 Y0 输出频率 1000 Hz 的脉冲，脉冲的数量由通用数据寄存器 D0 给出。

当步进电动机要求的转速较高时，需要采用带加减速功能的脉冲输入指令 PLSR。对于带加减速功能的脉冲输出指令 PLSR，[S1.]用来指定最高频率，可设定的范围是 10～100 000 Hz，[S2.]用来指定产生的脉冲个数，16 位指令的脉冲数范围是 110～32767，32 位指令的脉冲数范围是 110～2 147 483 647。设定值不到 110 时，脉冲不能正常输出。[S3.]用来设定加减速时间(50～5000 ms)。[D.]用来指定脉冲输出元件，只能用晶体管输出型可编程控制器的 Y0 或 Y1。

8.4 步进电动机的驱动与控制应用

8.4.1 步进电动机的应用

随着混合式步进电动机的发展，步进电动机的应用覆盖了各种机电设备。如计算机的外设、办公自动化中的打印机、传真机的送纸机构、打印头、磁头驱动机构、数控机床、记数指示装置、阀门控制、纺织机、绘图机等。

1. 数字控制系统

由于步进电动机具有结构简单，维护方便，精度高，调速范围大，起动、制动、反转灵敏等优点，所以被广泛应用于数字控制系统。如图 8-42 所示是步进电动机在数控线切割机中的应用。

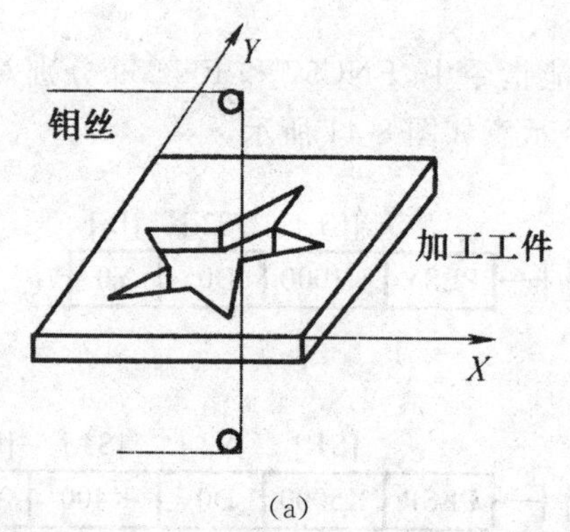

(a)

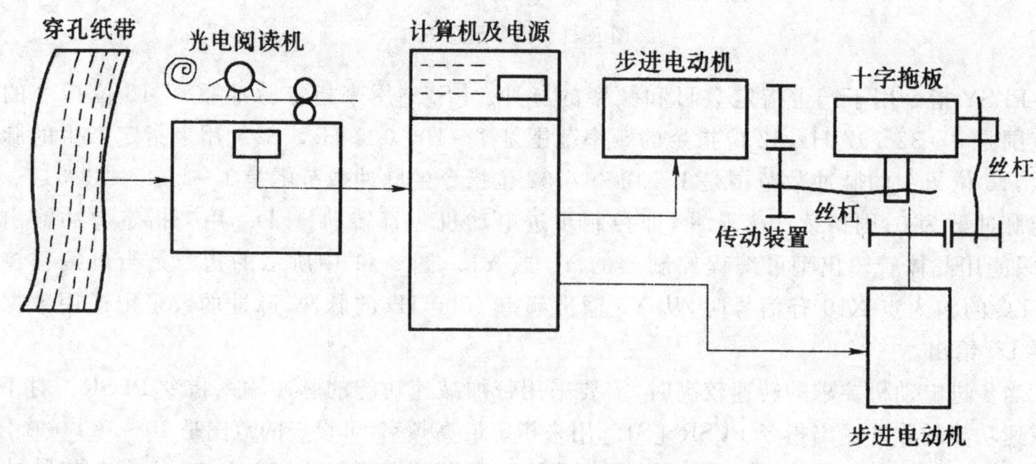

(b)

图 8-42　数控线切割机的工作示意图

数控线切割机是采用专门计算机进行控制，并利用钼丝与被加工工件之间电火花放电所产生的电蚀现象来加工复杂形状的金属冲模或零件的一种机床。在加工过程中钼丝的位置是固定的，而加工工件固定在十字拖板上，如图 8-42(a)所示，通过十字拖板的纵横运动，对加工工件进行切割。

如图 8-42(b)所示是数控线切割机的工作原理示意图。数控线切割机在加工工件时，先根据图样上加工工件的形状、尺寸和加工工序编制计算机程序，并将该程序记录在穿孔纸带上，而后由光电阅读机读出后送入计算机，计算机就对每一方向的步进电动机给出控制电脉冲(这里十字拖板 X、Y 方向的两根丝杆分别由两台步进电动机拖动)，指令两台步进电动机运转，通过传动装置来拖动十字拖板按加工要求连续移动进行加工，从而切割出符合要求的零件。

2. 软磁盘驱动系统

软磁盘存储器是一种日常生活中常用的外部信息存储装置。当软磁盘插入驱动器后，驱动电动机带动主轴旋转带动盘片在盘套内转动。步进电动机通过传动机构驱动磁头小车，而磁头安装在磁头小车上，步进电动机的步矩角变换成磁头的位移。步进电动机每行进一步，磁头相应地移动一个磁道，结构如图 8-43 所示。

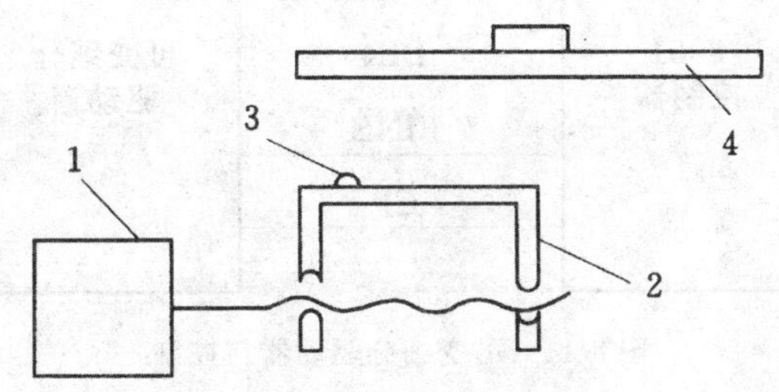

图 8-43　软磁盘驱动系统

1—步进电动机；2—磁头小车；3—磁头；4—软磁盘

3. 针式打印机

一般针式打印机的字车电动机和走纸电动机都采用步进电动机，如 LQ-1600K 打印机。在逻辑控制电路(CPU 和门阵列)的控制下，走纸步进电动机通过传动机构带动纸滚转动，每转一步使纸移动一定的距离。字车步进电动机可以加速或减速，使字车停在任意指定位置，或返回到打印起始位置。字车电动机的步进速度是由一单元时间内多个驱动脉冲所决定的，改变步进速度可产生不同的打印模式中的字距。

8.4.2　步进电动机的驱动控制应用

合理选择步进电动机的控制方法，对于充分发挥步进电动机的工作性能，促进步进电动机的发展会起到积极的作用。

下面分别介绍几种步进电动机的驱动控制应用。

①新型的步进电动机驱动方式。

②采用单片机 AT89C51 来控制步进电动机。

③可变细分型电源驱动步进电动机的驱动。

1. 用于驱动三相反应式步进电动机的新驱动器

目前，三相反应式步进电动机适用于这种驱动器驱动，采用低速细分控制的方式，以步进电动机所具有的特点，再与普通单片机控制器配套使用，从而构成了新型的步进电动机驱动方式。

在可变细分驱动控制中，使用8031单片机控制器，驱动器需要如图8-44所示的信号。

①+5V电源供驱动器光耦使用。

②RESET信号为控制器和驱动器同步复位信号。

③DIR信号为步进电动机正转/反转信号。

④FINE信号为控制器送出的细分/不细分信号。

⑤CP信号为控制器送出的步进脉冲信号。

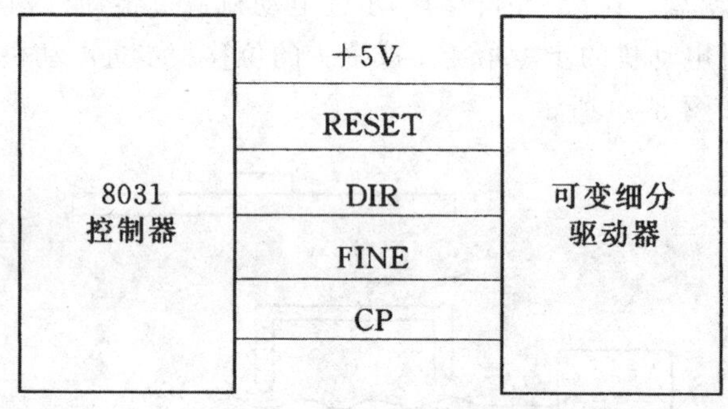

图8-44　可变细分驱动器与控制

控制器要求与驱动器同时上电，控制器通过RESET信号线使驱动器与控制器同时复位。双方约定，当DIR为1时，电动机正转；DIR为0时，电动机反转。FINE为1时，驱动器取10细分工作方式；FINE为0时，驱动器取不细分工作方式。CP信号为控制器送到驱动器的步进脉冲信号，下降沿有效。

设三相反应式步进电机的步距角$\varphi=0.75°$。当电动机转速低于125 r/min时，即控制器的脉冲间隔$\triangle t \geqslant 1000\ \mu s$时，控制器发信号FINE为1，使驱动器工作在10细分状态；当电动机转速高于125 r/min时，即控制器发脉冲间隔$\triangle t<1000\ \mu s$时，控制器发信号FINE为0，使驱动器不在细分状态下工作。

2. 基于单片机AT89C51设计的四相步进电动机的驱动系统

步进电动机的控制信号一般都使用AT89C51单片机，通过发送脉冲信号的个数和频率来分别控制角位移和速度。

由芯片L297和L298N共同实现脉冲分配来控制电动机的驱动系统，如图8-45所示，AT89C51单片机的P1口提供时钟信号、正反转信号、半拍或全拍信号和复位信号。脉冲分配芯片L297实现步进电动机转动所要求的脉冲分配信号，与双H桥式驱动芯片L298共同组成完整的步进电动机固定斩波频率的PWM恒流斩波驱动器。

此驱动系统由于增加了脉冲分配器L297芯片，分担了单片机的部分工作，使单片机只需要提供步进脉冲，就可以进行速度控制和转向控制，并能充分发挥各器件的优越性能，从而实现对步进电动机更加灵活、均衡的控制。

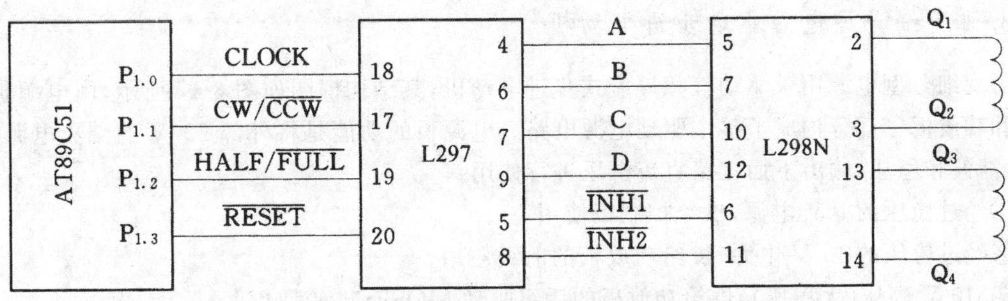

图 8-45　芯片 L297 和 L298N 实现脉冲分配控制电机的驱动系统

当驱动系统实现控制四相步进电动机的八拍工作方式时，可以由 AT89C51 的 $P_{1.2}$ 口向 L297 的 19 引脚发送高电平，L297 内部的译码电路会自动产生半步工作方式时序(格雷码时序)，该模式下两个禁止信号也会自动产生相应的高低电平，其时序波形如图 8-46 所示。

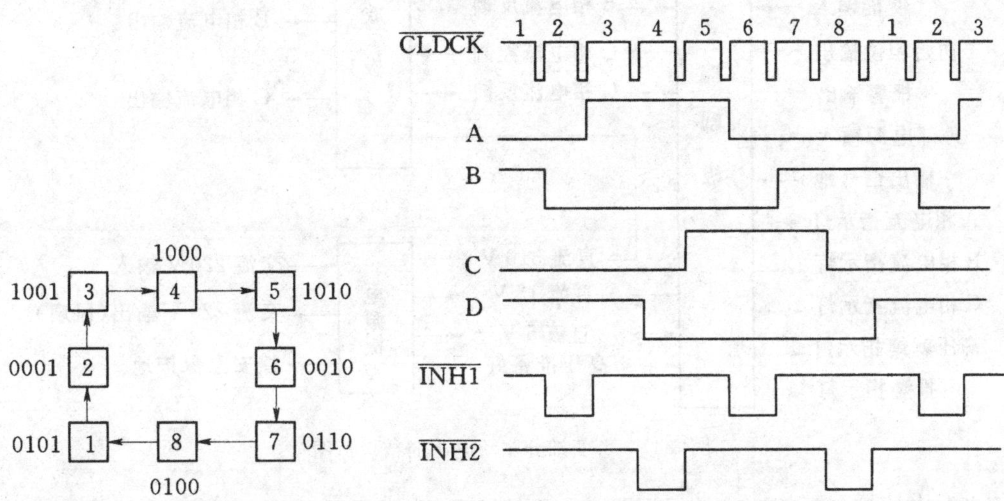

图 8-46　四相步进电动机半步八拍时序图

步进电动机的速度控制是由单片机产生的脉冲频率来实现的。对于图 8-45 中的方案可以调整单片机向 L297 发出的时钟脉冲来实现调速。根据这个原理，可以采用延时和定时两种方法改变相应脉冲方波的频率，以达到调速的目的。延时方法是通过软件来实现的，改变延时时间长度就可以改变输出的方波频率。但这种方法占用 CPU 的时间长，同时不能在运行时处理其他工作，因此只适合较简单的控制过程。

定时方法是利用单片机中的定时器进行工作的。定时器从装载的初值开始就对系统及其周期进行累加计数；当定时器溢出时，此时定时器产生中断，系统转回去执行定时中断子程序。在执行中断子程序中改变 $P_{1.0}$ 电平状态，从而得到一个设定速度值的方波频率的输出。采用此方法，CPU 只在改变脉冲状态时进行参与，从而明显提高了系统的响应时间。

通过采用芯片 L297 和 L298N 组成驱动系统，来分担单片机脉冲分配的任务，不仅提高了系统的响应速度，而且可以更好地设计、扩展单片机的其他应用功能；同时采用定时的方法还可实现电动机的调速，使整个驱动系统具有更加良好的性能。

3. 可变细分型电源驱动步进电动机

可变细分型电源用于驱动三相反应式步进电动机，其结构框图如图 8-47 所示，由电源板、控制板和功放板三部分构成了整个驱动电源电路。电源板的功能是将外部 220V 的交流电源进行整流、滤波和稳压，输出下面三路直流电压进行使用。

①经过稳压的 5 V 电源，供给控制板使用。

②经过稳压的 15 V 电源，供给功放板的前级使用。

③310 V 高压(无稳压)，供给功放板的后级驱动 MOSFET 管使用。

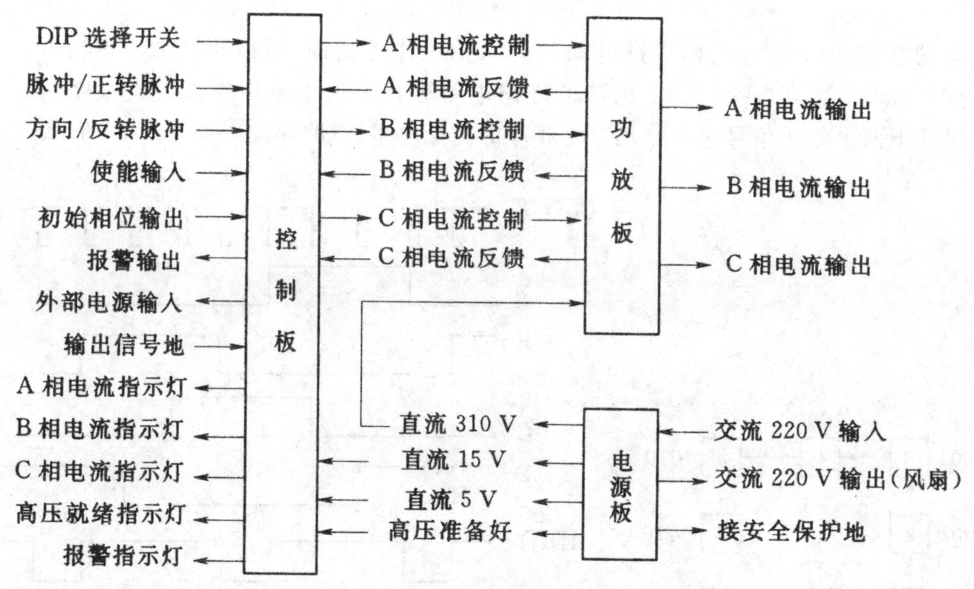

图 8-47　可变细分驱动电源的结构框图

该电源中的控制板的功能是根据驱动电源上 DIP 选择开关的位置以及外部输入信号的状态，向功放板提供电流控制信号，包括电动机的相电流顺序控制、微步距(细分)电流控制、自动限流控制、恒流斩波控制等。板上还设有可以对外输出的初始相位信号和故障报警信号等。

功放板的功能是将由控制板送来的控制信号(15 V 小电流)，变成高电压(310 V)、大电流(最大 10 A)，注入到步进电动机的绕组，并将绕组的电流取样后反馈到控制板，从而形成恒流斩波控制。

(1)可变细分型驱动电源的工作原理

三相反应式步进电动机的定子放置有三个互成 120°的绕组，形成 A 相、B 相和 C 相。当三相都无电流时，电动机转子处于自由状态，用手可以转动；当给某一相绕组通电时，电动机转子产生保持力矩，用手不能直接将转子转动；当相继给三相绕组通电时，转子即开始转动。驱动电源对三相绕组的供电顺序有如下两种方式。

①步进电动机正转时的绕组通电顺序为 A→AB→B→BC→C→CA→A。

②步进电动机反转时的绕组通电顺序为 A→AC→C→CB→B→BA→A。

不管正转还是反转，供电顺序经 6 个状态之后进行循环，从上一个状态转入下一个状态，电动机将转过半个步距角。步距角的大小由步进电动机的型号所决定。绕组通电状态的转换受外部输入到驱动电源的脉冲与方向信号所控制。如驱动电源的 DIP 选择开关设定细分数为 1，选择单脉冲方式，使能输入端输入有效的低电平，外部电源输入端输入高电平，此时，从脉冲输入端每输入一个步进脉冲，电动机将转过半个步距角。在这种情况下，驱动电源不进行细分控制，外部每输入一个步进脉冲，电动机的相电流是以全值增加(从 0 到最大值)或以全值减小(从最大值到 0)。

当驱动电源设定在 5 细分时，外部每输入一个脉冲，电动机将转过半个步距角的 1/5。此时，外部每输入一个步进脉冲，电动机的相电流就以全值的 1/5 进行递增或以全值的 1/5 进行递减。这样，供电顺序经过 30 个状态之后进行循环。

当驱动电源设定在 10 细分时，外部每输入一个脉冲，电动机将转过半个步距角的 1/10。此时，外部每输入一个步进脉冲，电动机的相电流就以全值的 1/10 进行递增或以全值的 1/10 进行递减。如此在供电顺序经过 60 个状态之后进行循环。

当驱动电源的细分数设定在其他状态时，情况依此类推。

细分控制的原理框图如图 8-48 所示。

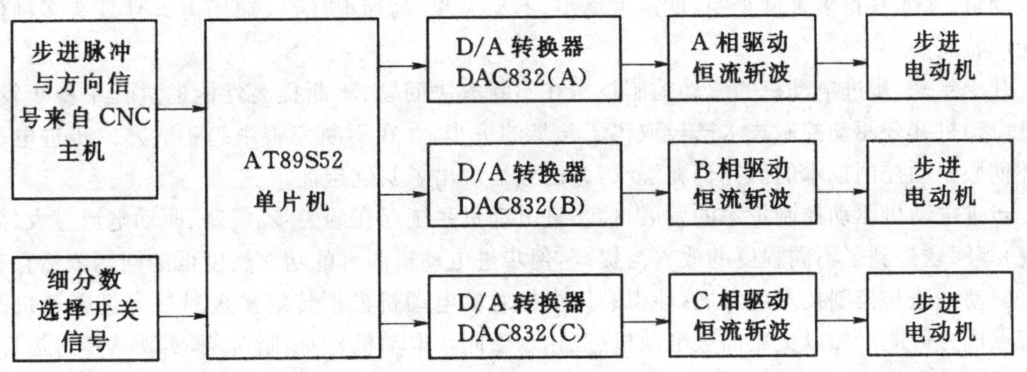

图 8-48　细分控制器原理

选用 AT89S52 单片机作为控制器(24 MHz 晶振)，CNC 主机送来的步进脉冲信号与方向信号以及通过 DIP 开关在驱动电源上所设定的细分数编码，均由 AT89S52 单片机接收。进行细分驱动时，AT89S52 按照设定的细分数进行计算，分别通过 3 片 8 位的 D/A 转换器，输出低电压的细分波形，再经驱动电路(恒流斩波型)放大后，分别送到三相绕组，形成电动机绕组的细分电流波形。其中，DIP 开关设定在 10 细分的状态，电动机不管在低速运转还是在高速运转，其绕组的电流波形均能显示出 10 个细分的电流台阶。输出到电动机绕组的电流峰值，可以根据不同的电动机在驱动电源内进行调节。

(2)可变细分型驱动电源的特点

可变细分型驱动电源的特点如下：

①微电子技术的新应用，将单片机嵌入驱动电源内部，使控制性能提高，电路简化；功放级采用高耐压，大电流 MOSFET 管“IRFP460”的过载、过热能力强；驱动电源内部低压直流电源采用开关电源技术，使得电源电路体积小，稳定可靠。

②微步距运用矢量细分技术：可控制三相六拍反应式步进电动机转过其步距角的 1/5、1/10、1/20 或 1/4、1/8、1/16。微步距控制可使步进电动机低速运行平稳，无明显的步进感，并且输出力矩大。微步距驱动电源与微秒级 CNC 控制系统配套，可使数控机床的脉冲当量达到微

秒级。这对锥面、球面、螺纹等工件的加工;可以明显降低表面粗糙度值。

③平滑细分当细分数设定为1时,对应于一个步进脉冲步进电动机转过半个步距角。采用平滑细分技术通过AT89S52单片机,将这个步距角分成10个微步去完成,其运行特性近似10细分的效果。一般的CNC系统,线位移控制精度多数为0.01 mm。

④高速度当细分数设定为20时,驱动电源仍可接收250 kHz的高频步进脉冲,对应输出的脉冲电流频率可达12.5 kHz。

⑤高转矩步进电动机的输出转矩与注入绕组的电流成正比(额定值以内):高速运转时,进入电流的大小与驱动电源功放级使用的电压成正比。目前,由于技术限制,大部分步进电动机驱动电源的功放级所使用的电压一般都不超过DC120V。而本文所提出的高性能驱动电源,其功放级的电压可以达到DC310V,因此,电动机在高速运转时仍然输出高转矩。

⑥高可靠性控制部分集成度高:功放级采用进口的MOSFET管,整机结构紧凑,电路简洁,机外风冷式散热设计可减少粉尘的侵入,并设有超温、过流、欠压保护,报警信号对外输出。

上面提出的高性能可变细分型驱动电源,可以通过选择设定细分数,用来驱动三相反应式步进电动机,从而获得多种微步距、低速振荡小、不易失步、高速电压高、输出力大且具有多种保护功能的特点。

几十年来,步进电动机的驱动控制技术在不断解决问题、不断提高性能的过程中稳步发展。步进电动机开环驱动控制技术已经取得了长足的进步,并在不断完善中趋于成熟。步进电动机闭环伺服驱动控制技术的研究仍在继续,并已经显现出了其优越性。

步进电动机驱动控制技术的发展,使步进电动机系统存在的失步、震荡、驱动电流过大(效率不高)等问题得到了不同程度的改善与提高,但步进电动机固有的功率密度低的问题依然存在。

驱动电路与控制技术的发展,使得利用少极对数电动机模拟传统多极对数步进电动机的运行特点成为可能。如以交流伺服电动机(三相永磁同步电动机)为控制对象,实现其步进运行,使该装置在具有传统步进电动机系统运行特点的同时,具有高功率密度的比较优势。

课后思考题

1.步进电机的典型结构有哪些?

2.步进电机的磁阻转矩是如何产生的?

3.如何实现步进电机的控制?

第9章　伺服电动机及伺服系统

9.1　直流伺服电动机

伺服电动机可以把输入的电压信号变换成为电动机轴上的角位移和角速度等机械信号输出。根据伺服电动机的控制电压来分,伺服电动机可分为直流伺服电动机和交流伺服电动机两大类。直流伺服电动机的输出功率通常为1～600 W,可用于功率较大的控制系统中;交流伺服电动机的输出功率较小,一般为0.1～100 W,用于功率较小的控制系统。

伺服电动机在控制系统中一般用作执行元件。根据被控对象的不同,由伺服电动机组成的伺服系统一般有三种基本控制方式,即位置控制、速度控制和力矩控制,通常,位置和速度控制用得较多。

9.1.1　直流伺服电动机的结构和分类

直流伺服电动机包括三大部分:定子、转子和气隙。静止不动的部分称为定子;转动或者做直线运动的部分称为转子;定子和转子之间的部分称为气隙。定子包括产生励磁磁场的主磁极、具有固定主磁极功能并兼作磁路的基座、电刷装置以及改善换向的换向极。转子包括电枢铁心、电枢绕组以及换向器。虽然电动机内部的气隙比较小,但所有电磁功率都是通过气隙传递的,而且电动机内部的大部分磁场能量均集中在气隙中,因此气隙也是电动机重要的组成部分。直流伺服电动机结构图如图9-1所示。

直流伺服电动机的控制电源为直流电压。根据其功能可分为普通型直流伺服电动机、盘形电枢直流伺服电动机、空心杯电枢直流伺服电动机和无槽电枢直流伺服电动机等几种。

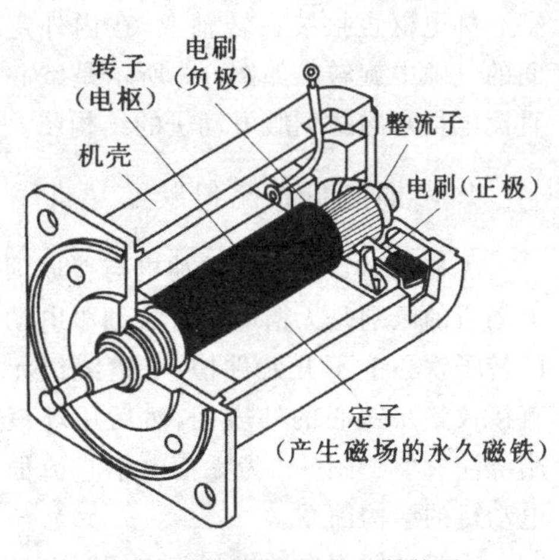

图9-1　直流伺服电动机结构图

1. 普通型直流伺服电动机

普通型直流伺服电动机的结构与他励直流电动机的结构相同,由定子和转子两大部分组成。根据励磁方式又可分为电磁式和永磁式两种。电磁式伺服电动机的定子磁极上装有励磁绕组,励磁绕组接励磁控制电压产生磁通;永磁式伺服电动机的磁极是永久磁铁,其磁通是不可控的。与普通直流电机相同,直流伺服电动机的转子一般由硅钢片叠压而成,转子外圈有槽,槽内装有电枢绕组，绕组通过换向器和电刷与外边的电枢控制电路相连接。为提高控制精度和响应速度，伺服电动机的电枢铁心长度与直径之比，要比普通直流电机大，气隙也较小。

当定子中的励磁磁通和转子中的电流相互作用时，就会产生电磁转矩驱动电枢转动，恰当地控制转子中电枢电流的方向和大小，就可以控制伺服电动机的转动方向和转动速度。电枢电流为零时，伺服电动机停止不动。普通的电磁式和永磁式直流伺服电动机性能接近，其惯性较其他类型伺服电动机大。

2. 盘形电枢直流伺服电动机

如图 9-2 所示为盘形电枢直流伺服电动机的结构示意图。盘形电枢直流伺服电动机的定子由永久磁铁和前后铁轭共同组成，磁铁可以在盘形电枢的一侧，也可以在其两侧。盘形伺服电动机的转子电枢由线圈沿转轴的径向圆周排列，并用环氧树脂浇注成圆盘形。盘形绕组中通过的电流是径向电流，而磁通是轴向的，径向电流与轴向磁通相互作用产生电磁转矩，使伺服电动机旋转。

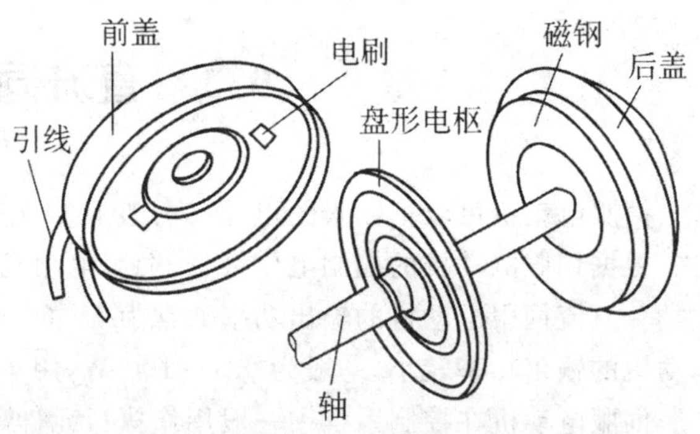

图 9-2　盘形电枢直流伺服电动机的结构示意图

3. 空心杯电枢直流伺服电动机

空心杯电枢直流伺服电动机有两个定子，一个由软磁材料构成的内定子和一个由永磁材料构成的外定子，外定子产生磁通，内定子主要起导磁作用。空心杯伺服电动机的转子，由单个成型线圈沿轴向排列成空心杯形，并用环氧树脂浇注成型。空心杯电枢直接装在转轴上，在内外定子间的气隙中旋转。如图 9-3 所示是空心杯直流电枢永磁式伺服电动机的结构图。

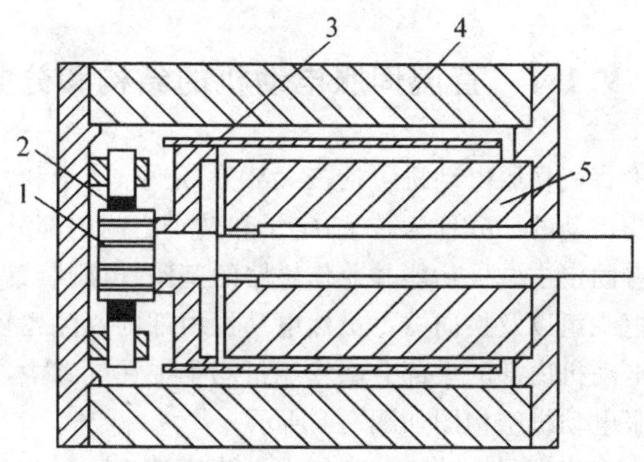

图 9-3　空心杯电枢永磁式直流伺服电动机的结构图

1—换向器；2—电刷；3—空心杯电枢；4—外定子；5—内定子

4. 无槽电枢直流伺服电动机

无槽电枢直流伺服电动机与普通伺服电动机的区别是无槽电枢直流伺服电动机的转子铁心上不开元件槽，电枢绕组元件直接放置在铁心的外表面，然后用环氧树脂浇注成型。图 9-4 为无槽电枢直流伺服电动机的结构简图。

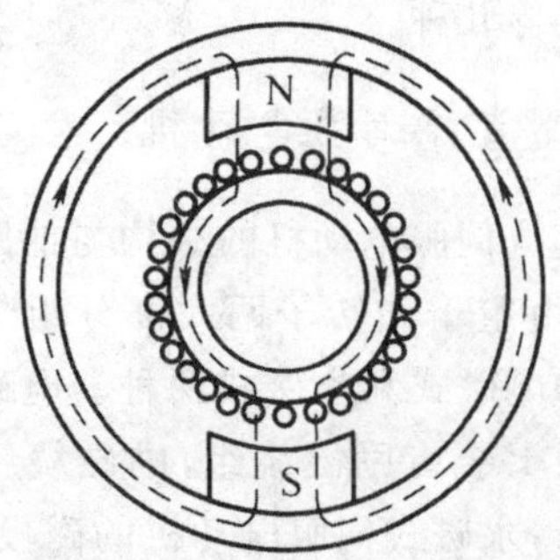

图 9-4　无槽电枢直流伺服电动机的结构简图

后三种伺服电动机与普通伺服电动机相比，具有转动惯量小，其动态特性较好，适用于快速系统。

9.1.2　直流伺服电动机的运行特性

1. 直流伺服电动机的静态特性

为了对直流伺服电动机进行准确的控制，首先必须了解直流伺服电动机的静态特性。静态特性是指电动机在稳态情况下，其转子转速、电磁转矩和电枢电压三者之间的关系。直流伺服电动机采用电枢电压控制时的电枢等效回路，如图 9-5 所示。

在图 9-5 中，L_a 和 R_a 分别是电枢绕组的电感和电阻，T_L 是负载转矩。当电枢绕组流过直流电流 I_a 时，一方面在电枢导体中产生电磁力，使转子旋转；另一方面，电枢导体在定子磁场中以转速 n(r/min)旋转切割磁力线，产生感应电动势 E_a。感应电动势方向与电枢电流 I_a 方向相反，称为反电动势，其大小与转子旋转速度 n 和电子磁场中的每极气隙磁通量 Φ(Wb)有关，表达式如下

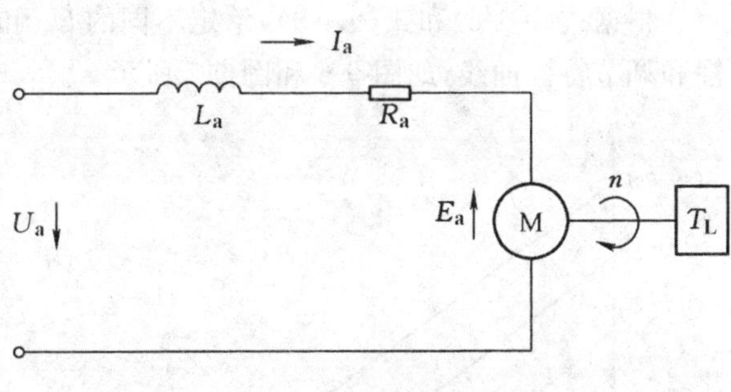

图 9-5　电枢等效回路

$$E_a = C_e \Phi n \tag{9-1-1}$$

式中，C_e 为电磁常数，仅与电动机结构有关。

由图 9-5 可得电枢回路中的电压平衡方程式为

$$E_a = U_a - I_a R_a \tag{9-1-2}$$

式中，R_a 为电枢绕组电阻；U_a 为电枢外施电压。

此外，电枢导体切割磁力线所产生的电磁转矩 T_m(N·m)可有下式表达

$$T_m = C_m \Phi I_a \tag{9-1-3}$$

式中，C_m 为转矩常数，仅与电动机结构有关，且 $C_m = 9.55C_e$。

根据式(9-1-1)、式(9-1-2)和式(9-1-3)，可得到直流伺服电动机运行特性的一般表达式

$$n = \frac{U_a}{C_e \Phi} - \frac{R_a}{C_e C_m \Phi^2} T_m \tag{9-1-4}$$

在采用电枢电压控制时，磁通量 Φ 是一个常量。如果是电枢电压 U_a 保持恒定，则上式可写成

$$n = n_0 - K T_m \tag{9-1-5}$$

其中

$$n_0 = \frac{U_a}{C_e \Phi}, K = \frac{R_a}{C_e C_m \Phi^2}$$

由式(9-1-4)可得到直流伺服电动机的两种特殊运行状态。

当 $T_m = 0$，即空载时

$$n = n_0 = \frac{U_a}{C_e \Phi} \tag{9-1-6}$$

式中，n_0 为理想空载转速，其值与电枢电压成正比。

当 $n_0 = 0$，即起动或堵转时

$$T_m = T_d = \frac{C_m \Phi}{R_a} U_a \tag{9-1-7}$$

式中，T_d 为起动转矩或堵转转矩，其值也与电枢电压成正比。

在式(9-1-4)中，如果把转速 n 看作是电磁转矩 T_m 的函数，即 $n=f(T_m)$，则可得到直流伺服电动机的机械特性表达式

$$n=n_0-\frac{R_a}{C_e C_m \Phi^2}T_m \tag{9-1-8}$$

如果把转速 n 看作是电枢电压 U_a 的函数，即 $n=f(U_a)$，则可得到直流伺服电动机的调节特性表达式

$$n=\frac{U_a}{C_e \Phi}-KT_m \tag{9-1-9}$$

根据式(9-1-8)和式(9-1-9)，给定不同的 U_a 和 T_m 值，可分别绘出直流伺服电动机的机械特性和调节特性曲线，如图 9-6 和图 9-7 所示。

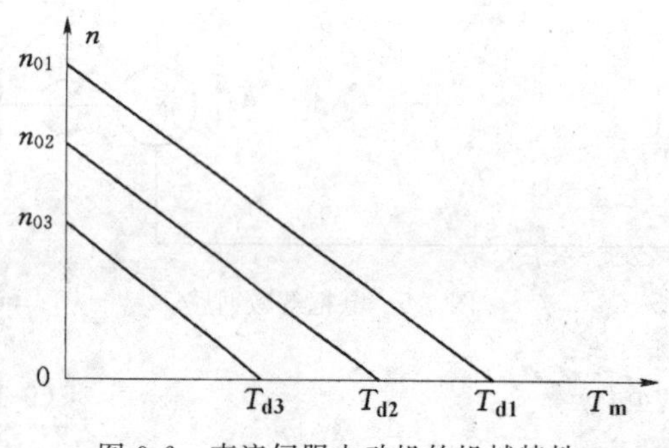

图 9-6　直流伺服电动机的机械特性

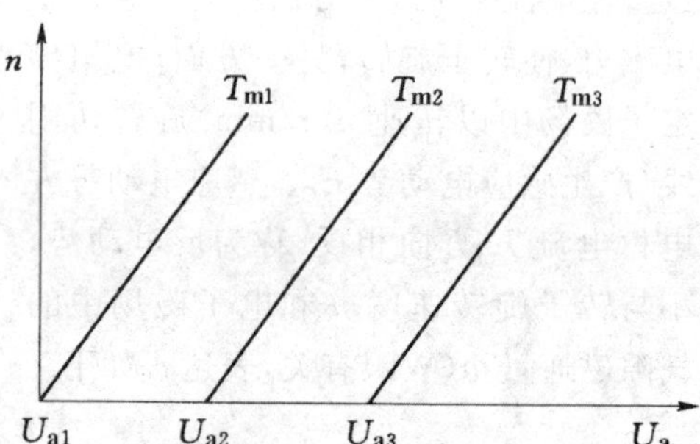

图 9-7　直流伺服电动机的调节特性

由图 9-6 可知，直流伺服电动机的机械特性就是一组斜率相同，互相平行的直线族。每条机械特性和一种电枢电压相对应，与孢轴的交点是该电枢电压下的理想空载转速 n，与 T_m 轴的交点是该电枢电压下的堵转转矩。

由图 9-7 所示中可知，直流伺服电动机的机械特性就是一组斜率相同，互相平行的直线族。每条调节特性和一种电磁转矩相对应，与 U_a 轴的交点是起动时的电枢电压。

2. 影响静态特性的因素

上述对直流伺服电动机静态特性的分析是在理想条件下进行的，实际上电动机的功放电路、电动机内部的摩擦、负载变动等因素将直接影响直流伺服电动机的静态特性。

(1)功放电路对机械特性的影响

直流伺服电动机是由功放电路供电的，功放电路中有一定的内阻，因而加载在绕组两端的电压 U_a 不等于控制电压 U_e。如图 9-8 所示。

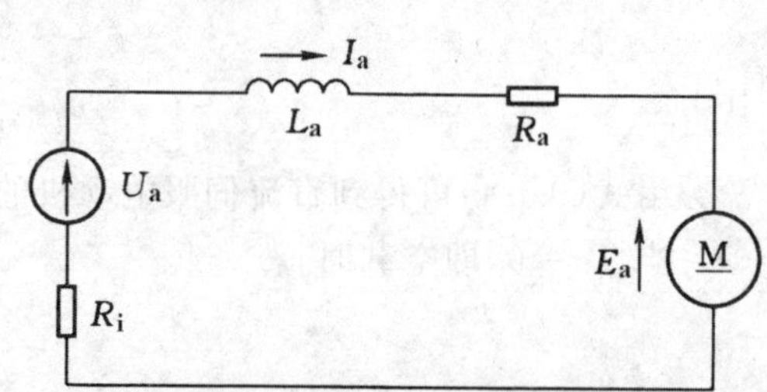

图 9-8　有功放电路的电枢等效回路

在这个电枢等效回路中，电压平衡方式为

$$E_a=U_c-I_a(R_a+R_i) \tag{9-1-10}$$

式中，R_i 为功放电路的内阻。

于是直流伺服电动机的机械特性表达式变为

$$n=n_0-\frac{R_a+R_i}{C_e C_m \Phi^2}T_m \tag{9-1-11}$$

比较式(9-1-7)和式(9-1-11)可以发现，由于 R_i 的存在使机械特性曲线相对于原来的特性曲线变陡了，从而使机械特性变软，如图 9-9 所示。当机械特性曲线较平缓时，直流伺服电动机的机械特性较硬，而机械特性越硬，电动机带负载能力越强，由于功放电路内阻 R_i 的影响，导致机械特性变软了，所以在设计功放电路时，应设法减小其内阻。

(2)内部摩擦对调节特性的影响

实际上直流伺服电动机在起动时为了克服一定的摩擦转矩，形成电枢电压不为零，这个电压称为起动电压，用 U_b 表示，如图 9-10 所示。通常把从零到起动电压这一电压范围称为不灵敏区或死区，电压值处于该区内时，电动机不转动。

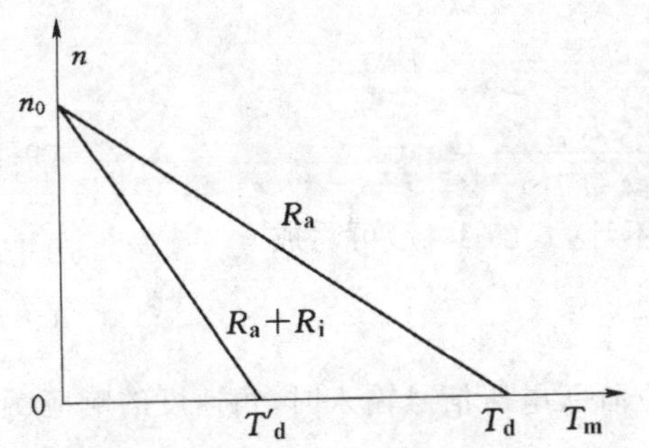

图 9-9　功放电路的内阻对机械特性的影响

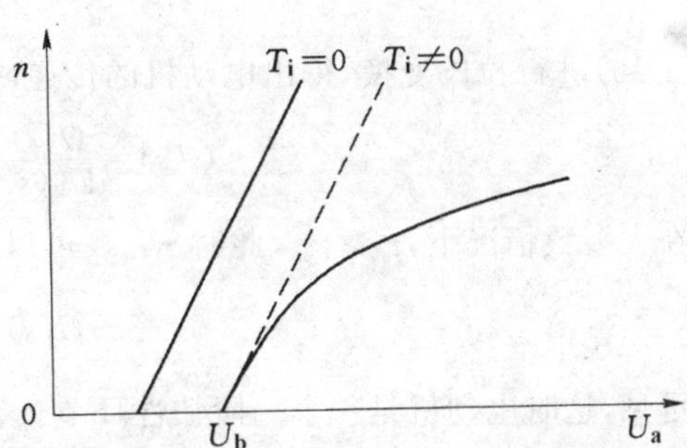

图 9-10　摩擦及负载变动对调节特性的影响

(3)负载变动对调节特性的影响

由式(9-1-8)可知，在负载转矩不变的条件下，直流伺服电动机转速与电枢电压呈线性关系。但在实际情况中，经常会遇到负载随转速变动的情况，如数控车床切削工件过程中的切削力是随进给速度变化而变化的，这是由于负载的变动将导致调节特性的非线性变化。

3. 直流伺服电动机的动态特性

直流伺服电动机的动态特性是指当给电动机电枢绕组加上阶跃电压时，转子转速随时间变化的规律。这一规律可用表达式 $\omega=f(t)$ 来描述。

直流伺服电动机的动态过渡过程的产生原因是由负载转动惯量引起的机械惯性和电枢电感引起的电磁惯性导致的。

如图 9-5 所示的电枢回路中动态电压平衡方程式为

$$L_a\frac{di_a}{dt}+i_aR_a+e_a=u_a \tag{9-1-12}$$

式中，i_a、e_a 和 u_a 分别为电枢电流 I_a、电枢反电动势 E_a 和电枢绕组两端的控制电压 U_a 在过渡过程中的瞬时值；L_a 为电枢绕组电感。在过渡过程中，直流伺服电动机的电磁转矩 T_m 除了要克服负载转矩 T_L 外，还要克服轴上的惯性转矩，因而它的动态转矩平衡方程式为

$$T_m=T_L+J\frac{d\omega}{dt} \tag{9-1-13}$$

式中，J 为转子轴上的总转动惯量。

将式(9-1-3)中的 I_a 换成 i_a 并代入式(9-1-13)，可得

$$\tau_j\tau_d\frac{d^2\omega}{dt^2}+\tau_j\frac{d\omega}{dt}+\omega=K_mu_a-\frac{R_a}{C_eC_m\Phi^2}T_L-\frac{L_a}{C_eC_m\Phi^2}\frac{dT_L}{dt} \tag{9-1-14}$$

$$\tau_j=\frac{JR_a}{C_eC_m\Phi^2},\tau_d=\frac{L_a}{R_a},K_m=\frac{1}{C_e\Phi}$$

式中，τ_j、τ_d、K_m 分别为机电时间常数、电磁时间常数和静态放大系数。

当直流伺服电动机带有恒定负载时，则$\frac{dT_L}{dt}=0$，可简化成

$$\tau_j\tau_d\frac{d^2\omega}{dt^2}+\tau_j\frac{d\omega}{dt}+\omega=K_mu_a-\frac{R_a}{C_eC_m\Phi^2}T_L \tag{9-1-15}$$

在空载条件下，即 $T_L=0$ 时，式(9-1-15)还可以进一步简化成

$$\tau_j\tau_d\frac{d^2\omega}{dt^2}+\tau_j\frac{d\omega}{dt}+\omega=K_mu_a \tag{9-1-16}$$

式(9-1-16)进行拉氏变换，得出电动机的传递函数

$$G(s)=\frac{\Omega(s)}{U_a(s)}=\frac{K_m}{\tau_j\tau_ds^2+\tau_js+1} \tag{9-1-17}$$

在大多数情况下，$\tau_j>4\tau_d$，此时 $\tau_j\tau_ds^2$ 可以忽略不计，式(9-1-17)可写成

$$G(s)=\frac{K_m}{\tau_js+1} \tag{9-1-18}$$

可见，这时电动机是一个一阶惯性环节。在单位阶跃电压信号输入时，角速度的响应函数为

$$\omega(t)=K_m(1-e^{-t/\tau_j}) \tag{9-1-19}$$

其变化曲线如图 9-11 所示，电动机的角速度按指数规律从零逐渐增加到稳态值 K_m，过渡过程的时间常数为 τ_j。

根据式(9-1-6)和式(9-1-7)得

$$\tau_j=\frac{JR_a}{C_eC_m\Phi^2}=J\frac{I_aR_a}{C_m\Phi}\frac{1}{C_m\Phi I_a}=\frac{\omega_0}{T_d/J} \tag{9-1-20}$$

式中，T_d/J 为力矩-惯量比。

可见通过加大力矩-惯量比的方法，既可加快过渡过程，又不至于引起振荡，直流伺服电动机就是基于这一原则设计的。

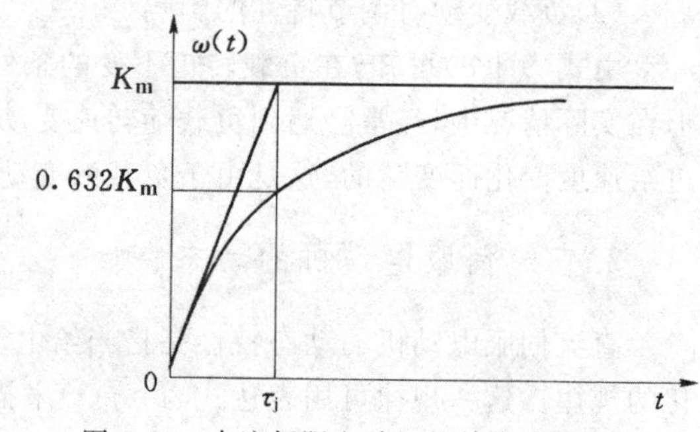

图 9-11 直流伺服电动机的单位阶跃响应

9.1.3 直流伺服电动机的控制

1. 直流伺服电动机的转速控制

在自动控制系统中，直流伺服电动机的转速需要在很宽的范围内变化，对其控制主要有以下两种方法。

(1)电枢电压控制

在定子磁场不变的情况下，通过改变施加在电枢绕组两端的电压来改变电动机的转速，由于负载和定子磁场均不变，电枢电流可以达到额定值，相应的输出转矩也可以达到额定值。由电机学可知，这种调速方式称为恒转矩调速方式。如图 9-12 所示。

(2)激磁磁场控制

这种方式只适用于电磁式直流伺服电动机，是通过改变激磁电流的大小来改变定子磁场强

度，从而改变电动机的转速。

当采用激磁磁场控制时，电动机在额定运转条件下磁场已接近饱和，只能减弱磁场来改变电动机的转速。因为不允许电枢电流超过额定值，所以当磁场减弱时，在输出功率不变的情况下转速增加，输出转矩下降。由电机学可知，这种调速方式称为恒功率调速方式。如图 9-13 所示。

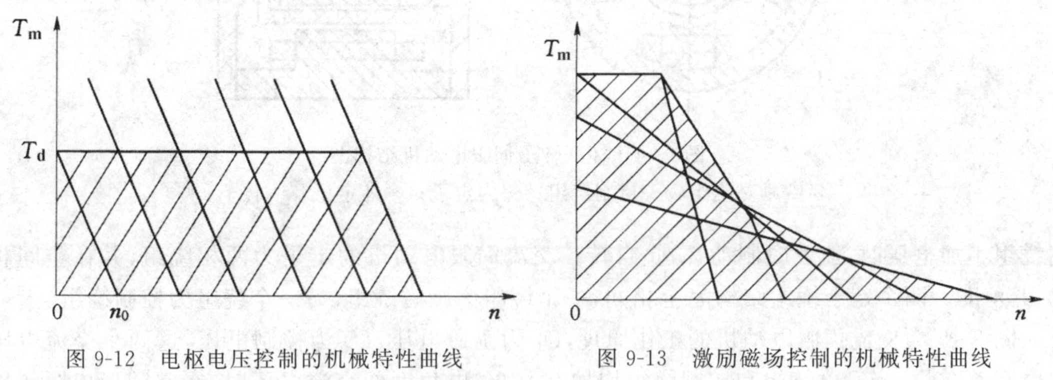

图 9-12　电枢电压控制的机械特性曲线

图 9-13　激励磁场控制的机械特性曲线

在使用这种方式调速时，应注意电动机运转时不能将激磁回路断开，以免损坏电动机。

2. 直流伺服电动机的方向控制

通过改变激磁磁场或电枢电压的方向能改变电动机的旋转方向，即将激磁绕组或电枢绕组的接线端对调就可以改变转向。

9.2　交流伺服电动机

9.2.1　两相交流伺服电动机的基本结构

两相交流伺服电动机的结构与单相电容式异步电动机的结构相似，主要由定子和转子构成，定子装有两个绕组，一个是励磁绕组，另一个是控制绕组，它们在空间上相差 90°。转子的形式有两种，分别为笼型和杯型两种。笼型转子和三相鼠笼式异步电动机的转子结构相似，只是为了减小转动惯量而做得细长一些。空心杯型转子伺服电动机的结构如图 9-14 所示。为了减小转动惯量，空心杯型转子通常用高电阻系数的非磁性的铝合金或铜合金制成空心薄壁圆筒，在空心杯型转子内放置固定的内定子，起闭合磁路的作用，以减小回路的磁阻。空心杯型转子可以把铝杯看作由无数根笼型导条并联组成，因此，它的原理与笼型转子相同。杯型转子伺服电动机转子质量小，惯性小，起动电压低，对信号反应快，调速范围宽，多用于运行平滑的系统。

9.2.2　交流伺服电动机的工作原理

交流伺服电动机一般是两相交流电动机，由定子和转子两部分组成。交流伺服电动机的转子有笼型和杯型两种，其转子电阻都比较大，其目的是使转子在转动时产生制动转矩，使其在控

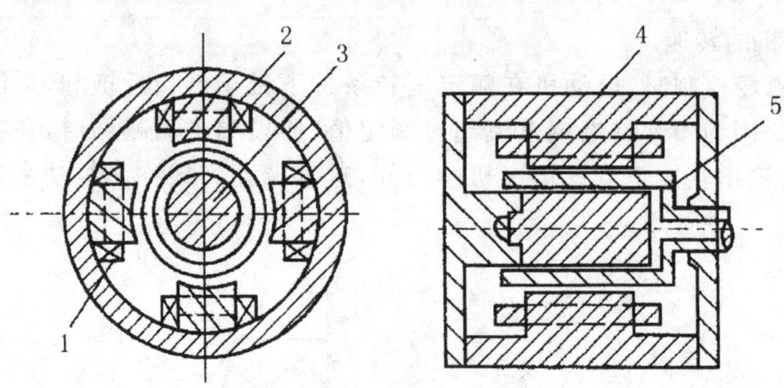

图 9-14　杯型转子伺服电动机结构图

1—励磁绕组；2—控制绕组；3—内定子；4—外定子；5—转子

制绕组不加电压时，能及时制动，防止自转。交流伺服电动机的定子为两相绕组，并在空间相差90°电角度。两个定子绕组结构完全相同，一个绕组为励磁绕组，另一个绕组为控制绕组。

图 9-15 为交流伺服电动机的工作原理，$\dot{U}_f$ 为励磁电压，$\dot{U}_c$ 为控制电压，这两个交流电压的相位互差 90°。当励磁绕组和控制绕组均加互差 90°电角度的交流电压时，在空间形成圆形旋转磁场（控制电压和励磁电压的幅值相等）或椭圆形旋转磁场（控制电压和励磁电压幅值不等），转子在旋转磁场的作用下旋转。当控制电压和励磁电压的幅值相等时，控制两者的相位差也能产生旋转磁场。

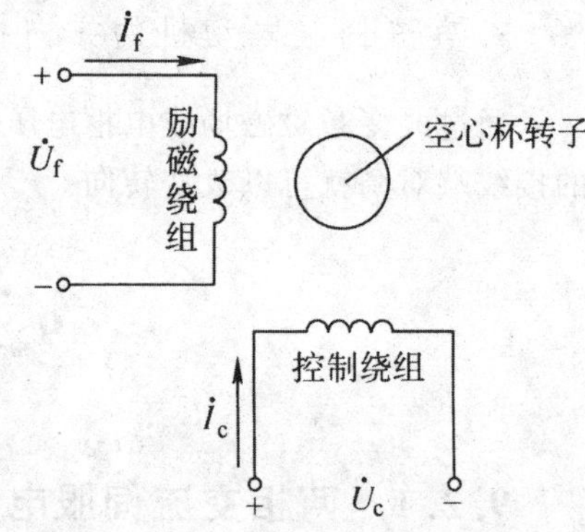

图 9-15　交流伺服电动机的工作原理

伺服电动机的特点是：

①伺服电动机有较宽的调速范围；

②当励磁电压不为零，控制电压为零时其转速为零；

③机械特性应为线性并且动态特性好；

④伺服电动机的转子电阻大，转动惯量小；

⑤交流伺服电动机在负载一定时，控制电压越高，转速越高，在控制电压一定时，负载增加，转速下降。交流伺服电动机的输出功率为 0.1～100 W。

9.2.3　交流伺服电动机的控制方式

交流伺服电动机的控制方式有三种，即幅值控制、相位控制和幅相控制。

1. 幅值控制

控制电压和励磁电压保持相位差 90°，只改变控制电压幅值，这种控制方法称为幅值控制。由图 9-15 可以看出，使用时控制电压 $\dot{U}_c$ 的幅值在额定值与零之间变化，励磁电压 $\dot{U}_f$ 保持为额定值。

幅值控制交流伺服电动机具有以下特性：

①当励磁电压为额定电压，控制电压为零时，伺服电动机转速为零，电机不转。

②当励磁电压为额定电压，控制电压也为额定电压时，伺服电动机转速最大、转矩也为最大。

③当励磁电压为额定电压，控制电压在额定电压与零电压之间变化时，伺服电动机的转速从

最高转速至零转速间变化。

2. 相位控制

相位控制时控制电压和励磁电压均为额定电压，通过改变控制电压和励磁电压相位差。实现对伺服电动机的控制。

设控制电压与励磁电压的相位差为 β，$\beta=0°\sim90°$。根据 β 的取值可得出气隙磁场的变化情况。当 $\beta=0°$ 时，控制电压与励磁电压同相位，气隙总磁通势为脉振磁通势，伺服电动机转速为零不转动；当 $\beta=90°$ 时，为圆形旋转磁通势，伺服电动机转速最大，转矩也为最大；当 $\beta=0°\sim90°$ 变化时，磁通势从脉振磁通势变为椭圆形旋转磁通势最终变为圆形旋转磁通势，伺服电动机的转速由低向高变化。β 值越大越接近圆形旋转磁通势。

3. 幅相控制

幅相控制是对幅值和相位差都进行控制，通过改变控制电压的幅值及控制电压与励磁电压的相位差控制伺服电动机的转速。图 9-16 为幅相控制接线图。

当控制电压的幅值改变时，电动机转速发生变化，此时励磁绕组中的电流随之发生变化，励磁电流的变化引起电容器端电压的变化，使控制电压与励磁电压之间的相位角 β 改变。

幅相控制的机械特性和调节特性不如幅值控制和相位控制，但由于线路比较简单，不需要移相器，因此在实际应用中用得较多。

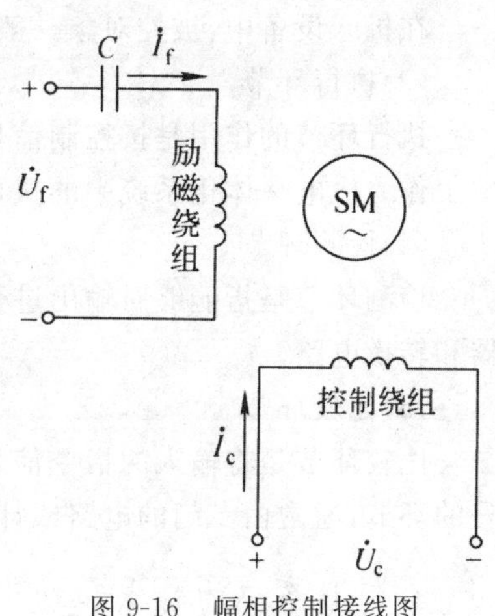

图 9-16　幅相控制接线图

9.3　伺服系统

9.3.1　伺服系统概述

1. 伺服系统概念

伺服来自英文单词 Servo，指系统跟随外部指令进行人们所期望的运动，运动要素包括位置、速度和力矩。伺服系统的发展经历了从液压、气动到电气的过程，而电气伺服系统包括伺服电动机、反馈装置和控制器。

2. 伺服系统的结构组成

机电一体化的伺服控制系统的结构、类型繁多，但从自动控制理论的角度来分析，伺服控制系统一般包括控制器、被控对象、执行环节、检测环节、比较环节五部分(图 9-17)。

(1)控制器

控制器通常是计算机或 PID(比例、积分和微分)控制电路，其主要任务是对比较元件输出的

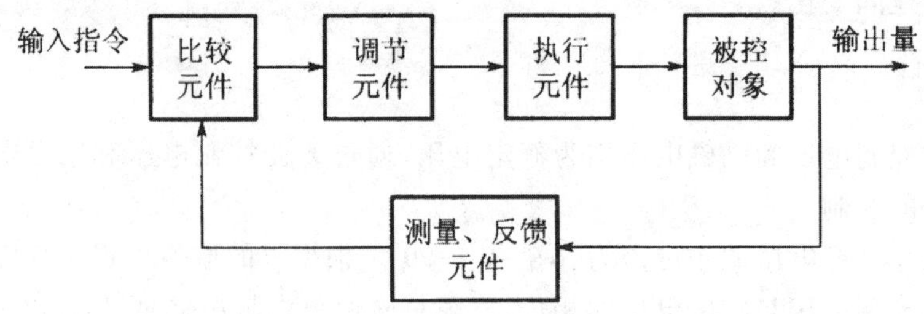

图 9-17 伺服系统组成原理框图

偏差信号进行变换处理,以控制执行元件按要求动作。

(2)被控对象

在机床设备中,被控对象一般指工作台、刀具、工件等。

(3)执行环节

执行环节的作用是按控制信号的要求,将输入的各种形式的能量转化成机械能,驱动被控对象工作。机电一体化系统中的执行元件一般指各种电动机或液压、气动伺服机构等。

(4)检测环节

检测环节是指能够对输出进行测量并转换成比较环节所需要的量纲的装置,一般包括传感器和转换电路。

(5)比较环节

比较环节是将输入的指令信号与系统的反馈信号进行比较,以获得输出与输入间的偏差信号的环节,通常由专门的电路或计算机来实现。

3.伺服系统的特点和功用

伺服系统与一般机床的进给系统有本质上差别,它能根据指令信号精确地控制执行部件的运动速度与位置;伺服系统是数控装置和机床的联系环节,是数控系统的重要组成。

4.伺服系统基本类型

伺服系统按控制原理分:有开环、闭环和半闭环三种形式;按被控制量性质分:有位移、速度、力和力矩等伺服系统形式;按驱动方式分:有电气、液压和气压等伺服驱动形式;按执行元件分:有步进电动机伺服、直流电动机伺服和交流电动机伺服形式。

5.伺服系统的基本要求

(1)精度高

精度是指输出量复现输入指令信号的精确程度,通常用稳态误差表示。影响伺服系统精度的因素如下。

①组成元件本身误差。组成元件本身误差主要包括:传感器的灵敏度和精度;伺服放大器的零点漂移和死区误差;机械装置反向间隙和传动误差;各元器件的非线性因素等。

②系统本身误差。系统本身误差指结构形式,输入指令信号的形式。

(2)稳定性好、快速响应、调速范围宽、低速大转矩

响应速度是衡量伺服系统动态性能的重要指标。调速范围是伺服系统提供的最高速与最低

速之比,具体要求如下。

①调速范围要大,并且在该范围内,速度稳定。

②无论高速和低速下,输出力或力矩稳定,低速驱动时,能输出额定的力或力矩。

③在零速时,伺服系统处于“锁定”状态,即惯性小。

④应变能力指能承受频繁的起动、制动、加速、减速的冲击;过载能力指在低速大转矩时,能承受较长时间的过载而不致损坏。

9.3.2　伺服系统常用的控制用电动机

伺服系统控制用电动机是电气伺服控制系统的动力部件。它是将电能转换为机械能的一种能量转换装置。机电一体化产品中常用的控制用电动机是指能提供正确运动或较复杂动作的伺服电动机。

伺服系统控制用电动机有回转和直线驱动电动机,通过电压、电流、频率(包括指令脉冲)等控制,实现定速、变速驱动或反复起动、停止的增量驱动以及复杂的驱动,而驱动精度随驱动对象的不同而不同。

伺服驱动电动机一般是指步进电动机、直流伺服电动机、交流伺服电动机。

9.3.3　常用伺服控制电动机的控制方式

常用伺服控制电动机的控制方式主要有开环控制、半闭环控制、闭环控制三种。

1. 开环数控系统

开环数控系统如图 9-18 所示。

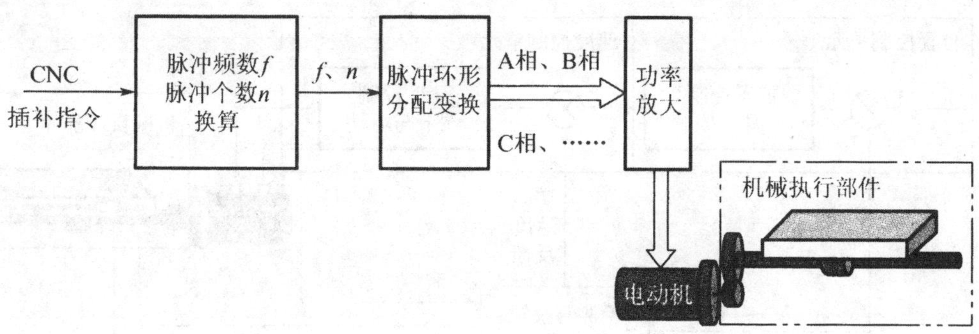

图 9-18　开环数控系统

开环数控系统无位置反馈与速度反馈环节,信号流是单向的(数控装置→进给系统),系统稳定性好,但是精度相对闭环系统来讲不高,其精度主要取决于伺服驱动系统和机械传动机构的性能和精度。一般以功率步进电动机作为伺服驱动元件。开环数控系统具有结构简单、工作稳定、调试方便、维修简单、价格低廉等优点,在精度和速度要求不高、驱动力矩不大的场合得到广泛应用,一般用于经济型数控机床。

2. 半闭环数控系统

半闭环数控系统的位置采样点如图 9-19 所示，是从驱动装置(常用伺服电动机)或丝杠引出，采样旋转角度进行检测，不是直接检测运动部件的实际位置。

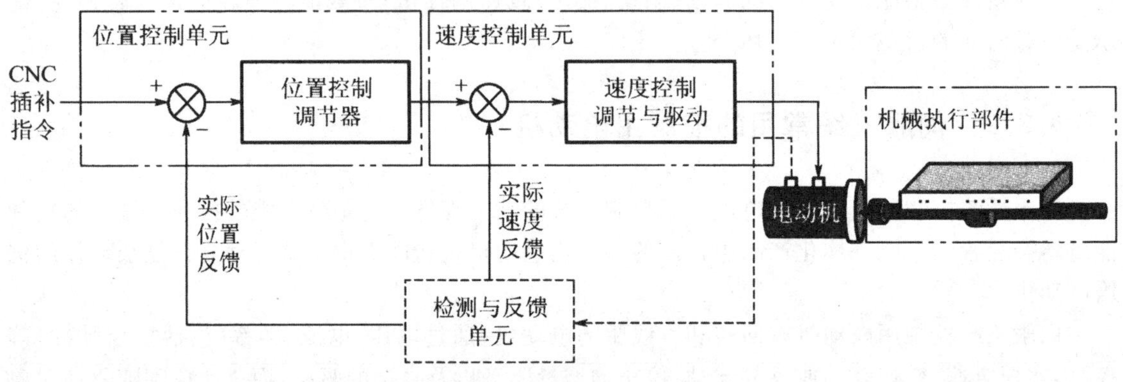

图 9-19 半闭环数控系统

半闭环环路内不包括或只包括少量机械传动环节，因此可获得稳定的控制性能，其系统的稳定性虽不如开环系统，但比闭环要好。

由于丝杠的螺距误差和齿轮间隙引起的运动误差难以消除，因此，其精度较闭环差，较开环好。但可对这类误差进行补偿，因而仍可获得满意的精度。

半闭环数控系统结构简单、调试方便、精度也较高，因而在现代 CNC 机床中得到了广泛应用。

3. 全闭环数控系统

全闭环数控系统的位置采样点如图 9-20 的虚线所示，直接对运动部件的实际位置进行检测。

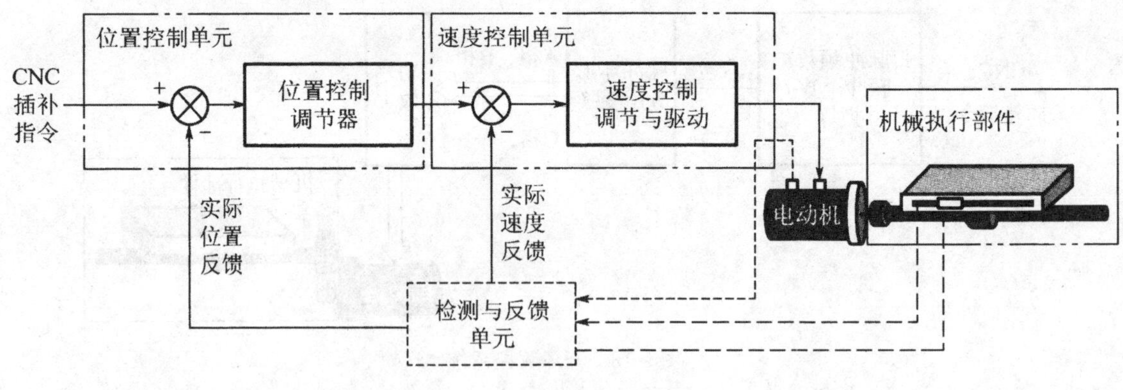

图 9-20 全闭环数控系统

全闭环数控系统具有位置(或速度)反馈环节，从理论上讲，可以消除整个驱动和传动环节的误差、间隙和失动量，具有很高的位置控制精度。由于位置环内的许多机械传动环节的摩擦特性、刚性和间隙都是非线性的，故很容易造成系统的不稳定，使闭环系统的设计、安装和调试都相当困难。全闭环数控系统主要用于精度要求很高的镗铣床、超精车床、超精磨床以及较大型的数控机床等。

9.4　交流伺服系统应用实例

9.4.1　速度控制模式应用实例

1. 伺服电动机多段速运行控制实例

(1)控制要求

采用 PLC 控制伺服驱动器，使之驱动伺服电动机按图 9-21 所示的速度曲线运行，主要运行要求如下。

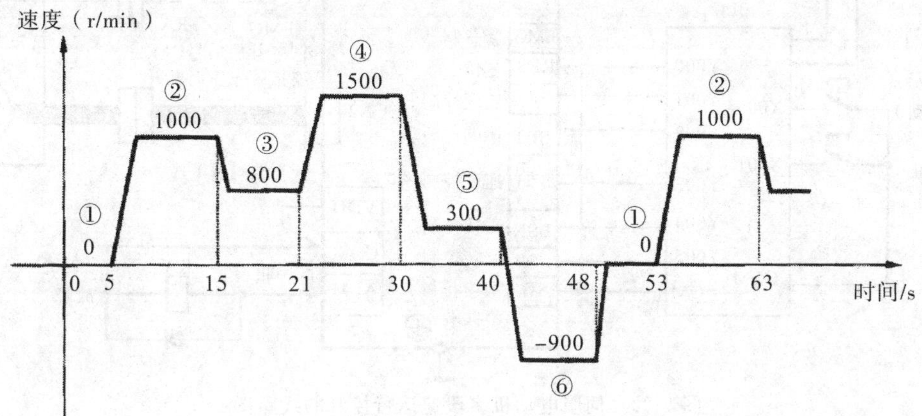

图 9-21　伺服电动机多段速运行的速度曲线

①按下起动按钮后，在 0～5 s 内停转，在 5～15 s 内以 1000 r/min(转/分)的速度运转，在 15～21 s 内以 800 r/min 的速度运转，在 21～30 s 内以 1500 r/min 的速度运转，在 30～40 s 内以 300 r/min 的速度运转，在 40～48 s 内以 900 r/min 的速度反向运转，48 s 后重复上述运行过程。

②在运行过程中，若按下停止按钮，要求运行完当前周期后再停止。

③由一种速度转为下一种速度运行的加、减速时间均为 1 s。

(2)控制线路图

伺服电动机多段速运行控制的线路图如图 9-22 所示。

2. 工作台往返限位运行控制实例

(1)控制要求

采用 PLC 控制伺服驱动器来驱动伺服电动机运转，通过与电动机同轴的丝杆带动工作台移动，如图 9-23(a)所示，具体要求如下。

①在自动工作时，按下起动按钮后，丝杆带动工作台往右移动，当工作台到达 B 位置(该处安装有限位开关 SQ2)时，工作台停止 2 s，然后往左返回，当到达 A 位置(该处安装有限位开关 SQ1)时，工作台停止 2s，又往右运动，如此反复，运行速度—时间曲线如图 9-23(b)所示。按下停止按钮，工作台停止移动。

②在手动工作时，通过操作慢左、慢右按钮，可使工作台在 A、B 间慢速移动。

③为了安全起见，在 A、B 位置的外侧再安装两个极限保护开关 SQ3、SQ4。

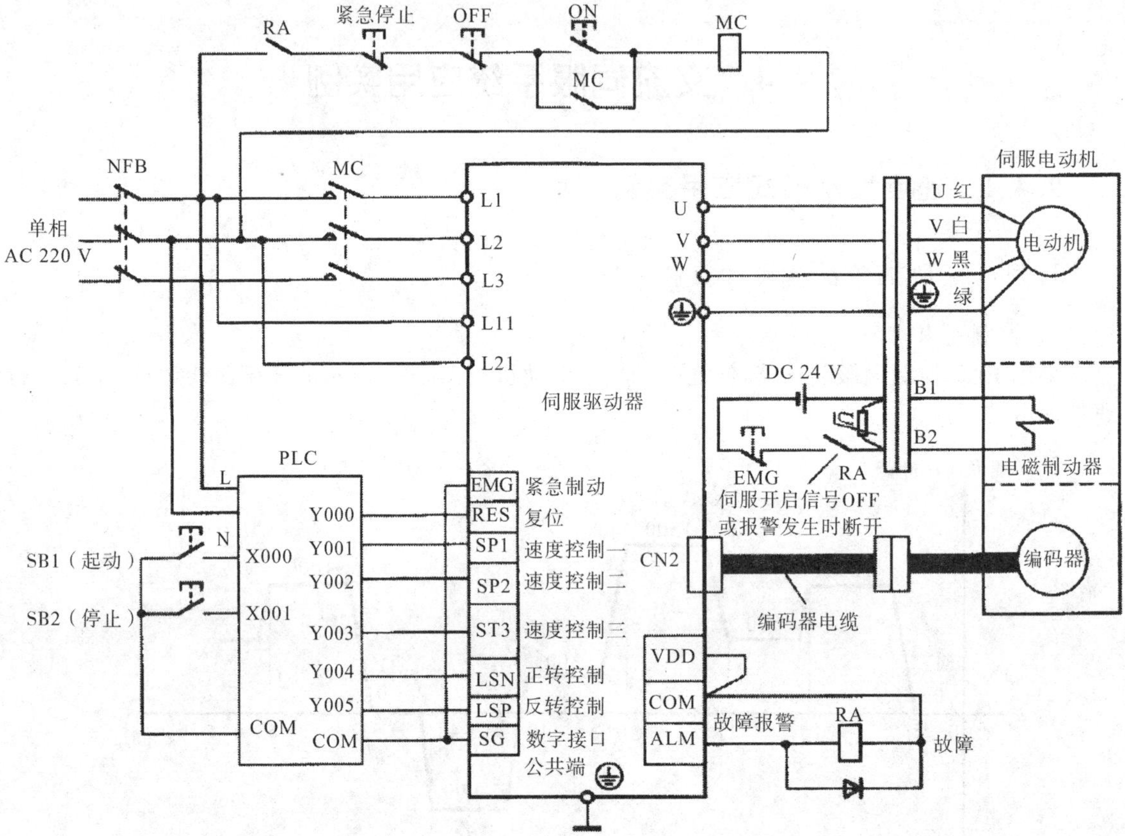

图 9-22 伺服电动机多段速运行控制的线路图

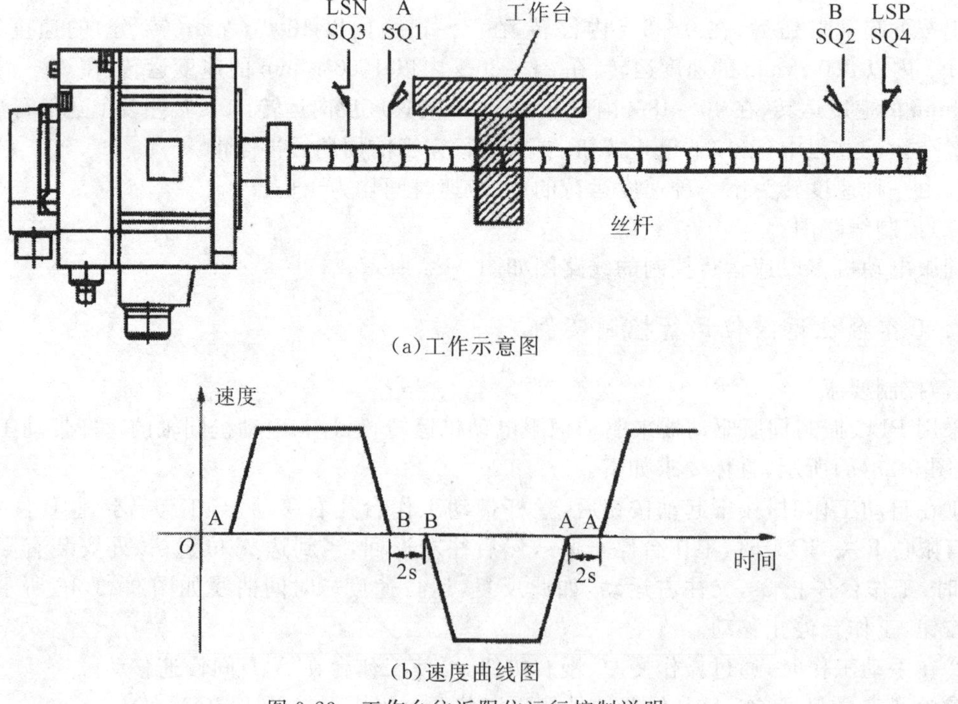

(a)工作示意图

(b)速度曲线图

图 9-23 工作台往返限位运行控制说明

(2)控制线路图

工作台往返限位运行控制的线路图如图 9-24 所示。

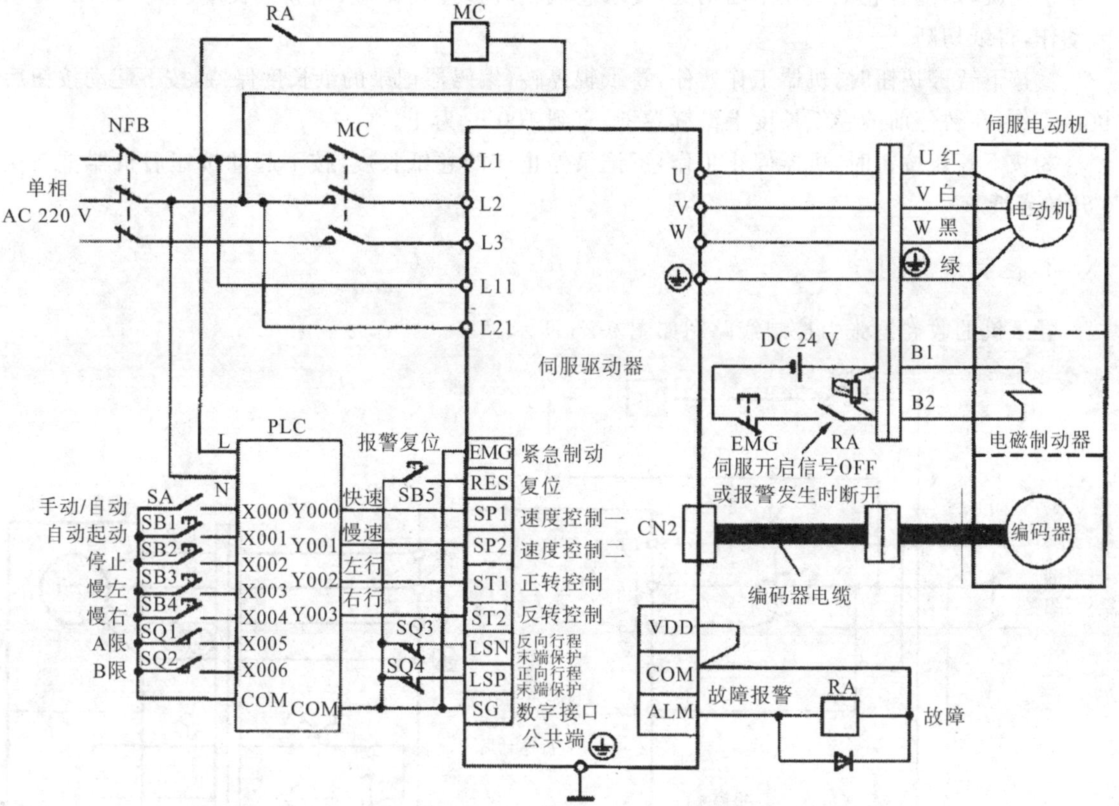

图 9-24　工作台往返限位运行控制的线路图

9.4.2　转矩控制模式的应用实例

1. 卷纸机的收卷恒张力控制要求

如图 9-25 所示为卷纸机的结构示意图。在卷纸时，压纸辊将纸压在托纸辊上，卷纸辊在伺服电动机驱动下卷纸，托纸辊与压纸辊也随之旋转，当收卷的纸达到一定长度时切刀动作，将纸切断，然后开始下一个卷纸过程，卷纸的长度由与托纸辊同轴旋转的编码器来测量。

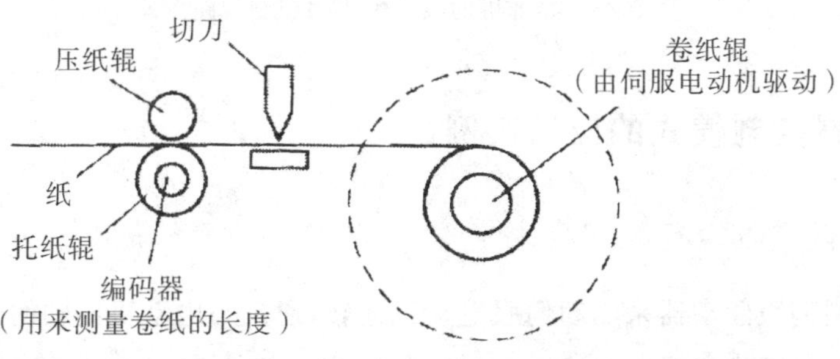

图 9-25　卷纸机的结构示意图

卷纸系统由 PLC、伺服驱动器、伺服电动机和卷纸机组成,控制要求如下。

①按下起动按钮后,开始卷纸,在卷纸过程中,要求卷纸张力保持不变,即卷纸开始时要求卷纸辊快速旋转,随着卷纸直径不断增大,要求卷纸辊转速逐渐变慢,当卷纸长度达到 100 m 时切刀动作,将纸切断。

②按下暂停按钮时,机器工作暂停,卷纸辊停转,编码器记录的纸长度保持,按下起动按钮后机器工作,在暂停前的卷纸长度上继续卷纸,直到 100 m 为止。

③按下停止按钮时,机器停止工作,不记录停止前的卷纸长度,按下起动按钮后机器重新从 0 开始卷纸。

2. 控制线路图

卷纸机的收卷恒张力控制线路图如图 9-26 所示。

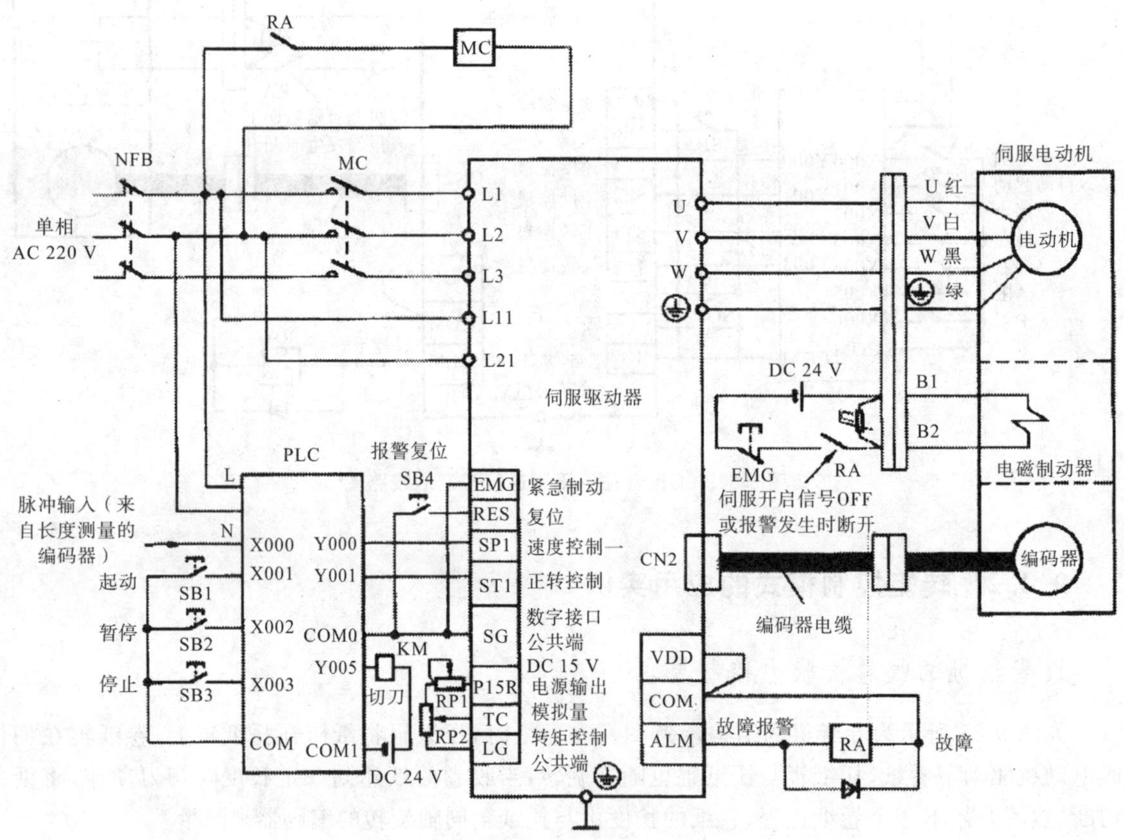

图 9-26 卷纸机的收卷恒张力控制线路图

9.4.3 位置控制模式的应用实例

1. 工作台往返定位运行控制要求

采用 PLC 控制伺服驱动器来驱动伺服电动机运转,通过与电动机同轴的丝杆带动工作台移动,如图 9-27 所示,具体要求如下。

①按下起动按钮，伺服电动机通过丝杆驱动工作台从 A 位置（起始位置）往右移动，当移动 30 mm 后停止 2 s，然后往左返回，当到达 A 位置，工作台停止 2 s，又往右运动，如此反复。

②在工作台移动时，按下停止按钮，工作台运行完一个周期后返回到 A 点并停止移动。

③要求工作台移动速度为 10 mm/s，已知丝杆的螺距为 5 mm。

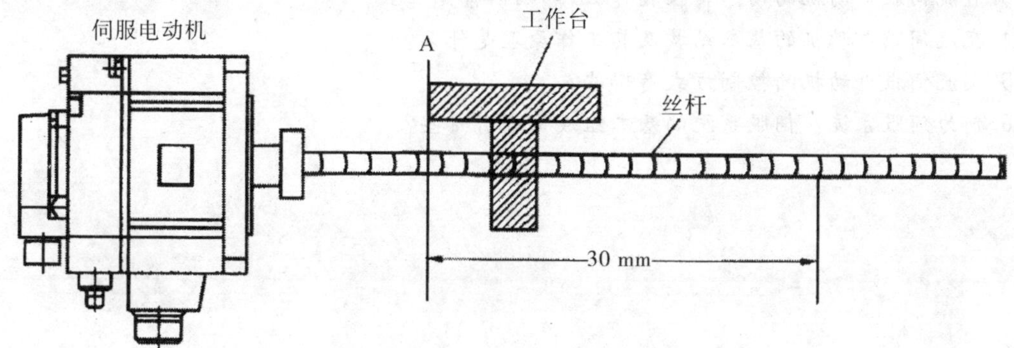

图 9-27　工作台往返定位运行示意图

2. 控制线路图

工作台往返定位运行控制线路如图 9-28 所示。

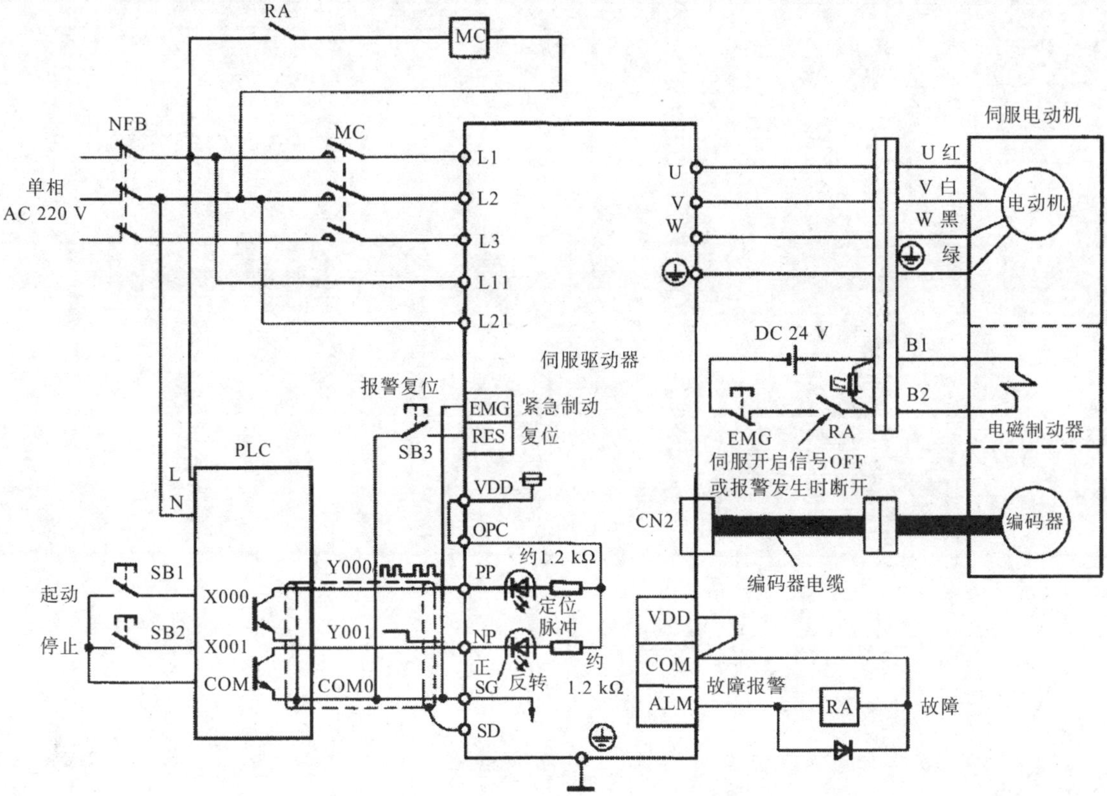

图 9-28　工作台往返定位运行控制线路

课后思考题

1. 直流伺服电动机的基本结构和分类有哪些?
2. 直流伺服电动机的静态特性指什么,影响因素是什么?
3. 直流伺服电动机的动态特性指什么,影响因素是什么?
4. 交流伺服电动机的基本结构及其工作原理是什么?
5. 交流伺服电动机的控制方式有哪些?
6. 何为伺服系统? 伺服系统的基本组成部分有哪些?

第 10 章 常用机床的电气控制

10.1 电气控制电路分析基础

10.1.1 电气控制电路分析的依据

分析生产机械电气控制电路的依据是生产机械的基本结构、运行情况、加工工艺要求、电力拖动及电气控制的要求。因为电气控制电路是为生产机械电力拖动服务的，是为其控制要求服务的，所以分析电气控制电路时应明确其控制对象，掌握控制要求，这样才有针对性。在分析机床电气控制系统时应注意的几个问题。

①了解机床的主要结构、运动形式、电力拖动和电气控制特点及电器的操作方法。

②初步掌握各电器的布置位置、作用，各操作手柄、开关、按钮及电动机的功能。

③了解机床机械、液压系统的工作情况，如哪些电气元件(例如微动开关)受机械、液压元件的控制而哪些机械、液压元件又受电气元件(例如电磁阀门)的控制。

10.1.2 电气控制电路分析的内容

通过对各种技术资料的分析，弄清生产机械的基本结构、运行情况、控制要求、电气控制电路的工作原理、电器元件的安装情况等。这些技术资料主要有设备说明书、电气原理图、电气设备总装接线图、电器元件布置图与接线图等。

1.设备说明书

①了解设备的基本结构、各部分的运动情况和加工工艺要求，以及机械、液压、气动部分的传动方式与工作原理。

②掌握电气传动方式，电动机与电器元件的数目、规格型号、安装位置及用途等。

③了解各操作手柄、开关、按钮、指示信号装置的位置及在控制电路中的作用。

④了解与机械、液压部分有直接关联的电器(如行程开关、电磁阀、压力继电器、电磁离合器、微动开关等)的位置、工作状态，以及机械、液压部分的关系和在控制电路中的作用。

2.电气原理图

电气原理图由主电路、控制电路与辅助电路等部分组成。它是从生产机械的加工工艺出发，按其对电力拖动自动控制的要求而设计的。对生产机械电气控制电路的分析，重点是对电气原理图的分析，因为其他几种电气图都是严格按照电气原理图的连接关系画出的。

3.电气设备总装接线图

阅读电气设备总装接线图,可以了解系统的组成分布情况,各部分的连接方式,主要电气部件的布置、安装要求,导线走向及导线的规格型号等。通过对电气设备总装接线图的分析,可以对设备的电气安装有总体的了解。

4.电器元件布置图与接线图

电器元件布置图与接线图是安装、调试和维护电气设备必需的技术资料。在测试、检修中可通过电器元件布置图和接线图迅速方便地找到各电器元件的测试点和连接点,进行必要的检查、调试和维修。

10.1.3 电气原理图的阅读分析方法

分析电气原理图是分析机床电气控制电路的中心内容。其基本方法是:先机后电,先主后辅,化整为零,集零为整、统观全局,总结特点。

1.先机后电

首先应了解生产机械的基本结构、运行情况、工艺要求、操作方法等,这样可以对生产机械的机械构造及其运行有总体的了解,进而明确对电力拖动自动控制的要求,为阅读和分析电路做好前期准备。

2.先主后辅

在分析主电路(电动机电路)时,要结合机床的运动形式——一般分为主(轴)运动、进给运动和辅助运动(例如某运动部件的快速移动),以明确各电动机所担当的任务。先阅读主电路,看设备由几台电动机拖动,各台电动机的作用如何,结合加工工艺分析电动机的起动方法,有无正、反转控制,采取何种制动方式,采用哪些电动机保护。看完主电路后再分析控制电路,最后再阅读辅助电路。

3.化整为零

在分析控制电路时,要结合主电路的控制要求,从加工工艺出发,一个环节一个环节地去阅读和分析各台电动机的控制电路,先将各台电动机的控制划分成若干个局部电路,每一台电动机的控制电路又按起动环节、制动环节、调速环节、反向环节来分析电路。然后分析辅助电路,包括信号电路、检测电路与照明电路等,这部分电路具有相对的独立性,仅起辅助作用,不影响主要功能,但这部分电路大多是由控制电路中的元件来控制的,可结合控制电路一并分析。

4.集零为整、统观全局

在逐个分析完局部电路之后,还应统观全部电路,看各局部电路之间的连锁关系,机、电、液的配合情况,电路中设有哪些保护环节,这样可以对整个电路有清晰的理解。

总之,分析电气原理图是为了了解各控制电路的工作,清楚地理解每个电气元件的作用及工作过程,达到掌握机床电气控制电路工作原理的目的。

10.2 CA6140 型普通车床电气控制

车床是一种应用极为广泛的金属切削机床,能够车削外圆、内圆、端面、螺纹以及定型回转表面等,另外还可用钻头、铰刀等进行钻孔和铰孔等加工。

CA6140 型普通车床型号的含义如图 10-1 所示。

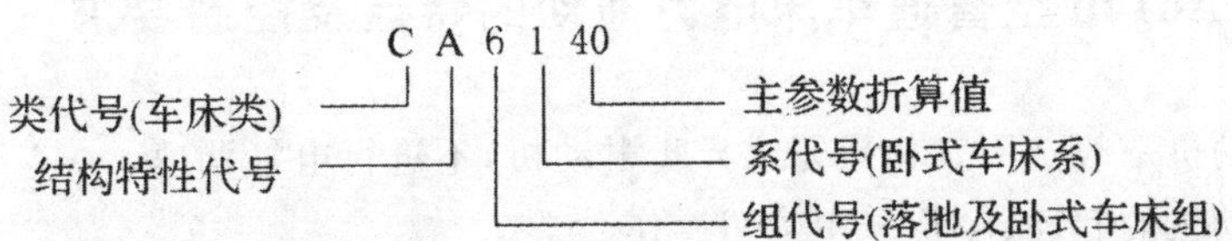

图 10-1　CA6140 型普通车床型号的含义

10.2.1 CA6140 型普通车床的主要结构和运动形式

如图 10-2 所示为 CA6140 型普通车床的结构示意图。

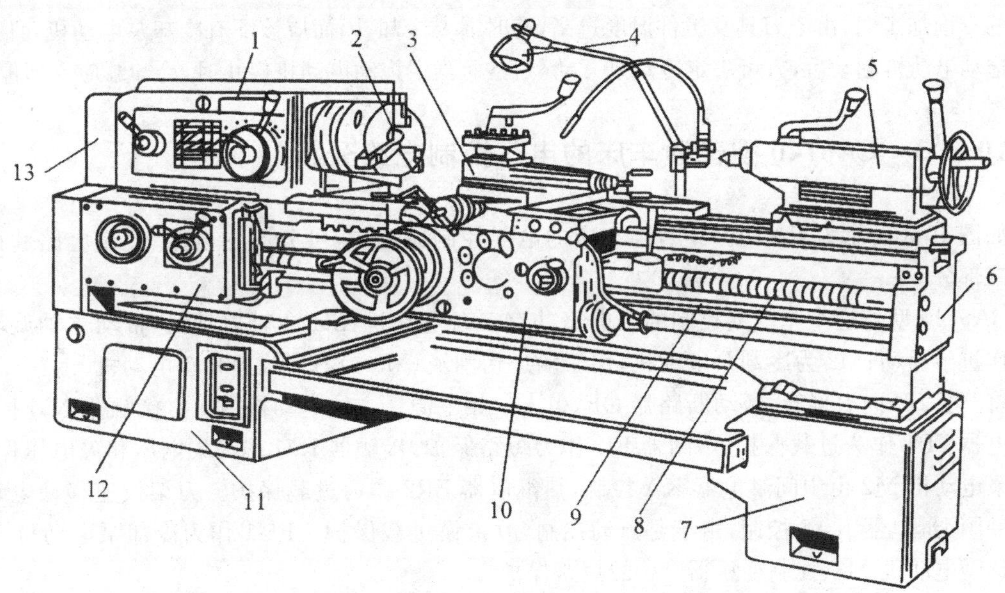

图 10-2　CA6140 型普通车床的结构示意图

1—主轴箱;2—卡盘;3—溜板和刀架;4—照明灯;5—尾架;6—床身;7、11—床腿;8—丝杠;9—光杠;10—溜板箱;12—进给箱;13—挂轮箱

(1)车床的切削运动

车床的切削运动包括工件旋转的主运动和刀具的直线进给运动。根据工件的材料性质、车刀材料及几何形状、工件直径、加工方式及冷却条件的不同,要求主轴有不同的切削速度。车削速度是指工件与刀具接触点的相对速度。主轴变速是由主轴电动机经 V 带传递到主轴变速箱

来实现的。

(2)车床的进给运动

车床的进给运动指刀架带动刀具的直线运动。溜板箱把丝杠或光杠的转动传递给刀架部分,变换溜板箱外的手柄位置,经刀架部分使车刀作纵向或横向进给。

(3)车床的辅助运动

车床的辅助运动指车床上除切削运动以外的其他一切必需的运动,如尾架的纵向移动、工件的夹紧与放松等。

10.2.2 CA6140 型普通车床电力拖动的特点及控制要求

①主拖动电动机一般选用三相鼠笼式异步电动机,不进行电气调速。

②主拖动电动机的起动、停止采用按钮操作。

③在车削螺纹时,要求主轴有正、反转,由主拖动电动机正、反转或采用机械方法来实现。

④采用齿轮箱进行机械有级调速。为减小振动,主拖动电动机通过几条 V 带将动力传递到主轴箱。

⑤支架移动与主轴转动有固定的比例关系,以便满足对螺纹的加工需要。

⑥电路应具有安全的局部照明装置。

⑦电路必须有过载、短路、欠电压、失电压保护。

⑧车削加工时,由于刀具及工件温度过高,有时需要冷却,因而应该配有冷却泵电动机,且要求在主拖动电动机起动后,方可决定冷却泵开动与否,而当主拖动电动机停止时,冷却泵应立即停止。

10.2.3 CA6140 型普通车床的电气控制电路分析

如图 10-3 所示为 CA6140 型普通车床的电气控制原理图,可分为主电路、控制电路和照明电路三部分。

CA6140 型普通车床电气控制的主电路共有三台电动机:M1 主轴电动机,带动主轴旋转和刀架作进给运动;M2 为冷却泵电动机,用于输送切削液;M3 为刀架快速移动电动机。

将开关 SB 向右旋转,扳动断路器 OF,引入三相电源。主轴电动机 M1 由接触器 KM 控制,热继电器 FR1 作为过载保护,熔断器 FU 作为短路保护,接触器 KM 作为失电压和欠电压保护。冷却泵电动机 M2 由中间继电器 KA 控制,热继电器 FR2 作为过载保护。刀架快速移动电动机 M3 由中间继电器 KA2 控制,由于是点动控制,故未设过载保护。FU1 作为冷却泵电动机 M2、快速移动电动机 M3、控制变压器 TC 的短路保护。

CA6140 型普通车床电气控制的控制电路的电源由控制变压器 TC 副绕组输出 110V 电压提供。在正常工作时,位置开关 SQ1 的常开触头闭合。打开床头的皮带罩后,SQ1 断开,切断控制电路电源,开关 SB 和位置开关 SQ2 在正常工作时是断开的,QF 线圈不通电,断路器 QF 能合闸。打开配电盘的壁龛门时,SQ2 闭合,QF 线圈得电,断路器 QF 自动断开。

1. 主轴电动机的控制

按绿色按钮 SB2,接触器 KM 的线圈通电吸合,其主触点闭合,主轴电动机起动运行。同时,

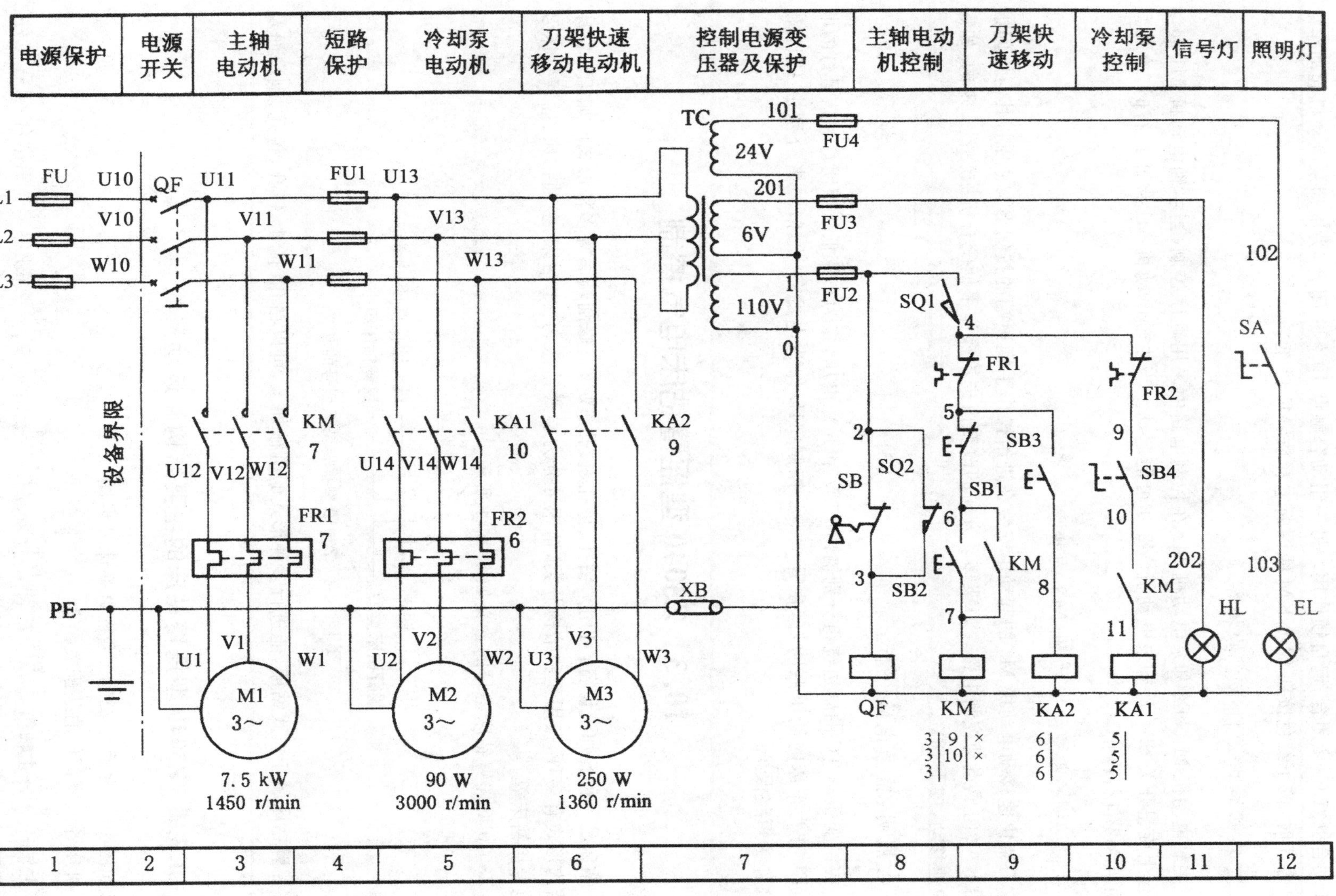

图10-3　CA614O型普通车床的电气控制原理图

KM 动合触点 6—7 闭合，起自锁作用。另一组动合触点 10—11 闭合，为冷却泵电动机起动作准备。停车时，按下红色按钮 SB1，KM 线圈断电释放，M1 停车。

2.冷却泵电动机 M2 的控制

主轴电动机 M1 和冷却泵电动机 M2 在控制电路中采用顺序控制，当主轴电动机 M1 起动后，合上旋钮开关 SB4，冷却泵电动机 M2 才可能起动。当主轴电动机 M1 停止运行时，冷却泵电动机 M2 自行停止。

3.刀架快速移动电动机 M3 的控制

刀架快速移动电动机 M3 的起动由安装在进给操作手柄顶端的按钮 SB3 控制，其与中间继电器 KA2 组成点动控制电路。刀架移动方向的改变由进给操作手柄配合机械装置实现的，如需要快速移动，按下 SB3。

4.照明、信号电路分析

控制变压器 TC 的副边绕组分别输出 24 V 和 6 V 电压，作为车床低压照明灯和信号灯的电源。EL 作为车床的低压照明灯，由开关 SA 控制；HL 作为电源信号灯，二者分别由 FU4 和 FU3 作为短路保护。

10.3 Z3040 型摇臂钻床电气控制

钻床是一种孔加工设备，可用来钻孔、扩孔、铰孔、攻丝及修刮端面等多种形式的加工。钻床的结构形式有多种，按用途和结构分类，钻床可分为立式钻床、台式钻床、多轴钻床、摇臂钻床及其他专用钻床等。

Z3040 型摇臂钻床型号的含义如图 10-4 所示。

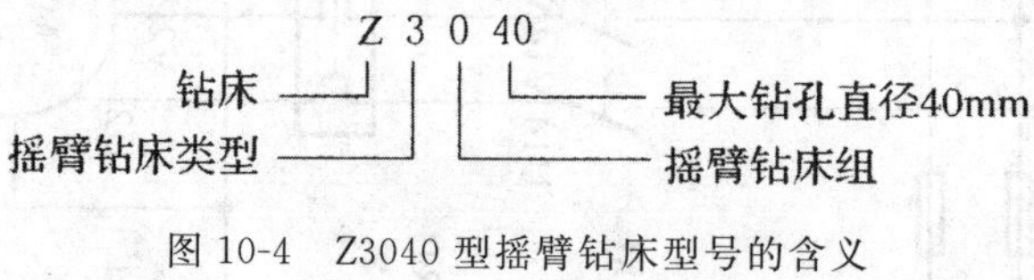

图 10-4 Z3040 型摇臂钻床型号的含义

摇臂钻床属于立式钻床，能进行多种形式的机械加工，可以钻孔、扩孔、铰孔、镗孔、刮平面及攻螺纹等。

10.3.1 Z3040 型摇臂钻床的主要结构和运动形式

如图 10-5 所示为 Z3040 型摇臂钻床外形图。

机床各主要部件的装配关系为

主轴 —安装在→ 主轴箱 - - 安装在 - -→ 摇臂 - - 套在 - -→ 外立柱 - - 套在 - -→ 内立柱 —固定→ 底座 ←固定— 工作台 ←固定— 工件

其中，“ ”表示用液压夹紧机构相连。

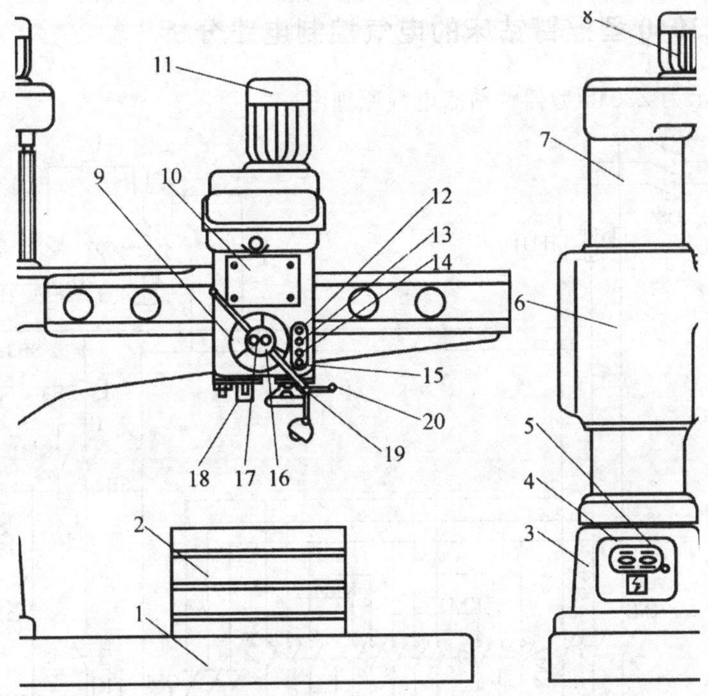

图 10-5　Z3040 型摇臂钻床外形图

1—底座；2—工作台；3—内立柱；4—冷却泵电动机开关；5—电源总开关；6—摇臂；7—外立柱；8—摇臂升降电动机；9—主轴箱移动手轮；10—主轴箱；11—主轴电动机；12—主轴电动机起动按钮；13—主轴电动机停止按钮；14—摇臂升降电动机正转(上升)按钮；15—摇臂升降电动机反转(下降)按钮；16—主轴箱立柱夹紧按钮；17—主轴箱立柱松开按钮；18—主轴；19—主轴手动进给手柄；20—主轴变速及自动进给手柄

Z3040 型摇臂钻床的主运动指主轴带着钻头(刀具)的旋转运动。其进给运动为主轴的垂直运动(手动或自动)。

Z3040 型摇臂钻床的辅助运动用来调整主轴(刀具)与工件纵向、横向(即水平面)上的相对位置以及相对高度。在做辅助运动时,相应的夹紧机构应松开,完成后应夹紧。

10.3.2　Z3040 型摇臂钻床的电力拖动和控制特点

①冷却泵电动机 M4 单向拖动冷却泵供给冷却液。

②摇臂升降由摇臂升降电动机 M2 经丝杠带动,M2 应能正反转。

③摇臂的升降需有一定的动作顺序。

④机床的机—电—液三个方面的动作应协调配合,以完成某些控制。

⑤机床采用液压夹紧装置,用液压泵电动机 M3 正反转拖动液压泵供给双向液压。

⑥主轴的正反转、制动停车、空档、变速及选速等用主轴变速及自动进给手柄控制,由主轴箱内齿轮泵供给的液压来操纵。故主轴电动机 M1 只需单向转动,拖动齿轮泵。主轴进给亦可用主轴手动进给手柄来操纵。

10.3.3 Z3040 型摇臂钻床的电气控制电路分析

如图 10-6 所示为 Z3040 型摇臂钻床电气原理图。

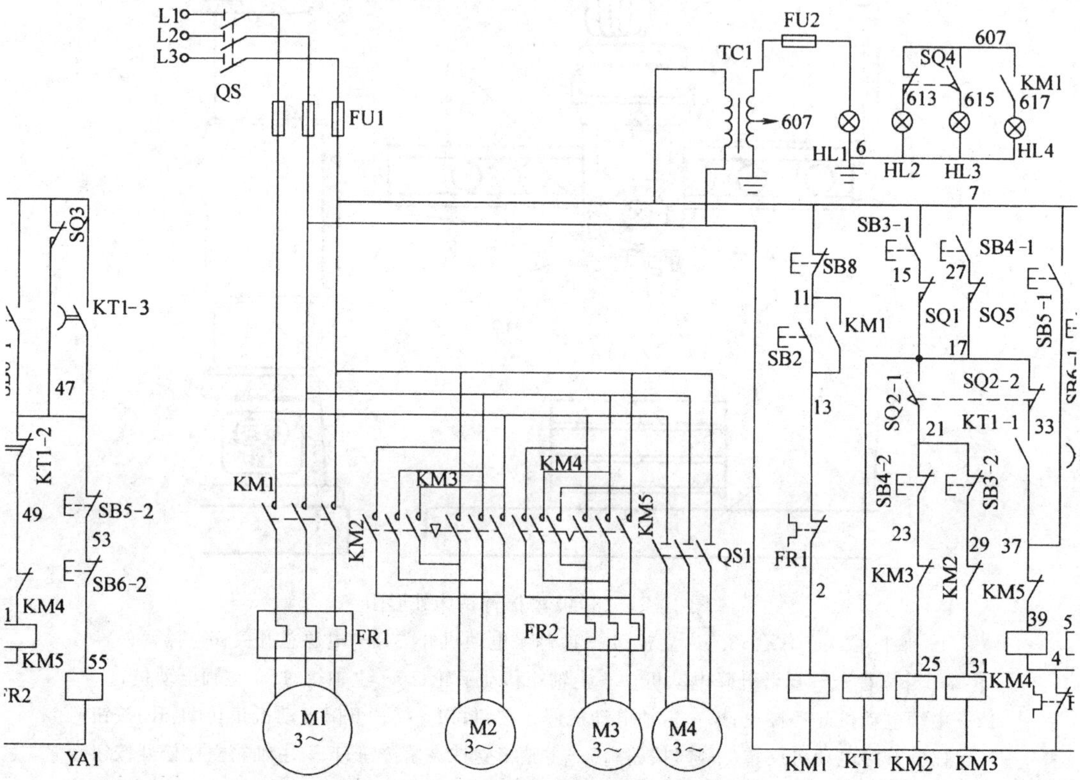

图 10-6 Z3040 型摇臂钻床电气原理图

1. 主轴电动机 M1 的控制

按动按钮 SB2，接触器 KM1 线圈得电自保，M1 转动。KM1 的常开辅助触头（607—617）闭合，指示灯 HIA 亮。按动按钮 SB8，KM1 失电，M1 停转，HIA 熄灭。

2. 摇臂升降控制

摇臂通常处于夹紧状态，在控制摇臂升降时，除摇臂升降电动机 M2 需转动外，还需要摇臂夹紧机构、液压系统协调配合，完成夹紧→松开→夹紧动作。工作过程如图 10-7 所示。其中 SQ2 压下是 M2 转动的指令，SQ3 压下是夹紧的标志。

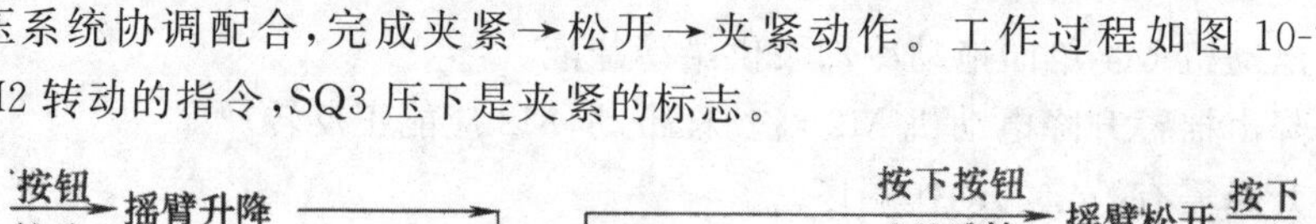

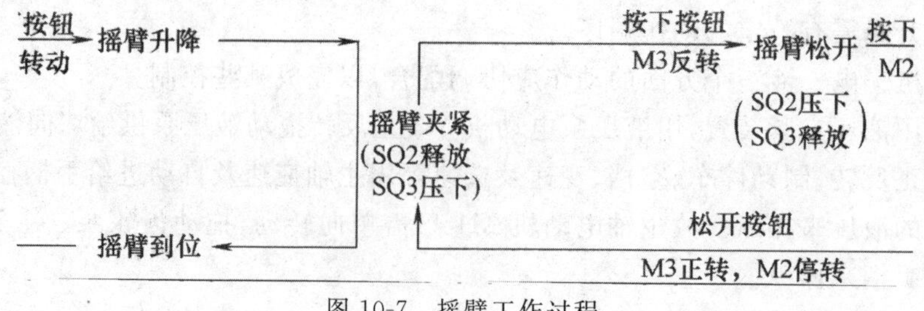

图 10-7 摇臂工作过程

如图 10-8 所示为摇臂上升工作流程图。

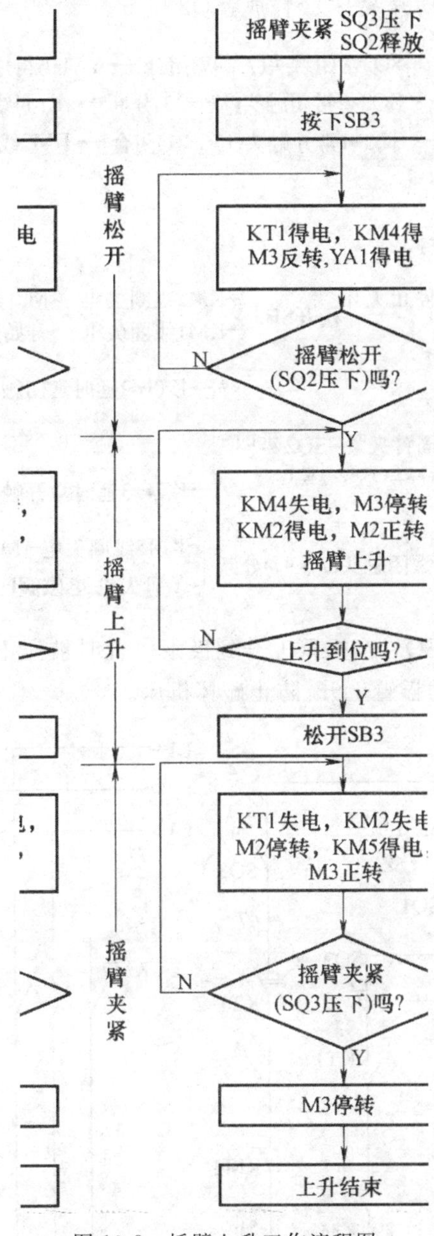

图 10-8　摇臂上升工作流程图

如图 10-9 所示为摇臂上升控制电路，是正反转点动控制电路。

(1)摇臂松开阶段

按下摇臂上升按钮 SB3-1(不松开)，时间继电器 KT1 线圈得电动作。

1-1常开触头(33—37)闭合 →KM4线圈得电
(7—15—17—33—39)→M3反转
1-3常开触头(7—47)闭合 →YA1线圈得电
(7—47—53—55)
→摇臂松开
KT1线圈得电→KT
→KT

(2)摇臂上升

摇臂夹紧机构松开后,微动开关 SQ3 释放,SQ2 压下。

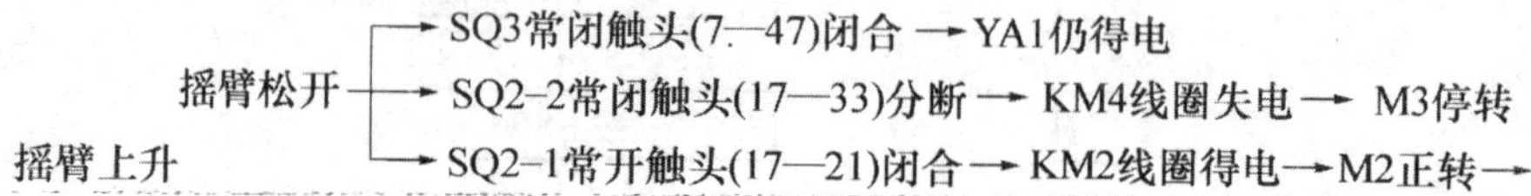

(3)摇臂上升到位

松开按钮 SB3,摇臂又夹紧。

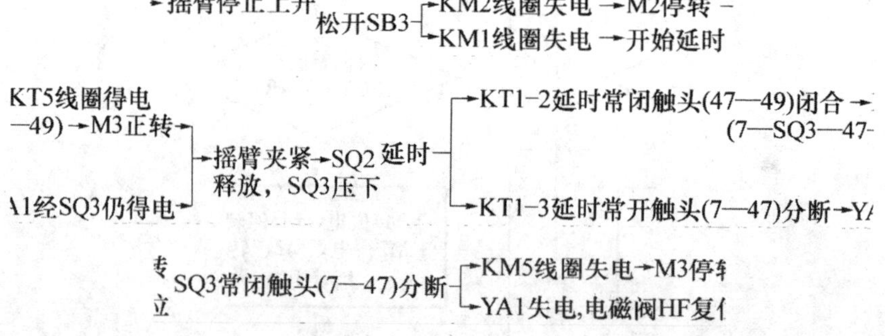

在图 10-9 中有限位开关 SQ1,当摇臂上升到极限位置时被压下,常闭触头分断,使 KM2 线圈失电释放,M2 停转不再带动摇臂上升,防止碰坏机床。

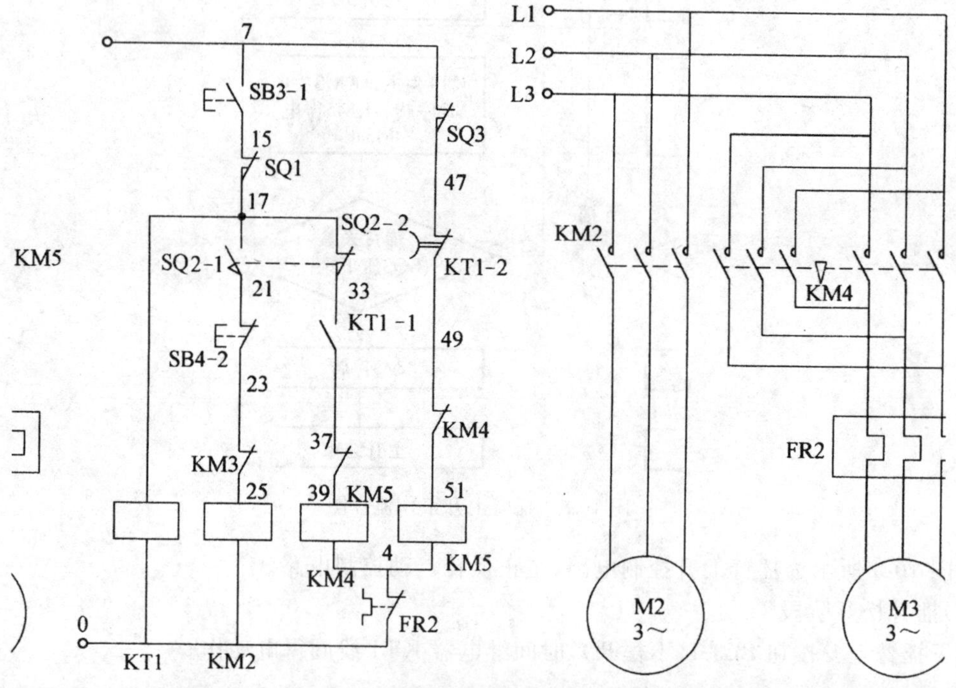

图 10-9 摇臂上升控制电路

如图 10-10 所示为摇臂下降的控制电路,其工作原理与摇臂上升控制电路相仿,只是需要按下按钮 SB4。

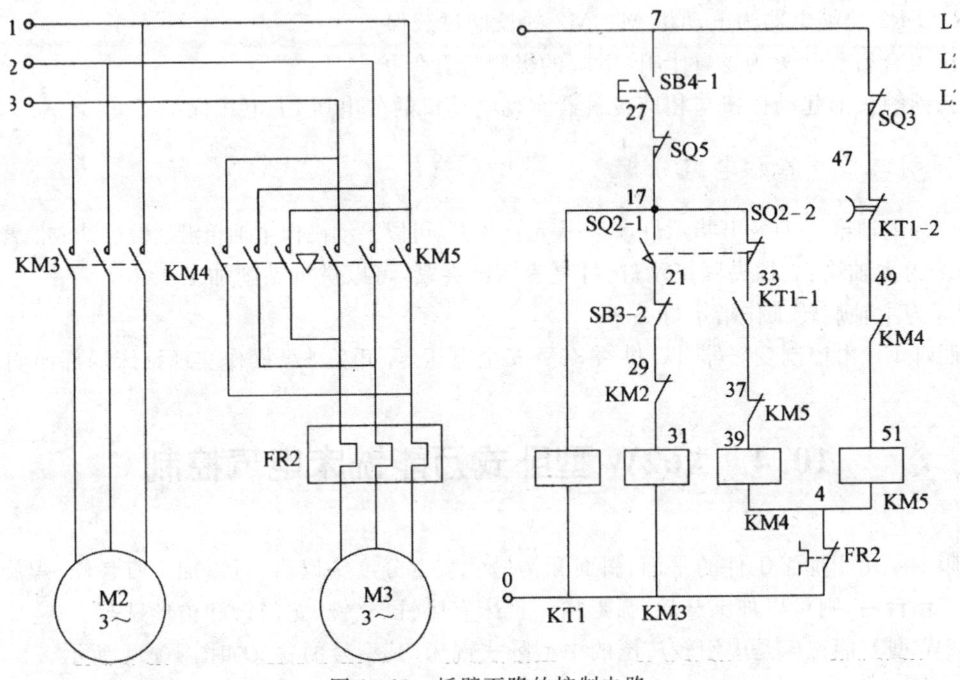

图 10-10 摇臂下降的控制电路

3. 主轴箱、立柱的松开和夹紧

主轴箱、立柱的松开和夹紧是由松开按钮 SB5 和夹紧按钮 SB6 控制的正反转点动控制电路。现以夹紧机构松开为例，分析电路的工作原理。

在机构处于夹紧状态时，限位开关 SQ4(615—607)被压下，夹紧指示灯 HL3 燃亮。

按动 SB5→KM4 线圈得电(7—SB5—1—37—39—4)→M3 反转。由于 SB5—2 分断，YA1 线圈不能得电。

液压油供给主轴箱、立柱两夹紧机构，使之松开，SQ4(613—607)释放，指示灯 HL2 燃亮，而夹紧指示灯 HL3 熄灭。松开 SB5，KM4 线圈失电释放，M3 停转。

4. 冷却泵电动机 M4 的控制

冷却泵电动机 M4 的控制由开关 QS2 进行单向旋转的控制。

5. 完善联锁保护环节

行程开关 SQ2 实现摇臂松开到位，开始摇臂升降的联锁。行程开关 SQ3 实现摇臂完全夹紧，液压泵电动机 M3 停止旋转的联锁。

时间继电器 KT 实现摇臂升降电动机 M2 断开电源，待惯性旋转停止后再进行夹紧的联锁。

摇臂升降电动机 M2 正、反转具有双重互锁。

SB5 与 SB6 常闭触头串接在电磁阀 YV 线圈电路上，实现进行主轴箱与立柱夹紧、松开操作时，压力油不进入摇臂夹紧油腔的联锁。

FU1 作为总电路和电动机 M1、M4 的短路保护。FU2 熔断器为电动机 M2、M3 及控制变压器 TC 原边绕组的短路保护。FU3 为照明电路的短路保护。

FR1、FR2 热继电器为电动机 M1、M2 的长期过载保护。

SQ1 组合行程开关为摇臂上升、下降的极限位置保护。

带自锁触头的起动按钮与相应接触器实现电动机的欠电压、失电压保护。

6. 照明与信号指示电路分析

HL1 为主轴箱、立柱松开指示灯,灯亮表示已松开,可以手动操作主轴箱沿摇臂移动或摇臂回转。

HL2 为主轴箱、立柱夹紧指示灯,灯亮表示已夹紧,可以进行钻削加工。

HL3 为主轴旋转工作指示灯。

照明灯 EL 由控制变压器 TC 供给 36V 安全电压,经开关 SA 操作实现钻床局部照明。

10.4 X62W 型卧式万能铣床电气控制

铣床主要用于加工工件的平面、斜面和沟槽。装上分度头以后,可以加工直齿轮、螺旋面;装上回转工作台后,则可以加工凸轮、弧形槽。铣床有卧铣、立铣、龙门铣和仿形铣等。

X62W 型万能铣床是应用较广泛的中型卧式铣床,其型号的含义如图 10-11 所示。

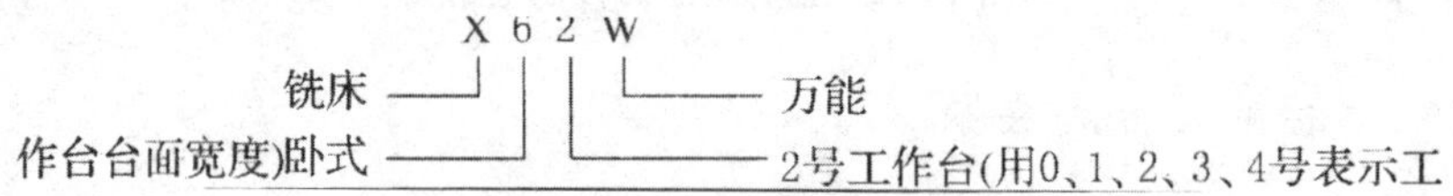

图 10-11 X62W 型万能铣床型号的含义

10.4.1 X62W 型卧式万能铣床的主要结构和运动形式

如图 10-12 所示为 X62W 型万能铣床的外形图。它主要由底座、床身、悬梁、刀杆支架、工作台、溜板和升降台等部分组成,还可加装圆工作台以扩大铣削能力。

机床采用主轴带动铣刀旋转、移动工作台进行加工的结构,故其结构可分为两大部分:支撑和转动铣刀部分、工作台。

工作台可作上下、左右(纵向)和前后(横向)三个方向的移动,便于调整工件与铣刀相对位置和加工时选择进给方向。

X62W 型卧式万能铣床的主运动指主轴带动铣刀的旋转运动;其进给运动为加工中工作台的上下、左右、前后运动以及圆工作台的旋转运动;其辅助运动指工作台在各个方向的快速移动。

10.4.2 X62W 型卧式万能铣床的电力拖动和控制特点

1. 主轴电动机 M1

主轴由 M1 经弹性联轴和变速机构的齿轮传动链来拖动,有三种控制:正反转起动,反接制动和变速冲动。

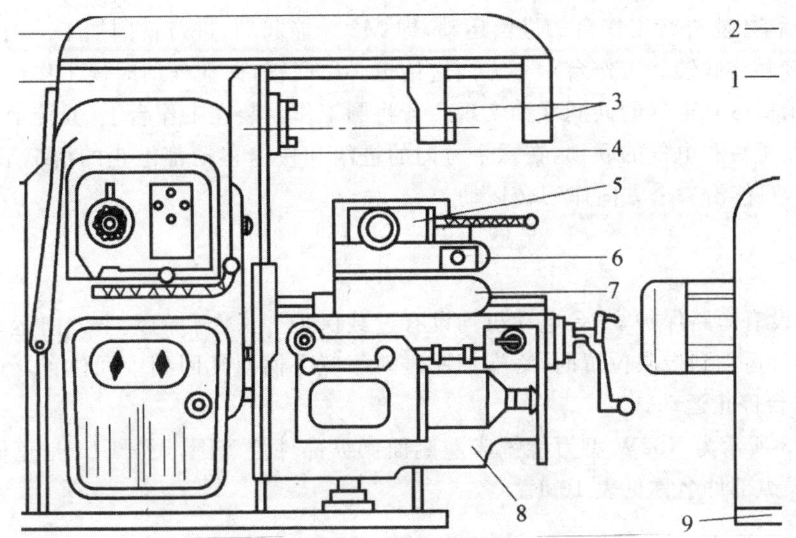

图 10-12　X62W 型万能铣床外形图

1—床身(立柱);2—悬梁;3—刀杆支架;4—主轴;5—工作台;
6—回转台;7—床鞍;8—升降台;9—底座

铣削加工有顺铣和逆铣两种方式,在加工时,主轴能正反转,但不能在加工过程中转换铣削方式,故采用倒顺开关即正反转转换开关控制 M1 的转向。

为使主轴迅速停车,对 M1 采用速度继电器测速的串电阻反接制动。

主轴采用变速孔盘机构选择转速。为使变速箱内齿轮易于啮合,减少齿轮端面的冲击,要求 M1 在主轴变速时稍微转动一下,称为变速冲动。这时也利用限流电阻,以限制 M1 的起动电流和起动转矩,减小齿轮间的冲击。

2. 工作台进给电动机 M2

工作台进给分为机动和手动两种方式。手动进给是操纵手轮或手柄实现的,机动进给是由 M2 配合有关手柄实现的,有三种控制:进给、快速移动和变速冲动。

工作台在各个方向上需能往返,要求 M2 能正反转。进给速度的转换亦采用变速孔盘机构,要求 M2 也能变速冲动。为缩短辅助工时,工作台在各个方向上均可快速移动。由 M2 拖动,用牵引电磁铁,使摩擦离合器合上,减少中间传动装置,达到快速移动。

3. 冷却泵电动机 M3

M3 拖动冷却泵提供冷却液,只需单向运转。

4. 两地控制

为及时实现控制,机床设置了两套操纵系统,在机床正面及左侧面,都安装了相同的按钮、手柄和手轮,使操作方便。

5. 联锁

为了保证安全、防止事故,使机床有顺序地动作,采用了联锁。

M1 起动后，才能进行工作台的进给运动，即 M2 才能起动，进行铣削加工。而 M1、M2 需同时停止，采用接触器联锁。工作台六个方向进给也必须联锁，即在任何时候工作台只能有一个方向的运动，采用机械和电气的共同联锁实现。若将圆工作台装在工作台上，其传动机构与纵向进给机构耦合，经机械和电气的联锁，在六个方向的进给和快速移动都停止的情况下，可使圆工作台由 M2 拖动，只能沿一个方向作回转运动。

6. 保护

控制电路设有短路保护，三台电动机均设有过载保护。工作台的六个方向运动都设有终端保护。当工作台运动到极限位置时，终端挡铁碰动相应手柄使其回到中间位置，行程开关复位，M2 停转，工作台停止运动。

如图 10-13 所示为 X62W 型万能铣床左侧面操纵部件位置图，图 10-14 是正面操纵部件位置图，图中各操纵部件名称见表 10-1。

10.4.3 X62W 型卧式万能铣床的电气控制电路分析

如图 10-15 所示为 X62W 型万能铣床电气原理图。该机床使用了较多的控制开关和限位开关(行程开关)。

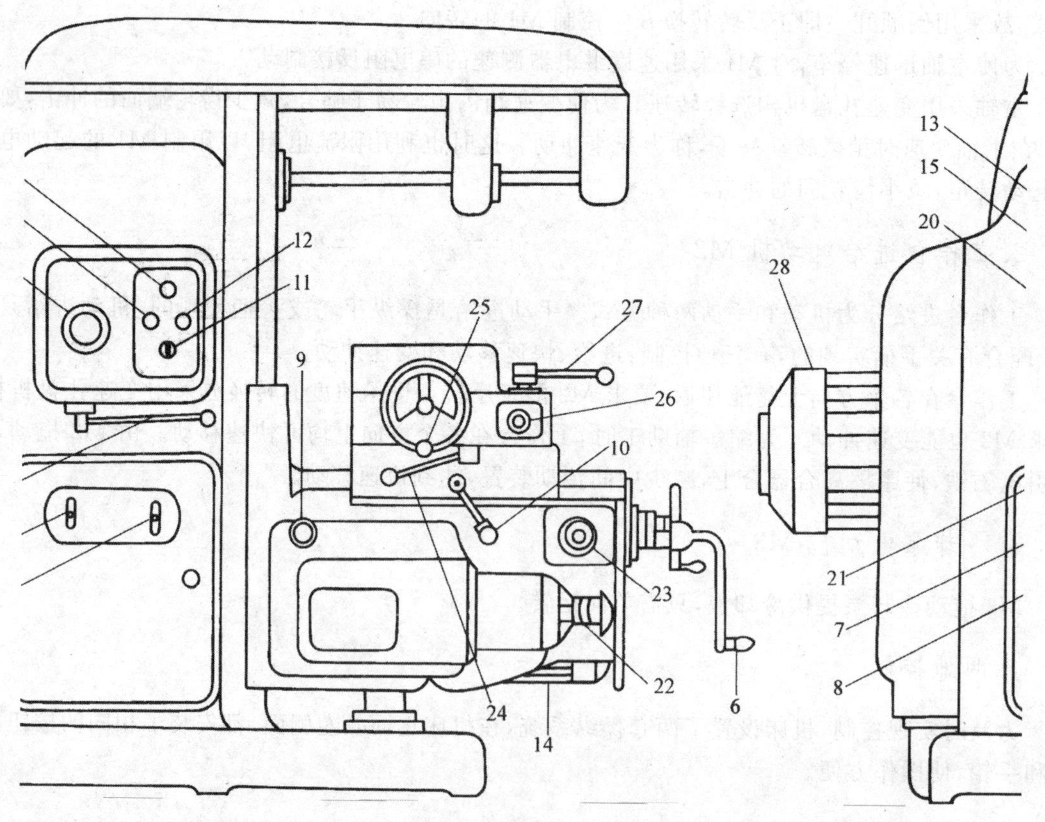

图 10-13 X62W 型万能铣床左侧面操纵部件位置图

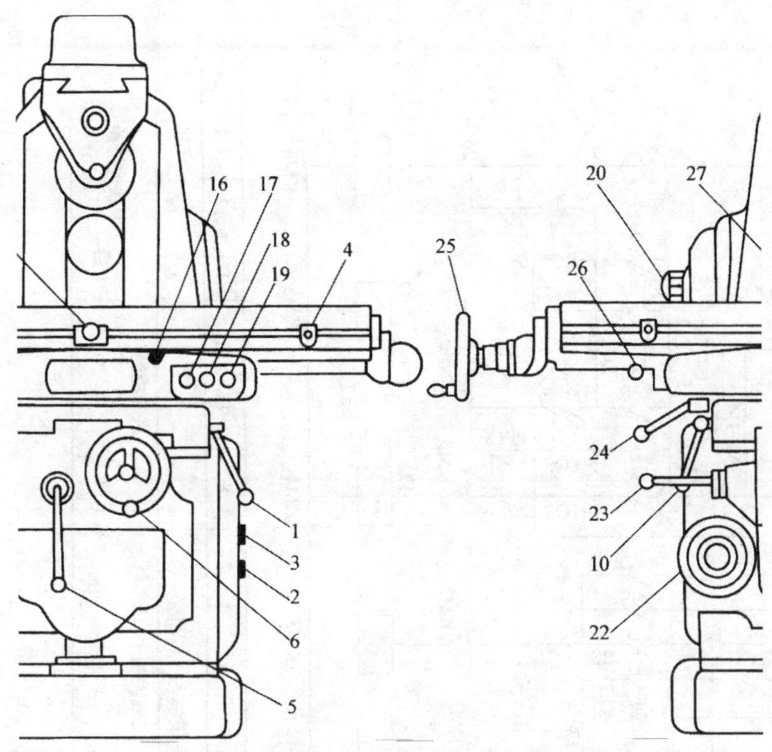

图 10-14 X62W 型万能铣床正面操纵部件位置图

表 10-1 X62W 型万能铣床操纵部件表

序号	名称	序号	名称
1	工作台底座夹紧手柄	15	主轴电动机起动按钮
2	冷却泵电动机开关	16	工作台自动与手动转换开关
3	圆工作台转换开关	17	工作台快速移动按钮
4	挡块	18	主轴电动机起动按钮
5	工作台手动升降移动手柄	19	主轴电动机停止按钮
6	工作台手动横向移动手柄	20	主轴变速孔盘
7	电源总开关	21	主轴变速操纵手柄
8	主轴电动机正反转转换开关	22	主作台进给变速孔盘
9	工作台横向及升降操纵十字手柄	23	工作台横向及升降操纵十字手柄
10	工作台底座夹紧手柄	24	工作台纵向进给操纵手柄
11	照明灯开关	25	工作台手动纵向移动手轮
12	主轴电动机停止按钮	26	手动液压泵手柄
13	工作台快速移动按钮	27	工作台纵向进给操纵手柄
14	工作台进给电动机	28	主轴电动机

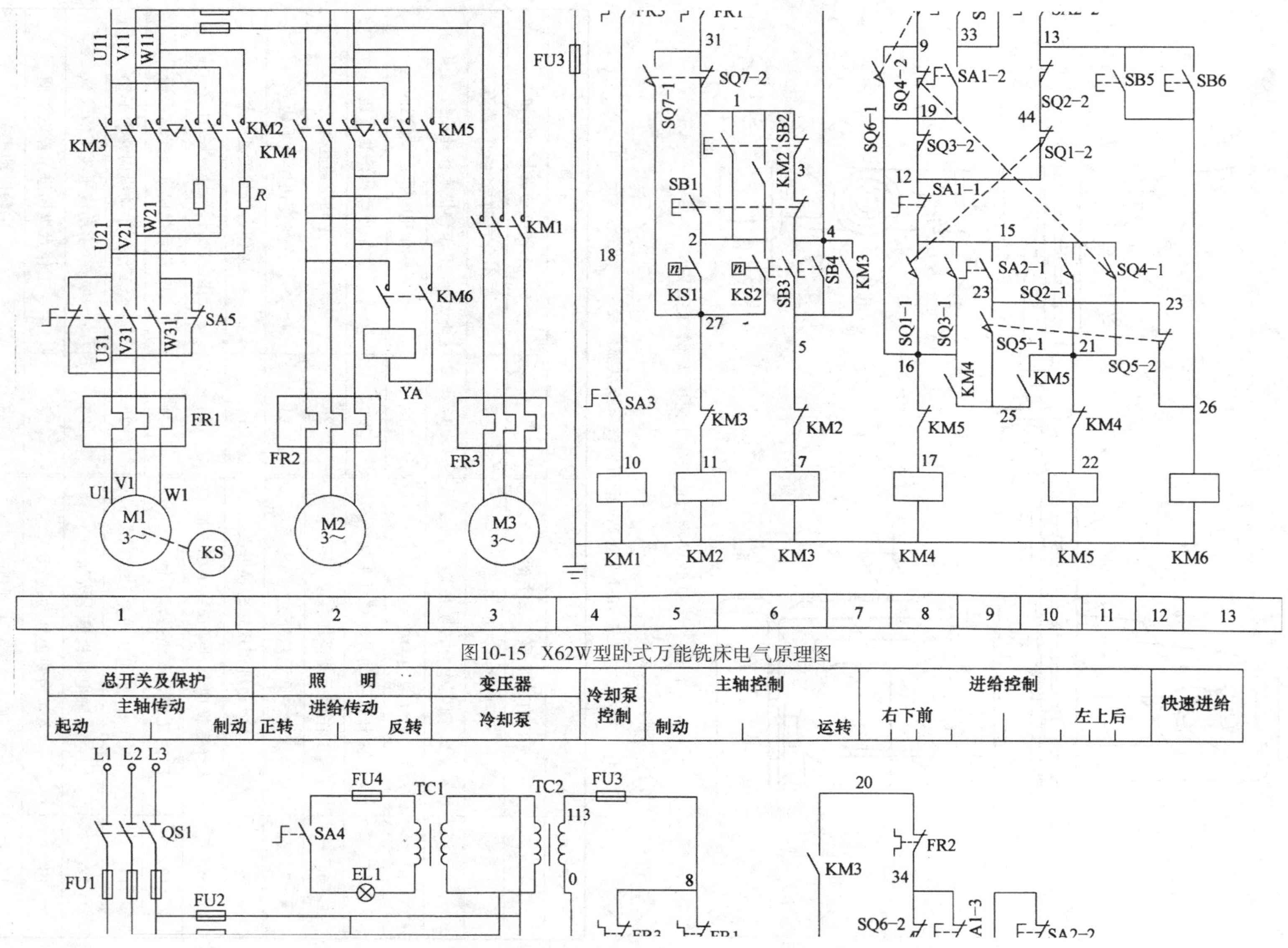

图10-15 X62W型卧式万能铣床电气原理图

1. 主轴电动机 M1 的控制

主轴电动机 M1 的控制分为正反转起动控制、正反转反接制动控制和主轴变速冲动控制等。

(1)主轴电动机 M1 正转起动控制电路

M1 的起动由接触器 KM3 和正反转转换开关 SA5 共同控制。

起动前，通过主轴变速操纵手柄选择好主轴转速，将正反转转换开关 SA5 扳到“正向转动”位置，U21 和 U31、W21 和 W31、V21 和 V31 接通，U21 和 W31、W21 和 U31 断开(图 10-15 中 SA5 动触头向右移所示)。

主轴电动机正向起动的控制电路如图 10-16 所示。按下起动按钮 SB3 或 SB4，接触器 KM3 线圈得电并自保，其主触头闭合，接通三相电源，经 SA5，M1 起动正向运转。

(2)主轴电动机 M1 反转起动控制电路

将正反转转换开关 SA5 扳向“反向转动”位置，U21 和 W31、W21 和 U31、V21 和 V31 接通，U21 和 U31、W21 和 W31 断开。按下 SB3 或 SB4，M1 即可反向运转。

(3)主轴电动机 M1 正转时反接制动控制电路

M1 正转时，速度继电器的正转触头 KS1(2—27)闭合，为 M1 反接制动做好准备。正转反接制动控制电路如图 10-17 所示。

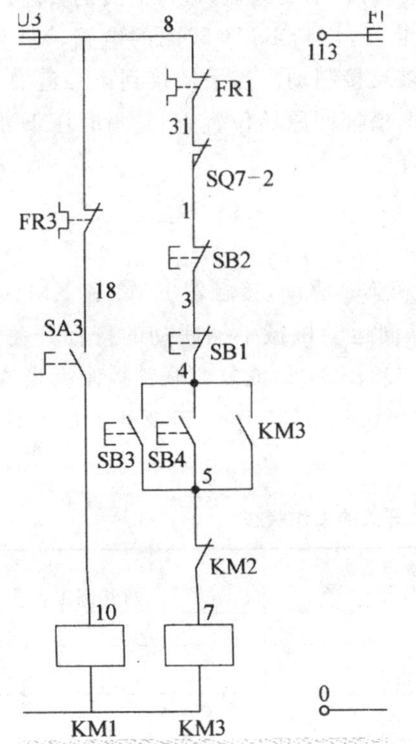

图 10-16　主轴电动机正向起动的控制电路

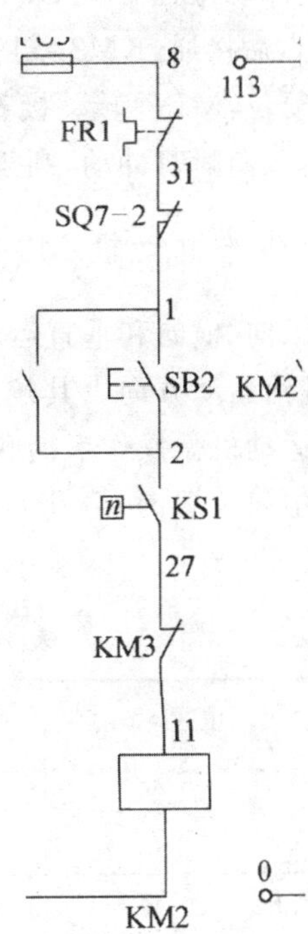

图 10-17　主轴电动机正转反接制动控制电路

(4)主轴电动机反转时反接制动控制电路

主轴电动机 M1 的反转是由转换开关 SA5 扳到“反向转动”位置，改变电源相序实现的。这时速度继电器的反向触头 KS2(2—27)闭合。

(5)主轴电动机变速冲动控制电路

主轴变速选择时,M1 的变速冲动是利用变速操纵手柄与主轴变速点动开关 SQ7,通过机械上的联动机构进行控制的。

如图 10-18 所示为主轴变速冲动控制示意图。

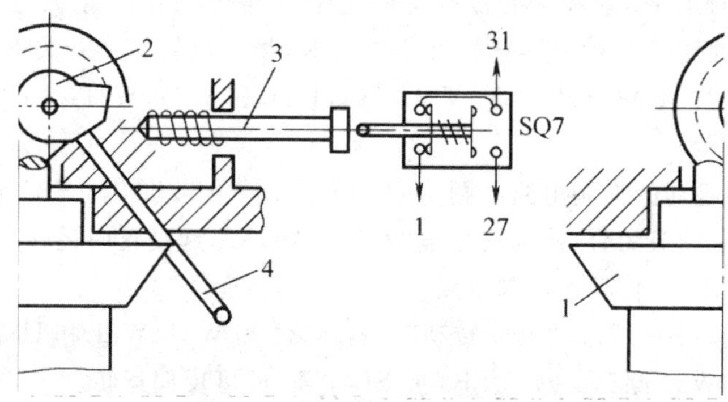

图 10-18　主轴变速冲动控制示意图

1—变速孔盘;2—凸轮;3—弹簧杆;4—变速手柄

变速时,先压下变速手柄,当快要落到第二道槽时,转动变速盘,选择需要的转速。此时凸轮压下弹簧杆,使冲动行程开关 SQ7 的常闭触点先断开,切断 KM1 线圈的电路,M1 断电;同时 SQ7 的常开触点后接通,KM2 线圈得电动作,M1 被反接制动。当手柄接到第二道槽时,SQ7 不受凸轮控制而复位,M1 停转。接着把手柄从第二道槽推回原始位置,凸轮瞬时压下冲动行程开关 SQ7,使 M1 反向瞬时冲动,利于变速后的齿轮啮合。

2. 工作台进给电动机 M2 的控制

工作台的纵向、横向和垂直运动都由进给电动机 M2 驱动,接触器 KM3 和 KM4 实现正、反转,用于改变进给运动方向。其控制电路采用与纵向运动机械手柄联动的行程开关 SQ1、SQ2 和横向及垂直运动机械操作手柄联动的行程开关 SQ3、SQ4 组成复合联锁控制。当这两个机械操作手柄都在中间位置时,各行程开关都处在原始状态。圆工作台转换开关的工作状态见表 10-2。

表 10-2　圆工作台转换开关的工作状态

位置 触点	接通圆工作台	断开圆工作台
SA3-1	—(断开)	+(接通)
SA3-2	+	—
SA3-3	—	+

M2 在 M1 起动后才能进行工作。在机床接通电源后,将控制工作台的组合开关 SA3-2(21—19)扳至断开状态,使触点 SA3-1(17—18)和 SA3-3(11—21)闭合,然后按下 SB3 或 SB4,这时接触器 KM1 吸合,使 KM1(8—13)闭合,就可进行工作台的进给控制。

3. 圆工作台的运动控制

铣床如需铣削螺旋槽、弧形槽等曲线时，可在工作台上安装圆形工作台及其传动机构，圆形工作台的回转运动也是由进给电动机 M2 驱动的。

圆工作台工作时，应先将进给操作手柄都扳至中间（停止）位置，然后将圆工作台组合开关 SA3 扳至圆工作台接通位置。此时，SA3-1 断开、SA3-3 断开、SA3-2 连通，准备就绪后，按下主轴起动按钮 SB3 或 SB4，则接触器 KM1 与 KM3 相继吸合，主轴电动机 M1 与进给电动机 M2 相继起动并运转，而进给电动机仅以正转方向带动圆工作台作定向回转运动。

圆工作台的通路为：11→15→16→17→22→21→19→20→KM3→0。其与工作台进给有互锁，即当圆工作台工作时，不允许工作台在纵向、横向、垂直方向上有任何运动。

4. 冷却泵和照明控制

冷却泵电动机由转换开关 SA1 控制。照明灯由转换开关 SA4 控制，FU4 提供短路保护。

10.5　M7130 型平面磨床电气控制

磨床是用砂轮的周边或端面进行加工的精密机床。砂轮的旋转是主运动，工件或砂轮的往复运动为进给运动，而砂轮架的快速移动及工作台的移动为辅助运动，磨床的种类很多，按其工作性质可分为外圆磨床、内圆磨床、平面磨床、工具磨床以及一些专用磨床等。其中平面磨床应用最为普遍。

M7130 型平面磨床型号的含义如图 10-19 所示。

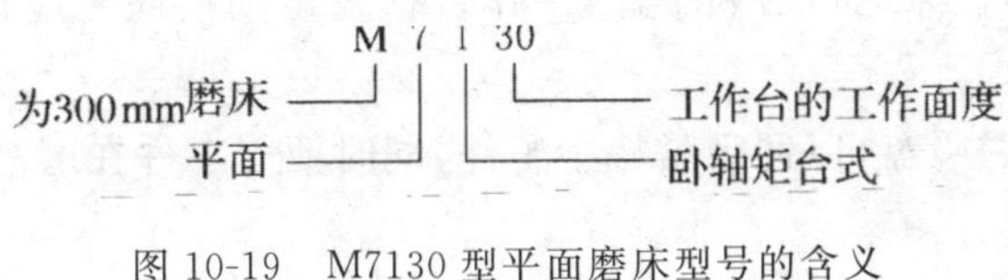

图 10-19　M7130 型平面磨床型号的含义

10.5.1　M7130 型平面磨床的主要结构和运动形式

如图 10-20 所示为 M7130 型平面磨床的结构示意图。在箱形床身中装有液压传动装置，工作台通过活塞杆由液压驱动在床身导轨上作往复运动。工作台表面有工形槽，用于安装电磁吸盘或直接安装大型工件。

工作台往返运动的行程长度可通过调节装在工作台正面槽中撞块的位置来改变。换向撞块通过碰撞工作台往复运动换向手柄来改变油路方向，从而实现工作台的往复运动。

M7130 型平面磨床的主运动是砂轮的旋转运动。进给运动有垂直进给，即滑座在立柱上的上下运动；横向进给，即砂轮箱在滑座上的水平运动；纵向进给，即工作台沿床身的往复运动。工作台每完成一次往复运动时，砂轮箱便作一次间断性的横向进给，当加工完整个平面后，砂轮箱作一次间断性的垂直进给。

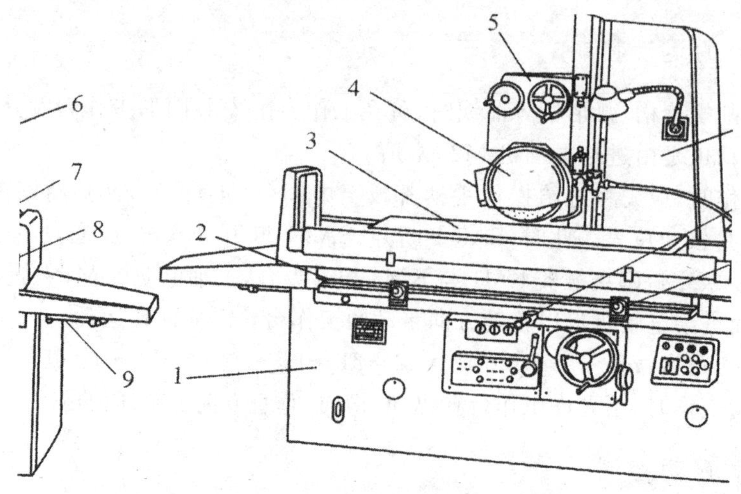

图 10-20　M7130 型平面磨床的结构示意图

1—床身；2—工作台；3—电磁吸盘；4—砂轮箱；5—滑座；6—立柱；

7—换向阀手柄；8—换向撞块；9—液压缸活塞杆

10.5.2　M7130 型平面磨床电力拖动的特点及控制要求

1. M7130 型平面磨床电力拖动的特点

①为减小工件在磨削加工中的热变形，并在磨削加工时冲走磨屑和砂粒，以保证磨削精度，需使用冷却液。

②为保证加工精度，机床运行必须平稳，工作台往复运动换向时应惯性小、无冲击，因此，进给运动均采用液压传动。

③平面磨床常用电磁吸盘，以便吸紧特小工件，同时便于工件在磨削加工中因发热变形得以自由伸缩，保证加工精度。

④为保证磨削加工精度，要求砂轮有较高转速，通常采用两极鼠笼式异步电动机拖动。为提高砂轮主轴的刚度，采用装入式电动机直接拖动，电动机与砂轮主轴同轴。

⑤M7130 型平面磨床采用多电动机拖动，其中砂轮电动机拖动砂轮旋转；液压电动机拖动液压泵压出压力油，经液压传动机构来实现工作台的纵向进给运动，并通过工作台的撞块操作床身上的液压换向阀，改变压力油的流向，实现工作台的换向和自动往复运动；冷却泵电动机拖动冷却泵，供给磨削加工时需要的冷却液。

2. M7130 型平面磨床电气控制的要求

①砂轮电动机、液压泵电动机、冷却泵电动机都只要求单方向旋转。

②冷却泵电动机应在砂轮电动机起动后才可选择其是否起动。

③电磁吸盘应有吸牢工件的正向励磁、松开工件的断开励磁以及抵消剩磁便于取下工件的反向励磁控制环节。

④在正常磨削加工中，若电磁吸盘吸力不足或吸力消失时，砂轮电动机与液压泵电动机应立

即停止工作，以防工件被砂轮打飞而发生安全事故。当不加工时，即电磁吸盘不工作时，允许主轴电动机与液压泵电动机起动，以便机床作调整运动。

⑤具有完善的保护环节。各电路的短路保护，各电动机的长期过载保护，零电压与欠电压保护，电磁吸盘吸力不足的欠电流保护，零电压、欠电压保护，以及电磁吸盘断开直流电源时，将产生高压，危及电路中其他电器元件的过电压保护等。

10.5.3　M7130 型平面磨床电气控制电路分析

如图 10-21 所示为 M7130 型平面磨床电气控制原理图。电气控制电路可分为主电路、控制电路、电磁吸盘控制电路和机床照明电路等部分。

在主电路中，M1 为砂轮电动机，M2 为冷却泵电动机，M3 为液压泵电动机，各电动机的控制和保护电器如表 10-3 所示。

砂轮电动机 M1、冷却泵电动机 M2 与液压泵电动机 M3 皆为单方向旋转，其中 M1、M2 由接触器 KM1 控制，由于冷却泵箱和床身是分开安装的，所以冷却泵电动机 M2 经接插器 X1 和电源连接，当需要冷却液时，将插头插入插座，液压泵电动机 M3 由接触器 KM9 控制。

表 10-3　M7130 型平面磨床各电动机的控制和保护电器

名称及代号	控制电器	过载保护电器	短路保护电器
砂轮电动机 M1	KM1	FR1	FU1
冷却泵电动机 M2	接插器、KM1	无	FU1
液压泵电动机 M3	KM2	FR2	FU1

三台电动机共用熔断器 FU，作短路保护，M1、M2 由热继电器 FR1 过载保护，M3 由热继电器 FR2 作长期过载保护。

1. 砂轮电动机和冷却泵电动机的控制

按下起动按钮 SB2，接触器 KM1 的线圈通电吸合，其主触点闭合，砂轮电动机 M1 起动并正常运行。同时，KM1 动合触点(5—6)闭合，起自锁作用。按下停止按钮 SB1，KM1 线圈断电释放，砂轮电动机 M1 停转。

冷却泵电动机 M2 在插上插头 X1 后，与砂轮电动机 M1 同时起动、停止，如果不需要冷却液，可以拔下 X1 插头。

2. 液压泵电动机的控制

按下起动按钮 SB4，接触器 KM2 的线圈通电吸合，其主触点闭合，液压泵电动机 M2 起动并正常运行。同时，KM2 动合触点(7—8)闭合，起自锁作用。按下停止按钮 SB3，KM2 线圈断电释放，M2 停转。

3. 电磁吸盘的控制

(1)电磁吸盘的构造与工作原理

M7130 型平面磨床采用长方形电磁吸盘，如图 10-22 所示为 M7130 型平面磨床电磁吸盘的

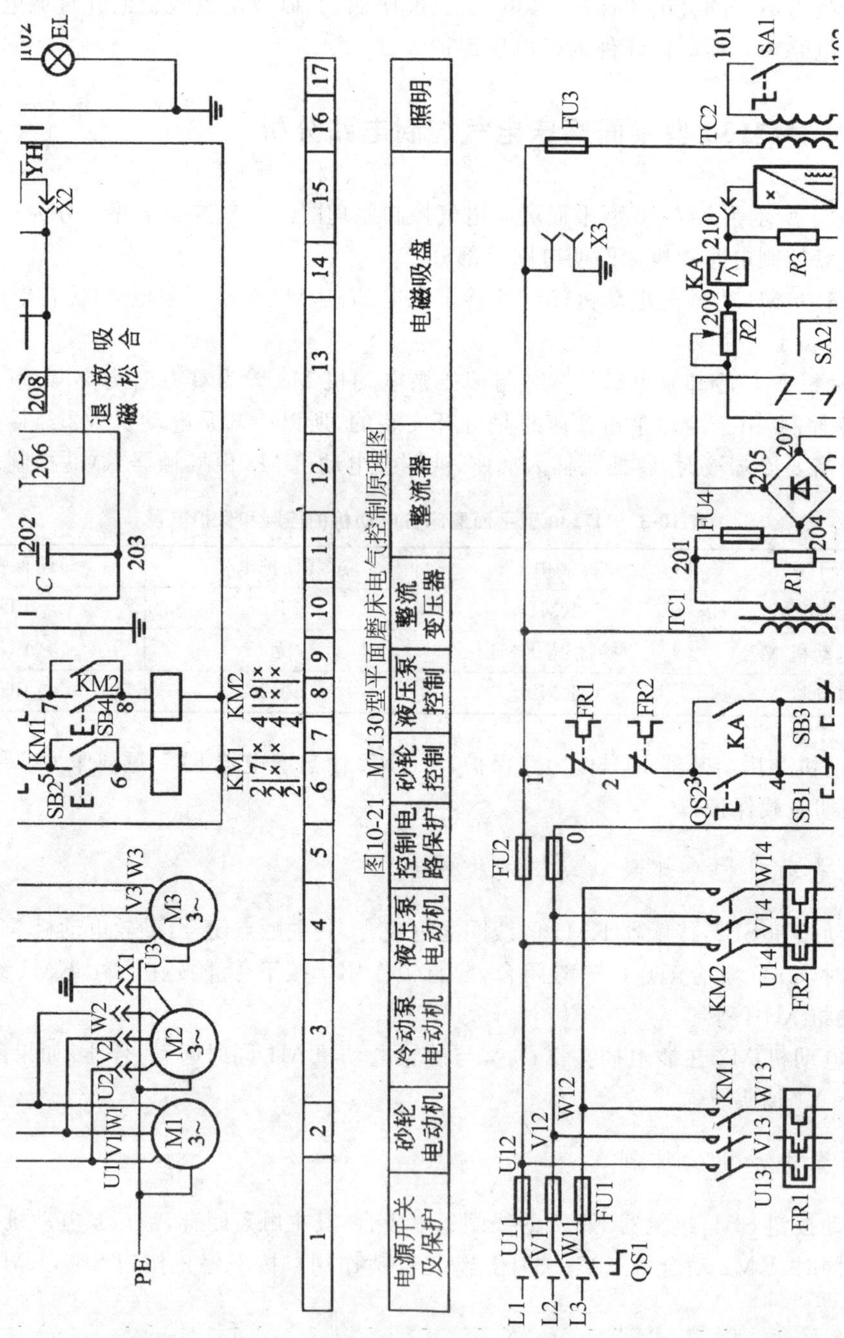

图10-21 M7130型平面磨床电气控制原理图

结构示意图。钢制吸盘体中部凸起的芯体上绕有线圈，钢制盖板被隔磁层隔开。隔磁层由铅、铜、黄铜及巴氏合金等非磁性材料制成，其作用是使磁力线通过工件再回到吸盘体，不致直接通过盖板闭合，增加对工件的吸力。

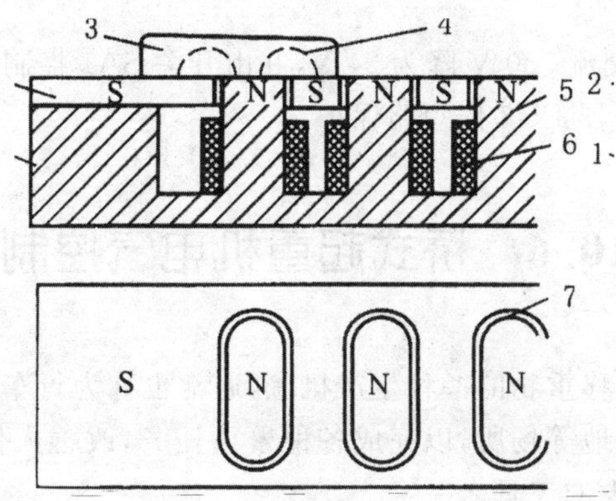

图 10-22　M7130 型平面磨床电磁吸盘的结构示意图

1—洗盘体；2—盖板；3—工件；4—磁路；5—芯体；6—线圈；7—隔离材料

(2)电磁吸盘控制电路

电磁吸盘控制电路由整流装置、控制装置及保护装置等部分组成。电磁吸盘整流装置由整流变压器 TC1 与桥式全波整流器 D 组成，输出 110 V 直流电压对电磁吸盘供电。

电磁吸盘由转换开关 SA2 控制。当 SA2 处于“吸合”位置时，触头 SA2(205—206)与 SA2(208—209)接通；当开关置于“退磁”位置时，触头 SA2(205—206)与 SA2(207—208)接通；当开关置于“放松”位置时，SA2 所有触头都断开。

(3)电磁吸盘保护环节

电磁吸盘具有欠电流保护、过电压保护及短路保护等。

①电磁吸盘的弱磁保护：为防止在磨削过程中电磁吸盘出现断电或线圈电流减小，引起电磁吸力消失或吸力不足工件飞出，故在电磁吸盘线圈电路中串入欠电流继电器 KA。当励磁电流正常，吸盘具有足够的电磁吸力时，KA 才吸合动作，触头 KA(3—4)闭合，为起动 M1 与 M3 电动机进行磨削加工作准备；否则，不能开动磨床进行加工。

若在磨削过程中出现吸盘线圈电流减小或消失时，将使 KA 释放，触头 KA(3—4)断开，KM1、KM2 线圈断电，M1、M2、M3 电动机立即停止旋转，避免事故发生。如果不使用电磁吸盘，可以将其插头从插座 X2 上拔出，将 SA2 扳到“退磁”位置时，此时 SA2 的触头 SA2(205—206)与 SA2(207—208)接通，不影响对各台电动机的操作。

②电磁吸盘的过电压保护：电磁吸盘线圈匝数多、电感量大，在通电工作时，线圈中储存着大量的磁场能量，当线圈断电时，由于电磁感应，在线圈两端产生很大的感应电动势，出现高电压，将使线圈绝缘及其他电器元件烧坏，为此，在吸盘线圈两端并联电阻 $R3$，作为放电电阻，吸收吸盘线圈储存的能量，实现过电压保护。

③电磁吸盘的短路保护：可在整流变压器 TC1 的副绕组上装有熔断器 FU4，作为电磁吸盘的短路保护。

④整流装置的过电压保护：当交流电路出现过电压或直流侧电路通断时，都会在整流变压器

TC1 的副绕组上产生浪涌电压，该浪涌电压对整流装置 VC 的元件有害，为此在整流变压器 TC1 的副绕组并联由 $R1$、C 组成的阻容吸收电路，用以吸收浪涌电压，实现整流装置的过电压保护。

4. 照明电路控制

由照明变压器 TC2 将交流 380 V 降为 24 V，并由开关 SA1 控制照明灯 EL。在照明变压器 TC2 的原边绕组上接有熔断器 FU3 作短路保护。

10.6 桥式起重机电气控制

起重机是用来起吊和搬移重物的一种生产机械，通常也称为行车或天车，广泛应用于工矿企业、车站、港口、仓库、建筑工地等场所，以完成各种繁重任务，改善人们的劳动条件，提高劳动生产率，是现代化生产不可缺少的工具之一。

起重机按其结构的不同，可分为桥式起重机、门式起重机、塔式起重机、旋转起重机及缆索起重机等，其中又以桥式起重机的应用最为广泛，在厂房中使用的起重机几乎都是桥式起重机。

10.6.1 桥式起重机的主要结构和运动形式

桥式起重机由桥架、起重小车、大车走行机构及操作室等几部分组成，其结构如图 10-23 所示。

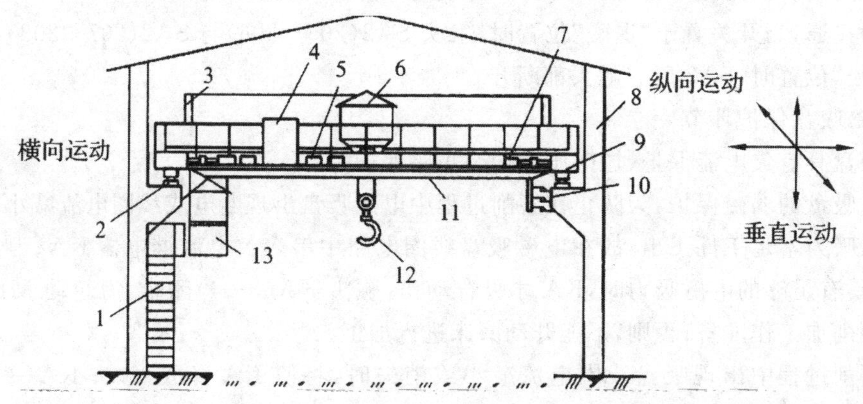

图 10-23 桥式起重机结构示意图

1—梯子；2—大车轨道；3—辅助滑线架；4—电控柜；5—电阻箱；6—起重小车；7—大车走行机构；8—厂房立柱；9—端梁；10—主滑线；11—主梁；12—吊钩；13—操作室

(1)桥架

桥架由主梁、端梁等几部分组成，是桥式起重机的基本构件。桥架上装有大车走行机构、电控柜、起升机构、小车运行机构以及辅助滑线架。桥架的一端有操作室，另一端有引入电源的主滑线。

(2)大车走行机构

大车走行机构由驱动电动机、制动器、传动轴、减速器和车轮等几部分组成。其驱动方式有集中驱动和分别驱动两种。目前，我国生产的桥式起重机大部分采用分别驱动方式，其具有自重轻、安装维护方便等优点。整个起重机在大车走行机构驱动下，沿车间长度方向作纵向移动。

(3)小车运行机构

小车运行机构由小车架、小车走行机构和起升机构组成。小车架由钢板焊成,其上装有小车走行机构、起升机构、栏杆及起升限位开关。小车可沿桥架主梁上的轨道作横向移行,在小车运动方向的两端装有缓冲器和限位开关。小车走行机构由电动机、减速器、制动器等组成。电动机经减速后带动主动轮使小车运动。

(4)起升机构

起升机构由电动机、减速器、卷筒、制动器等组成,起升电动机通过制动轮、联轴节与减速器连接,减速器输出轴与起吊卷筒相连。

桥式起重机的运动形式有三种:由大车拖动电动机驱动的纵向运动,由小车拖动电动机驱动的横向运动和由起升电动机驱动的重物升降(垂直)运动。

10.6.2　桥式起重机电力拖动的特点及控制要求

桥式起重机的工作条件恶劣,其电动机属于重复短时工作制。由于起重机的工作性质是间歇性的,因而要求电动机经常处于频繁起动、制动和反向工作状态,同时能承受较大的机械冲击,并有一定的调速要求。为此,专门设计了起重用电动机,它分为交流和直流两大类,交流起重用异步电动机的转子有绕线式和鼠笼式两种,一般用在中小型起重机上;直流电动机一般用在大型起重机上。

为了提高起重机的生产效率及可靠性,对其电力拖动和自动控制等方面都提出了很高要求,这些要求集中反映在提升机构的控制上,而对大车及小车运行机构的要求就相对低一些,主要是保证有一定的调速范围和适当的保护。

①具有完备的电气保护与连锁环节。

②具有一定的调速范围,对于普通桥式起重机,调速范围一般为3∶1,而要求高的地方则应达到5∶1至10∶1。

③提升第一挡,为避免过大的机械冲击,消除传动间隙,使钢丝绳张紧,电动机的起动转矩不能过大,一般限制在额定转矩的一半以下。

④在提升之初或重物接近预定位置附近时,都需要低速运行。因此,升降控制应将速度分为几挡,以便灵活操作。

⑤负载下降时,根据重物的大小,拖动电动机的转矩可以是电动转矩,也可以是制动转矩,两者之间的转换是自动进行的。

⑥空钩能快速升降,以减少辅助工作时间,提高效率。轻载的起升速度应大于额定负载的起升速度。

⑦为确保安全,要采用电气与机械双重制动,既减小机械抱闸的磨损,又可防止突然断电而使重物自由落体造成设备和人身事故。

由于起重机使用广泛,其控制设备已经标准化。根据拖动电动机容量的大小,常用的控制方式有两种:①采用凸轮控制器直接去控制电动机的启停、正反转、调速和制动,这种控制方式由于受到控制器触点容量的限制,因而只适用于小容量起重电动机的控制;②采用主令控制器与磁力控制屏配合的控制方式,该方式适用于容量较大、调速要求较高的起重电动机和工作十分繁重的起重机。对于15t以上的桥式起重机,一般同时采用两种控制方式,主提升机构采用主令控制器配合控制屏控制的方式，而大、小车走行机构和副提升机构则采用凸轮控制器控制方式。

10.6.3 凸轮控制器及其控制电路

1. 凸轮控制器的结构

凸轮控制器作为一种大型手动控制电器，是起重机上重要的电气操作设备之一，用以直接操作与控制电动机的正反转、调速、起动与停止。

凸轮控制器控制的电动机，由于控制电路简单，维修方便，可广泛应用于中小型起重机的平移机构和小型起重机提升机构的控制中。

从外形看，凸轮控制器由机械结构、电气结构、防护结构等三部分组成。其中手轮、转轴、凸轮、杠杆、弹簧、定位棘轮为机械结构。触点、接线柱和接线板等为电气结构。而上下盖板、外罩及灭弧罩等为防护结构。

当转轴在手轮扳动下转动时，固定在轴上的凸轮同轴一起转动，当凸轮的凸起部位顶住滚子时，便将动触点与静触点分开；当转轴带动凸轮转动到凸轮凹处与滚子相对时，动触点在弹簧的作用下，使动静触点紧密接触，从而实现触点的接通与断开。

在方轴上可以叠装不同形状的凸轮块，以使一系列动触点按预先安排的顺序接通与断开。将这些触点接到电动机电路中，便可实现控制电动机的目的。

常用的国产凸轮控制器有 KT10、KT12、KT14、KT16 等系列，以及 KTJ1-50/1、KTJ1-50/5、KTJ1-80/1 等型号。凸轮控制器的型号及意义如图 10-24 所示。

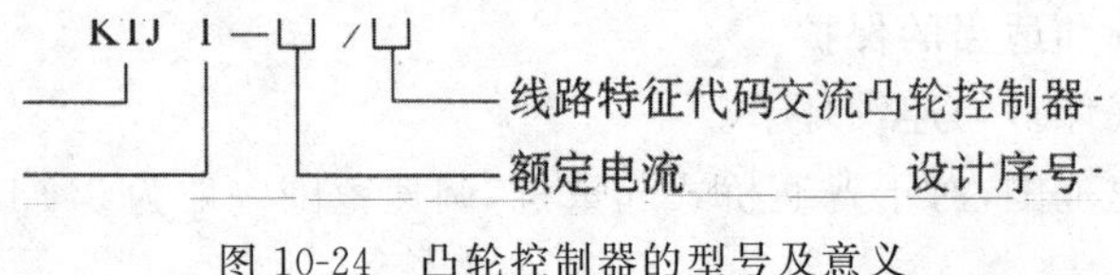

图 10-24　凸轮控制器的型号及意义

2. 凸轮控制器控制的电路

如图 10-25 所示为采用凸轮控制器控制的 10t 桥式起重机小车控制电路。

凸轮控制器控制电路的原理图用其圆柱表面的展开图来表示。凸轮控制器有编号为 1～12 的 12 对触点，以竖画的细实线表示；而凸轮控制器的操作手轮右旋(控制电动机正转)和左旋(控制电动机反转)各有 5 个挡位，加上一个中间位置(称为“零位”)共有 11 个挡位，用横画的细实线表示；每对触点在各挡位是否接通，则以在横竖线交点处的黑圆点表示。有黑点的表示接通，无黑点的则表示断开。

图 10-25 中，M2 为小车驱动电动机，采用绕线转子三相异步电动机，在转子电路中串入三相不对称电阻 $R2$，可用于起动及调速控制。YB2 为制动电磁铁，其三相电磁线圈与 M2 并联。QS 为电源引入开关，KM 为控制电路电源的接触器。KA0 和 KA2 为过电流继电器，其线圈串联在 M2 的三相定子电路中，而其常闭触点则串联在 KM 的线圈支路中。

(1)电动机定子电路

在操作之前，需将凸轮控制器 QM2 置于零位，由图 10-25 可见，QM2 的触点 10、11、12 在零位接通；然后合上电源开关 QS，按下起动按钮 SB，接触器 KM 线圈通过 QM2 的触点 12 通电，

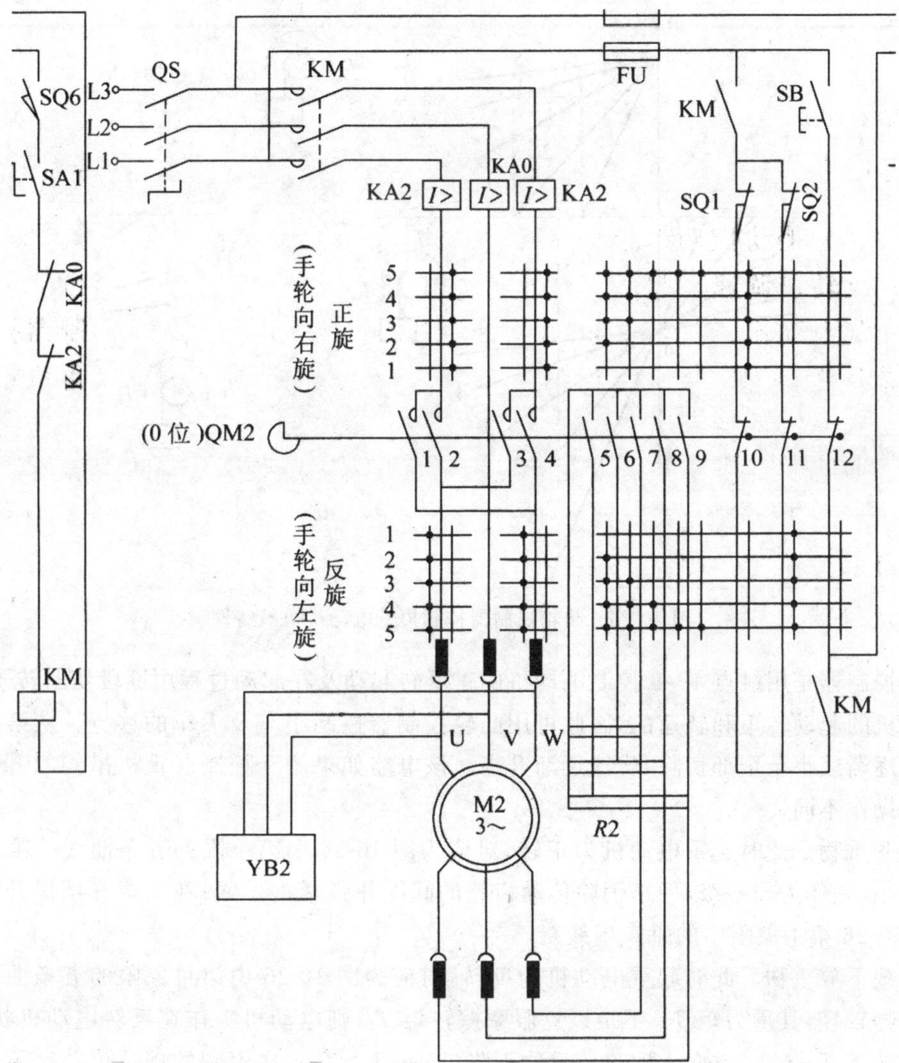

图 10-25　凸轮控制器控制的 10t 桥式起重机小车控制电路

KM 的三对主触点闭合，接通电动机 M2 的电源，然后可以用 QM2 操纵 M2 的运行。QM2 的触点 10、11 与 KM 的常开触点一起构成正转和反转时的自锁电路。

凸轮控制器 QM2 的触点 1～4 控制 M2 的正反转，由图可见，触点 2、4 在 QM2 右旋的五挡均接通，M2 正转；而左旋五挡则是触点 1、3 接通，按电源的相序 M2 为反转；在零位时 4 对触点均断开。4 对触点均装有灭弧装置，以便在触点通断时更好地熄灭电弧。

(2)电动机转子电路

凸轮控制器 QM2 的触点 5～9 用以控制 M2 转子外接电阻 R_2。五对触点在中间零位均断开，而在左、右旋五挡的通断情况完全对称。在第一挡触点 5～9 均断开，三相不对称电阻 $R2$ 全部串入 M2 的转子电路，此时 M2 的机械特性最软(图 10-26 中的曲线 1)；置于第二、三、四挡时触点 5、6、7 依次接通，将 $R2$ 逐级不对称地切除，对应的机械特性曲线为图 10-26 中的曲线 2、3、4，可见电动机的转速逐渐升高；当置第五挡时触点 5～9 全部接通，$R2$ 全部被切除，M2 运行在自然特性曲线 5 上。

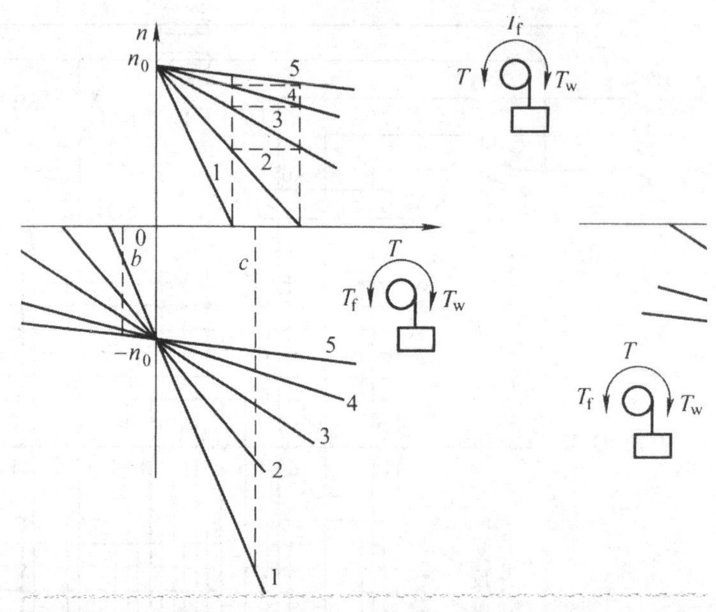

图 10-26　凸轮控制器控制提升电动机机械特性

凸轮控制器是用触点 1～9 控制电动机的正反转起动及在起动过程中逐段切断转子电阻，以调节电动机的起动转矩和转速的，因此可用凸轮控制器控制小车及大车的移行。从第一挡到第五挡电阻逐渐减小至全部切除，转速逐渐升高。该电路如果用于控制起重机吊钩的升降，则升、降的控制操作不同。

①提升重物。此时起重电动机为正转，对应为图 10-26 中第Ⅰ限的五条曲线。第一挡的起动转矩很小，是作为预备级，用于消除传动齿轮的间隙并张紧钢丝绳；在二至五挡提升速度逐渐提高(图 10-26 第Ⅰ象限中的垂直虚线)。

②轻载下放重物。此时起重电动机为反转，对应为图 10-26 中第Ⅲ象限的五条曲线。因为下放的重物较轻，其重力矩 T_w 不足以克服摩擦转矩 T_f，则电动机工作在反转电动机状态，电动机的电磁转矩 T 与 T_w 方向一致迫使重物下降($T_w+T>T_f$)，在不同的挡位可获得不同的下降速度(图 10-26 中第Ⅲ象限中的垂直虚线 b)。

③重载下放重物。此时起重电动机仍然反转，由于负载较重，其重力矩 T_w 与电动机电磁转矩 T，方向一致而使电动机加速，当电动机的转速大于同步转速 n_0 时，电动机进入再生发电制动工作状态，其机械特性曲线为图 10-26 第Ⅲ象限第 5 条曲线在第Ⅳ象限的延伸，T 与 T_w 方向相反而成为制动转矩。

由于第Ⅳ象限的曲线 1、2、3 比较陡直，需要将凸轮控制器的手轮从零位迅速扳至第五挡，中间不允许停留，在往回操作时也一样，应从第五挡快速扳回零位，以免引起重物高速下降而造成事故(第Ⅳ象限中的垂直虚线 c)。

在下放重物时，不论是重载还是轻载，该电路都难以控制低速下降。因此，在下降操作中如需要较准确的定位时，可采用点动操作的方式，即将控制器的手轮在下降第一挡与零位之间来回扳动以点动控制起重电动机，再配合制动器便能实现较准确的定位。

(3)保护电路

凸轮控制器控制的 10t 桥式起重机小车控制电路有欠电压、零电压、零位、过电流、行程终端限位保护和安全保护共六种保护功能。

①欠电压保护。接触器 KM 本身具有欠电压保护的功能，当电源电压不足时，KM 因电磁吸力不足而复位，其主触点和自锁触点都断开，从而切断电源。

②安全保护。在 KM 的线圈支路中，还串入了舱口安全开关 SQ6 和事故紧急开关 SA1。在平时，应关好驾驶舱门，使 SQ6 被压下，才能操纵起重机运行；一旦发生事故或出现紧急情况，可断开 SA1 紧急停车。

③过电流保护。起重机的控制电路往往采用过电流继电器作过电流保护。过电流继电器 KA0、KA2 的常闭触点串联在 KM 线圈支路中，一旦出现过电流便切断 KM，从而切断电源。此外，KM 的线圈支路采用熔断器 FU 作短路保护。

④行程终端限位保护。行程开关 SQ1、SQ2 分别提供 M2 正、反转的行程终端限位保护，其常闭触点分别串联在 KM 的自锁支路中。

⑤零电压保护与零位保护。采用按钮 SB 起动，SB 常开触点与 KM 的自锁常开触点相并联的电路，都具有零电压保护功能，在操作中一旦断电，必须再次按下 SB 才能重新接通电源。在此基础上，采用凸轮控制器控制的电路在每次重新起动时，还必须将凸轮控制器旋回中间的零位，使触点 12 接通，才能够按下 SB 接通电源，以防止在控制器还置于左右旋的某一挡位、电动机转子电路串入的电阻较小的情况下起动电动机，造成较大的起动转矩和电流冲击，甚至造成事故。这一保护作用称为“零位保护”。触点 12 只有在零位才接通，而其他十个挡位均断开，称为零位保护触点。

课后思考题

1. 电气控制电路分析的内容有哪些？

2. 如何阅读分析电气原理图？

第 11 章　电气控制系统设计

11.1　电气控制设计的原则和基本内容

11.1.1　电气控制设计的基本原则

设计工作的首要问题是树立正确的设计思想及工程实践的观点，使设计的产品经济、实用、可靠、先进、使用及维修方便等。在电气控制设计中，应遵循以下原则：

①最大限度满足生产机械和生产工艺对电气控制的要求，因为这些要求是电气控制设计的依据。因此在设计前，应深入现场进行调查，搜集资料，并与生产过程有关人员、机械部分设计人员、实际操作者多沟通，明确控制要求，共同拟定电气控制方案，协同解决设计中的各种问题，使设计成果满足要求。

②在满足控制要求前提下，力求使电气控制系统简单、经济、合理、便于操作、维修方便、安全可靠，不盲目追求自动化水平和各种控制参数的高指标。

③正确、合理地选用电器元件，确保电气控制系统正常工作，同时考虑技术进步，造型美观等。

④为适应生产的发展和工艺的改进，设备能力应留有适当裕量。

11.1.2　电气控制设计的基本内容

电气控制系统设计的基本内容是根据控制要求，设计和编制出电气设备制造和使用维修中必备的图样和资料等。图样常用的有电气原理图、元器件布置图、安装接线图、控制面板图等。资料主要有元器件清单及设备使用说明书等。

电气控制系统设计有电气原理图设计和电气工艺设计两部分，以电力拖动控制设备为例，各部分设计内容如下：

1. 电气原理图设计内容

①拟定电气设计任务书，明确设计要求。

②选择电力拖动方案和控制方式。

③确定电动机类型、型号、容量、转速。

④设计电气控制原理图。

⑤选择电器元件，拟定元器件清单。

⑥编写设计计算说明书。

电气原理图是电气控制系统设计的中心环节，是工艺设计和编制其他技术资料的依据。

2. 电气工艺设计内容

①根据设计出的电气原理图和选定的电器元件，设计电气设备的总体配置，绘制电气控制系统的总装配图和总接线图。总图应反映出电动机、执行电器、电器柜各组件、操作台布置、电源以及检测元器件的分布情况和各部分之间的接线关系及连接方式，以便总装、调试及日常维护使用。

②绘制各组件电器元件布置图与安装接线图，表明各电器元件的安装方式和接线方式。

③编写使用维护说明书。

11.2　电力拖动方案的确定和电动机的选择

电力拖动形式的选择是电气设计的主要内容之一，也是各部件设计的基础和先决条件。一个电气传动系统一般由电动机、电源装置和控制装置三部分组成，设计时应根据生产机械的负载特性、工艺要求及环境条件和工程技术条件选择电力拖动方案。

11.2.1　电力拖动方案的确定

首先根据生产机械结构、运动情况和工艺要求来选择电动机的种类和数量，然后根据各运动部件的调速要求来选择调速方案。在选择电动机调速方案时，应使电动机的调速特性与负载特性相适应，以使电动机获得合理充分的利用。

1. 拖动方式的选择

电力拖动方式有单独拖动与集中拖动两种。电力拖动发展的趋向是电动机接近工作机构，形成多电动机的拖动方式。这样，不仅能缩短机械传动链，提高传动效率，便于实现自动控制，而且也能使总体结构得到简化。所以，应根据工艺要求与结构情况来决定电动机数量。

2. 调速方案的选择

一般生产机械根据生产工艺要求调节转速，不同机械有不同的调速范围和调速精度，为满足不同调速要求，应选用不同的调速方案。如采用机械变速、多速电动机变速和变频调速等。随着交流调速技术的发展，变频调速已成为各种机械设备调速的主流。

3. 电动机调速性质应与负载特性相适应

机械设备的各个工作机构，具有各自不同的负载特性，如机床的主运动为恒功率负载运动，而进给运动为恒转矩负载运动。在选择电动机调速方案时，应使电动机的调速性质与拖动生产机械的负载性质相适应，这样才能使电动机性能得到充分的发挥。如双速笼型异步电动机，当定子绕组由三角形联结改成双星形联结时，转速增加一倍，功率却增加很少，因此适用于恒功率传动；对于低速时为星形联结的双速电动机改接成双星形联结后，转速和功率都增加一倍，而电动机输出的转矩保持不变，因此适用于恒转矩传动。

4. 拖动电动机数量的确定

一般来讲，在设计生产机械的传动方式时就应当考虑驱动方案。对于比较简单的机械装备可采用集中驱动(即一台电动机同时驱动几个工作机构);对于比较复杂的机械装备,为了简化传动机构或便于控制,可采用分别驱动(即不同的电动机驱动不同的工作机构)。

5.电动机种类的确定

主要根据生产机械的特性和对调速的要求确定。在满足特性和调速要求前提下,再考虑起动、制动要求和系统的经济指标。确定电动机种类时可考虑以下几个因素。

①在不需要电气调速的场合,应首先考虑采用鼠笼式异步电动机;在重载起动的场合,可采用绕线式异步电动机、直流电动机等。

②当调速范围 $D=2\sim3$ 时,调速级数 $\leqslant(2\sim3)$。一般采用改变磁极对数的双速或多速笼式异步电动机。

③当调速范围 $D<3$ 时,电动机短时工作方式,且不要求平滑调速时,可考虑绕线式异步电动机驱动,采用串联电阻调速方法。

④当调速范围 $D=3\sim10$ 时,且要求平滑调速时,在容量较小时,可考虑采用滑差电动机拖动系统。若需长期运转在低速时,则可考虑采用晶闸管直流拖动系统。

⑤当调速范围 $D=10\sim100$ 时,可采用直流拖动系统、交流调速系统或变频调速系统。

另外,电动机的调速性质应与生产机械的负载特性相匹配。例如,双速电动机Y-△调速方法与恒功率负载相匹配,Y-YY调速方法则与恒转矩负载相匹配。对于他励直流电动机,改变电枢电压调速为恒转矩方式;而改变励磁调速为恒功率方式。

11.2.2 拖动电动机的选择

电动机的选择包括选择电动机的种类、结构形式及各种额定参数。

1.电动机选择的基本原则

①电动机的机械特性应满足生产机械的要求,要与负载的特性相适应,保证运行稳定且具有良好的起动性能和制动性能。

②工作过程中电动机容量能得到充分利用,使其温升尽可能达到或接近额定温升值。

③电动机结构形式要满足机械设计提出的安装要求,适合周围环境工作条件的要求。

④在满足设计要求前提下,优先采用结构简单、价格便宜、使用维护方便的三相异步电动机。

2.根据生产机械调速要求选择电动机

在一般情况下选用三相笼型异步电动机或双速三相电动机;在既要一般调速又要求起动转矩大的情况下,选用三相绕线型异步电动机;当调速要求高时选用直流电动机或带变频调速的交流电动机来实现。

3.电动机结构形式的选择

(1)工作制度选择

按生产机械不同的工作制相应选择连续工作、短时及断续周期性工作制的电动机。

(2)安装方式的选择

按安装方式有卧式和立式两种,由拖动生产机械具体拖动情况来决定。卧式电动机的转轴安装后是水平的，而立式电动机的转轴安装后是垂直的。卧式电动机和立式电动机所使用的轴承是不同的，同等功率的电动机，立式价格高于卧式。卧式电动机使用较多，只在有特殊安装要求的情况下才选择立式电动机。

(3)防护方式的选择

根据不同工作环境选择电动机的防护形式。电动机的防护方式有开启式、防护式、封闭式和防爆式等几种。不同防护方式的电动机适用的场合不同。

①开启式电动机：开启式电动机定子两侧和端盖上开有很大的通风口，其散热性能好，价格低廉。但易受到灰尘、水滴等杂物的侵入。只能用于清洁、干燥的环境中。

②防护式电动机：防护式电动机的外壳有通气孔，旋转部分与带电部分具有一般保护，能防止铁屑、沙石、水滴等杂物从上面或 45°角以内侵入，但不能防尘和防潮。这种电动机通风性能良好，多用于灰尘不多，比较干燥的场所。

③封闭式电动机：封闭式电动机的定子，转子全封闭，潮气，灰尘都不能侵入电机内部。适用于环境较恶劣的场所。

④防爆电动机：防爆电动机的外壳和接线端子全部封闭，能防止外部易燃气体侵入机内，或机内因火花引起机外易燃气体起火和爆炸。适用于石油，化工，重瓦斯煤矿等易燃或有爆炸性气体的场所。

电动机铭牌上标有表示防护等级的代号，代号由表征字母 IP(表示国际防护)及附加在后的两个表征数字组成。

第一位数字表示第一种防护，即防止人体触及或接近壳内带电部分和触及壳内转动部件，以及防止固体异物进入电动机。

表 11-1 为第一位表征数字表示的防护等级的意义。

表 11-1　第一位表征数字表示的防护等级

表征数字	简要说明	详细定义
0	无防护	没有特殊防护
1	能防止大于 50 mm 固体物件的入侵	手掌、身体(但不含故意的入侵)或直径大于 50 mm 的固体物件
2	能防止大于 12 mm 固体物件的入侵	手指或不超过 80 mm 长度的类似物件，及直径大于 12 mm 固体物件
3	能防止大于 2.5mm 固体物件的入侵	直径或厚度，超过 2.5 mm 的工具、电线等，及直径大于 2.5 mm 的固体物件
4	能防止大于 1.0 mm 固体物件的入侵	直径或厚度大于 1.0 mm 的电线或蚊虫、昆虫，及直径大于 1.0 mm 的固体物件
5	防尘	不能完全防止尘垢入侵，但是入侵的尘垢量还不足以影响装置的满意操作
6	尘密	尘垢完全无法入侵

第二位数字表示第二种防护，即防止由于电动机进水而引起有害影响。

表 11-2 为第二位表征数字表示的防护等级的意义。

表 11-2 第二位表征数字表示的防护等级

表征数字	简要说明	详细定义
0	无防护	没有特殊防护的电动机
1	能防滴水入侵	由上垂直滴落的水,无有害影响的电动机
2	倾斜时能防滴水入侵	当电机倾斜到 15°时,能防护垂直滴水的电动机
3	防淋电动机	与垂直线成 60°范围内,淋水无影响的电动机
4	防溅水电动机	水从任何方向泼溅都无影响的电动机
5	防喷水电机	任何方向的喷水都不会受影响的电动机
6	防海浪电动机	面对大浪或强烈喷水都不受影响的电动机
7	防浸水电动机	放入特定水压的水中不会造成影响的电动机
8	潜水电机	可连续沉没在水中而不会受影响的电动机

这两位数字越大,防护能力越强。例如,IP44,它表示能防止大于 1.0 mm 固体物件入侵的防溅水电动机。

4. 电动机额定电压的选择

电动机额定电压应与供电电网的供电电源电压一致。一般低压电网电压为 380 V,因此中小型三相异步电动机额定电压为 220/380 V 和 380/660 V 两种。当电动机功率较大时,可选用 3 kV、6 kV 及 10 kV 的高压三相电动机。

5. 电动机额定转速的选择

对于额定功率相同的电动机,额定转速越高,电动机尺寸、重量和成本越低,因此在生产机械所需转速一定的情况下,选用高速电动机较为经济。但由于拖动电动机转速越高,传动机构转速比越大,传动机构越复杂。因此应综合考虑电动机与传动机构两方面的多种因素来确定电动机的额定转速。通常采用较多的是同步转速为 1500 r/min 的三相异步电动机。

6. 电动机容量的选择

电动机的容量反映了它的负载能力,它与电动机的允许温升和过载能力有关。允许温升是电动机拖动负载时允许的最高温升,与绝缘材料的耐热性能有关;过载能力是电动机所能带最大负载能力,在直流电动机中受整流条件的限制,在交流电动机中由电动机最大转矩决定。实际上,电动机的额定容量由允许温升决定。

11.3 电气控制方案的确定和控制方式的选择

电力传动方案确定之后,传动电动机的类型、数量及其控制要求就基本确定了。采用什么方法去实现这些控制要求就是控制方式的选择问题。也就是说,在考虑拖动方案时,实际上对电气控制的方案也同时进行了考虑，因为这两者具有密切的关系。只有通过这两种方案的相互实施，才能实现生产机械的工艺要求。

11.3.1　电气控制方案的确定原则

设备的电气控制方案很多，有传统的继电器—接触器控制，有可编程控制器控制、有计算机控制等。合理地确定控制方案，是正确设计的前提。确定控制方案可参考以下几个原则。

①对工艺相对简单，且生产机械工作机构的动作相对固定的单机控制系统，可考虑采用继电器—接触器控制、逻辑控制器控制等。

②对工艺比较复杂或工艺经常发生变化的生产机械，可考虑采用可编程控制器控制或计算机控制。

③对有特殊要求的控制系统，例如需进行运算、通信、上位机管理等特殊功能的装备应采用可编程控制器控制或计算机控制。

④控制系统在满足工艺、技术、安全的前提下，还要考虑经济指标。力求操作方便、维修简单，经济实用。

⑤简单的控制电路可直接用电网电源。对比较复杂的控制装置，可考虑采用低压直流供电或采用隔离变压器并降压供电。

影响控制方案的因素很多。能满足技术要求，简便、可靠、经济的控制方案往往取决于设计人员的设计经验。

11.3.2　电气控制方案的可靠性

一个系统或产品的质量，一般包括技术性能指标和可靠性指标，设计的可靠性就是使一个系统或产品设计满足可靠性指标。如果一个系统或产品的可靠性不在产品设计阶段进行考虑，没有一些具体的可靠性指标或者产品开发设计人员不懂得可靠性的设计方法，那么保证一个控制系统或产品的可靠性是困难的。需要确定采用何种控制方案时，应该根据实际情况，实事求是地进行设计，既要防止脱离现实的设计，也应避免陈旧保守的设计。要提高控制系统的可靠性，则应把控制系统的复杂性降至保持工作功能所需要的最低限度。也就是说，控制系统应该尽可能简单化、非工作所需的元器件及不必要的复杂结构尽量不用，否则会增加控制系统失效的概率。因此，必须利用可靠性设计的方法来提高控制系统的可靠程度。

11.3.3　电气控制方案的确定

控制方案应与通用性和专用性的程序相适应。一般的简单生产设备需要的控制元器件数很少，其工作程序往往是固定的，使用中一般无须经常改变原有程序，因此，可采用有触点的继电器—接触器控制系统。虽然该控制系统在电路结构上是呈“固定式”的，但它能控制较大的功率，而且控制方法简单，价格便宜，目前仍使用很广。

对于在控制中需要进行模拟量处理及数学运算的，输入/输出信号多、控制要求复杂或控制要求经常变动的，控制系统要求体积小、动作频率高、响应时间快的，可根据情况采用可编程控制、计算机控制方案。

在自动生产线中,可根据控制要求和联锁条件的复杂程度不同,采用分散控制或集中控制的方案。但各台单机的控制方案和基本控制环节应尽量一致,以简化设计及制造过程。

为满足生产工艺的某些要求,在电气控制方案中还应考虑下述诸方面的问题:采用自动循环或半自动循环、手动调整、工序变更、系统的检测、各个运动之间的联锁、各种安全保护、故障诊断、信号指标、照明及人机关系等。

11.4 电气控制电路设计的一般要求

生产机械电气控制系统是生产机械的重要组成部分,它对生产机械正确、安全可靠的工作起着决定性的作用。为此,必须正确、合理地设计电气控制电路。在设计生产机械电气控制电路图时,应满足如下要求。

11.4.1 电气控制应最大限度地满足生产机械加工工艺的要求

设计前,应对生产机械工作性能、结构特点、运动情况、加工工艺过程及加工情况有充分的了解,并在此基础上设计控制方案,考虑控制方式、起动、制动、反向和调速的要求,设置必要的联锁与保护,确保满足生产机械加工工艺的要求。

11.4.2 对控制电路电流、电压的要求

应尽量减少控制电路中的电流、电压种类,控制电压应选择标准电压等级。电气控制电路常用的电压等级如表 11-3 所示。

表 11-3 常用电气控制电路电压等级

控制电路类型	常用的电压值/V		电源设备
较简单的交流电力传动的控制电路	交流	380、220	不用控制电源变压器
较复杂的交流电力传动的控制电路		110(127)、48	采用控制电源变压器
照明及信号指示电路		48、24、6	采用控制电源变压器
直流电力传动的控制电路	直流	220、110	整流器或直流发电机
直流电磁铁及电磁离合器的控制电路		48、24、12	整流器

11.4.3 满足生产机械和工艺对电气控制系统要求原则

控制线路是为整个设备和工艺服务的。生产工艺要求一般是由机械设计人员提供的,常常是一般性原则意见,这就需要电气设计人员进行调查并收集资料。

设计前,电气设计人员需要调查清楚生产要求,对机械设备的工作性能、结构特点和实际加

工情况有全面的了解。同时深入现场调查研究，收集资料，并结合技术人员及现场操作人员的经验，设计电气控制线路。

11.4.4　控制线路力求简单、经济原则

①尽量选用标准的、成熟的环节和线路。尽量减少电器元件的数量，选用标准电器元件，尽可能选用相同型号的电器元件以减少备用品的数量。

②尽量缩短连接导线的数量和长度。尽量选用标准的、常用的或经过实践考验的典型环节或基本电气控制线路。

设计控制电路时，应合理安排各电器的位置、考虑各个元器件之间的实际接线。如图 11-1(a)所示的连接线，仅从控制线路上来看，没有什么错误，而在实际接线中，这种连接就非常不合理。接触器在电气柜内，按钮在操作台上，就需要二次引出较长的连接线到操作台的按钮上。将起动按钮和停止按钮直接相连，减少一次引出线，如图 11-1(b)所示。

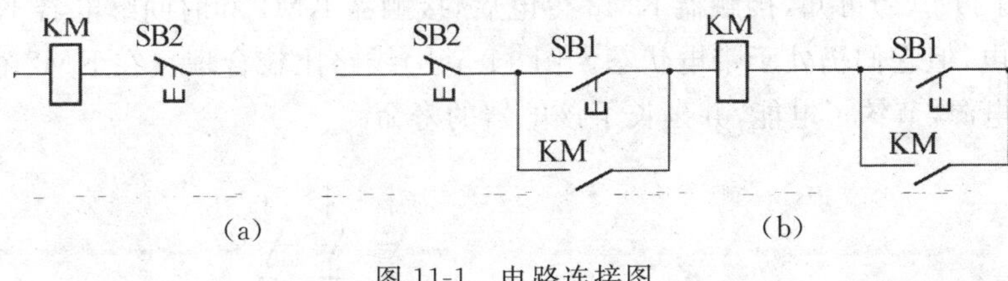

图 11-1　电路连接图

③尽量减少不必要的触头，以简化电气控制线路，降低故障几率，提高工作可靠性。

a. 合并同类触头：如图 11-2 所示，在获得相同功能的情况下，图 11-2(b)比图 11-2(a)少用了一对触头。但在合并时应注意触头对额定电流值的限制（触头的容量要大于两个线圈电流之和）。

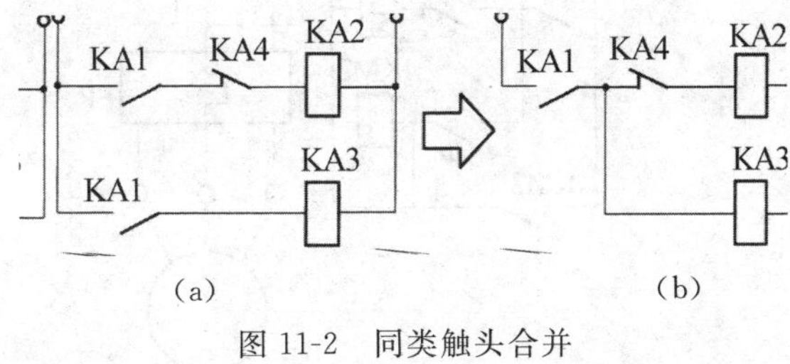

图 11-2　同类触头合并

b. 利用转换触头：如图 11-3 所示，利用具有转换触头的中间继电器将两对触头合并成一对转换触头。

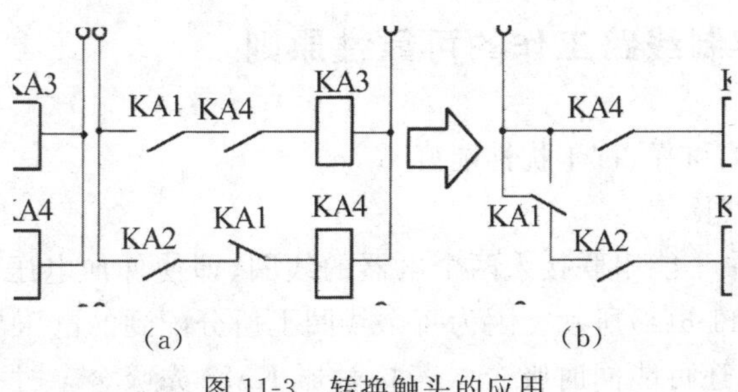

图 11-3　转换触头的应用

c. 在直流电路中利用半导体二极管的单向导电性：如图 11-4(b)所示，电路利用二极管减少了一对中间继电器 KA1 的常开触头，这对于弱电控制电路是行之有效的方法，既经济又可靠，但在使用中要注意电源的极性。

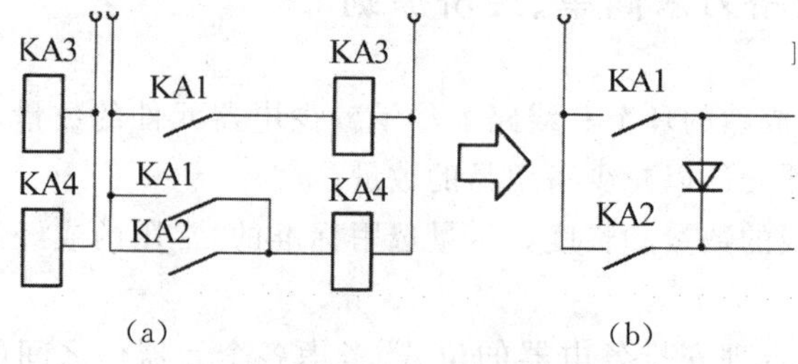

图 11-4　利用二极管等效

d. 利用逻辑代数进行化简，以便得到最简化的线路。

④线路在工作时，除必要的电路必须通电外，其余的尽量不通电以节约电能，并延长电路的使用寿命。由图 11-5(a)可知，接触器 KM2 得电后，接触器 KM1 和时间继电器 KT 就失去了作用，不必继续通电，但它们仍处于带电状态。图 11-5(b)线路比较合理。在 KM2 得电后，切断了 KM1 和 KT 的电源，节约了电能，并延长了该电器的寿命。

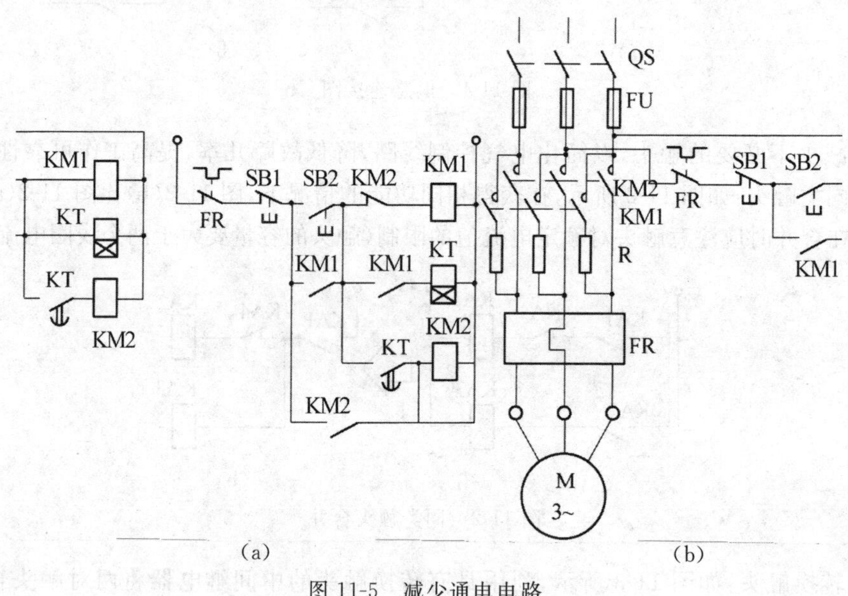

图 11-5　减少通电电路

11.4.5　保证控制线路工作的可靠性原则

①选用的电器元件要可靠、抗干扰性能好。

②正确连接电器的线圈。

a. 在交流控制电路中不能串联接入两个电器的线圈，即使外加电压是两个线圈额定电压之和，也是不允许的，如图 11-6(a)所示。因为每个线圈上所分配到的电压与线圈阻抗成正比，两个电器动作总是有先有后，还可能同时吸合。若接触器 KM2 先吸合，线圈电感显著增加，其阻抗比未吸合的接触器 KM1 的阻抗大，因而在该线圈上的电压降增大，使 KM1 的电压达不到动作电压。因此，若需两个电器同时动作时，其线圈应该并联连接，如图 11-6(b)所示。

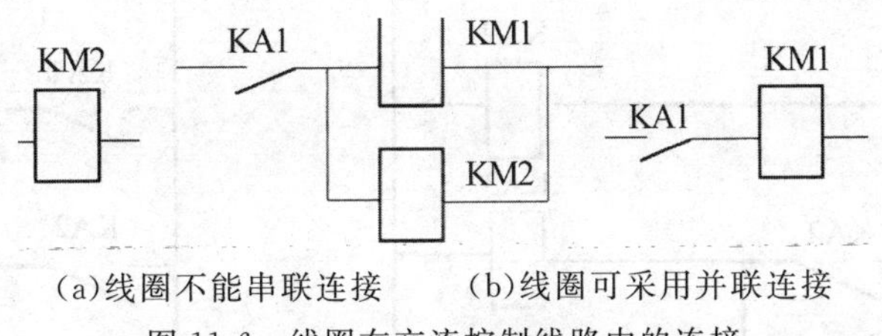

(a)线圈不能串联连接 (b)线圈可采用并联连接

图 11-6 线圈在交流控制线路中的连接

b. 两电感量相差悬殊的直流电压线圈不能直接并联，如图 11-7(a)所示。YA 为电感量较大的电磁铁线圈，KA 为电感量较小的中间继电器线圈。当 KM 触头断开时，由于电磁铁 YA 线圈电感量较大，产生的感应电势加在中间继电器 KA 的线圈上，使流经 KA 线圈上的感应电流有可能大于其工作电流而使 KA 重新吸合，且要经过一段时间后 KA 才释放。这种情况显然是不允许的。为此，应在 KA 的线圈电路内单独串联一个 KM 的常开触头，如图 11-7(b)所示。

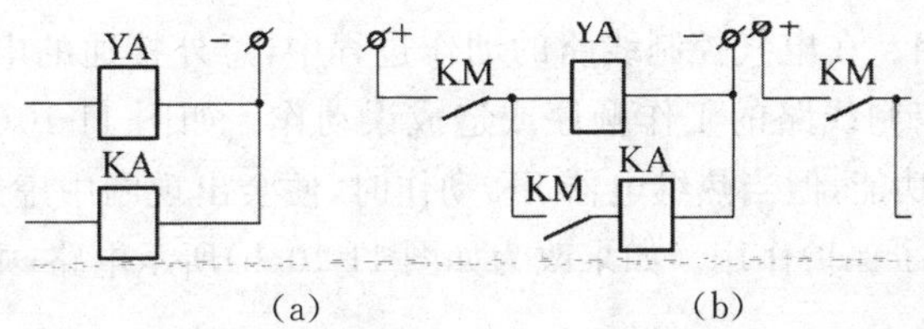

(a) (b)

图 11-7 两电感量相差悬殊的直流电压线圈的连接

③正确连接电器的触点。设计时应使分布在线路不同位置的同一电器触点尽量接到同一极或同一相上，以避免在电器触点上引起短路。如图 11-8(a)所示，限位开关 SQ 的常开触点与常闭触点靠得很近，而在电路中分别接在不同相上，当触点断开产生电弧时，可能在两触点间形成飞弧而造成电源短路，若改接成图 11-8(b)，因两触点电位相同，就不会造成电源短路。在控制电路中，应尽量将所有电器的联锁触点接在线圈的左端，线圈的右端直接接电源，这样，可以减少线路内产生虚假回路的可能性，还可以简化电气柜的出线。

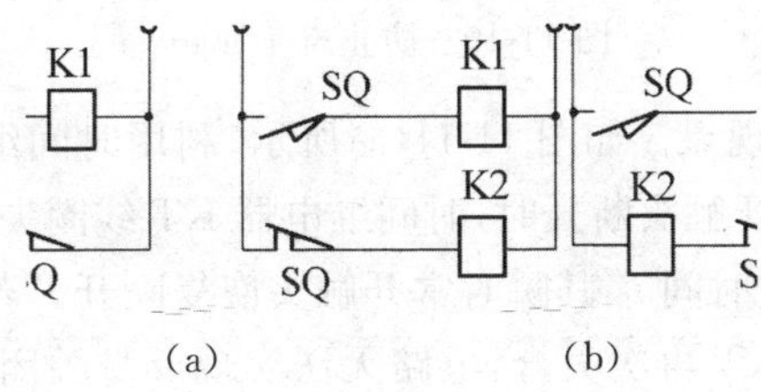

(a) (b)

图 11-8 正确连接电器的触点

④在控制线路中，采用小容量继电器的触点来断开或接通大容量接触器的线圈时，要计算继电器触点断开或接通容量是否足够，不够时必须加小容量的接触器或中间继电器，否则工作不可靠。增加接通容量用多触头并联，增加能力用多触头串联。

⑤在频繁操作的可逆线路中，正反向接触器应加重型的接触器，且应有电气和机械的联锁。

⑥在电气控制线路中应尽量避免许多电器元件依次动作才能接通另一个电器元件的现象，以增加线路的可靠性。如图 11-9(a)所示线路所对应的正确接线如图 11-9(b)所示，这样可以减

少对常开触头 KA 的额定电流值的要求，提高线路的可靠性。

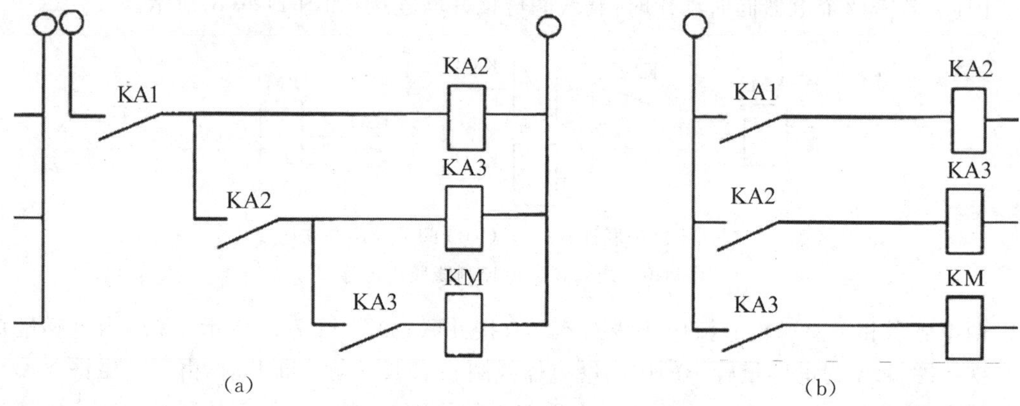

图 11-9　避免多个元件依次通电

⑦设计的电气控制线路应能适应所在电网的情况，如电网容量大小，电压频率的波动范围，以及允许的冲击电流数值等。并据此来决定电动机的起动方式是直接起动或是间接起动。

⑧防止出现寄生回路。在电气控制线路的动作过程中，意外接通的电路称为寄生回路。寄生回路将破坏电器元件和控制线路的工作顺序或造成误动作。如图 11-10(a)所示电路在正常工作时，能够满足各种需要的功能，但当热继电器 FR 动作时，便会出现图中虚线所示的寄生回路，使接触器 KM 不能释放，起不了保护作用。如果改为如图 11-10(b)所示电路，则可防止寄生回路。

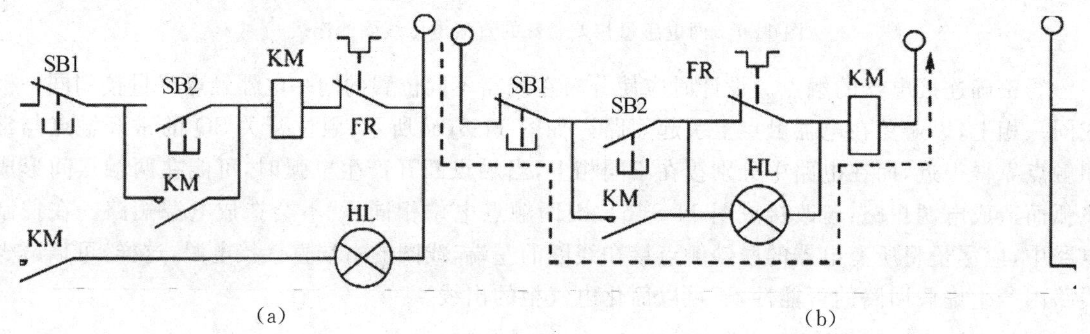

图 11-10　防止寄生回路

⑨防止线路出现触头竞争现象。如图 11-11(a)所示，利用时间继电器实现反身关闭电路。当时间继电器 KT 的常闭延时断开触头断开时，时间继电器 KT 线圈失电，之后经过时间 t_1 其常闭延时断开触头恢复闭合，同时经过时间 t_2 其瞬时常开触头恢复断开。若 $t_1>t_2$，则电路能够实现反身关闭；若 $t_1<t_2$，则时间继电器 KT 再次吸合，电路无法实现反身关闭。这种现象称为“触头竞争”。在实际应用中，应该保证时间继电器 KT 的 $t_1>t_2$，或如图 11-11(b)所示，增加中间继电器 KA。

11.4.6　控制线路工作的安全性原则

电气控制线路应具有完善的保护环节，用以保护电网、电动机、控制电器以及其他电器元件，消除不正常工作时的有害影响，避免因误操作而发生事故。在自动控制系统中，常用的保护环节有短路、过流、过载、过压、失压、弱磁、超速、极限等。有时还设有合闸、正常工作、事故、分闸等指示信号。

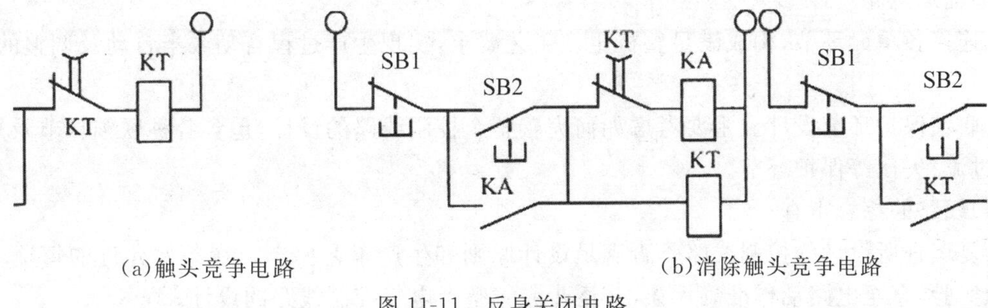

(a)触头竞争电路　　(b)消除触头竞争电路

图 11-11　反身关闭电路

11.4.7　操作、维护、检修方便原则

电气控制电路设计应从操作与维修人员工作出发，力求操作简单、维修方便。如操作回路较多，既要求电动机正反向运转又要求调速时，不宜采用按钮控制而应采用主令控制器控制。为检修电路方便，设置隔离电器，避免带电操作；为调试电路方便，采用转换控制方式，如从自动控制转化为手动控制；为调试方便可采用多点控制等。

11.5　电气控制电路设计的方法与步骤

电气控制线路的设计有两种方法：一是经验设计法，二是逻辑设计法。下面分别对这两种方法进行阐述。

11.5.1　经验设计方法与步骤

所谓经验设计法，就是根据生产机械对电气控制电路的要求，按照电动机的控制方法，选择适当的基本环节(单元电路)或典型电路，然后根据工艺要求确定各个控制环节之间的相互关系，进一步拟定联锁控制电路及辅助电路的设计，最后再考虑减少电器与触头数目，努力取得较好的技术经济效果。这种方法比较简单，易于掌握。但要求设计人员必须熟悉控制线路，掌握多种典型线路的设计资料，同时具有丰富的设计经验，而且在设计过程中需要反复修改设计草图以得到最佳设计方案，因此设计速度慢，且必要时还要对整个电气控制线路进行模拟实验。

1. 经验设计法的基本步骤

一般的生产机械电气控制线路设计包含主电路、控制电路和辅助电路等设计。

(1)主电路设计

主要考虑电动机的起动、点动、正反转、制动和调速。

(2)控制电路设计

主要考虑如何满足电动机的各种运转功能及生产工艺要求，包括实现加工过程自动或半自动的控制、基本控制线路和控制线路特殊部分的设计，以及选择控制参量和确定控制原则。

(3)辅助电路设计

①连接各单元环节,构成满足整机生产工艺要求,实现生产过程自动或半自动及调整的控制电路。

②联锁保护环节设计。主要考虑如何完善整个控制线路的设计,包含各种联锁环节及短路、过载、过流、失压等保护环节。

(4)线路的综合审查

反复审查所设计的控制线路是否满足设计原则和生产工艺要求。在条件允许的情况下,进行模拟实验,直至电路动作准确无误,并逐步完善整个电气控制线路的设计。

2.经验设计法的基本方法

①根据生产机械的工艺要求和工作过程,将现有的典型环节有机地组合起来加以适当的补充和修改,综合成所需要的电气控制线路。

②若不能选择到适合的典型环节,则根据生产机械的工艺要求和生产过程自行设计,边分析边画图,将输入的主令信号经过适当转换,得到执行元件所需的工作信号。随时增减电器元件和触头,以满足所给定的工作条件。

这种方法易于掌握,但不易获得最佳方案,设计出来后还要反复审核电路的动作情况。有条件的地方可以进行模拟试验,直至电路动作准确无误,完全满足控制要求为止。

3.经验设计法举例

下面首先以一个龙门刨床的横梁升降电气控制线路为例。

(1)控制系统的工艺要求

在龙门刨床上装有横梁机构,刀架装在横梁上,用来加工工件。为了适应不同高度工件加工对刀的需要,要求横梁能通过丝杆传动快速沿着立柱上下移动,横梁的上下移动由一台三相交流异步电动机 M1 拖动。为了保证零件的加工精度,当横梁点动到需要的高度时,应立即通过夹紧机构将横梁夹紧在立柱上。每次移动前先松开夹紧机构,因此,为实现横梁移动前的放松和到位后的夹紧动作,应设置另一台三相交流异步电动机 M2 拖动夹紧放松机构。

横梁机构对电气控制系统提出了如下要求:

①保证横梁能够上下移动,夹紧机构能够实现横梁的夹紧或放松。

②横梁夹紧与横梁移动之间必须按照一定的顺序操作,即当横梁上下移动时,应该能够自动按照“放松横梁→横梁上下移动→夹紧横梁→夹紧电动机自动停止运动”的顺序动作。

③横梁在上升和下降时应设置限位保护。

④横梁夹紧与横梁运动之间及正反向之间应设置必要的联锁。

(2)设计步骤

①主电路设计。由于升、降电动机 M1 和夹紧放松电动机 M2 都要求实现正反转,所以采用 KM1、KM2、KM3、KM4 四个接触器分别控制两个电动机的正反转。据此设计出如图 11-12(a)所示的主电路。

②基本控制电路设计。用两只按钮SB1 和SB2 控制移动和夹紧的两类运动,四个接触器 KM1、KM2、KM3、KM4 有四个控制线圈,因此需要通过两个中间继电器 KA1 和 KA2 进行控制。根据上述工艺要求,设计出如图 11-12(b)所示的控制电路。但它还不能实现横梁放松后自

动向上或向下移动，也不能在横梁夹紧后使夹紧电动机自动停止。为了实现这两个自动控制要求，还需要对该电路进行改进。

③控制参量的选择。要实现第一个自动控制的要求，可选择行程这个变化参量来反映横梁的放松程度，采用行程开关SQ1 来控制。

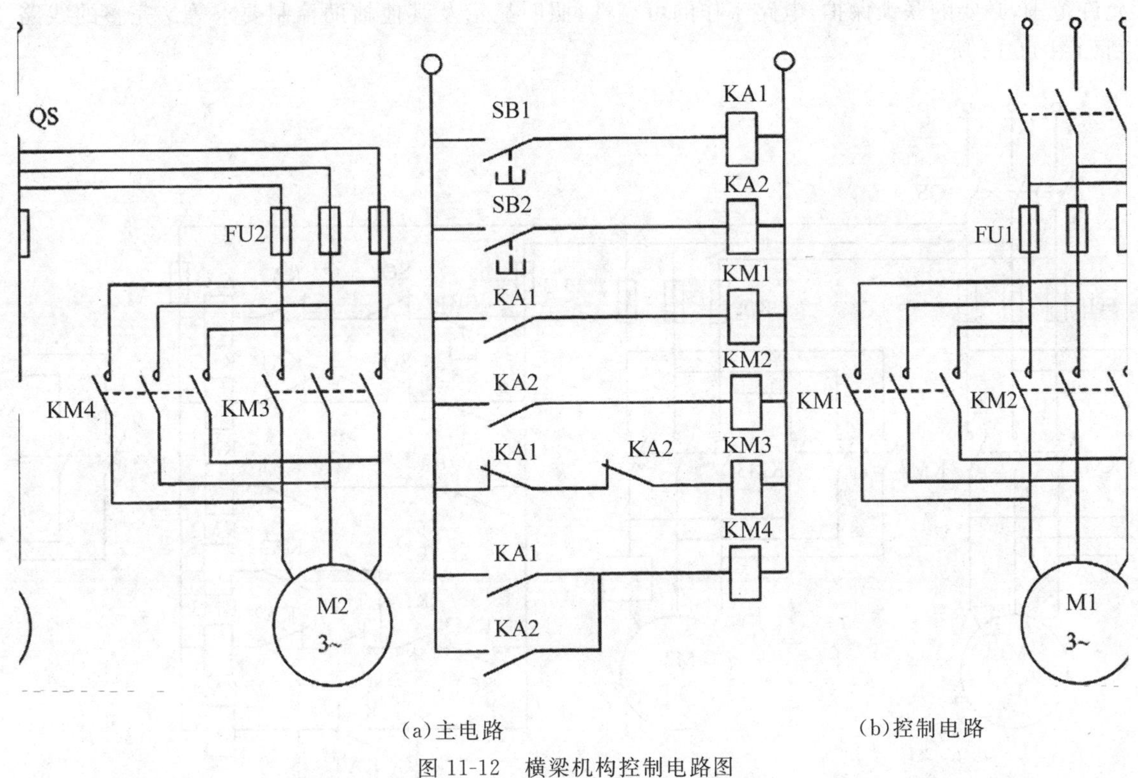

(a)主电路 (b)控制电路

图 11-12 横梁机构控制电路图

当按下向上移动按钮SB1 时，中间继电器 KA1 通电，其常开触头闭合，KM4 通电，则夹紧电动机 M2 做放松运动；同时，KA1 常闭触头断开，实现与夹紧和下移的联锁。当放松完毕，压块就会压合SQ1，其常闭触头断开，接触器 KM4 线圈失电；同时SQ1 的常开触头闭合，接通向上移动接触器 KM1。这样，横梁放松以后，就会自动向上移动。向下的过程类似。

要完成第二个自动控制要求，即在横梁夹紧后使夹紧电动机自动停止，同样也需要选择一个变换参量来反映夹紧程度。时间、行程和反映夹紧力的电流都可以作为反映夹紧程度的变化参量，但若采用行程参量，当夹紧机构磨损后其测量精度不够；若采用时间参量，则不易调整准确，所以这里选择电流参量进行控制，如图 11-13 所示。在 M2 正转(夹紧方向)的主电路中串联一个电流继电器 KI 检测电流信号。当横梁移动停止后，如上升停止，行程开关SQ2 的压块压合，其常闭触头断开，KM3 瞬间通电，因此夹紧电动机立即自动起动。当较大的起动电流达到 KI 的整定值时，KI 将动作，其常闭触头一旦断开，KM3 又失电，自动停止夹紧电动机的工作。

④联锁保护环节的设计。采用 KA1 和 KA2 的常闭触头实现横梁移动电动机和夹紧电动机正反两个方向工作的联锁。

⑤横梁上下限位保护的设计。采用行程开关SQ2 和SQ3 分别实现向上和向下限位保护。当横梁上升到达预定位置时，SQ2 的压块压合，其常闭触头断开，KA1 断开，接触器 KM1 线圈断

电，则横梁停止上升。

SQ1 除了反映放松信号外，还起到了横梁移动和横梁夹紧间的联锁控制。

⑥检查并完善设计。控制线路设计完毕，最后需要进行总体校核，检查是否存在不合理、遗漏或需要进一步简化之处。检查的内容包括：控制线路是否满足拖动要求，触头使用是否超出了允许范围，必要的联锁保护，电路工作的可靠性，照明显示及其他辅助控制要求等。完整的线路图如图 11-13 所示。

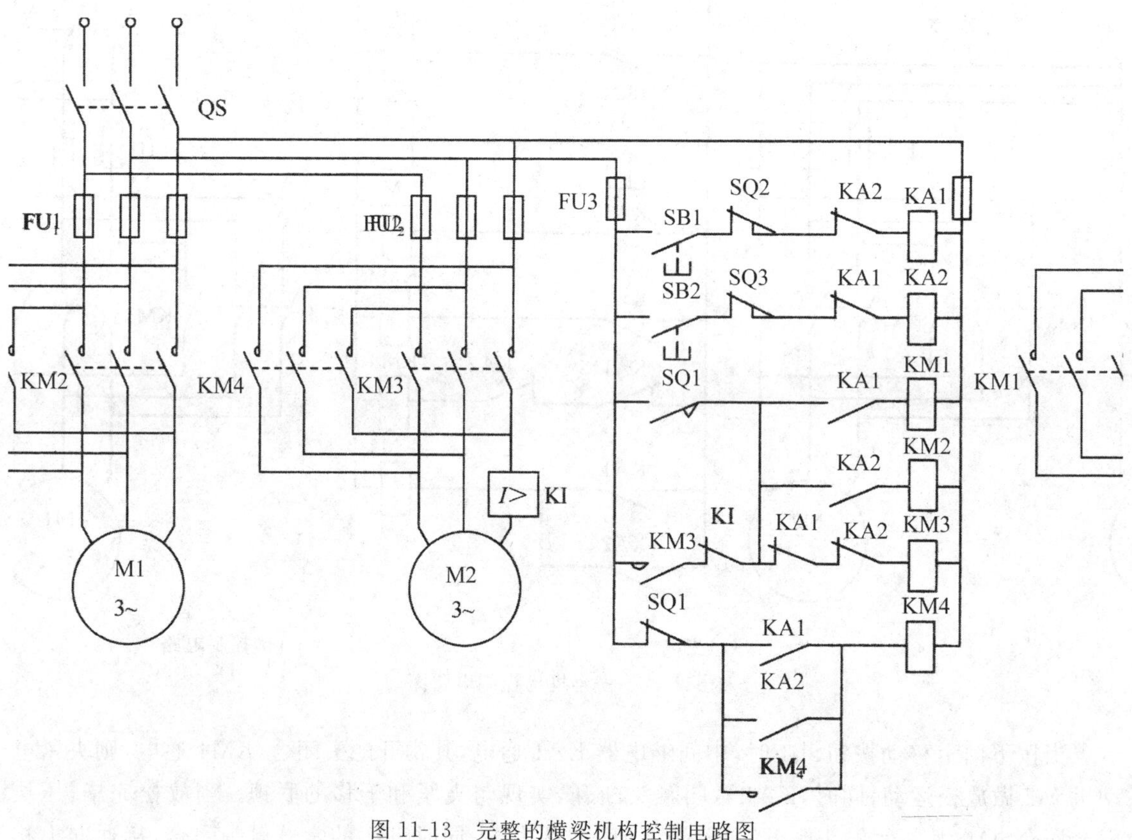

图 11-13　完整的横梁机构控制电路图

掌握较多的典型环节和具有较丰富的实践经验对设计工作大有益处，通过不断设计实践是能够较快掌握经验设计法的。

11.5.2　逻辑设计方法与步骤

所谓逻辑设计法，就是从机械设备的生产工艺要求出发，将控制线路中的接触器、继电器等电器元件线圈的通电与断电，触头的闭合与断开，以及主令元件触头的接通与断开等，看成是逻辑变量。配合生产工艺过程，用逻辑函数关系式表示这些逻辑变量之间的逻辑关系，再运用逻辑函数基本公式和运算规律对逻辑函数式进行化简，然后由化简的逻辑函数式画出相应的电气原理图，最后再进一步检查、化简和完善，以获得既符合生产工艺要求又经济合理的最佳设计方案。

继电接触器控制线路采用逻辑设计法，可以使线路简单，充分运用电器元件得到较合理的线路。特别是生产自动线、组合机床等的控制线路的设计，采用逻辑设计法比经验设计法更为合理。

1. 电路的逻辑表示

在逻辑代数中，将具有两种互为对立的工作状态的物理量称为逻辑变量。为便于用逻辑代数描述机床电路，对机床电器元件状态的逻辑表达作如下规定：

①用 KA、KM、SQ、SB……分别表示继电器、接触器、行程开关、按钮的动合(常开)触头；用 $\overline{\text{KA}}$、$\overline{\text{KM}}$、$\overline{\text{SQ}}$、$\overline{\text{SB}}$……分别表示继电器、接触器、行程开关、按钮的动断(常闭)触头。

②触点闭合时，逻辑状态为“1”；断开时逻辑状态为“0”；线圈通电时为“1”状态；断电时为“0”状态。各电器逻辑值表示的状态如表 11-4 所示。

表 11-4　电器逻辑值表示的状态

名称	符号	激励或工作		非激励或非工作	
		1	0	1	0
线圈	KA	通电状态	断电状态	通电状态	断电状态
继电器	KA	常开触点	—	—	常开触点
	$\overline{\text{KA}}$	—	常闭触点	常闭触点	—
按钮	SB	常开触点	—	—	常开触点
	$\overline{\text{SB}}$	—	常闭触点	常闭触点	—

2. 基本逻辑关系的表示

在继电接触器电气控制线路中，把表示触头状态的逻辑变量称为输入逻辑变量，把表示接触器、继电器线圈等受控元件的逻辑变量称为输出逻辑变量。输出逻辑变量与输入逻辑变量之间所满足的相互关系称为逻辑函数关系，简称为逻辑关系。

基本逻辑关系有三种：逻辑或、逻辑与、逻辑非，如图 11-14 所示。

(1)逻辑或——触头并联

其逻辑表达式为：KM＝KA1 ＋KA2。

实现该逻辑或的控制电路如图 11-14(a)所示，其含义是：当触头 KA1 或 KA2 只要有一个闭合时，线圈 KM 就可以通电。

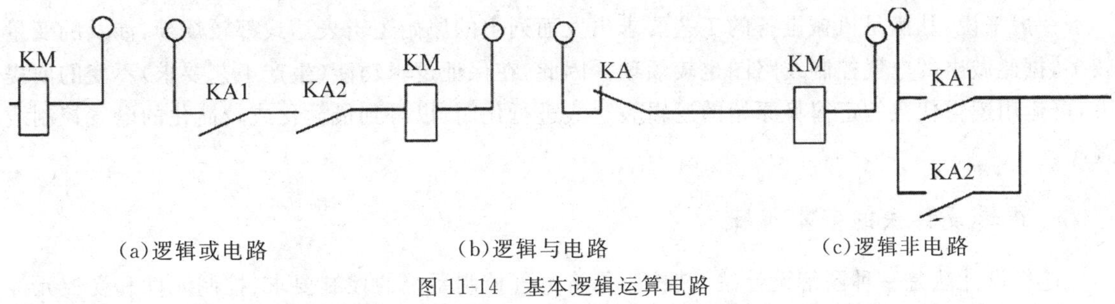

(a)逻辑或电路　(b)逻辑与电路　(c)逻辑非电路

图 11-14　基本逻辑运算电路

(2)逻辑与——触头串联

其逻辑表达式为：KM＝KA1・KA2。

实现该逻辑与的控制电路如图 11-14(b)所示，其含义是：当触头 KA1 与 KA2 同时闭合时，线圈 KM 就可以通电。

(3)逻辑非——动断触头

其逻辑表达式为：$KM=\overline{KA}$。

实现该逻辑非的控制电路如图 11-14(c)所示，其含义是：触头 KA 不动作，则线圈 KM 通电。

3.逻辑函数的基本公式和运算规律

电气控制线路可以运用逻辑运算的基本公式和运算规律进行简化。下面给出了逻辑代数中常用的基本公式和运算规律。

(1)交换律

$$A \cdot B = B \cdot A \tag{11-5-1}$$

(2)结合律

$$A \cdot (B \cdot C) = (A \cdot B) \cdot C \tag{11-5-2}$$

(3)分配律

$$\begin{gathered} A \cdot (B+C) = A \cdot B + A \cdot C \\ A + B \cdot C = (A+B)(A+C) \end{gathered} \tag{11-5-3}$$

(4)吸收律

$$\begin{gathered} A + AB = A + A \\ A \cdot (A+B) = A \\ A + \overline{A}B = A + B \\ \overline{A} + A \cdot B = \overline{A} + B \end{gathered} \tag{11-5-4}$$

(5)互补律

$$\begin{gathered} A \cdot \overline{A} = 0 \\ A + \overline{A} = 1 \end{gathered} \tag{11-5-5}$$

(6)还原律

$$\overline{\overline{A}} = A \tag{11-5-6}$$

4.逻辑函数的化简

一般来说，从满足机械设备的工艺要求出发而列出的原始逻辑表达式都较烦琐，涉及的变量较多，据此做出的电气控制线路图也较烦琐。因此，在保证逻辑功能(生产工艺要求)不变的前提下，可运用逻辑代数的定律将原始的逻辑表达式进行化简，以得到最简化或较简化的电气控制线路图。

5.逻辑设计法的基本步骤

逻辑设计法是一种图解设计法，其核心是将电气控制系统的控制要求、控制元件和受控元件的工作状态用示意图的形式描述出来。

逻辑电路有组合逻辑电路和时序逻辑电路两种基本类型，对应其设计方法也各不相同。下面分别说明。

(1)组合逻辑电路设计

组合逻辑电路其执行元件的输出状态只与同一时刻控制元件的状态相关,输入、输出呈单向关系,即输出量对输入量无影响。其设计方法比较简单,可以作为经验设计法的辅助和补充,用于简单控制电路的设计,或对某些局部电路进行简化,进一步节省并合理使用电器元件与触头。

组合逻辑电路的设计步骤:

①根据生产工艺要求,确定逻辑变量;

②列出控制元件与执行元件的动作状态表,以满足控制要求;

③写出执行元件的逻辑表达式;

④简化逻辑表达式;

⑤绘制控制线路。

(2)时序逻辑电路设计

时序逻辑电路的特点是输出状态不仅与同一时刻的输入状态有关,而且还与输出量的原有状态及组合顺序有关,即输出量通过反馈作用,对输入状态产生影响。这种逻辑电路设计要设置中间记忆元件(如中间继电器等),记忆输入信号的变化,以达到各程序两两区分的目的,其设计过程比较复杂。

时序逻辑电路的设计步骤:

①根据工艺要求确定逻辑变量、列出状态变量表(主令元件、检测元件、执行元件)。

②为区分所有状态,而增设必要的中间记忆元件(中间继电器)。

③根据状态表,列出执行元件的逻辑表达式。

④简化逻辑表达式,据此绘出控制线路。

⑤检查、完善所设计的电路。

11.6　常用电气元件的选择

在控制系统原理图设计完成之后,就可根据线路要求,选择各种控制电器,并以元器件目录表形式列在标题栏上方。正确、合理地选用各种电气元器件,是控制线路安全、可靠工作的保证,也是使电气控制设备具有一定的先进性和良好经济性的重要环节。本节主要从设计、使用角度介绍一些常用控制电器的选用依据。

11.6.1　常用电气元器件的选择原则

①根据对控制元器件功能的要求,确定电气元器件的类型。例如,当元器件用于通、断功率较大的主电路时,应选用交流接触器;若有延时要求,应选用延时继电器。

②确定元器件承载能力的临界值及使用寿命。主要是根据电气控制的电压、电流及功率大小来确定元器件的规格。

③确定元器件预期的工作环境及供应情况。如防油、防尘、货源等。

④确定元器件在供应时所需的可靠性等。确定用以改善元器件失效率用的老化或其他筛选实验。采用与可靠性预计相适应的降额系数等,进行一些必要的核算和校核。

11.6.2 按钮、开关类器件的选择

1. 按钮

按钮主要根据所需要的触头数、使用场合、颜色标注以及额定电压、额定电流进行选择。目前,按钮产品有多种结构形式、多种触点组合以及多种颜色,供不同使用条件选用。

按钮的额定电压有交流 500 V,直流 440 V,额定电流为 5 A。常选用的按钮有 LA2、LA10、LA19 及 LA20 等系列。符合 IEC 国际标准的新产品有 LAY3 系列,额定工作电流为 1.5～8 A。

2. 行程开关

行程开关主要根据机械设备运动方式与安装位置,挡铁的形状、速度、工作力、工作行程、触头数量,以及额定电压、额定电流来选择。对于要求动作快、灵敏度高的行程控制,可采用无触点接近开关。特别是近年来出现的霍尔接近开关性能好、寿命长,是一种值得推荐的无触点行程开关。

3. 万能转换开关

万能转换开关根据控制对象的接线方式、触头形式与数量、动作顺序和额定电压、额定电流等参数进行选择。

4. 电源引入开关的选择

机械设备引入电源的控制开关常选用刀开关、组合开关和断路器等。

(1)刀开关与封闭式负荷开关的选用

刀开关与封闭式负荷开关适用于接通或断开有电压而无负载电流的电路,用于不频繁接通与断开,且长期工作的机械设备的电源引入。根据电源种类、电压等级、电动机的容量及控制的极数进行选择。用于照明电路时,刀开关或封闭式负荷开关的额定电压、额定电流应大于或等于电路最大工作电压与工作电流。用于电动机的直接起动时,刀开关与封闭式负荷开关的额定电压为 380 V 或 500 V、额定电流应大于或等于电动机额定电流的 3 倍。

(2)组合开关的选用

组合开关主要用于电源的引入。根据电流种类、电压等级、所需触头数量及电动机容量进行选择。当用于控制 7 kW 以下电动机的起动、停止时,组合开关的额定电流应等于电动机额定电流的 3 倍。若不直接用于起动和停机时,其额定电流只需稍大于电动机的额定电流。

(3)断路器的选择

断路器的选择包括正确选用开关的类型、容量等级和保护方式。在选用之前,必须对被保护对象的容量、使用条件及要求进行详细的调查,通过必要的计算后,再对照产品使用说明书的数据进行选用。

11.6.3 接触器的选择

接触器分交流与直流两种。应用最多的是交流接触器。选择时主要考虑主触头的额定电压

与额定电流、辅助触头的数量、吸引线圈的电压等级、使用类别、操作频率等。选择交流接触器，其主触头的额定电流应大于或等于负载或电动机的额定电流。

按照接触器的工作制、安装及散热条件的不同，其额定电流使用值也不同。接触器触头通电持续率大于或等于 40%时，额定电流值可降低 10%～20%使用；接触器安装在控制柜内，其冷却条件较差时，额定电流值应降低 10%～20%使用；接触器在重复短时工作制，且通电持续率不超过 40%时，其允许的负载额定电流可提高 10%～25%；若接触器安装在控制柜内，允许的负载额定电流仅提高 5%～10%。

11.6.4　继电器的选择

1. 电磁式继电器的选用

(1)中间继电器的选用

中间继电器用于电路中传递与转换信号，扩大控制路数，将小功率控制信号转换为大容量的触点控制，扩充交流接触器及其他电器的控制作用。其选用主要根据触点的数量及种类确定型号，同时注意吸引线圈的额定电压应等于控制电路的电压等级。常用 JZ7 系列，新产品有 JDZ1 系列、CA2-DN1 系列及仿西门子 3TH 的 JZC1 系列等。

(2)电流、电压继电器的选用

电流、电压继电器选用的主要依据是被控制或被保护对象的特性、触点的种类、数量、控制电路的电压、电流、负载性质等因素，线圈电压、电流应满足控制线路的要求。

如果控制电流超过继电器触点额定电流，可将触点并联使用。也可以采用触点串联使用方法来提高触点的分断能力。

2. 时间继电器的选用

选用时应考虑延时方式(通电延时或断电延时)、延时范围、延时精度要求、外形尺寸、安装方式、价格等因素。

常用的时间继电器有空气阻尼式、电磁式、电动式及晶体管式和数字时间继电器等，在延时精度要求不高且电源电压波动大的场合，宜选用价格低廉的电磁式或空气阻尼式时间继电器；当延时范围大，延时精度较高时，可选用电动式或晶体管式时间继电器，延时精度要求更高时，可选用数字式时间继电器，同时也要注意线圈电压等级能否满足控制电路的要求。JS7 系列是应用较多的空气阻尼式时间继电器，代替它的新产品是 JSK1。

3. 热继电器的选用

对于工作时间较短、停歇时间长的电动机，如机床的刀架或工作台的快速移动，横梁升降、夹紧、放松等运动以及虽长期工作但过载可能性很小的电动机如排风扇等，可以不设过载保护，除此以外，一般电动机都应考虑过载保护。

热继电器有两相式、三相式及三相带断相保护等形式。对于星形联结的电动机及电源对称性较好的情况可采用两相结构的热继电器；对于三角形联结的电动机或电源对称性不够好的情况则应选用三相结构或带断相保护的三相结构热继电器；在重要场合或容量较大的电动机，可选用半导体温度继电器来进行过载保护。

热继电器发热元件额定电流，一般按被控制电动机的额定电流的0.95～1.05倍选用，对过载能力较差的电动机可选得更小一些，其热继电器的额定电流应大于或等于发热元件的额定整定电流。过去常用的热继电器JR0系列，新产品有JRS1系列、LR1-D系列及西门子3UA系列。

若遇到下列情况，选择的热继电器元件的额定电流要比电动机额定电流高一些，以便保护设备。

①电动机负载惯性转矩非常大，起动时间长。

②电动机所带的设备，不允许任意停电。

③电动机拖动的设备负载为冲击性负载，如冲床、剪床等设备。

11.6.5 熔断器的选择

熔断器的选择包括熔断器的类型、额定电压、额定电流和熔体额定电流等。

(1)熔断器类型的选择

熔断器类型的选择，主要依据负载的保护特性和短路电流的大小。例如，用于照明电路和电动机的保护时，一般应考虑过载保护，此时，希望熔断器的熔断系数适当小些，所以容量较小的照明线路和电动机宜采用熔体为铅锌合金的RC1A系列熔断器，而大容量的照明线路和电动机，除过载保护外，还应考虑短路时的分断短路电流能力。若短路电流较小时，可采用熔体为锡质的RC1A系列或熔体为锌质的RM10系列熔断器。用于车间低压供电线路的保护时，一般应考虑短路时分断能力，当短路电流较大时，宜采用具有较高分断能力的RL1系列熔断器；当短路电流相当大时，宜采用有限流作用的RT10及RT12系列熔断器。

(2)熔体额定电流的选择

用于照明或电热设备的保护时，因为负载电流比较稳定，所以熔体的额定电流应等于或稍大于负载的额定电流，即 $I_{re} \geqslant I_e$（I_{re} 为熔体的额定电流、I_e 为负载的额定电流）；用于单台长期工作电动机的保护时，考虑电动机起动时不应熔断，所以 $I_{re} \geqslant (1.5 \sim 2.5) I_e$（$I_{re}$ 为熔体的额定电流、I_e 为电动机的额定电流），轻载起动或起动时间较短时，系数可取近1.5；带重载起动或起动时间较长时，系数可取近2.5；用于频繁起动电动机的保护时，考虑频繁起动时发热熔断器也不应熔断，所以 $I_{re} \geqslant (3 \sim 3.5) I_e$；用于多台电动机的保护时，在出现尖峰电流时也不应熔断。通常，将其中容量最大的一台电动机起动，而其余电动机正常运行时出现的电流作为其尖峰电流，为此，熔体的额定电流应满足 $I_{re} \geqslant (1.5 \sim 2.5) I_{emax} + \sum I_e$（$I_{emax}$ 为多台电动机中容量最大的一台电动机额定电流、$\sum I_e$ 为其余电动机额定电流之和）。

为防止发生越级熔断，上、下级（即供电干、支线）熔断器间应有良好的协调配合，为此应使上一级（供电干线）熔断器的熔体额定电流比下一级（供电支线）大1～2个级差。

(3)熔断器额定电压的选择

应使熔断器的额定电压大于或等于所在电路的额定电压。

课后思考题

1.电气控制设计的基本原则是什么？

2. 电气控制设计的基本内容有哪些？

3. 确定电力拖动方案的依据是什么？电机选择的依据是什么？

4. 确定电气控制方案的依据是什么？选择控制方式的依据是什么？

5. 电气控制电路设计的一般要求有哪些？

6. 如何进行电气控制电路的设计？

7. 如何选择电气元件？

参考文献

[1] 马志敏.电机与控制[M].北京:北京大学出版社,2017.

[2] 修胜全.电机与电气控制技术[M].北京:清华大学出版社,2017.

[3] 谭维瑜.电机与电气控制[M].北京:机械工业出版社,2017.

[4] 李树元,曹芳菊.电机控制技术[M].北京:高等教育出版社,2017.

[5] 李大明,夏继军,杨彦伟.电机与电气控制技术[M].武汉:华中科技大学出版社,2016.

[6] 柳春生.电气控制与 PLC:西门子 S7—300 机型[M].2 版.北京:机械工业出版社,2015.

[7] 殷培峰.电气控制与机床电路检修技术[M].2 版.北京:化学工业出版社,2014.

[8] 傅龙飞,王贵锋.现代电气控制与 PLC 应用[M].北京:中国水利水电出版社,2013.

[9] 陈忠平,熊琦.电气控制与 PLC 原理及实用[M].2 版.北京:中国电力出版社,2012.

[10] 任振辉,邵利敏.现代电气控制技术[M].北京:机械工业出版社,2012.

[11] 邓力,余传祥.工业电气控制技术[M].2 版.北京:科学出版社,2013.

[12] 许翏.电机与电气控制技术[M].3 版.北京:机械工业出版社,2015.

[13] 韩顺杰,吕树清.电气控制技术[M].2 版.北京:北京大学出版社,2014.

[14] 姜新桥,蔡建国.电机与电气控制技术[M].北京:人民邮电出版社,2014.

[15] 陈建明.电气控制与 PLC 应用[M].3 版.北京:电子工业出版社,2014.

[16] 熊幸明.电气控制与 PLC[M].北京:机械工业出版社,2011.

[17] 张晗亮,朱顺鹏,等.现代机电驱动控制技术[M].北京:中国水利水电出版社,2009.

[18] 徐峰,蒋友明,郑向军.电机控制与实践[M].北京:北京大学出版社,2012.

[19] 王得胜,韩红彪.电气控制系统设计[M].北京:电子工业出版社,2011.

[20] 肖莹,马冬宝.电机及电气控制技术[M].北京:高等教育出版社,2013.

[21] 张永东.电机电气控制技术[M].南京:江苏教育出版社,2012.

[22] 刘克军,陈东林.电机与电气控制技术及技能[M].北京:高等教育出版社,2015.

[23] 曾令琴.电机与电气控制技术[M].北京:人民邮电出版社,2014.

[24] 宁玉红,等.电气控制与 PLC 技术[M].北京:机械工业出版社,2013.

[25] 程周.电机与电气控制技术[M].2 版.北京:电子工业出版社,2014.

[26] 黄军成.电机与电气控制技术[M].北京:中国铁道出版社,2013.

[27] 朱相磊,冯泽虎.电机与电气控制技术[M].北京:高等教育出版社,2013.

[28] 徐勇田.电机与电气控制技术[M].北京:北京理工大学出版社,2013.

[29] 曲昀卿,王计波,张莹莹.电机与电气控制技术[M].北京:北京邮电大学出版社,2012.

[30] 张明金.电机与电气控制技术[M].北京:电子工业出版社,2012.

[31] 田淑珍.电机与电气控制技术[M].北京:机械工业出版社,2010.

[32] 黄辉,姜学东,邱瑞昌.三相异步电动机的三相交流调压软启动及节能控制的研究[J].机车电传动,2005(4):10-12.

[33] 冯兴田,张加胜,仉志华.数控式异步电动机电气控制实践平台设计与开发[J].电气电子教学学报,2015(5):110-112.

[34] 史玉升,梁书云.三相异步电动机的节能与安全监控[J].电气传动,2001,31(2):48-50.

[35] 张永利,李利华.三相异步电动机变频调速的原理及发展[J].黑龙江科技信息,2008(5):32-32.

[36] 张建华,杨鹏.三相异步电动机参数的确定[J].中小型电机,2003,30(4):15-17.

[37] 田冰冰.三相异步电动机的启动及软启动研究[J].甘肃科技,2009,25(11):52-53.

[38] 刘杰.三相异步电动机常见故障分析[J].河北企业,2010(6):76-76.

[39] 冼凯仪,李先祥.基于PWM控制的直流电机控制系统的设计[J].佛山科学技术学院学报(自然科学版),2000,18(3):16-19.

[40] 李超,李波.一种实用型直流电机控制电路的设计[J].现代电子技术,2008,31(15):105-106.

[41] 谢文涛,童玲,王毅.基于VisSim/ECD的直流电机控制系统设计[J].单片机与嵌入式系统应用,2006(6):39-41.

[42] 金刚石,张俊蓉,吕宏宇,等.基于现代控制理论的直流电机控制器的设计[J].激光与红外,2009,39(10):1082-1085.

[43] 张飞,唐任远,陈丽香,等.永磁同步电动机电抗参数研究[J].电工技术学报,2006,21(11):7-10.

[44] 陈书锦,李华德,李擎,等.永磁同步电动机起动过程控制[J].电工技术学报,2008,23(7):39-44.

[45] 王宗培.步进电动机的发展及建议[J].微电机,2004,37(4):47-49.

[46] 孙兴进,曹广益,朱新坚.步进电动机的最佳细分控制[J].自动化与仪器仪表,2001(1):33-36.

[47] 刘卫国,宋受俊.三相反应式步进电动机建模及常用控制方法仿真[J].微电机,2007,40(8):22-25.

[48] 李锡文,姜德美,谢守勇.步进电动机加速运行控制研究[J].微电机,2007,40(10):45-47.

[49] 龙华伟,翟超,刘小威,等.步进电动机及其驱动电路检测系统[J].电机与控制学报,2006,10(6):553-557.

[50] 朱宇,王伟.步进电动机的应用[J].微电机,2002,35(4):55-58.

[51] 李宁,刘启新,张丽华.交流伺服电动机转子初始位置的精确测定[J].电力电子技术,2003,37(2):66-68.

[52] 夏加宽,刘晓霞,王成元,等.机床进给用直接驱动直线伺服电动机[J].制造技术与机床,2003(4):8-11.

[53] 万筱剑,吴乾坤,杜坤梅,等.单芯片交流伺服电动机速度控制器的实现[J].电机与控制学报,2004,8(3):222-224.

[54] 莫会成.伺服电动机的时间常数分析[J].微电机,2006,39(1):3-5.

[55] 曲家骐.永磁同步伺服电动机的矢量控制[J].微特电机,2001,29(4):18-21.

[56] 赵升吨,张志远,何予鹏,等.交流伺服电动机在塑性加工设备中的应用现状[J].金属加工(热加工),2005(4):7-10.

[57] 邱利军,王凯,李勇.西门子 S7-200 系列 PLC 改造车床电气控制系统[J].国外电子测量技术,2010,29(11):63-67.

[58] 齐宁宁,丁国富.基于 PLC 的车床电气控制系统设计[J].机械,2006,33(3):44-46.

[59] 吕栋腾,孙永芳.普通卧式车床电气控制系统的 PLC 改造[J].科技信息,2011(7):89-89.

[60] 王跃军,唐健,刘娟,等.基于 PLC 的 C650 型卧式车床电气控制系统改造设计[J].制造技术与机床,2012(3):132-134.

[61] 卞和营,王军敏.基于 S7-200PLC 的 C650 型卧式车床电气控制系统改造[J].煤矿机械,2013,34(11):183-185.

[62] 李园,阮健,王姬.CA6140 型普通车床电气控制系统的数控化改造[J].科技创新导报,2007(32):86-87.

[63] 徐良雄.Z3040 型摇臂钻床电气控制系统的 PLC 改造[J].武汉职业技术学院学报,2015(3):82-85.

[64] 郭晓虎.对西门子 S7-200 的 Z3040 型摇臂钻床电气控制线路改造方案的探讨[J].工程技术:全文版,2016(6):00233-00233.

[65] 康伟,高洪普.Z3040 摇臂钻床电气控制系统改造[J].建筑工程技术与设计,2016(30).

[66] 邱利军,马玉蓉,秦海蛟.X62W 型卧式万能铣床控制改造设计[J].职业,2012(27):32-32.

[67] 咸培冉,陈俊君,田鸿宇.X62W 卧式万能铣床电气控制系统设计[J].黑龙江科技信息,2012(13):73-73.

[68] 周新楠,付晓华,华磊.X62W 万能铣床常见与非典型电气故障的处理[J].金属加工(冷加工),2011(8):62-65.

[69] 禹玺,董蕴华.基于西门子 PLC 的万能铣床电气控制系统改造[J].煤矿机械,2011,32(7):175-176.